普通高等教育"十三五"规划教材

机 械 设 计

主　编　马晓丽　黄云峰
副主编　肖俊建　王素芬
参　编　盛旖旎　陈晓英　谢长雄
主　审　顾大强

机械工业出版社

本教材是在学科建设、专业建设和微课等教学改革基础上，按照教育部机械基础教学指导委员会最新制定的"机械设计课程教学基本要求"编写的。本教材以机械零部件工作能力设计和结构设计为主要内容，适当地扩展近年来教学改革和学科发展新动向的内容，增加了一些有助于应用型大学的学生学习机械设计的设计实例以及各章节的习题等。本教材符合党的二十大报告中关于"深入实施科教兴国战略、人才强国战略、创新驱动发展战略"的要求，在详细讲授基础理论知识的同时融入探索性实践内容，以增强学生的自信心和创造力，即用学科理论知识促进学生活跃思维、敢于创新，尽可能地将新思路在实践中进行创造性的转化，推动科学技术实现创新性发展。

本教材共十六章，包括：绪论，机械零件的强度，摩擦、磨损及润滑，带传动，链传动，齿轮传动，蜗杆传动，螺纹联接及螺旋传动，铆接、焊接及胶接，轴毂联接及联轴器件，轴，滚动轴承，滑动轴承，弹簧，机械产品方案设计和机械传动系统设计。

本教材用于课堂教学的时数为56学时。

本教材也可供机械工程领域的科研、设计人员及研究生参考。

图书在版编目（CIP）数据

机械设计/马晓丽，黄云峰主编. —北京：机械工业出版社，2018.5
(2025.2重印)

普通高等教育"十三五"规划教材
ISBN 978-7-111-58720-0

Ⅰ.①机… Ⅱ.①马… ②黄… Ⅲ.①机械设计-高等学校-教材
Ⅳ.①TH122

中国版本图书馆CIP数据核字（2017）第306935号

机械工业出版社（北京市百万庄大街22号 邮政编码100037）
策划编辑：余 皡　责任编辑：余 皡　张亚捷　任正一
责任校对：张晓蓉　封面设计：张 静
责任印制：郜 敏
北京富资园科技发展有限公司印刷
2025年2月第1版第4次印刷
184mm×260mm · 21.25印张 · 516千字
标准书号：ISBN 978-7-111-58720-0
定价：49.80元

凡购本书，如有缺页、倒页、脱页，由本社发行部调换

电话服务　　　　　　　　　　　网络服务
服务咨询热线：010-88379833　　机 工 官 网：www.cmpbook.com
读者购书热线：010-88379649　　机 工 官 博：weibo.com/cmp1952
　　　　　　　　　　　　　　　　教育服务网：www.cmpedu.com
封面无防伪标均为盗版　　　　　金　书　网：www.golden-book.com

前　言

本教材是在学科建设、专业建设和微课等教学改革基础上，按照教育部机械基础教学指导委员会最新制定的"机械设计课程教学基本要求"编写的，本教材以机械零部件工作能力设计和结构设计为主要内容，适当地扩展近年来教学改革和学科发展新动向的内容，增加了一些有助于应用型大学的学生学习机械设计的设计实例以及各章节的习题等。本教材有助于学生进行课程设计、课外创新设计及教师进行课堂教学改革，旨在培养和提高学生的机械设计能力和创新能力。

本教材主要介绍机械设计常用的基本理论和通用机械零部件常用参数范围内的一般设计方法，旨在使学生掌握通用机械零部件的设计原理、方法和机械设计的一般规律，具有综合运用所学知识设计和开发简单机械的能力，具有运用标准、规范、手册等查阅技术资料的能力。在部分章节中增加了一定难度的设计计算、受力分析和结构设计方面的例题，编排了一些适于教师组织微课教学的内容，在主要章节中增加了习题参考答案等。本教材的最后两章为选修内容，包括机械产品方案设计和机械传动系统设计，以帮助学生进行课程设计的实践以及辅助指导学生参加国家级、省级大学生机械设计等学科竞赛。

参加本教材编写的人员及分工是：王素芬编写第一章~第三章，肖俊建编写第四章和第五章，马晓丽编写第六章~第九章，谢长雄编写第十章，陈晓英编写第十一章，黄云峰编写第十二章~第十四章，盛旖旎编写第十五章和第十六章。本教材由马晓丽、黄云峰任主编，浙江大学的顾大强任主审。马晓丽、肖俊建、黄云峰、王素芬和盛旖旎参加了内部审稿工作。在本教材编写过程中得到了本校机械工程学院、教务处及有关学校的大力支持，在此表示感谢。

由于编者的水平和实践知识所限，虽经几次改稿，但还可能有错误和不妥之处，恳请读者批评指正。

编　者

目 录

前 言
第一章 绪论 ……………………………… 1
第一节　机械设计概述 ……………………… 1
第二节　课程研究的对象、内容和学习方法 …………………………………… 4
第三节　现代设计方法简介 ………………… 5
第四节　标准化、通用化和系列化 ………… 6
第五节　机械零件常用材料和选择原则 …… 7
思考题 …………………………………………… 9

第二章 机械零件的强度 …………………… 10
第一节　概述 ………………………………… 10
第二节　材料和零件的疲劳特性曲线 ……… 12
第三节　机械零件的疲劳强度计算 ………… 17
第四节　机械零件的接触强度 ……………… 22
思考题 …………………………………………… 24
习题 ……………………………………………… 25
习题参考答案 …………………………………… 25

第三章 摩擦、磨损及润滑 ………………… 26
第一节　摩擦与磨损 ………………………… 26
第二节　润滑 ………………………………… 29
第三节　密封 ………………………………… 33
第四节　流体动力润滑原理简介 …………… 34
思考题 …………………………………………… 36

第四章 带传动 ……………………………… 37
第一节　概述 ………………………………… 37
第二节　带传动工作情况分析 ……………… 42
第三节　V带传动的设计计算 ……………… 46
第四节　带传动结构设计 …………………… 55
第五节　其他带传动简介 …………………… 58
思考题 …………………………………………… 60
习题 ……………………………………………… 61
习题参考答案 …………………………………… 61

第五章 链传动 ……………………………… 62
第一节　概述 ………………………………… 62
第二节　滚子链链轮的结构和材料 ………… 65
第三节　链传动工作情况分析 ……………… 69
第四节　滚子链传动的设计计算 …………… 73
第五节　链传动的布置、张紧和润滑 ……… 80
思考题 …………………………………………… 84
习题 ……………………………………………… 84
习题参考答案 …………………………………… 84

第六章 齿轮传动 …………………………… 85
第一节　概述 ………………………………… 85
第二节　齿轮传动的失效形式和设计准则 … 86
第三节　齿轮的材料和许用应力 …………… 88
第四节　齿轮传动的受力分析和计算载荷 … 92
第五节　直齿圆柱齿轮传动的强度计算 …… 98
第六节　标准斜齿圆柱齿轮传动的强度计算 ………………………………… 106
第七节　标准直齿锥齿轮传动的强度计算 ………………………………… 111
第八节　齿轮传动的效率和润滑 …………… 115
第九节　齿轮的结构 ………………………… 115
第十节　其他齿轮传动简介 ………………… 117
思考题 …………………………………………… 119
习题 ……………………………………………… 119
习题参考答案 …………………………………… 120

第七章 蜗杆传动 …………………………… 121
第一节　蜗杆传动的类型和特点 …………… 121
第二节　蜗杆传动的主要参数和几何尺寸计算 ………………………………… 125
第三节　蜗杆传动的失效形式、材料选择和结构 ………………………………… 131
第四节　普通圆柱蜗杆传动承载能力计算 ………………………………… 133
第五节　蜗杆传动的效率、润滑和热平衡

　　　　计算 …………………………………… 140
　　思考题 ……………………………………… 146
　　习题 ………………………………………… 147
　　习题参考答案 ……………………………… 148

第八章　螺纹联接及螺旋传动 …………… 149
　　第一节　螺纹简介 ………………………… 149
　　第二节　螺纹联接的类型与螺纹联接件 … 152
　　第三节　螺纹联接的预紧、防松和结构
　　　　　　设计 ……………………………… 154
　　第四节　螺栓联接的强度计算 …………… 158
　　第五节　螺栓组联接的受力分析 ………… 165
　　第六节　提高螺栓联接强度的措施 ……… 173
　　第七节　螺旋传动 ………………………… 175
　　思考题 ……………………………………… 181
　　习题 ………………………………………… 181
　　习题参考答案 ……………………………… 184

第九章　铆接、焊接及胶接 ……………… 185
　　第一节　铆接 ……………………………… 185
　　第二节　焊接 ……………………………… 187
　　第三节　胶接 ……………………………… 191
　　思考题 ……………………………………… 195

第十章　轴毂联接及联轴器件 …………… 196
　　第一节　键联接 …………………………… 196
　　第二节　花键联接 ………………………… 201
　　第三节　销联接 …………………………… 203
　　第四节　无键联接 ………………………… 205
　　第五节　联轴器和离合器 ………………… 207
　　思考题 ……………………………………… 220
　　习题 ………………………………………… 220
　　习题参考答案 ……………………………… 221

第十一章　轴 ………………………………… 222
　　第一节　概述 ……………………………… 222
　　第二节　轴的结构设计 …………………… 225
　　第三节　轴的设计计算 …………………… 232
　　思考题 ……………………………………… 242
　　习题 ………………………………………… 242
　　习题参考答案 ……………………………… 244

第十二章　滚动轴承 ………………………… 245
　　第一节　概述 ……………………………… 245
　　第二节　滚动轴承的主要类型及代号 …… 246
　　第三节　滚动轴承的载荷及应力 ………… 250
　　第四节　滚动轴承的寿命设计计算 ……… 252
　　第五节　滚动轴承装置的组合结构设计 … 263
　　思考题 ……………………………………… 270
　　习题 ………………………………………… 271
　　习题参考答案 ……………………………… 272

第十三章　滑动轴承 ………………………… 273
　　第一节　概述 ……………………………… 273
　　第二节　滑动轴承的类型与结构 ………… 273
　　第三节　滑动轴承的失效形式与材料 …… 277
　　第四节　非液体滑动轴承设计 …………… 280
　　第五节　滑动轴承的润滑 ………………… 283
　　思考题 ……………………………………… 285
　　习题 ………………………………………… 286
　　习题参考答案 ……………………………… 286

第十四章　弹簧 ……………………………… 287
　　第一节　概述 ……………………………… 287
　　第二节　弹簧的材料和制造 ……………… 289
　　第三节　圆柱螺旋弹簧的设计计算 ……… 291
　　思考题 ……………………………………… 297
　　习题 ………………………………………… 298
　　习题参考答案 ……………………………… 298

第十五章　机械产品方案设计 ……………… 299
　　第一节　机械产品的设计过程简介 ……… 299
　　第二节　机械产品的运动方案设计 ……… 300
　　第三节　机械产品运动方案的设计内容与
　　　　　　原则 ……………………………… 302
　　第四节　机械产品运动方案的设计与
　　　　　　评价 ……………………………… 304

第十六章　机械传动系统设计 ……………… 308
　　第一节　机械传动系统的组成和分类 …… 308
　　第二节　机械传动系统的常用部件 ……… 310
　　第三节　机械传动系统的方案设计 ……… 314
　　第四节　原动机的选择 …………………… 318
　　第五节　机械控制系统简介 ……………… 322

附录 …………………………………………… 328

参考文献 ……………………………………… 331

第一章

绪 论

第一节 机械设计概述

一、设计的目的

设计是人类改造自然的基本活动，是复杂的分析、规划、推理与决策过程，蕴涵着创新和发明。设计的目的是：根据预定的目标，经过一系列规划与分析决策，获得系统的设计信息（文字、数据、图形等），形成设计方案及其实施文件，进而通过制造形成产品而造福人类。

二、机械设计的分类

1. 开发性设计

开发性设计是没有现成的产品可以参照的设计，仅仅是根据抽象的设计原理和要求，设计出在质量和性能方面都满足目的要求的产品或系统。开发性设计的过程最复杂，创新性强。工作原理和设计方案都是全新的设计。

2. 适应性设计

适应性设计指的是在总的方案原理基本保持不变的情况下，对现有产品进行局部更改，或用微电子技术代替原有的机械结构，或为了进行微电子控制对机械结构进行局部适应性改变，以使产品的性能和质量增加某些附加值。

3. 变型设计

变型设计是关于设计方法和过程的一种分类定义，是指提取已存在的设计或设计计划做特定的修改，以产生一个和原设计相似的新产品。这种修改一般不破坏原设计的基本原理和基本结构特征，是一种参数的修改或结构的局部调整或两者兼而有之，其目的是快速、高质量、低成本地生产新产品，以满足不断变化的市场要求。

三、机械设计的基本要求

机械设计既要保证产品的功能及其可靠性，又要保证产品具有良好的工艺性。机械设计主要包括机器及零部件的设计,这两部分之间存在一些差异,但互有联系不能截然分开。

(一) 设计机器应满足的基本要求

1. 功能性要求

人们是为了生产和生活的需要才设计和制造各式各样机器的,因此机器必须具有预定的使用功能。这主要靠正确选择机器的工作原理,正确设计或选用原动机、传动机构和执行机构,以及合理配置辅助系统来保证,即机器应具有预定的使用功能。

2. 可靠性要求

机器在预定工作期限内必须具有一定的可靠性。机器的可靠性是用可靠度 R 来衡量的。可靠度 R,是指机器在规定的工作期限内和规定的工作条件下,无故障地完成规定功能的概率。

3. 经济性要求

机器的经济性体现在设计、制造和使用的全过程中,包括设计制造经济性和使用经济性。设计制造经济性表现为机器的成本低;使用经济性表现为高生产率,较低的能源与材料消耗,以及低的管理和维护费用等。设计机器时应最大限度地考虑其经济性。

(二) 设计机械零部件的基本要求

机器是由零部件组成的。因此,设计的机器是否满足前述基本要求,零部件的质量是关键。为此,还应对机械零部件提出强度、刚度及寿命等基本要求。

1. 强度

强度是衡量零件抵抗破坏的能力。零件强度不足,将导致过大的塑性变形甚至断裂破坏,机器停止工作,甚至发生严重事故。采用高强度材料,增大零件截面尺寸,合理设计截面形状,采用热处理及化学处理方法,提高运动零件的制造精度,以及合理配置机器中各零件的相互位置等,均有利于提高零件的强度。

2. 刚度

刚度是衡量零件抵抗弹性变形的能力。零件的刚度不足,容易导致过大弹性变形,引起载荷集中,影响机器工作性能,甚至造成事故。零件的刚度分整体变形刚度和表面接触刚度两种。

3. 寿命

寿命是指零件正常工作的期限。材料的疲劳、腐蚀,相对运动零件表面的磨损,高温下的蠕变等是影响零件寿命的主要因素。

4. 结构工艺性

零件应具有良好的结构工艺性。这就是说,在一定的生产条件下,零件应能方便而经济地生产出来,并便于装配成机器。

5. 可靠性

零件可靠度的定义和机器可靠度的定义是相同的。机器的可靠度主要是由其组成零件的可靠度来保证的。

6. 经济性

零件的经济性主要决定于零件的材料加工成本。因此,提高零件的经济性主要从零件的材料选择和结构工艺性设计两个方面入手。

7. 质量

尽可能减轻质量对绝大多数机械零件都是必要的。减轻质量可以节约材料，减小运动零件的惯性，从而改善机器动力性能。

四、机械设计方法和一般步骤

（一）机械设计方法

机械设计方法，可从不同的角度分类。目前较为流行的分类方法是将过去长期采用的设计方法称为常规（或传统）设计方法，而将近几十年发展起来的设计方法称为现代设计方法。

常规设计方法可概括划分为三种。

1. 理论设计

根据长期总结出来的设计理论和实验数据所进行的设计，称为理论设计。理论设计的计算过程分为设计计算和校核计算两部分。

1）设计计算是指按照已知的运动要求、载荷情况及零部件的材料特性等，运用一定的理论公式设计零部件尺寸和形状的计算过程。设计计算多用于能通过简单的力学模型进行设计的零部件，如转轴的强度、刚度计算等。

2）校核计算是指先根据类比法、实验法等其他方法初步定出零部件的尺寸和形状，再用理论公式进行精确校核计算过程。

2. 经验设计

根据对某类零件已有的设计与使用实践而归纳出的经验关系式，或根据设计者本人的工作经验用类比的办法所进行的设计，称为经验设计。

3. 模型实验设计

把初步设计好的零部件或者机器，做成小模型或小尺寸样机，用实验的手段对其各方面的特性进行检验，根据实验结果对设计进行逐步修改，最终达到设计目的要求，这样的设计过程称为模型实验设计。对于尺寸巨大而结构复杂的重要零件，尤其是一些重型整体机械零件，为提高设计质量，可采用模型实验设计的方法。

（二）机械设计的一般步骤

机械设计是一个创造性的工作过程，同时也是一个尽可能多地利用已有成功经验的工作过程，要很好地把继承和创新结合起来，才能设计出高质量的产品。作为产品的设计，要求对产品的工作原理、功能、结构、零部件进行设计，甚至加工制造和装配方法都确定下来。根据人们长期的设计经验，机械设计分为五大步骤：动向预测、方案设计、技术设计、施工设计和试生产。

1. 动向预测

在根据实际的需要提出所要设计的新产品后，动向预测只是一个计划和预备阶段，此时所要设计的产品仅是一个模糊的概念。在这阶段中，应对所设计的产品做全面的调查研究和分析。

2. 方案设计

方案设计阶段对设计的成败起着关键的作用。在该阶段中，充分地表现出了设计工作有多个方案的特点。首先对能满足工作要求的多种设计原理方案加以分析比较，最后选择最优方案。由于任何工作原理都必须通过一定的运动形式来实现,所以这一步骤也确定了设计所需的运动形式。

3. 技术设计

在技术设计中,要拟定设计对象的总体和部件,具体确定零件的结构。对所设计的机械新产品提出的要求是:制造和维护经济、操纵方便而安全、可靠性高和使用寿命长。

4. 施工设计

根据技术设计总装配图进行零部件设计,绘制零件图,再按实际的零件尺寸绘制施工设计总装配图。接着校核图样,再对图样进行工艺性审核。此外,还需对图样进行润滑审核,研究润滑方法和润滑剂品种等。最后,编制零件清单及说明书等各种技术文件。

5. 试生产

根据施工设计的图样和各种技术文件试制样机,对样机进行功能试验,并对各项费用进行成本核算,向前反馈,改进设计。对样机进行审批手续,再进行小批量试生产,改进后正式投入批量生产。

设计工作是一个综合的反复实践过程,往往需要经过多次修改设计方案和设计参数后,才能获得比较好的设计结果。这个过程实际上是一个宏观的逐步优化过程。

第二节 课程研究的对象、内容和学习方法

一、研究对象和内容

机械设计课程的研究对象是通用机械零部件,即涉及一般工作条件和一般参数范围的通用机械零部件的设计。内容主要有机械零部件的材料选择、受力分析、工作能力计算(如强度计算、刚度计算和寿命计算等)及结构设计等,同时要考虑零件的工艺性、标准化、经济性、环境保护等要求。

二、课程的性质和目的

机械设计课程是机械类专业的一门设计性的主要技术基础课。主要目的是培养学生如下的能力和技能。

1)掌握通用机械零件的工作原理、结构特点和应用知识;掌握通用零件的设计原理、方法和机械设计的一般规律,具有设计传动装置和简单机械的能力。

2)树立正确的设计思想,了解国家目前的有关技术经济政策。

3)具有运用标准、规范、手册、图册和查阅有关技术资料的能力等。

三、学习方法

本课程的特点是涉及面广、实践性强、设计问题无统一答案等。按照本课程研究对象和性质上的特点,决定了内容本身的繁杂性,主要体现在"关系多、门类多、要求多、公式

多、图形多、表格多"等。学习时，应注意找出各零件的共性，明确相应的设计规律，使"六多"为我所用，把主要精力放在零件的选材、工况和失效形式分析、设计准则的确定、受力及强度计算和结构设计上，而对公式的推导、曲线的来历、经验数据的求得等只做一般的了解即可。

第三节　现代设计方法简介

现代设计方法是以研究产品设计为对象的科学，以电子计算机为工具，运用工程设计的新理论和新方法，使计算结果达到最优化，设计过程实现高效化和自动化。

一、有限元分析方法（Finite Element Analysis Method）

有限元是一种以计算机为工具，通过离散化将研究对象变换成一个与原结构近似的数学模型，再经过一系列规范化的步骤，求解应力位移、应变等参数的数值计算方法。著名的商品化有限元程序有 NASTRAN、ADFAN/ADINAT、ANSYS、COSMOS/MSAP 等。这些程序的分析范围和功能存在差异，在使用时应根据分析范围来选择合理的程序。

二、优化设计（Optimal Design）

优化设计是使某项机械设计在规定的各种设计限制条件下，优选设计参数，使某项或某几项设计指标获得最优值。最优值的概念是相对的，随着科学技术的发展及技术条件的变动，最优化的标准也将发生变化。

三、可靠性设计（Reliability Design）

可靠性设计是将概率论、数理统计、失效物理和机械学相互结合而形成的一种设计方法。其主要特点是将传统设计方法中视为单值而实际上具有多值性的设计变量（如载荷、应力、强度、寿命等）看成某种分布规律的随机变量，用概率统计方法设计出符合机械产品可靠性指标要求的零部件和整体的主要参数及结构尺寸。

四、计算机辅助设计（Computer Aided Design，CAD）

计算机辅助设计是指在设计活动中，利用计算机作为工具，帮助工程技术人员进行设计的适用技术的总和。目前 CAD 技术正朝着人工智能和知识工程方向发展，即所谓的智能计算机辅助设计。

五、模块化设计（Model Design）

为开发具有多种功能的不同产品，不必对每种产品施以单独设计，而是精心设计出多种模块,将其经过不同方式的组合来构成不同的产品,以解决产品品种、规格与设计制造周期、成本之间的矛盾,这就是模块化设计的含义。所谓模块,是指一组具有同一功能和接合要素(指连接部位的形状、尺寸,连接件间的配合与啮合等),但性能、规格或结构不同却能互换的单元。

六、价值工程（Value Engineering）

价值工程注重研究产品的功能,各种有关费用与现实价值之间的关系,试图以最小资源消耗或最低的寿命周期费用,可靠地实现必要的功能,从而获得最大价值。

七、绿色设计（Green Design）

绿色设计在产品整个生命周期内,着重考虑产品环境属性(可拆卸性、可回收性、可维护性、可重复利用性等),并将其作为设计目标。

八、动态设计（Dynamic Design）

动态设计充分反映了机器的实际动态特性,系统地反映了振动与响应的全过程。

九、并行设计

并行设计又称为并行工程（Concurrent Engineering）,是综合工程设计、制造、管理经营的思想、方法和工作模式的设计。

第四节　标准化、通用化和系列化

在不同类型、不同规格的各种机器中,有相当多的零部件是相同的,将这些零部件加以标准化,并按尺寸不同加以系列化,则设计者无须重复设计,可直接从有关手册的标准中选用。通用化是指系列化之内或跨系列的产品之间尽量采用同一结构和尺寸的零部件,以减少企业内部的零部件种数,从而简化生产管理和得到较高的经济效益。

标准化、系列化、通用化通称"三化",是长期生产和科研成果的可靠的技术总结。"三化"程度的高低通常是评定产品的指标之一。

标准化是指在经济、技术、科学和管理等社会实践中,对重复性的事物和概念,通过制定、发布和实施标准达到统一,以获得最佳秩序和社会效益。公司标准化是以获得公司的最佳生产经营秩序和经济效益为目标,对公司生产经营活动范围内的重复性事物和概念,以制定和实施公司标准,以及贯彻实施相关的国家、行业、地方标准等为主要内容的过程。标准化的重要意义是改进产品、过程和服务的适用性,防止贸易壁垒,促进技术合作。

标准化的基本原理通常是指统一原理、简化原理、协调原理和最优化原理。

通用化是指在互相独立的系统中，选择和确定具有功能互换性或尺寸互换性的子系统或功能单元的标准化形式。通用化是以互换性为前提的。

我国现行标准分为国家标准、行业标准和地方标准等，如国家强制性标准用 GB 表示，推荐性标准用 GB/T 表示，机械行业标准用 JB、JB/T 表示等。国家标准将逐步与国际标准接轨。国际标准是由不隶属于某一个国家的国际组织建立的标准。例如 ISO 标准（国际标准化组织 International Organization for Standardization）、IEC 标准（国际电工委员会 International Electro Technical Commission）、IEEE 标准（美国电气和电子工程师协会 Institute of Electrical and Electronics Engineers）、GRC 欧洲标准（简称 GRC 欧标）。

第五节 机械零件常用材料和选择原则

一、机械零件的常用材料

机械零件常用材料有钢铁材料、有色金属材料、非金属材料和复合材料，其中钢铁材料用得最多。

1. 钢铁材料

常用钢铁材料有碳素结构钢、优质碳素结构钢、合金结构钢、弹簧钢、不锈钢、铸钢、合金铸钢、灰铸铁、球墨铸铁等。

（1）碳钢与合金钢　这是机械制造中广泛应用的材料。其中碳钢产量大、价格低，常被优先采用。对于受力不大，而且基本上承受静载荷的一般零件，均可采用碳素结构钢；当零件受力较大，而且受变应力或冲击载荷时，可选用合金结构钢。优质碳素钢和合金结构钢均可通过热处理的方法来改善其力学性能，可以更好满足各种零件对不同力学性能的要求。常用的热处理方法有退火、正火、淬火、回火、调质、渗碳、渗氮、碳氮共渗等。另外还可通过强化处理提高材料强度。

（2）铸钢　铸造性比铸铁差，但比锻钢和轧制钢好，用于铸造重载零件和形状复杂的零件。铸钢的力学性能大体相近，与灰铸铁相比，其具有高的强度、韧性和塑性，可用热处理方法改善其力学性能和可加工性。铸钢有碳素铸钢、低合金铸钢、中合金铸钢、高合金铸钢。其零件毛坯获取方法有锻压、焊接、铸造等。

（3）灰铸铁　有良好的可加工性和减振性，常用作机座和机架；有良好的液态流动性，可铸造成形状复杂的零件；有较好的耐磨性、成本低廉。但灰铸铁脆性大，不宜承受冲击载荷。

（4）球墨铸铁　强度高、耐磨性、减振性好、抗冲击，因此广泛用于制造抗冲击载荷的零件。

（5）可锻铸铁　可锻铸铁由一定成分的白口铸铁经过退火而得，强度和塑性比较高。当零件尺寸小且结构复杂时不能用铸钢或锻钢制造，而灰铸铁又不能满足零件高强度和高伸长率的要求时，可采用可锻铸铁。

2. 有色金属材料

有色金属的减摩性、耐蚀性、耐热性、电磁性等较好。在一般机械制造中，除铝合金常用于制造承载零件外，其他有色金属主要用作耐磨材料、减摩材料、耐蚀材料和装饰材料等。

（1）铝合金　重量轻、导热导电性较好、塑性好、抗氧化性好。铝合金不耐磨，可用镀铬的方法提高其耐磨性。铝合金不产生电火花，故用作存储易燃易爆物料。高强度铝合金强度可与碳素钢相近，可制作承载零件，在飞机、汽车及其他行走机械上有广泛应用。

（2）铜合金　铜具有良好的导电性、导热性、低温力学性、耐磨、耐蚀和自润滑性。常用的铜合金有黄铜、青铜等。

（3）钛合金　钛及钛合金的密度小、高低温性能好，并具有良好的耐蚀性，在航空、船舶、化工等方面得到广泛应用。

有色金属及其合金还有镁及镁合金、镍及镍合金、钨及钨合金等。

3. 非金属材料

（1）橡胶　橡胶富有弹性，能吸收较多的冲击能量。常用作联轴器或减振器的弹性元件、带传动的胶带等。硬橡胶可用于制造用水润滑的轴承衬。其弹性、绝缘性好，常用作弹性元件和密封元件、减振元件。

（2）塑料　塑料的密度小，易于制成形状复杂的零件，而且各种不同塑料具有不同的耐蚀性、绝热性、绝缘性、减摩性等，所以在机械制造中应用日益广泛。质量轻、易加工成型、减摩性好、强度低，可作为普通机械零件。

（3）陶瓷　绝热性好、硬度高。

其他非金属材料还有皮革、木材、纸板、棉、丝等。

4. 复合材料

复合材料是由两种或两种以上性质不同的金属材料或非金属材料组合而成的新型材料。复合材料有纤维复合材料、层叠复合材料、颗粒复合材料、骨架复合材料等。在机械工业中，用得最多的是纤维复合材料。这种材料主要用于制造薄壁压力容器。目前比较普遍地用于各种容器和汽车外壳的制造。

二、机械零件材料的选择原则

合理选择材料是机械零件设计的一项重要工作。设计者在选择材料时必须首先保证零件的使用性能要求，然后考虑工艺性要求和经济性要求。

1. 材料的使用性能

使用性能是保证零件完成规定功能的必要条件，是选材首先考虑的问题。使用性能主要指零件在使用状态下应具有的力学性能、物理性能和化学性能。力学性能要求是在分析零件工作条件和失效形式的基础上提出的。例如轴类零件，应具有优良的力学性能，即要求有高的强度、韧性、疲劳极限和良好的耐磨性。除此之外，根据零件工作环境等其他要求，对材料可能还有密度、导热性、耐蚀性等物理、化学性能方面的要求。

2. 材料的工艺性

零件在制造过程中，需要经过一系列的加工过程。因此，材料加工成零件的难易程度，将直接影响零件的质量、生产效率和成本。在选材时必须考虑加工工艺的影响。铸件应选用共晶或接近共晶成分的合金，以保证材料的液态流动性；锻件、冲压件应选择呈固溶体组织的合金，以保证材料具有良好的塑性和较低的变形抗力；焊件应考虑材料的焊接性和产生裂纹的倾向性等；对于切削加工的零件要考虑材料的可加工性等；对进行热处理的零件要考虑材料的可淬性、淬透性及淬火变形的倾向等。

3. **材料的经济性**

在满足使用性能的前提下，选用材料时应注意降低零件的总成本。零件的总成本包括材料本身的价格、加工费用及其他费用。

思 考 题

1.1 机械零部件设计的主要内容和要求有哪些？
1.2 机械的常规设计方法有哪几种？一般步骤有哪些？
1.3 现代机械设计方法有哪些发展？
1.4 机械零部件标准化的意义及内容是什么？
1.5 机械零件材料选用的原则要考虑哪几个方面的要求？

第二章 机械零件的强度

具有足够的强度是机械零件正常工作必须满足的基本要求。而强度准则是设计机械零件的基本准则。机械零件在工作时，不允许出现断裂或塑性变形，也不允许发生表面破坏等失效形式。强度就是指零件抵抗这类失效形式的能力。通用机械零件的强度分为静应力强度和变应力强度。静应力强度可运用材料力学中获得的知识对零件进行静应力强度计算，故本章对此不再赘述。根据应力在机械零件整个工作寿命期间的变化次数 N，变应力强度设计方法有所不同。根据设计经验及材料的特性，通常认为在机械零件整个工作寿命期间应力变化次数 $N \leq 10^3$ 的通用零件，可近似地看作是按静应力强度进行的设计；$10^3 < N < 10^4$ 的通用零件，应力变化次数相对较少，称为低周疲劳；与低周疲劳相对应，应力变化次数 $N \geq 10^4$ 时称为高周疲劳。绝大多数通用零件应力变化次数 N 总是大于 10^4，所以本章主要研究高周疲劳下通用零件的强度计算问题。

第一节 概 述

一、载荷及其分类

机械工作时，机械零件所受的力或力矩统称为载荷。根据载荷随时间变化的特性不同，分为静载荷和变载荷两大类。载荷的大小、作用位置或方向不随时间变化或变化缓慢的，称为静载荷，如锅炉压力。载荷的大小、作用位置或方向随时间不断变化的，称为变载荷，如曲柄压力机的曲轴和汽车悬架弹簧等所受的载荷。

在机械设计计算中，通常把载荷分为名义载荷和计算载荷。名义载荷是指在理想的平稳工作条件下作用在零件上的载荷。然而，在机器运转时，零件还会受到各种附加载荷的作用，通常引入载荷系数 K（有时只考虑工况的影响，则用工况系数 K_A）来考虑这些因素的影响。载荷系数与名义载荷的乘积，称为计算载荷。

二、应力及其分类

载荷作用在零件上将产生应力。根据应力随时间变化的特性不同，将应力分为静应力和变应力两大类。不随时间变化或随时间变化缓慢的应力称为静应力，如图 2-1a 所示。随时间变化的应力称为变应力，如图 2-1b~d 所示。绝大多数机械零件都是处于变应力状态下工作的。值得关注的是：静应力由静载荷产生，变应力由变载荷产生，但静载荷有时也会产生变应力，如齿轮、带传动零件都是静载荷产生变应力的典型实例。变应力按其变化特征可分为稳定变应力和不稳定变应力。稳定变应力是指应力变化呈现周期性，且每一次循环中，平均应力、应力幅和周期都不随时间变化的应力，如图 2-1b 所示。

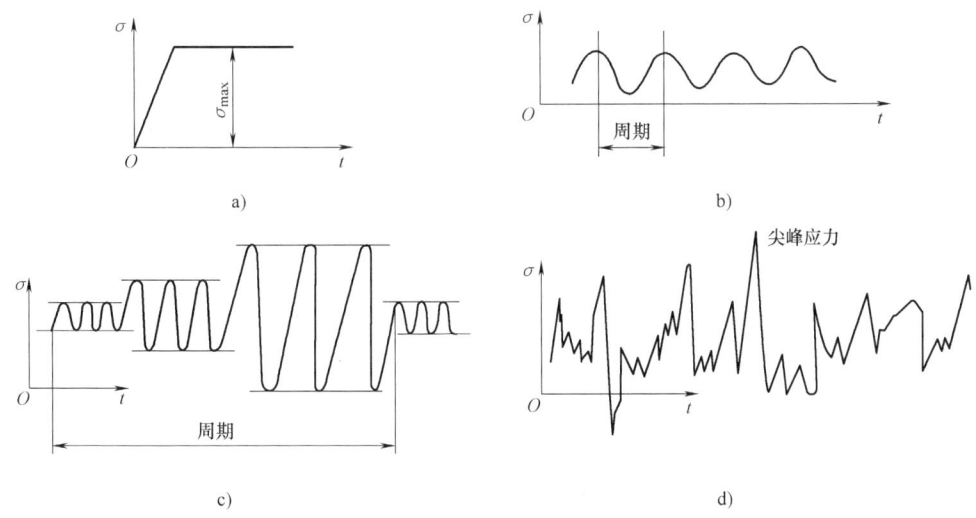

图 2-1　静应力及变应力
a) 静应力　b) 稳定变应力　c) 规律性不稳定变应力　d) 非规律性不稳定（随机）变应力

不稳定变应力是指应力变化不呈周期性而带偶然性，或虽然应力变化呈周期性，但是应力变化周期、应力幅或平均应力之一随时间而变化的应力，如图 2-1c、d 所示。

描述稳定变应力的主要参数有 5 个，分别为最大应力 σ_{max}、最小应力 σ_{min}、平均应力 σ_m、应力幅 σ_a 和应力循环特性 r，它们之间的关系如下：

$$\sigma_{max} = \sigma_m + \sigma_a \tag{2-1a}$$

$$\sigma_{min} = \sigma_m - \sigma_a \tag{2-1b}$$

$$\sigma_m = (\sigma_{max} + \sigma_{min})/2 \tag{2-1c}$$

$$\sigma_a = (\sigma_{max} - \sigma_{min})/2 \tag{2-1d}$$

$$r = \sigma_{min}/\sigma_{max} \tag{2-1e}$$

应力循环特性 r 为应力循环中的最小应力与最大应力之比，可用来表示稳定变应力中应力变化的情况，其取值范围为 $-1 \leqslant r \leqslant +1$。当 $\sigma_{min} = \sigma_{max}$ 时，$r = +1$，为静应力，如图 2-2a 所示，可以看作是变应力的特例。当 $\sigma_{min} = -\sigma_{max}$ 时，$r = -1$，称为对称循环变应力，如图 2-2b 所示。当 $\sigma_{min} = 0$，$\sigma_{max} \neq 0$ 时，$r = 0$，称为脉动循环变应力，如图 2-2c 所示。除上述三种外，$-1 < r < +1$ 且 $r \neq 0$，称为非对称循环变应力，如图 2-2d 所示。

三、机械零件的强度

强度准则是设计机械零件的基本准则。通用机械零件的强度分为静应力强度和变应力强度。变应力强度准则与静应力强度准则的表达式是一致的，与材料力学中强度条件式的概念

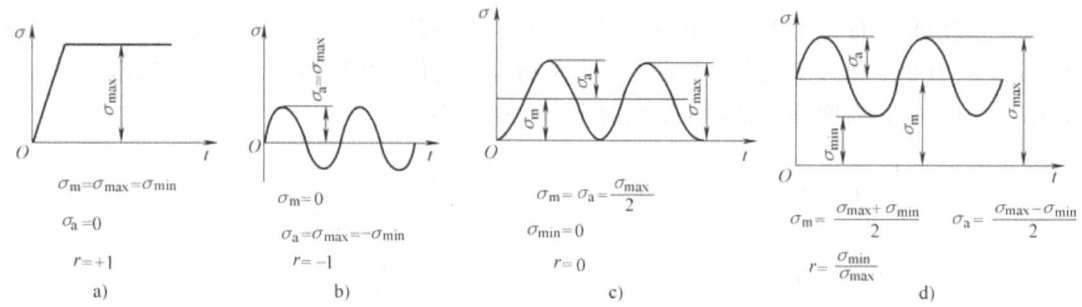

图 2-2 稳定变应力

a) 静应力 b) 对称循环变应力 c) 脉动循环变应力 d) 非对称循环变应力

相同，两者均可表述为零件受载后产生的最大工作应力不大于零件的许用应力。

$$\sigma = \frac{F}{A} \leqslant [\sigma] = \frac{\sigma_{\lim}}{[S_\sigma]} \qquad (2\text{-}2a)$$

上式可改写成

$$A \geqslant \frac{F}{[\sigma]} \qquad (2\text{-}2b)$$

或

$$S_\sigma = \frac{\sigma_{\lim}}{\sigma} \geqslant [S_\sigma] \qquad (2\text{-}2c)$$

式中 F——零件所受的载荷（N）；

A——零件危险截面面积（mm^2）；

σ——零件的最大工作应力（MPa）；

$[\sigma]$——零件的工作许用应力（MPa）；

$\sigma_{\lim}$——零件材料的极限应力（MPa）；

S_σ——零件的计算安全系数；

$[S_\sigma]$——零件的许用安全系数。

变应力强度准则与静应力强度准则的失效机理有着很大的不同。静应力下，失效（断裂或塑性变形）是瞬时出现的。在变应力下，失效（疲劳破坏）则是一个发展的过程。

在静应力强度计算中，其极限应力通常只与材料的性能有关。

在变应力强度计算中，零件的极限应力不仅取决于材料的性能，还与应力循环特性 r，以及零件在预期使用期限内应力的循环次数 N 有关。此外，还受零件的尺寸、结构和表面状态的影响。

第二节 材料和零件的疲劳特性曲线

一、材料的疲劳特性曲线

（一）σ-N 曲线

机械零件材料的抗疲劳性能是通过试验来测定的。在材料的标准试件上加上给定循环特

性为 r 的稳定变应力，并以循环的最大应力 σ_{max} 表征材料的疲劳极限。记录在不同最大应力下引起试件疲劳破坏所经历的应力循环次数 N。

通过试验，得到在一定的应力循环特性 r 下，疲劳极限与应力循环次数 N 的关系曲线，通常称为 σ-N 曲线，如图 2-3 所示。

对于 σ-N 曲线：①AB 段——应力循环次数 $N \leq 10^3$ 以前，属静应力强度问题。②BC 段——随着 N 的增加，σ_{max} 不断下降，该阶段的疲劳现象称为应变疲劳，由于 N 相对很小，也称为低周疲劳。③CD 段——试件经过相应次数的变应力作用后总会发生疲劳破坏，为有限寿命疲劳阶段。线段上任一点所代表的材料的疲劳极限称为有限疲劳极限，用 σ_{rN} 表示。④D 点以后，如果作用的变应力的最大应力小于 D 点的应力，则无论应力变化多少次，材料都不会破坏，为无限寿命疲劳阶段。D 点所代表的是材料的无限寿命疲劳极限，也称为持久疲劳极限，用 $\sigma_{r\infty}$ 表示。CD 段和 D 点以后的水平线统称为高周疲劳。

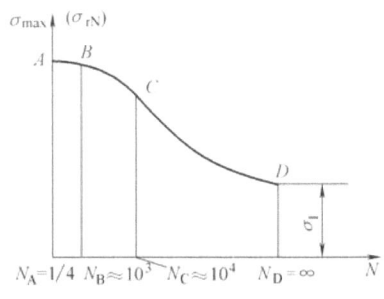

图 2-3　σ-N 曲线

有限寿命疲劳阶段应力循环次数和其疲劳极限之间的关系为
$$\sigma_{rN}^m N = C \ (N_C \leq N \leq N_D) \tag{2-3}$$

无限寿命疲劳阶段应力循环次数和疲劳极限之间的关系为
$$\sigma_{rN} = \sigma_{r\infty} = \sigma_r \ (N > N_D) \tag{2-4}$$

D 点为有限寿命疲劳阶段和无限寿命疲劳阶段的公共点
$$\sigma_{rN}^m N = \sigma_r^m N_0 = C \tag{2-5a}$$

有限寿命区间任意循环次数 N（$N_C < N < N_D$）时的疲劳极限 σ_{rN} 的表达式为
$$\sigma_{rN} = \sigma_r \sqrt[m]{\frac{N_0}{N}} = K_N \sigma_r \tag{2-5b}$$

式中　K_N——寿命系数，$K_N = \sqrt[m]{\dfrac{N_0}{N}}$，当 $N \geq N_0$ 时，$K_N = 1$；

　　　C——试验常数；

　　　$\sigma_{r\infty}$——持久疲劳极限；

　　　σ_r——应力循环基数 N_0 的疲劳极限；

　　　m——由材料和应力状态而定的特性系数。对于钢材，在弯曲疲劳和拉压疲劳时，$m = 6 \sim 20$，在初步计算中，钢件受弯曲疲劳时，中等、大尺寸零件取 $m = 9$；

　　　N_0——应力循环基数。对于钢材，在弯曲疲劳和拉压疲劳时，$N_0 = (1 \sim 10) \times 10^6$，在初步计算中，钢件受弯曲疲劳时，中等尺寸零件取 $N_0 = 5 \times 10^6$，大尺寸零件取 $N_0 = 10^7$。

（二）极限应力线图

在做材料试验时，通常是求出对称循环的疲劳极限 σ_{-1} 和脉动循环的疲劳极限 σ_0。但机械零件的工作应力并不总是对称循环变应力或脉动循环变应力。为此需要构造材料的极限应力线图来求出符合实际工作应力循环特性的疲劳极限，作为计算强度时的极限应力。同一材料在相同的应力循环次数 N（通常 $N=N_0$）下，将材料试件在不同应力循环特性 r 时疲劳试验所得各极限应力表示在 σ_m-σ_a 坐标中，用平均应力 σ_m 与应力幅 σ_a 的关系曲线来描述材料的等寿命疲劳特性，该曲线称为材料的极限应力线图（或等寿命曲线）。

如图 2-4 所示，以平均应力 σ_m 为横坐标，应力幅 σ_a 为纵坐标，根据试验数据，可作出塑性材料的疲劳极限应力线图 $A'D'B$ 曲线，该曲线近似呈抛物线分布。曲线上 A' 点的坐标表示对称循环应力点，D' 点的坐标表示脉动循环应力点，B 点的坐标表示静应力点。

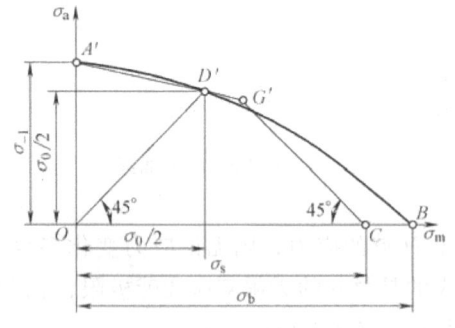 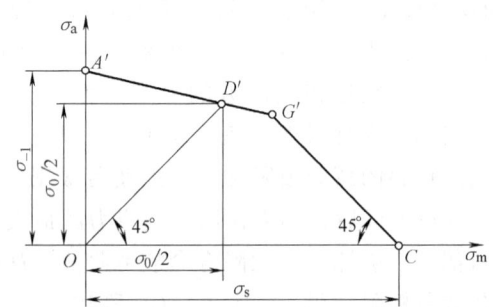

图 2-4 材料的极限应力线图　　　　　图 2-5 简化的塑性材料疲劳强度极限应力线图

工程上为了计算方便，常将塑性材料疲劳强度极限应力线图进行简化，如图 2-5 所示。由于对称循环变应力的平均应力 $\sigma_m=0$，最大应力等于应力幅，所以对称循环疲劳极限在图中以纵坐标轴上的 A' 点来表示；脉动循环变应力的平均应力及应力幅均为 $\sigma_m=\sigma_a=\sigma_0/2$，所以脉动循环疲劳极限以由原点 O 所作 45° 射线上的 D' 点来表示。直线 $A'D'$ 上任何一点都代表了一定循环特性时的疲劳极限。横坐标轴上任何一点都代表应力幅等于零的应力，即静应力。在横坐标轴上取 C 点的坐标值等于材料的屈服强度 σ_s，自 C 点作与横坐标轴成 135° 的斜线与直线 $A'D'$ 的延长线交于 G' 点，则 $G'C$ 上任何一点均代表 $\sigma_{max}=\sigma_m+\sigma_a=\sigma_s$ 的变应力状况。材料（试件）的简化极限应力曲线即为折线 $A'G'C$，它不仅只需较少的试验数据（σ_{-1}、σ_0、σ_s）即可画出，而且也能满足设计需要。材料中产生的应力若处于 $OA'G'C$ 区域以内，则表示不发生破坏；若在此区域以外，则表示一定要发生破坏；若正好处于折线上，则表示工作应力状况正好达到极限状态。

图 2-5 中，直线 $A'G'$ 上各点的最大应力

$$\sigma_{max}=\sigma_m+\sigma_a=\sigma_a \qquad (2\text{-}6a)$$

直线 $G'C$ 上各点的最大应力为

$$\sigma_{max}=\sigma_m+\sigma_a=\sigma_s \qquad (2\text{-}6b)$$

直线 $A'G'$ 的方程为

$$\begin{cases}\sigma_a=\sigma_{-1}-\dfrac{2\sigma_{-1}-\sigma_0}{\sigma_0}\sigma_m=\sigma_{-1}-\Psi_\sigma\sigma_m\\ \Psi_\sigma=\dfrac{2\sigma_{-1}-\sigma_0}{\sigma_0}\end{cases} \qquad (2\text{-}6c)$$

式中　Ψ_σ——试件受循环弯曲正应力时的材料特性。又称为平均应力折合为应力幅的等效系数。Ψ_σ 的大小表示材料对循环不对称性的敏感程度。根据试验，对碳钢取

0.1~0.2；对合金钢取 0.2~0.3。对于切应力，以 τ 代 σ 即可。

二、零件的疲劳特性

(一) 影响机械零件疲劳强度的因素

影响机械零件疲劳强度的因素有很多，有应力集中、零件尺寸、表面状况、环境介质、加载顺序和频率等，其中前三项因素最为重要。

1. 应力集中对零件疲劳强度的影响

在零件截面的几何形状突然变化处，如孔、圆角、键槽、螺纹等，局部应力要远远大于名义应力，这种现象称为应力集中。最大局部应力与名义应力的比值 α 称为理论应力集中系数。实际上，常用有效应力集中系数 k（k_σ、k_τ，下标 σ、τ 分别表示在正应力、切应力条件下）来表示疲劳强度的真正降低程度。有效应力集中系数定义为材料、尺寸和受载荷情况相同的一个无应力集中试件和一个有应力集中试件的疲劳强度的比值，如对于正应力为

$$k_\sigma = \frac{\sigma_{-1}}{\sigma_{-1k}} \tag{2-7a}$$

各种材料对应力集中的感受程度可用敏感系数 q 表示。

$$q_\sigma = \frac{k_\sigma - 1}{\alpha_\sigma - 1} \tag{2-7b}$$

当 q_σ 和 α_σ 为已知时，k_σ 即为

$$k_\sigma = 1 + q_\sigma(\alpha_\sigma - 1) \tag{2-7c}$$

q 可以看成是实际上应力增高的程度与理论上应力增高的程度的比值，其值在 0~1 之间，q 值越大，该材料越容易感受应力集中（对应力集中越敏感）。对于结构钢，常取 q=0.6~0.8，强度极限高者取大值，低者取小值；对于高强度合金钢，取 $q \gg 1$；对于铸铁，取 $q=0$，即 $k_\sigma=1$。若计算截面上有几个不同的应力集中源，则零件的疲劳强度由各 k 中的最大值决定。为了提高零件疲劳强度，应尽可能降低零件上的应力集中影响，在不可避免地要产生较大应力集中的结构处，可开设卸荷槽来降低应力集中的作用。

2. 绝对尺寸对零件疲劳强度的影响

当其他条件相同时，零件截面的绝对尺寸越大，其疲劳强度也越低。这是由于尺寸大时，材料的晶粒粗，出现缺陷的概率大和机加工后表面冷作硬化层的相对减薄等。截面绝对尺寸对零件疲劳强度的影响可用绝对尺寸系数 ε（ε_σ、ε_τ）表示。ε 定义为直径为 d 的试件的疲劳强度与直径为 $d_0=6\sim10\mathrm{mm}$ 试件的疲劳强度的比值，如对于正应力为

$$\varepsilon_\sigma = \frac{\sigma_{-1d}}{\sigma_{-1d_0}} \tag{2-7d}$$

式中　σ_{-1d}——直径为 d 的试件在受对称循环正应力作用时的疲劳强度；

　　　σ_{-1d_0}——直径为 $d_0=6\sim10\mathrm{mm}$ 的试件在受对称循环正应力作用时的疲劳强度。

3. 表面质量对零件疲劳强度的影响

当其他条件相同时，零件表面越粗糙，其疲劳强度也越低。表面质量对疲劳强度的影响可用表面质量系数 ρ_σ 表示，即

$$\rho_\sigma = \frac{\sigma_{-1\rho}}{\sigma_{-1\rho_0}} \tag{2-7e}$$

式中　$\sigma_{-1\rho}$——试件在某种表面质量下的疲劳强度；

$\sigma_{-1\rho_0}$——精抛光试件的疲劳极限。

适当提高零件的表面质量，特别是提高有应力集中部位的表面加工质量，必要时要对表面做适当的防护处理，尽可能地减少或消除零件表面可能发生的初始裂纹的尺寸，对于延长零件的疲劳寿命有着比提高材料性能更为显著的作用。

4. 表面强化系数对零件疲劳强度的影响

对零件表面施行不同的强化处理，如表面化学热处理、高频表面淬火、表面硬化加工等，均可不同程度地提高零件的疲劳强度。强化处理对疲劳强度的影响用强化系数 β_q 来表示，其定义为

$$\beta_q = \frac{\sigma_{-1q}}{\sigma_{-1}} \tag{2-7f}$$

式中　σ_{-1q}——经过强化处理后试件的弯曲疲劳强度；

σ_{-1}——试件的弯曲疲劳强度。

在综合考虑零件的性能要求和经济性后，应采用具有高疲劳强度的材料，并配以适当的热处理和表面强化处理。

由试验得知，应力集中、绝对尺寸、表面质量和强化系数只对应力幅有影响。通常用综合影响系数（K_σ、K_τ）表示上述诸因素的综合影响，即

$$K_\sigma = \left(\frac{k_\sigma}{\varepsilon_\sigma} + \frac{1}{\beta_\sigma} - 1 \right) \frac{1}{\beta_q} \tag{2-8}$$

当其他条件相同时，钢的强度越高，K_σ 和 K_τ 之值也越大。因此，用高强度钢制造的零件，必须特别注意减少应力集中和提高表面质量。由于零件几何形状、尺寸大小及加工质量等因素的影响，零件的疲劳强度要小于材料试件的疲劳强度。

（二）零件极限应力线图

材料被制造成零件，由于实际零件几何形状、尺寸大小、加工质量和表面强化等因素的影响，使得零件的疲劳极限要小于材料试件的疲劳极限。以弯曲疲劳强度的综合影响系数 K_σ 表示材料对称循环弯曲疲劳强度 σ_{-1} 与零件对称循环弯曲疲劳强度 σ_{-1e}（下标 $-1e$ 表示零件）的比值，即

$$K_\sigma = \frac{\sigma_{-1}}{\sigma_{-1e}} \tag{2-9}$$

式中　σ_{-1}、σ_{-1e}——材料与零件的对称循环弯曲疲劳极限。

K_σ 只影响 σ_a，不影响 σ_m。若已知 K_σ 和 σ_{-1}，则可以不经试验而估算出零件的对称循环弯曲疲劳极限

$$\sigma_{-1e} = \frac{\sigma_{-1}}{K_\sigma}$$

如图 2-6 所示，为了得到零件的极限应力线图，把材料的极限应力线图中的直线 $A'D'G'$ 按上述原则下移，成为图中的直线 ADG，而材料的极限应力曲线的 $C\ G'$ 部分，由

于是按照静应力的要求来考虑的，故不需进行修正。

所以，零件的极限应力曲线，即由折线 ADGC 表示。零件中产生的应力若处于 OADGC 区域以内，则表示不会发生破坏；若在此区域以外，则表示一定会发生破坏；若正好处于折线上，则表示工作应力状况正好达到极限状态。直线 AG 的方程，由已知的两点坐标 A $(0, \sigma_{-1}/K_\sigma)$ 及 D $(\sigma_0/2, \sigma_0/2K_\sigma)$ 求得

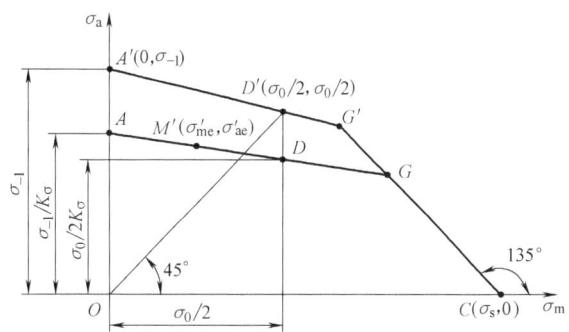

图 2-6 零件的极限应力线图

$$\sigma_{-1e} = \frac{\sigma_{-1}}{K_\sigma} = \sigma'_{ae} + \frac{1}{K_\sigma}\left(\frac{2\sigma_{-1}-\sigma_0}{\sigma_0}\right)\sigma_{me} = \sigma'_{ae} + \Psi_{\sigma e}\sigma'_{me} \quad (2\text{-}10\text{a})$$

$$\sigma_{-1} = K_\sigma \sigma'_{ae} + \Psi_\sigma \sigma'_{me} \quad (2\text{-}10\text{b})$$

直线 CG 的方程为

$$\sigma'_{ae} + \sigma'_{me} = \sigma_s \quad (2\text{-}11)$$

式中 σ'_{ae}——零件受循环弯曲应力时的极限应力幅；

σ'_{me}——零件受循环弯曲应力时的极限平均应力；

$\Psi_{\sigma e}$——零件受循环弯曲应力时的材料常数，$\Psi_{\sigma e} = \Psi_\sigma / K_\sigma$。

当零件受切应力时，也可仿照上述各式，并以 τ 代换 σ，即可得出相应的极限应力曲线方程。

第三节　机械零件的疲劳强度计算

一、疲劳断裂特征

绝大多数机械零件都是在变应力下工作的，在变应力作用下经过较长时间工作的零件，其失效形式将是疲劳断裂。表面无宏观缺陷的金属材料，其疲劳过程可分为两个阶段：①表面通过各种滑移方式形成初始裂纹；②裂纹尖端在切应力作用下发生反复塑性变形，使裂纹扩展以致断裂。若零件在制造过程中出现划伤、裂纹、非金属夹杂物及酸洗小坑等缺陷，则疲劳裂纹将首先在这些部位产生和扩展。零件的圆角、凹槽、缺口等造成的应力集中，也会促使零件表面裂纹的生成和发展。

受变应力的疲劳断裂截面由光滑的疲劳区和粗糙的断裂区等组成（图 2-7）。在变应力下形成初始裂纹后，裂纹继续发展形成疲劳

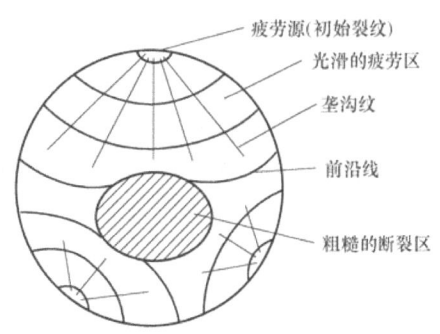

图 2-7 受变应力的疲劳断裂截面

区，疲劳区留下有标志裂纹发展过程的前沿线。由于裂纹边缘受到反复压紧和分开，疲劳区呈光滑状态。粗糙的断裂区是由于当裂纹达到临界尺寸后，在较少的应力循环次数作用下迅速发生断裂而造成的。

实际上有相当一部分零件，即使出现了宏观裂纹，由于疲劳裂纹的扩展速度较慢，要经历相当长的时间后才达到临界尺寸而发生断裂。这就为工程上采用有限寿命设计提供了前提。

二、机械零件的疲劳强度计算

（一）单向稳定变应力时机械零件的疲劳强度计算

在做机械零件的疲劳强度计算时，首先要求出零件危险截面上的最大应力 σ_{max} 及最小应力 σ_{min}，并据此计算出平均应力 σ_m 及应力幅 σ_a。然后，在极限应力线图的坐标上标出相应于 σ_m 及 σ_a 的一个工作应力点 M 或 N（图 2-8）。

显然，在强度计算时所用的极限应力应是零件的极限应力曲线 AGC 上的某一个点所代表的应力。到底用哪一个点来表示极限应力才算合适，这要根据零件应力的变化规律来定。根据零件应力的变化规律以及零件与相邻零件互相约束情况的不同，通常有下述三种典型的应力变化规律。

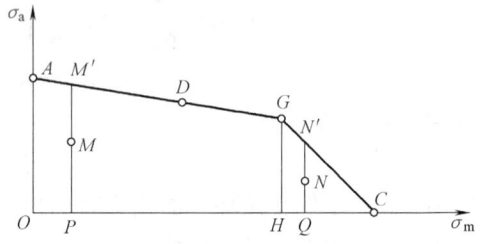

图 2-8 零件的应力在极限应力线图坐标上的位置

1）变应力的循环特性保持不变，即 $r=C$（常数）。如绝大多数转轴中的应力状态，若零件所受应力变化规律不能肯定，一般将其看作 $r=C$。

2）变应力的平均应力保持不变，即 $\sigma_m=C$（如振动着的受载弹簧的应力状态）。

3）变应力的最小应力保持不变，即 $\sigma_{min}=C$（如螺栓联接中螺栓受轴向变载荷时的应力状态）。

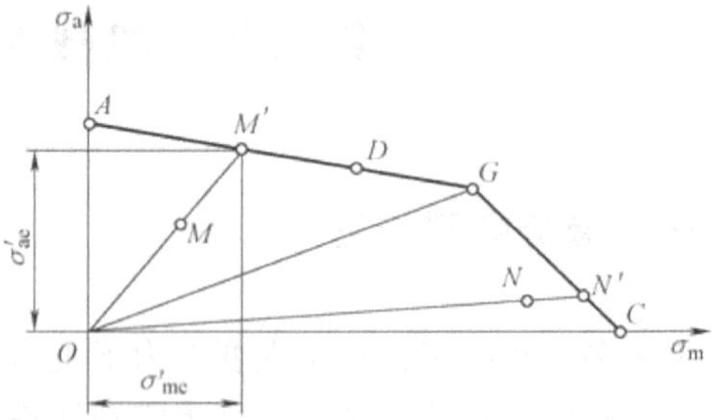

下面以正应力 σ 为例，逐一说明并导出

图 2-9 $r=C$ 时的极限应力线图

其强度计算式。对切应力，下述公式同样适用，只需将 σ 改为 τ 即可。需要特别指出的是，下述计算均按无限寿命零件设计，若按有限寿命要求设计零件时，即应力循环次数 $10^4<N<N_0$ 时，这时公式中的极限应力应为有限寿命的疲劳极限。

1. $r=C$ 的情况

因为 $\sigma_a/\sigma_m=(\sigma_{max}-\sigma_{min})/(\sigma_{max}+\sigma_{min})=(1-r)/(1+r)$，所以 σ_a/σ_m 也为常数。如图 2-9 所示，从坐标原点引射线通过工作应力点 M（或 N）与极限应力曲线交于 M'（或 N'），得到 OM'（或 ON'），则在此射线上任何一个点所代表的应力循环都具有相同的循环特性值。M'（或 N'）所代表的应力值为零件的极限应力值。

工作应力位于 AOG 区域内时,计算安全系数 S_{ca} 及强度条件为

$$S_{ca}=\frac{\sigma'_{max}}{\sigma_{max}}=\frac{\sigma_{-1}}{K_\sigma\sigma_a+\Psi_\sigma\sigma_m}=\frac{\sigma_{-1}}{\sigma_{ad}}\geqslant[S_\sigma] \qquad (2-12)$$

工作应力位于 GOC 区域内,此时首先可能发生的是屈服失效,故只需进行静强度计算。静强度计算式为

$$S_{ca}=\frac{\sigma'_{max}}{\sigma_{max}}=\frac{\sigma_s}{\sigma_a+\sigma_m}\geqslant[S_\sigma] \qquad (2-13)$$

2. $\sigma_m=C$ 的情况

在图 2-10 中,过工作应力点 M(或 N)作纵坐标轴的平行线 PMM'(或 QNN')与极限应力线 AG 交于 M' 点(或与线 GC 交于 N' 点),则此直线上任何一个点所代表的应力循环都具有相同的平均应力值。因为 M'(或 N')为极限应力线上的点,所以其所代表的应力值就是此时零件的极限应力值。

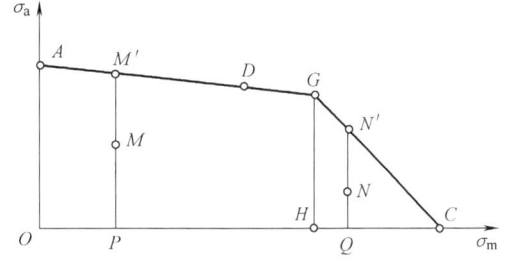

图 2-10 $\sigma_m=C$ 时的极限应力线图

对于落在 HGC 区域的工作应力点 N,对应于 N 点的极限应力点 N' 位于直线 GC 上,此时的极限应力即为屈服点 σ_s,工作应力位于 $AOHG$ 区域内,计算安全系数 S_{ca} 及强度条件为

$$S_{ca}=\frac{\sigma'_{max}}{\sigma_{max}}=\frac{\sigma_{-1}+(K_\sigma-\Psi_\sigma)\sigma_m}{K_\sigma(\sigma_a+\sigma_m)}\geqslant[S_\sigma] \qquad (2-14)$$

当工作应力位于 CGH 区域内时,进行静强度计算。

在做机械零件的疲劳强度计算时,应按以下步骤进行。

1)求出零件危险截面上的最大应力 σ_{max} 及最小应力 σ_{min}。
2)算出平均应力 σ_m 及应力幅 σ_a。
3)在极限应力线图上标示出相应于 σ_m 及 σ_a 的工作应力点 M(或 N)。

3. $\sigma_{min}=C$ 的情况

因为 $\sigma_{min}=\sigma_m-\sigma_a=C$,所以在图 2-11 中,过工作应力点 M(或 N)作与横坐标轴夹角为 45° 的直线 SMM'(或 TNN')与极限应力线 AGC 交于 M' 点(或 N' 点),其应力值就是此时零件的极限应力值。当工作应力点位于 AOJ 区域内时,σ_{min} 为负值,工程中罕见,故可不予考虑。当工作应力点位于 GIC 区域内时,极限应力为屈服极限,按静强度计算;当工作应力点位于 $OJGI$ 区域内时,极限应力才在疲劳极限应力曲线 AG 上。计算安全系数 S_{ca} 及强度条件为

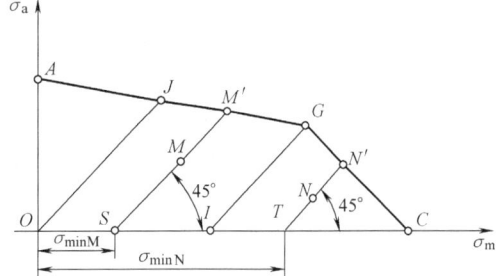

图 2-11 $\sigma_{min}=C$ 时的极限应力线图

$$S_{ca}=\frac{\sigma'_{max}}{\sigma_{max}}=\frac{2\sigma_{-1}+(K_\sigma-\Psi_\sigma)\sigma_{min}}{(K_\sigma+\Psi_\sigma)(2\sigma_a+\sigma_{min})}\geqslant[S_\sigma] \qquad (2-15)$$

（二）双向稳定变应力时的疲劳强度计算

双向应力是指零件同时受法向和切向应力作用。对于钢件，当零件上同时作用有同相位的法向及切向对称循环稳定变应力经过试验得出的极限应力 σ_a 及 τ_a 时，经过试验得出的极限应力关系满足如下方程

$$\left(\frac{\tau_a}{\tau_{-1e}}\right)^2 + \left(\frac{\sigma_a}{\sigma_{-1e}}\right)^2 = 1 \quad (2\text{-}16)$$

由于是对称循环变应力，故应力幅即为最大应力。图 2-12 所示为双向应力时的极限应力线图，圆弧 $AM'B$ 上任何一个点都代表一对极限应力 σ'_a 和 τ'_a 的状态。

从强度计算的观点来看，$\tau_{-1e}/\tau_a = S_\tau$ 是零件上只承受切应力 τ_a 时的计算安全系数；$\sigma_{-1e}/\sigma_a = S_\sigma$ 是零件上只承受法向应力 σ_a 时的计算安全系数，故

$$\left(\frac{S_{ca}}{S_\tau}\right)^2 + \left(\frac{S_{ca}}{S_\sigma}\right)^2 = 1 \quad (2\text{-}17)$$

$$\left(\frac{S_{ca}\tau_a}{\tau_{-1e}}\right)^2 + \left(\frac{S_{ca}\sigma_a}{\sigma_{-1e}}\right)^2 = 1 \quad (2\text{-}18)$$

$$S_{ca} = \frac{S_\sigma S_\tau}{\sqrt{S_\sigma^2 + S_\tau^2}} \quad (2\text{-}19a)$$

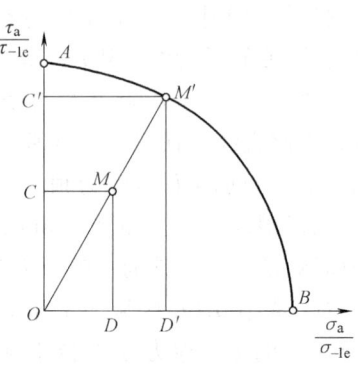

图 2-12　双向应力时的极限应力线图

当零件上所承受的两个变应力均为不对称循环变应力时，可由式（2-12）分别求出 S_σ 和 S_τ，即

$$S_\sigma = \frac{\sigma_{-1}}{K_\sigma \sigma_a + \Psi_\sigma \sigma_m} \quad (2\text{-}19b)$$

$$S_\tau = \frac{\tau_{-1}}{K_\tau \tau_a + \Psi_\sigma \tau_m} \quad (2\text{-}19c)$$

然后按式（2-19a）求出零件的计算安全系数 S_{ca}，并使 $S_{ca} \geq [S]$，以满足疲劳强度要求。

【例 2-1】　某轴受稳定交变应力作用，最大应力 $\sigma_{max} = 250\text{MPa}$，最小应力 $\sigma_{min} = -50\text{MPa}$，已知轴的材料为调质钢，其对称循环疲劳极限 $\sigma_{-1} = 450\text{MPa}$，脉动循环疲劳极限 $\sigma_0 = 700\text{MPa}$，屈服极限 $\sigma_s = 800\text{MPa}$，危险截面的 $k_\sigma = 1.40$、$\varepsilon_\sigma = 0.78$、$\beta = 0.9$，试求：

1) 绘制材料的简化极限应力线图，并在图上标出工作应力点的位置。

2) 材料疲劳极限的平均应力 σ_{rm} 和极限应力幅 σ_{ra} 值（按简单加载）。

3) 若取 $[S] = 1.3$，校核此轴疲劳强度是否满足要求。

解：1) 材料的简化极限应力线图如图 2-13 所示。

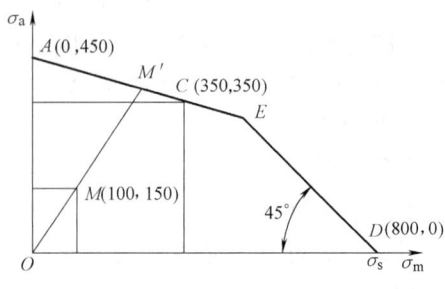

图 2-13　例 2-1 图

$$\sigma_{\mathrm{m}} = \frac{\sigma_{\max} + \sigma_{\min}}{2} = \frac{250-50}{2}\mathrm{MPa} = 100\mathrm{MPa}$$

$$\sigma_{\mathrm{a}} = \frac{\sigma_{\max} - \sigma_{\min}}{2} = \frac{250+50}{2}\mathrm{MPa} = 150\mathrm{MPa}$$

标出工作应力点 M（100，150），如图 2-13 所示。

2）求材料的 σ_{rm} 和 σ_{ra}。

在图中延长 OM 交 AE 于 M'，得材料的极限应力点，M' 点坐标值即为所求。

联立：
$$\frac{\sigma_{\mathrm{a}}}{\sigma_{\mathrm{m}}} = \frac{\sigma_{\mathrm{ra}}}{\sigma_{\mathrm{rm}}} \text{ 和 } \sigma_{-1} = \sigma_{\mathrm{ra}} + \Psi_{\sigma}\sigma_{\mathrm{rm}}$$

其中：
$$\Psi_{\sigma} = \frac{2\sigma_{-1} - \sigma_0}{\sigma_0} = \frac{2\times 450 - 700}{700} = 0.2857$$

解得：$\sigma_{\mathrm{ra}} = 378\mathrm{MPa}$，$\sigma_{\mathrm{rm}} = 252\mathrm{MPa}$

3）校核强度

$$S = \frac{\sigma_{-1}}{\frac{k_{\sigma}}{\varepsilon_{\sigma}\beta}\sigma_{\mathrm{a}} + \Psi_{\sigma}\sigma_{\mathrm{m}}} = \frac{450}{\frac{1.4}{0.78\times 0.9}\times 150 + 0.2857\times 100} = 1.37 > [S] = 1.3$$

疲劳强度满足要求。

（三）规律性单向不稳定循环变应力下机械零件的疲劳强度计算

不稳定变应力可分为非规律性和规律性两大类。非规律性不稳定变应力，其变应力参数的变化要受到很多偶然因素的影响，是随机变化的。对于这一类的问题，应根据大量的试验，求得载荷及应力的统计分布规律，然后用统计方法进行疲劳强度计算。规律性的不稳定变应力，其应力参数的变化有一个简单的规律。例如，专用机床的定轴、高炉上料机构的零件等都可以近似看作承受规律性不稳定变应力的零件。对于这一类问题，一般根据疲劳损伤累积假说进行计算。

图 2-14 为规律性不稳定变应力示意图。变应力 $\sigma_1 \sim \sigma_4$（对称循环变应力的最大应力，或非对称循环变应力的等效对称循环变应力的应力幅，下同）分别作用了 $n_1 \sim n_4$ 次。

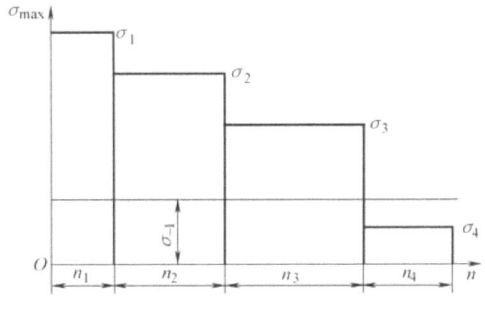

图 2-14 规律性不稳定变应力示意图

将图 2-14 中所示的应力图放在材料的 N-σ_{r} 坐标上，如图 2-15 所示，$N_1 \sim N_4$ 分别为各应力单独作用时材料发生疲劳破坏的应力循环次数。

如图 2-14 所示，对小于材料的持久疲劳极限 σ_{-1} 的应力，如 σ_4，可以认为对疲劳强度无影响，故在计算时可不予考虑；而大于材料的持久疲劳极限 σ_{-1} 的各个应力，每循环一次就造成一次寿命损失。

疲劳损伤线性累积假说（Miner 法则）为：

当零件达到疲劳极限状况时，各寿命损伤率之和达到 100%，即

$$\frac{n_1}{N_1}+\frac{n_2}{N_2}+\frac{n_3}{N_3}=1 \qquad (2\text{-}20)$$

写成一般式

$$\sum_{i}^{z}\frac{n_i}{N_i}=1 \qquad (2\text{-}21)$$

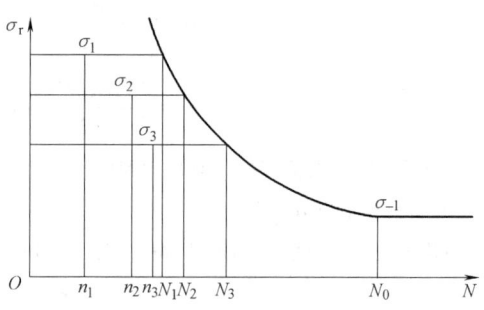

图 2-15 规律性不稳定变应力在 N-σ_r 坐标上

出现这一现象可以解释为：当各级应力是先作用最大的，然后依次降低时，开始的最大应力引起了初始裂纹，以后虽然施加的应力较小，但是仍能够使裂纹扩展，所以对材料有削弱作用；相反，各级应力是先作用最小的，然后依次升高时，开始的较小应力不但没有引起初始裂纹，反而对材料起了强化的作用，所以提高了材料的强度。由于疲劳强度试验的数据具有很大的离散性，从平均的意义上来说，在设计中应用式（2-21）还是可以得出一个较为合理的结果。根据式（2-21）可得

$$N_i=N_0\left(\frac{\sigma_{-1}}{\sigma_i}\right)^m \qquad (2\text{-}22)$$

得到不稳定变应力时的极限条件为

$$\sum_{i=1}^{n}\sigma_i^m n_i = \sigma_{-1}^m N_0 \qquad (2\text{-}23)$$

如果材料在上述应力作用下还未达到疲劳破坏，则

$$\sum_{i=1}^{z}\sigma_i^m n_i < \sigma_{-1}^m N_0 \text{ 或 } \frac{\sum_{i=1}^{z}\sigma_i^m n_i}{\sigma_{-1}^m N_0}<1 \qquad (2\text{-}24)$$

令

$$\sigma_{\text{ca}}=\sqrt[m]{\frac{1}{N_0}\sum_{i=1}^{n}\sigma_i^m n_i} \qquad (2\text{-}25)$$

σ_{ca} 称为不稳定变应力的计算应力，则式（2-24）为

$$\sigma_{\text{ca}}<\sigma_{-1} \qquad (2\text{-}26)$$

计算安全系数 S_{ca} 及强度条件则为

$$S_{\text{ca}}=\frac{\sigma_{-1}}{\sigma_{\text{ca}}}\geqslant S \qquad (2\text{-}27)$$

第四节 机械零件的接触强度

当具有一定曲面的两物体在压力下相互接触时，便在接触处产生接触应力。两物体接触可以是低副的面接触，也可以是高副的点、线接触。例如，齿轮传动机构、凸轮机构及滚动轴承等高副机构，它们在工作时，理论上通过点或线接触传递载荷或运动。滑动轴承、键联接及铰制孔用螺栓联接等零件为面接触。对面接触接触强度计算方法应用材料力学中的挤压强度来进行，在此不再赘述。现在的主要研究点是线接触情况下的接触强度。由于接触处的材料产生弹性变形，所以实际接触处为一很小的面积并产生很大的接触应力。曲面物体相接

第二章 机械零件的强度

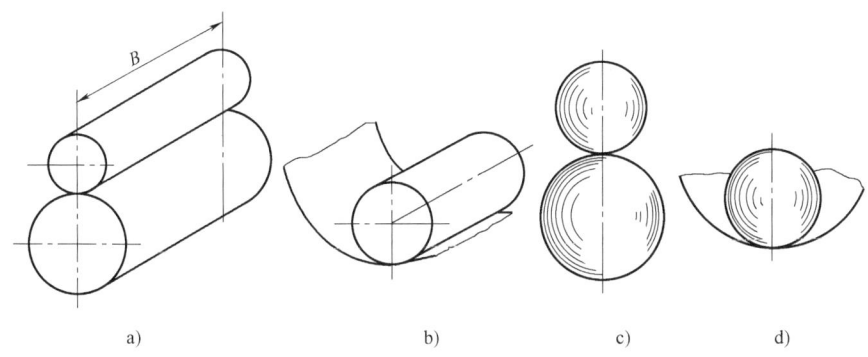

图 2-16 曲面物体相接触的情况
a)、b) 初始线接触　c)、d) 初始点接触

承受压力前，两物体沿一条线互相接触，称初始线接触（图 2-16a、b），如直齿轮传动及滚动轴承等。承受压力前，两物体互相接触于一点，称初始点接触（图 2-16c、d），如球接触等。在上述两种接触情况下，若两曲面的曲率中心位于接触部位的两侧，称为外接触；若位于同侧，则称为内接触。

零件在接触处产生的接触应力绝大多数都是随时间变化的。在交变接触应力的作用下，经过若干循环次数后，零件表面材料就可能产生甲壳状的小片剥落，而在表面上遗留一个小坑。

这种由于表面材料接触疲劳强度而产生物质转移的现象称为疲劳点蚀（亦称疲劳磨损）。它是高副机构工作时的主要失效形式。疲劳点蚀是由于交变接触应力的作用使表层材料产生塑性变形，从而导致表面变硬，并在表面接触处出现初始裂纹。当润滑油被挤入某一零件初始裂纹中后，与其接触的另一零件表面在滚动时将裂纹口封住挤压，裂纹内的润滑油产生很大的压力，进而初始裂纹扩展。当初始裂纹扩展到一定深度后，就会导致表层材料局部剥落。于是在零件表面上产生痘斑状凹坑，形成疲劳点蚀。润滑油的黏度越低，越易被挤入初始裂纹中，疲劳点蚀的发展也就越迅速。判断金属接触疲劳强度的指标是接触疲劳极限，即在规定的应力循环次数下不发生疲劳点蚀的最大应力。影响疲劳点蚀的因素很多，如金属的表面状态、润滑油的黏度、两接触体相对滑动的性质等，但其主要因素还是接触应力的数值大小。

在本书所论述的通用零件设计中，主要涉及初始线接触的情况。因此在这里只讨论线接触时接触应力计算。由弹性力学可知，当两个半径为 ρ_1、ρ_2 的圆柱以力 F 相压紧时，接触面将呈一狭带形，如图 2-17 所示。

最大接触应力发生在狭带中线的各点上，根据赫兹公式，最大接触应力 σ_H 为

$$\sigma_H = \sqrt{\dfrac{F\left(\dfrac{1}{\rho_1} \pm \dfrac{1}{\rho_2}\right)}{\pi b\left(\dfrac{1-\mu_1^2}{E_1} + \dfrac{1-\mu_2^2}{E_2}\right)}} \tag{2-28}$$

接触疲劳强度条件

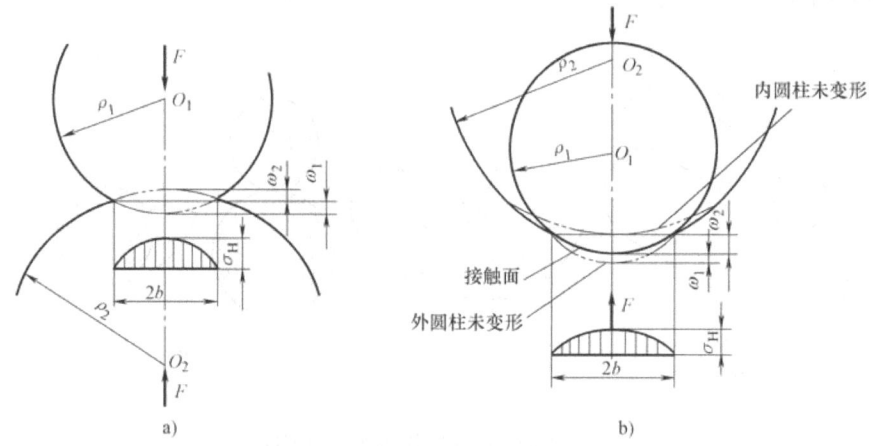

图 2-17 两圆柱接触受力后的变形与应力分布

$$\sigma_H \leq [\sigma_H] \tag{2-29}$$

式中 ρ_1、ρ_2——零件 1 和 2 初始接触线处的曲率；

μ_1、μ_2——零件 1 和 2 材料的泊松比；

E_1、E_2——零件 1 和 2 材料的弹性模量（MPa）；

b——初始接触线长度（mm）；

F——作用于接触面上的总压力（N）；

$[\sigma_H]$——许用接触应力（MPa）。

在接触线（或点）连续改变位置时，显然对于零件上任一点处的接触应力只能在 $0 \sim \sigma_H$ 之间改变，因此接触变应力是一个脉动循环变应力。在做接触疲劳强度计算时，极限应力也应是一个脉动循环的极限接触应力。

思 考 题

2.1 作用在机械零件中的应力有哪几种类型？何谓静应力、变应力？静载荷能否产生变应力。

2.2 何谓材料的疲劳极限、疲劳曲线？金属材料的疲劳曲线分成哪几种类型？各有何特点？指出疲劳曲线的有限寿命区和无限寿命区，并写出有限寿命区疲劳曲线方程。材料试件的有限寿命疲劳极限 σ_{rN} 如何计算？说明寿命系数 K_N 的意义。

2.3 材料的极限应力线图是如何作出的？简化极限应力线图又是如何作出的？有何用途？

2.4 影响零件疲劳强度的主要因素有哪些？零件的简化极限应力线图与材料试件的简化极限应力线图有何不同？如何应用？

2.5 两个零件以点、线接触时应按何种强度进行计算？若为面接触时（如平键联接），又应按何种强度进行计算？零件的截面形状一定，当截面尺寸增大时，其疲劳极限值将如何变化？

2.6 表面接触疲劳点蚀是如何产生的？根据赫兹公式，接触带上最大接触应力应该如何计算？说明赫兹公式中各参数的含义。

习 题

2.1 某机械零件,疲劳极限 $\sigma_{-1} = 285 \text{MPa}$,若其 $N_0 = 10^7$,$m = 6$,求当应力循环次数 $N_1 = 2.5 \times 10^4$,$N_2 = 2 \times 10^5$ 时,寿命系数 K_N 各为多少?疲劳极限各为多少?

2.2 一钢制轴类零件的危险截面承受 $\sigma_{max} = 200 \text{MPa}$,$\sigma_{min} = -100 \text{MPa}$,综合影响系数 $K_\sigma = 2$,材料的 $\sigma_s = 400 \text{MPa}$,$\sigma_{-1} = 250 \text{MPa}$,$\sigma_0 = 400 \text{MPa}$。1)画出材料的简化极限应力线图,并判定零件的失效形式。2)按简单加载计算该零件的安全系数。

2.3 某机械零件,其 $\sigma_{-1} = 390 \text{MPa}$,$\sigma_0 = 600 \text{MPa}$,$\sigma_s = 600 \text{MPa}$,$k_\sigma = 2.5$,1)试求材料常数 Ψ_σ。2)画出零件的极限应力线图。3)设工作应力为 $\sigma_a = 100 \text{MPa}$,$\sigma_m = 300 \text{MPa}$,$r =$ 常数,试求安全系数 S_{ca}。

2.4 某合金钢制造的零件,其材料性能为:$\sigma_s = 800 \text{MPa}$,$\Psi_\sigma = 0.3$。已知工作应力 $\sigma_{max} = 280 \text{MPa}$,$\sigma_{min} = -80 \text{MPa}$,应力循环特性为 $r =$ 常数,弯曲疲劳极限的综合影响系数 $K_\sigma = 1.62$。若许用安全系数 $[S] = 1.3$,并按无限寿命考虑,试校核该零件是否安全。

2.5 一钢件,危险截面承受的工作应力 $\sigma_{max} = 300 \text{MPa}$,$\sigma_{min} = -150 \text{MPa}$,有效应力集中系数 $K_\sigma = 1.4$,绝对尺寸系数 $\varepsilon_\sigma = 0.91$,表面状态系数 $\beta = 1$。材料的 $\sigma_b = 800 \text{MPa}$,$\sigma_s = 520 \text{MPa}$,$\sigma_{-1} = 450 \text{MPa}$,$\Psi_\sigma = 0.5$,材料常数 $m = 9$,循环基数 $N_0 = 10^7$,求该零件在有限寿命 $N = 10^5$ 时的计算安全系数。

习题参考答案

2.1 $k_{N1} \approx 2.71$,$\sigma_{-1N1} = 772.35 \text{MPa}$;$k_{N2} \approx 1.92$,$\sigma_{-1N2} = 547.2 \text{MPa}$。

2.2 1) $\sigma_m = 50 \text{MPa}$,$\sigma_a = 150 \text{MPa}$,工作应力点 $M(100, 150)$,图略。

2) $\Psi_\sigma = 0.25$,$S = 0.8$,安全系数小于1,零件的疲劳强度不够。

2.3 1) $\Psi_\sigma = 0.3$。

2) 略。

3) $S_{ca} \approx 1.15$。

2.4 $S_{ca} \approx 1.4 > [S] = 1.3$,零件安全。

2.5 $\sigma_m = 75 \text{MPa}$,$\sigma_a = 225 \text{MPa}$,$k_N = 1.668$,$S = 1.96$。

第三章 摩擦、磨损及润滑

各种运动的机械零件,在工作中都要发生摩擦和磨损。为了减少机械零件的摩擦和磨损,通常有效的方法是在发生摩擦的零件表面之间添加润滑剂。正确进行润滑是保证机器正常运转的重要条件,是机器维护保养工作的重要内容。合理地选择润滑装置和润滑系统,科学地使用润滑剂,才能减少机器的磨损,降低动力消耗和油品消耗,确保机器的安全运行,延长机器的寿命。

第一节 摩擦与磨损

摩擦、磨损、润滑和密封广泛地存在于人们的生产和生活中。各类机器在工作时,其各零件相对运动的接触部分都存在着摩擦,摩擦是机器运转过程中不可避免的物理现象。摩擦不仅消耗能量,而且使零件发生磨损,甚至导致零件的失效。据统计,世界上有 $1/3 \sim 1/2$ 的能源消耗在各种形式的摩擦上,而各种机械零件因磨损失效也占全部失效零件的一半以上。磨损是摩擦的结果。为了减少摩擦或降低磨损,往往要采用润滑。

摩擦在某些情况下是有益的,如带传动,摩擦力方向和主动轮圆周速度方向相同,是驱动力。磨损也有有利的一面,如新机械的磨合等。

一、摩擦

在外力作用下,一个物体相对于另一物体有相对运动或运动趋势时,两物体接触面间产生的阻碍物体运动的切向阻力称为摩擦力。这种在物体接触区产生阻碍运动并消耗能量的现象,称为摩擦。

根据摩擦副表面间的润滑状态将摩擦状态分为四种,即干摩擦(图 3-1a)、流体摩擦(图 3-1b)、边界摩擦(图 3-1c)、混合摩擦(图 3-1d)。

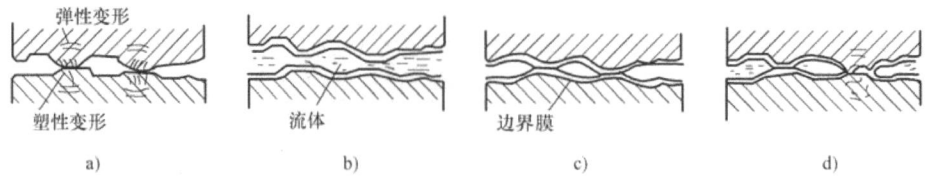

图 3-1 摩擦副的表面润滑状态
a)干摩擦 b)流体摩擦 c)边界摩擦 d)混合摩擦

1. 干摩擦

如果两物体的滑动表面为无任何润滑剂或保护膜的纯金属,这两个物体表面直接接触时的摩擦称为干摩擦。干摩擦状态产生较大的摩擦功耗及严重的磨损,因此应避免出现这种摩擦。

干摩擦常用库仑公式表达摩擦力 F、法向力 F_N 和摩擦系数 f 之间的关系,为

$$F = fF_N \tag{3-1}$$

库仑公式(摩擦定律)具有简单、实用等特点。在工程上,除流体摩擦外,其他几种摩擦和固体润滑都能近似地应用该公式进行计算。

摩擦定律只适用于粗糙表面。两个粗糙表面接触时接触点互相啮合,摩擦力就是啮合点间切向阻力的总和。表面越粗糙,摩擦力越大。库仑定律不能解释光滑表面间的摩擦现象,表面粗糙度值越大(表面越粗糙),接触面积越大,摩擦力也越大。滑动速度大时还与速度有关。因此,古典的库仑定律有一定的局限性,目前又出现几种理论来阐明摩擦的本质,但尚未形成统一的理论,比较通用的有黏着理论、分子-机械理论等。

2. 流体摩擦

两摩擦表面被一流体层(液体或气体)隔开,不发生直接摩擦接触,摩擦性质取决于流体内部分子间的黏性阻力,称为液体摩擦。液体动压轴承和液体静压轴承的摩擦状态就属于流体摩擦。

3. 边界摩擦

两摩擦表面间存在着一层极薄(有的只有一两层分子厚)的起润滑作用的膜(称为边界膜)的状态称为边界摩擦。摩擦性质不取决于流体黏度,而与边界膜和表面的吸附性质有关。

4. 混合摩擦

在实际使用中,有较多的摩擦副处于干摩擦、流体摩擦、边界摩擦的混合状态,称为混合摩擦,其摩擦系数比边界摩擦的小得多,但由于仍有微凸体的直接接触,所以磨损是不可避免的。

由于流体摩擦、边界摩擦、混合摩擦都必须在一定的润滑条件下才能实现,因此这三种摩擦又分别称为液体润滑、边界润滑和混合润滑。

不同摩擦状态下的参考摩擦系数见表 3-1。

表 3-1 不同摩擦状态下的参考摩擦系数

摩擦状况		摩擦系数	摩擦状况		摩擦系数
干摩擦			边界润滑		
相同金属	黄铜-黄铜	0.8~1.5	矿物油湿润金属表面		0.15~0.3
	青铜-青铜				
异种金属	铜铅合金-钢	0.15~0.3	加油性添加剂的油润滑	钢-钢	0.05~0.10
	巴氏合金-钢			尼龙-钢	
				尼龙-尼龙	0.10~0.20
非金属	橡胶-其他材料	0.6~0.9	流体润滑		
	聚四氟乙烯-其他材料	0.04~0.12	流体动压润滑		0.001~0.01
			流体静压润滑		0.0000001~0.001
固体润滑			滚动摩擦		
石墨、二硫化钼润滑		0.06~0.20	圆柱在平面上纯滚动		0.00001~0.001
铅膜润滑		0.08~0.20	一般滚动轴承		0.001~0.01

二、磨损

运动副之间的摩擦导致零件表面材料不断损失的现象称为磨损。单位时间内材料的磨损量称为磨损率。磨损量可以用体积、质量或厚度来衡量。

机械零件严重磨损后，将降低机械工作的可靠性，会使机器提前报废。因此，研究磨损机理，弄清影响磨损的各种因素，尽量避免或减轻磨损具有很大的经济意义。当然磨损并非都是有害的，如机械的磨合以及利用磨损原理进行加工，如磨削、研磨、抛光等。

1. 磨损过程

磨损过程大致可分为以下三个阶段，如图 3-2 所示。具体介绍如下。

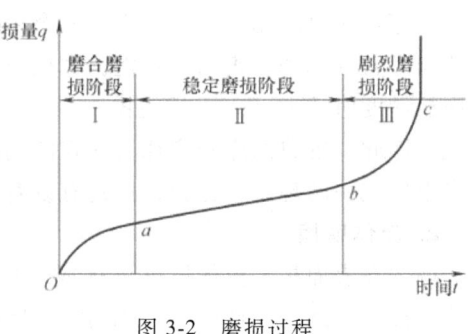

图 3-2 磨损过程

（1）磨合磨损阶段 在这一阶段中，磨损速度由快变慢，而后逐渐减小到一稳定值，如图 3-2 中的 Oa 段。这是由于新加工的零件摩擦表面呈尖峰状态，使运转初期时摩擦副的实际接触面积较小，单位接触面积上的压力就较大，因而磨损速度较快。当磨合磨损到一定程度后，尖峰逐渐被磨平，使实际接触面积增大，压强减小，磨损速度即逐渐减慢，这个阶段对新的零件是十分必要的，不可草率对待。随后进入稳定磨损阶段。

（2）稳定磨损阶段 这一阶段中磨损缓慢、磨损率稳定，零件以平稳而缓慢的磨损速度进入零件的正常工作阶段，如图 3-2 中的 ab 段。这个阶段的长短代表了零件使用寿命的长短。磨损曲线的斜率即为磨损率，斜率越小磨损率就越低，零件的使用寿命就越长。经此磨损阶段后零件进入剧烈磨损阶段。

（3）剧烈磨损阶段 此阶段的特征是磨损速度及磨损率都急剧增大。此时摩擦副的间隙增大，零件的磨损加剧、精度下降、润滑状态恶化、温度升高，从而产生振动、冲击和噪声，导致零件迅速失效、报废，如图 3-2 中的 bc 段。

上述磨损过程中的三个阶段，是一般机械运动过程中都存在的。在设计或使用机械时，应该力求缩短磨合磨损阶段，延长稳定磨损阶段，推迟剧烈磨损阶段的到来。

磨损量的允许值随着机械的使用要求不同而有很大差别。

2. 磨损分类

按照磨损的机理以及零件磨损状态的不同，磨损可分为四种基本类型，即磨粒磨损、黏着磨损、表面接触疲劳磨损及腐蚀磨损。实际上，同一表面上的磨损可能是其中的一种，也可能是几种复合起来的复杂形式。具体介绍如下。

（1）磨粒磨损 由于摩擦表面上的硬质凸出物或从外部进入摩擦表面的硬质颗粒，对摩擦表面起到切削或刮擦作用，从而引起表层材料脱落的现象称为磨粒磨损。它是常见的一种磨损形式，应设法减轻。为了减轻磨粒磨损，除注意满足润滑条件外，还应合理地选择摩擦副的材料、降低表面粗糙度以及加装防护密封装置等。

（2）黏着磨损 当摩擦副受到较大正压力作用时，由于表面不平，其顶峰接触点受到高压力作用而产生弹、塑性变形，附在摩擦表面的吸附膜破裂，温升后使金属的顶峰塑性面牢固地黏着并熔焊在一起,形成冷焊结点。在两摩擦表面相对滑动时,材料便从一个表面转移到另一个表面,成为表面凸起,促使摩擦表面进一步磨损。这种由于黏着作用引起的磨损称为黏着磨损。

1)黏着磨损按程度不同可分为五级,即轻微磨损、涂抹、擦伤、撕脱、咬死。例如气缸套与活塞环、曲轴与轴瓦、轮齿啮合表面等,都可能出现不同黏着程度的磨损。涂抹、擦伤、撕脱又称为胶合,往往发生于高速、重载的场合。

2)为了减轻黏着磨损,可以采取如下一些措施:合理选择摩擦副材料,如选择异种金属,采用表面处理(如电镀、化学热处理、表面热处理、喷镀等)可防止黏着磨损发生;采用含有油性和极压添加剂的润滑剂;限制摩擦表面的温度;控制压强等。

(3)表面接触疲劳磨损(点蚀) 受交变接触应力的摩擦副,在其表面上形成裂纹而逐步扩展、相互连接,表层金属脱落,形成许多月牙形浅坑(又称麻坑),这种现象称为表面接触疲劳磨损,又称为点蚀。这种磨损是齿轮轮齿、滚动轴承的主要失效形式。

为了提高摩擦副的接触疲劳寿命,除应合理地选择摩擦副材料外,还应注意:

1)合理选择摩擦表面的表面粗糙度。

2)合理选择润滑油的黏度。黏度低的油容易渗入裂纹,加速裂纹扩展;黏度高的油有利于接触应力均匀分布,提高疲劳强度。

3)润滑油中使用极压添加剂或固体润滑剂 MoS_2,能提高接触表面的疲劳强度。

4)合理选择表面硬度,以轴承钢为例,硬度为62HRC时,疲劳强度最大;若增加或降低此硬度,则接触疲劳寿命就会较大地下降等。

(4)腐蚀磨损 在摩擦过程中,摩擦面与周围介质发生化学或电化学反应而产生物质损失的现象,称为腐蚀磨损。腐蚀磨损可分为氧化磨损、特殊介质腐蚀磨损、气蚀磨损等。氧化磨损是常见的腐蚀磨损,磨损速度比较缓慢,但在高温、潮湿环境中也很严重。腐蚀也可以在没有摩擦的条件下形成,这种情况常发生在钢铁类零件,如化工管道、泵类零件、柴油机缸套等。

润滑油(脂)具有保护摩擦表面的作用,但应注意油脂与氧反应生成的酸性化合物对表面有腐蚀作用。

第二节 润 滑

在摩擦面间加入润滑剂,不仅可以降低摩擦、减轻磨损、保护零件不遭锈蚀,而且当采用液体循环润滑时还能起散热降温的作用。此外,润滑剂还具有传递动力、缓冲吸振、密封和清除污物等作用。

一、润滑剂的性能与选择

常用的润滑剂除了润滑油和润滑脂外,还有固体润滑剂(如石墨、二硫化钼、聚四氟乙烯等)、气体润滑剂(如空气、氢气、水蒸气等)。

1. 润滑油

润滑油是目前使用最多的润滑剂,主要包括动植物油、矿物油和合成油三类。其中矿物油来源充足、成本低、品种多、稳定性好,应用最为广泛。动植物油的油性好,但易变质且价贵,常作为添加剂使用。合成油多是针对某种特定需要而研制的,其适用面窄且价格高,故应用甚少。

润滑油最重要的一项物理性能指标为黏度,它是选择润滑油的主要依据。黏度的大小表示液体流动时其内摩擦阻力的大小。黏度越大,内摩擦阻力就越大,液体的流动性就越差。

牛顿提出,液体做层流运动时,如图 3-3 所示,两层液体之间的切应力 τ 的大小与其速度梯度 du/dy 成正比,即

$$\tau = -\eta \frac{du}{dy} \tag{3-2}$$

式中　η——比例常数,称为黏度,也称为动力黏度。因油层速度 u 随距离 y 的增加而减小,故上式带负号。

式(3-2)即为牛顿液体黏性定律,也称流体层流流动的内摩擦定律。显然,η 的大小表示液体的稀稠程度。

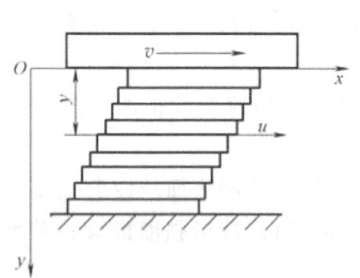

图 3-3　平行板间液体层流流动

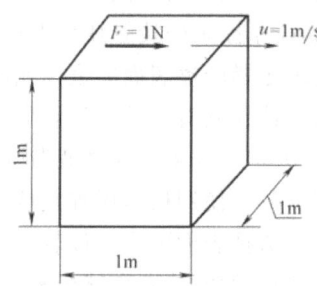

图 3-4　动力黏度的定义

润滑油的黏度可用动力黏度、运动黏度、条件黏度(恩氏黏度)三种黏度来表示,我国的石油产品常用运动黏度来标定。

(1) 动力黏度 η。对于 $1m^3$ 的液体,其上表面发生相对速度为 $1m/s$ 的相对运动时所需的切向力 F 为 $1N$,则称该液体的黏度为 $1Pa·s$,如图 3-4 所示。

(2) 运动黏度 ν。液体的动力黏度 η 与液体在相同温度下密度 ρ 的比值称为该液体的运动黏度 ν,即

$$\nu = \eta/\rho \tag{3-3}$$

式中　η——动力黏度(Pa·s);
　　　ρ——密度(kg/m³);
　　　ν——运动黏度(m²/s)。

一般润滑油的牌号就是该润滑油在 40℃(或 100℃)时运动黏度(mm²/s)的平均值,如 L-AN46 全损耗系统用油在 40℃ 时的运动黏度为 41.4~50.6mm²/s。

(3) 条件黏度(恩氏黏度)。在规定的温度下从恩氏黏度计流出 200mL 样品所需的时间与同体积蒸馏水在 20℃ 时流出所需的时间的比值称为该液体的条件黏度,以 $°E_t$ 表示,其角标 t 表示测定时的温度。

运动黏度和恩氏黏度之间可通过下式进行换算

当 $1.35 \leqslant °E \leqslant 3.2$ 时　　　　$\nu = 8.0°E - (8.64/°E)$ 　　　　(3-4)

当 $°E > 3.2$ 时　　　　　　　　$\nu = 7.6°E - (4.0/°E)$ 　　　　　(3-5)

润滑油的主要物理性能指标还有凝点、闪点、燃点和油性等。润滑油的黏度并不是固定不变的，而是随着温度和压强而变化。黏度随温度的升高而降低，且变化很大，因此在注明某种润滑油的黏度时，必须同时标明它的测试温度，否则毫无意义。黏度指数表示一切流体黏度随温度变化的程度，可衡量润滑油在温度变化时黏度变化的大小。黏度变化越小的油，摩擦力变化也越小，黏度指数就越大。黏度随压强的升高而增大，但当压强小于2.0MPa时，其影响甚小，可不必考虑。在高压下油的黏度将显著增加，甚至成为蜡状固体，此时必须考虑压强的影响。常用润滑油的性能和用途见表3-2。

表3-2 常用润滑油的性能和用途

类别	品种代号	黏度等级	运动黏度(40℃)/(mm^2/s)	闪点/℃ 不低于	倾点/℃ 不高于	主要性能和用途	说明
工业闭式齿轮油（GB 5903—2011）	L-CKB 抗氧防锈工业齿轮油	100 150 220 320	90~110 135~165 198~242 288~352	180 200	-8	具有良好的抗氧化性、耐蚀性、抗乳化性等性能，适用于齿面应力在500MPa以下的一般工业闭式齿轮传动的润滑	L——润滑剂类
	L-CKC 中载荷工业齿轮油	32 46 68 100 150 220 320 460 680 1000 1500	28.8~35.2 41.4~50.6 61.2~74.8 90~110 135~165 198~242 288~352 414~506 612~748 900~1100 1350~1650	180 200	-12 -9 -5	具有良好的极压抗磨和热氧化安定性，适用于冶金、矿山、机械、水泥等工业的中载荷（500~1100MPa）闭式齿轮传动的润滑	
	L-CKD 重载荷工业齿轮油	68 100 150 220 320 460 680 1000	61.2~74.8 90~110 135~165 198~242 288~352 414~506 612~748 900~1100	180 200	-12 -9 -5	具有良好的极压抗磨性、抗氧化性，适用于冶金、矿山、机械、化工等行业的重载荷齿轮传动的润滑	
主轴油	主轴油(SH 0017—1990)	2 3 5 7 10 15 22	1.98~2.42 2.88~3.52 4.14~5.06 6.12~7.48 9.0~11.0 13.5~16.5 19.8~24.2	70 80 90 115 140 140 140		主要适用于精密机床主轴轴承的润滑及其他以油浴、压力、油雾润滑为润滑方式的滑动轴承和滚动轴承的润滑。10可作为普通轴承用油和缝纫机用油	
全损耗系统用油（GB 443—1989）	L-AN 全损耗系统用油	5 7 10 15 22 32 46 68 100 150	4.14~5.06 6.12~7.48 9.00~11.00 13.5~16.5 19.8~24.2 28.8~35.2 41.4~50.6 61.2~74.8 90.0~110 135~165	80 110 130 150 160 180	-5	不加或加少量添加剂，质量不高，适用于一次性润滑和某些要求较低、换油周期较短的油浴式润滑	

2. 润滑脂

润滑脂是在润滑油中加入稠化剂（如钙、钠、锂等金属皂）混合稠化而成的。有的还可加入一些添加剂以增加抗氧化性和油膜强度。润滑脂稠度大、不易流失、密封简单、承载能力大，但润滑脂的理化性能不如润滑油稳定，摩擦功耗较大，因此常用于低速、重冲击载荷或间歇工作机械中。

润滑脂的主要性能指标为滴点、针入度和耐水性等。

1）滴点是指润滑脂受热后从标准测量杯的孔口滴下第一滴油时的温度。滴点标志着润滑脂的耐高温能力，润滑脂的工作温度应比滴点低 20~30℃。

2）针入度即润滑脂的稠度。将自身重力为 1.5N 的标准锥体在 25℃恒温下，由润滑脂表面自由沉下，经 5s 后该锥体可沉入的深度值（以 0.1mm 为单位）即为润滑脂的针入度。针入度表明润滑脂内阻力的大小和流动性的强弱。针入度越小，表明润滑脂越稠、承载能力越强、密封性越好，但摩擦阻力也越大、流动性越差，因而不易填充较小的摩擦间隙。

3）目前使用最多的是钙基润滑脂，其耐水性强，但耐热性差，常用于 60℃以下的工作场合之中。钠基润滑脂的耐热性好，可用在 115~145℃的工作场合之中，但其耐水性差。锂基润滑脂的性能优良，耐水、耐热性均好，可以在 -20~150℃ 的范围内广泛使用。常用润滑脂的牌号、性能和应用见表 3-3。

表 3-3 常用润滑脂的牌号、性能和应用

名　称	牌号	针入度(25℃)/0.1mm	滴点/℃	使用温度/℃	主要应用
钙基润滑脂	1号	310~340	≥80	-10~60	适用于冶金、纺织等机械设备和拖拉机等农用机械的润滑与防护
	2号	265~295	≥85		
	3号	220~250	≥90		
	4号	175~205	≥95		
钠基润滑脂	2号	265~295	160	-10~110	适用于 -10~110℃ 温度范围内一般中等负荷机械设备的润滑；不适用于与水相接触的润滑部位
	3号	220~250			
锂基润滑脂	1号	310~340	170	-20~120	一种多用途的润滑脂，适用于 -20~120℃ 范围内的各种机械设备的滚动轴承和滑动轴承及其他摩擦部位的润滑
	2号	265~295	175		
	3号	220~250	180		

3. 润滑油和润滑脂中的添加剂

为了改善润滑油和润滑脂的性能，或适应某些特殊的需要，常在普通的润滑油和润滑脂中加入一定的添加剂，使用添加剂是目前改善润滑性能的主要手段。

加入抗氧化添加剂（如二烷基二硫代磷酸盐等）可抑制润滑油氧化变质；加入降凝添加剂（如烷基萘等）可降低润滑油的凝点；加入极压添加剂（又称 EP 添加剂，如二苯化二硫、二锌二硫化磷酸锌等）可以在金属表面上形成一层保护膜，以减轻磨损等。

4. 润滑剂的选用

一般情况下多选用润滑油润滑，但对橡胶、塑料制成的零件可用水润滑。润滑脂常用于不易加油或重载低速场合。气体润滑剂多用于高速轻载场合，如磨床高速磨头的空气轴承。固体润滑剂一般用于不宜使用润滑油或润滑脂的特殊条件下，如高温、高压、极低温、真空、强辐射、不允许污染及无法给油等场合。

润滑剂类型确定后，牌号的选用可从以下几个方面考虑。

（1）工作载荷　润滑油的黏度越大，其油膜承载能力越大，故工作载荷大时，应选用黏度大且油性和极压性好的润滑油。对受冲击载荷或往复运动的零件，因不易形成液体油膜，故应采用黏度大的润滑油或针入度小的润滑脂，或用固体润滑剂。

（2）运动速度　低速不易形成动压油膜，宜选用黏度大的润滑油或针入度小的润滑脂；高速时，为了减少功耗，宜选用黏度小的润滑油或针入度大的润滑脂。

（3）工作温度　低温下工作应选用黏度小、凝点低的润滑油；高温下工作应选用黏度大、闪点高及抗氧化性好的润滑油；工作温度变化大时，宜选用黏温特性好、黏度指数高的润滑油。在极低温下工作，当采用抗凝剂也不能满足要求时，应选用固体润滑剂。

（4）工作表面粗糙度和间隙大小　表面粗糙度大，要求使用黏度大的润滑油或针入度小的润滑脂。间隙小的要求使用黏度小的润滑油或针入度大的润滑脂。

二、润滑方式及润滑装置

为了获得良好的润滑效果，除了正确地选择润滑剂以外，还应选择适当的润滑方式及相应的润滑装置。机械设备的润滑主要集中在传动件和支承件上。对于各种零部件具体的润滑方式及润滑装置将在有关章节中论述，这里仅做简单概述。

油润滑的方式是多种多样的，按润滑方法来分，可分为四大类，即集中润滑或分散润滑；连续润滑或间歇润滑；压力润滑或无压力润滑；循环式润滑或非循环式润滑。分散润滑比集中润滑简便，集中润滑需要一个多出口的润滑装置供油，而分散润滑中各摩擦副的润滑装置则是各自独立的，对于轻载、低速的摩擦副可采用间歇无压力润滑或间歇压力润滑，可利用油壶、油枪将油注入油杯进行润滑。油杯可采用 JB/T 7940.1—1995～JB/T 7940.7—1995 中的适当形式。连续无压力润滑可采用油绳、油垫、针阀式油杯、油环、油轮等润滑装置。而连续压力润滑需采用油泵、喷嘴装置。高速时还可采用油雾发生器实现油雾润滑。

脂润滑的装置较为简单，加脂方式有人工加脂、脂杯加脂和集中润滑系统供脂等。对于单机设备上的轴承、链条等部位，由于润滑点不多，大多采用人工加脂或涂抹润滑脂。对于润滑点多的大型设备，如矿山机械、船舶机械等，则采用集中润滑系统。

第三节　密　封

为了使润滑持续、可靠、不漏油，同时为了防止外界污物进入机体，必须采用相应的密封装置。密封装置是一种能保证密封性的零件组合，一般包括被密封表面（如轴和轴承座的圆柱表面）、密封件（如 O 形圈、毡圈等）和辅助件（如副密封件、受力件、加固件等）。

密封件是防止机件泄漏的主要部件。此外，还常常采用将接合部位焊合、铆合、压合、折边等永久性防止流体泄漏的方法。

1. 对密封件的基本要求

1）在一定的压力和温度范围内具有良好的密封性能。
2）摩擦阻力小，摩擦系数稳定。
3）磨损小，磨损后在一定程度上能自动补偿，工作寿命长。
4）结构简单、装拆方便、价格低廉。

2. 常用密封件

各种密封件都为标准件，可查阅有关手册选取适当的形式与尺寸，如油封毡圈可查阅 FZ/T 92010—1991，O 形圈可查阅 GB/T 3452.1—2005。

3. 设计密封装置时应注意的问题

任何一种密封装置的工作性能都受到不同因素的影响，这些因素往往是相互关联的。设计密封装置时应考虑以下一些问题。

1) 工况寿命、温度、载荷、滑动速度、储藏和运输条件、结构有无振动、工作参数是否变动等。

2) 被密封介质的性能，如冰点和沸点、热物理性能、化学活性、黏度及黏温和黏压关系、狭隙中的特性等。

3) 配合零件及其涂层的材料性能（如强度性能），特别是疲劳强度及松弛性能、热物理性能等。

4) 机器中安装密封装置部位的结构，包括零件的结构形状和质量、零件的热物理性能、冷却条件和润滑条件、同轴度、径向圆跳动、表面几何特性等。

5) 密封装置的制造和装配工艺性，如表面加工方法和特性、制造精度、工艺规范是否符合装配顺序等。

6) 机器的运转正确性，如运转参数是否符合计算值、检查周期和润滑剂的更换等。

第四节　流体动力润滑原理简介

根据摩擦面间油膜形成的原理，可把流体润滑分为流体动力润滑（利用摩擦面间的相对运动而自动形成承载油膜的润滑）及流体静力润滑（从外部将加压的油送入摩擦面间，强迫形成承载油膜的润滑）。当两个曲面体做相对滚动或滚—滑运动时，如滚动轴承中的滚动体与套圈相接触；一对齿轮的两个轮齿相啮合等，若条件合适，也能在接触处形成承载油膜。这时不但接触处的弹性变形和油膜厚度不容忽视，而且它们彼此影响、互为因果。因而把这种润滑称为弹性流体动力润滑，简称弹流润滑。

一、流体动力润滑

两个做相对运动物体的摩擦表面，用借助于相对速度而产生的黏性流体膜将两摩擦表面完全隔开，由流体膜产生的压力来平衡外载荷，称为流体动力润滑。所用的黏性流体可以是液体（如润滑油），也可以是气体（如空气等），相应地称为液体动力润滑和气体动力润滑。流体动力润滑的主要优点是：摩擦力小、磨损小，并可以缓和振动与冲击。

下面简要介绍流体动力润滑中的楔效应承载机理。

图 3-5a 所示 A、B 两板平行，板间充满有一定黏度的润滑油，若板 B 静止不动，板 A 以速度 v 沿 x 方向运动。由于润滑油的黏性及它与平板间的吸附作用，与板 A 紧贴的油层的流速为 v，等于板速。润滑油的流动属于层流流动，则其他各流层的流速按直线规律分布。这种流动是由油层受到剪切作用而产生的，所以称为剪切流。这时通过两平行平板间的垂直截面处的流量都相等，润滑油虽能维持连续流动，但油膜对外载荷并无承载能力。本书忽略

了流体由于受到挤压作用而产生压力的效应。

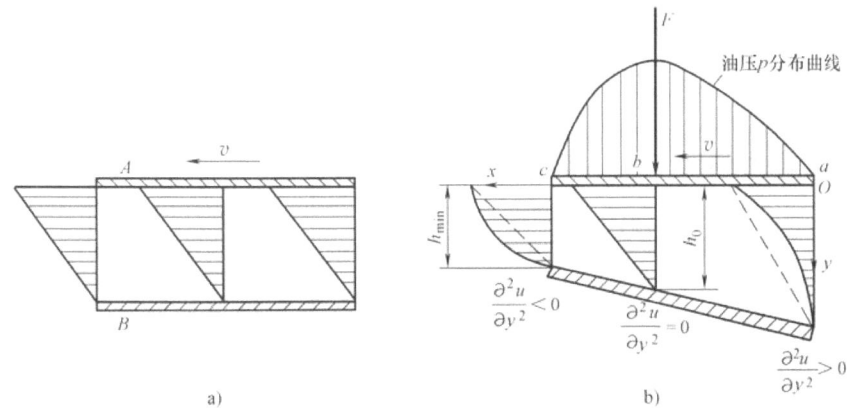

图 3-5　两相对运动平板间油层中的速度分布和压力分布
a）两板平行　b）两板相互倾斜

当两平板相互倾斜、其间形成楔形收敛间隙，且移动件的运动方向是从间隙较大的一方移向间隙较小的一方时，若各油层的分布规律如图 3-5b 中的虚线所示，则进入间隙的油量必然大于流出间隙的油量。由于液体是不可压缩的，因此进入此楔形间隙的过剩油量，必将由进口 a 及出口 c 两处截面挤出，即产生一种因压力而引起的流体的流动，称为压力流。这时，楔形收敛间隙中油层流动速度将由剪切流和压力流两者叠加，因而进口处油的速度曲线呈内凹形，出口处的呈外凸形。只要连续充分地提供一定黏度的润滑油，并且 A、B 两板相对速度的值足够大，流入楔形收敛间隙流体产生的动压力是能够稳定存在的。这种具有一定黏性的流体流入楔形收敛间隙而产生压力的效应称为流体动力润滑的楔效应。

二、弹性流体动力润滑

弹性流体动力润滑理论是研究在相互滚动或伴有滑动的滚动条件下，两弹性物体间的流体动力润滑膜的力学性质，把计算在油膜压力下摩擦表面的变形的弹性方程、表述润滑剂黏度与压力间关系的黏压方程与流体动力润滑的主要方程结合起来，以求解油膜压力分布、润滑膜厚度分布等问题。

图 3-6 所示为典型弹性流体动力润滑油膜厚度及压力分布。依靠润滑剂与摩擦表面的黏附作用，两圆柱相互滚动时将润滑剂带入间隙。由于接触压力较高、接触面发生局部弹性变形，接触面积扩大，在接触面间形成了一个平行的缝隙，在出油口处的接触面边缘出现了使间隙变小的凸起部分（一种缩颈现象），并形成最小油膜厚度，出现第二峰值压力。由于任何零件表面都有一定的表面粗糙度，当弹性

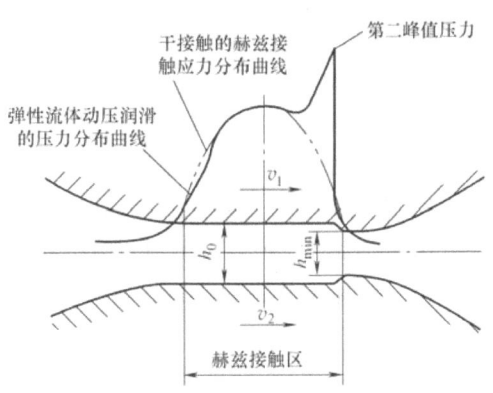

图 3-6　典型弹性流体动力润滑油膜厚度及压力分布

流体动力润滑的油膜很薄时,接触表面的表面粗糙度对润滑性能具有决定性的影响。一般认为要实现完全弹性流体动力润滑,其膜厚比 λ 应大于 3。当 $\lambda<3$ 时,总有少数表面轮廓峰会直接接触,这种状态称为部分弹性流体动力润滑状态。生产实际中绝大多数的齿轮、滚动轴承等都是在这种润滑状态下工作的。

三、流体静力润滑

流体静力润滑是靠液压泵或其他压力流体源,将加压后的流体送入两摩擦表面之间,利用流体静压力来平衡外载荷。图 3-7 为典型流体静力润滑系统示意图,由液压泵将润滑剂加压、通过补偿元件送入摩擦件的油腔,润滑剂再通过油腔周围的封油面与另一摩擦面构成的间隙流出,并降至环境压力。油腔一般开在承导件上。环境压力包围的封油面和油腔总称为油垫,一个油垫可以有一个或几个油腔。一个单油腔

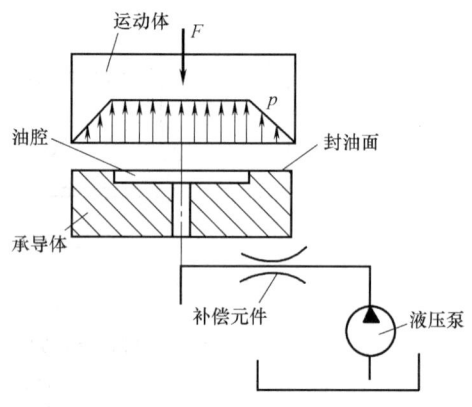

图 3-7 典型流体静力润滑系统示意图

油垫不能承受倾覆力矩。两个静止的、平行的摩擦表面间能采用流体静力润滑、形成流体膜。它的承载能力不依赖于流体黏度,故能用黏度极低的润滑剂,进而摩擦副承载能力提高、摩擦力矩降低。

思 考 题

3.1 一台减速器装配完成后,需进行一段时间的试运转,然后将此润滑油倒掉,清洗各组件,为什么要这样做?

3.2 冬天在流体系统中加入 L-AN22 润滑油是合适的,不会漏油;而夏天加入后会产生漏油现象,这是为什么?如何改变?

3.3 夏天发现液压系统中的油变稀,有人将润滑脂加入,调均后变稠些,这样行吗?为什么?

3.4 润滑剂的作用是什么?常用的润滑剂有几类?

3.5 润滑剂中加入添加剂的作用是什么?

3.6 如何选择适当的润滑剂?

3.7 摩擦按摩擦副表面间的润滑状态可分为哪几类?各有何种特点?

3.8 混合摩擦属于哪种摩擦状态?

3.9 磨损的一般过程是怎样的?为什么要认真对待零件的磨合阶段?

3.10 磨损有几种基本类型?减少磨损的途径有哪些?

3.11 何谓润滑油的黏度?黏度相同的两种润滑油是否可以互相替代?有什么前提条件?

第四章 带传动

第一节 概述

一、带传动的组成及工作原理

带传动是两个或两个以上带轮之间以带作为挠性构件，靠带与带轮接触面间的摩擦（或啮合）进行运动及动力传递的一种传动装置。带传动一般由主动轮、从动轮和紧套在两轮上的传动带组成，如图4-1所示。根据工作原理不同，带传动可分为摩擦带传动和同步带传动两类。

摩擦带传动（图4-1a）中，由于传动带紧套在带轮上，使带与带轮的接触面上产生正压力，当主动轮转动时，带与主动轮接触面间产生摩擦力，作用于带上的摩擦力方向和主动轮圆周速度方向相同，驱使带运动。在从动轮上，带作用于从动轮上的摩擦力方向与带的运动方向相同，靠此摩擦力使从动轮转动，从而实现主动轮到从动轮间的运动和动力的传递。

同步带传动（图4-1b）依靠带内周的等距横向齿与带轮相应齿槽间的啮合传递运动和动力。

本章主要介绍摩擦带传动。

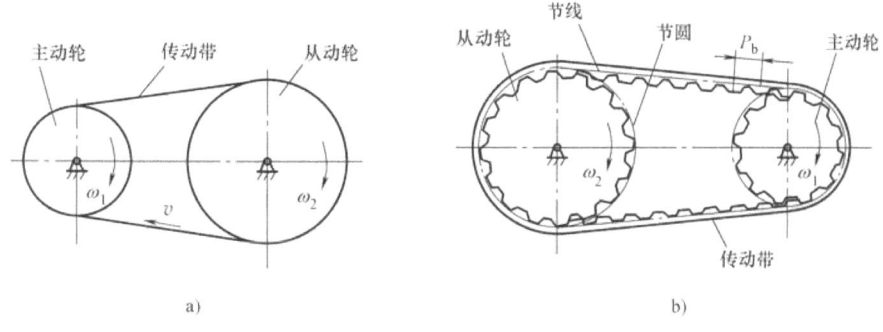

图4-1 带传动分类
a）摩擦带传动 b）同步带传动

二、带传动的类型、特点和应用

（一）带传动的类型

根据带的截面形状不同，带传动可以分为平带传动（图 4-2a）、V 带传动（图 4-2b）、圆带传动（图 4-2c）和多楔带传动（图 4-2d）。平带横截面为矩形，工作面为内平面；V 带横截面为梯形，工作面为两侧面；圆带的横截面为圆形；多楔带是以平带为基体、内表面具有等距纵向楔，工作面为楔的侧面的传送带。

平带传动结构简单、制造容易、传动效率较高、带的寿命较长，适用于较大中心距的远距离传动。常用的平带有普通平带（以挂胶帆布为承载层的平带）、编织平带（由棉、毛、丝等）纤维线编织成的无接头平带、复合平带（也称高强度传动平带，由尼龙片或涤纶绳为承载层，工作面贴铬鞣革或弹胶体等层压而成）。平带的挠性好，带轮制造方便，属于平面摩擦传动。因为平带具有较小的离心力和较好的柔性，目前平带传动常用在高速场合。

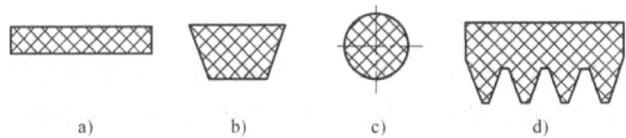

图 4-2 带传动类型
a) 平带　b) V 带　c) 圆带　d) 多楔带

V 带传动传动带的横截面为梯形，带轮上有相应的轮槽，其两侧面为工作面。根据楔形摩擦原理，在相同的初拉力或相同的正压力 F_Q 作用下，V 带传动较平带传动能产生较大的摩擦力（图 4-3），从而提高了 V 带传动的工作能力。通常 V 带传动适用于较小中心距和较大传动比的场合，其结构较为紧凑。但 V 带磨损较快、价格较贵、传动效率较低。在一般机械中，V 带传动已取代了平带传动而成为应用最广的带传动装置，故本章主要介绍 V 带传动。

圆带结构简单，其材料常为皮革、棉、麻、锦纶等，多用于小功率传动，如仪器和家用器械中。

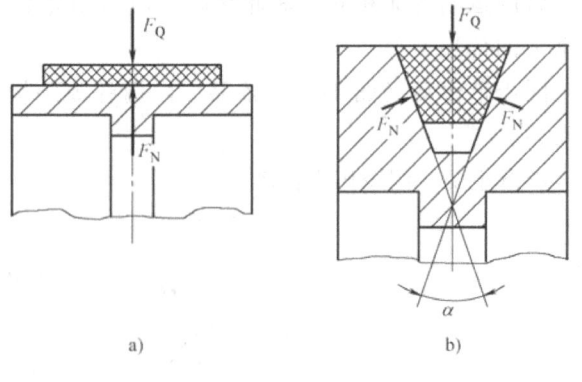

图 4-3 平带和 V 带的比较
a) 平带传动　b) V 带传动

多楔带传动兼有平带和 V 带传动的优点，互补其不足，解决了多根 V 带长短不一而使各带受力不均的问题，适用于要求结构紧凑、传递功率较大的场合，传动比可达 10，带速可达 40m/s。

（二）带传动的特点

与其他传动相比，带传动是一种比较经济的传动形式，带的弹性和柔性使带传动具有以

下优点:

1) 运行平稳、噪声小。
2) 能缓冲冲击载荷。
3) 构造简单、对制造精度要求低,特别是在中心距大的地方。
4) 不用润滑、维护成本低。
5) 过载时打滑,在一般情况下,可以保护传动系统中的其他零件。

其缺点是:

1) 带存在弹性滑动,使传动效率降低,传动比不像啮合传动那样准确(同步带除外)。
2) 带的寿命较短,一般只有 2000~3000h,且不宜于高温、易燃、易爆等场合使用。
3) 传递同样大的圆周力时,轴上的压轴力和轮廓尺寸比啮合传动大。

(三) 应用范围

带传动广泛应用在国民经济和人民生活的各个领域,特别是在中心距大的场合,如农业机械、食品机械、汽车、自动化设备等。

由于带传动的上述特点,故不宜做大功率传动,一般来说,平带传动传递功率小于 500kW(常用 20~30kW);V 带传动传递功率小于 700kW(常用 50~100kW);传动比 $i \leqslant 7$(常用 $i \leqslant 5$)。带的工作速度一般为 5~25m/s,带速不宜过低或过高,否则均会降低带传动的传动能力。

三、V 带的类型、特点和结构

根据传动带的截面高度 h 与其节宽 b_p 的比值不同,V 带有普通 V 带(图 4-4a)、窄 V 带(图 4-4b)、联组 V 带(图 4-4c)、齿形 V 带(图 4-4d)、大楔角 V 带(图 4-4e)、宽 V 带(图 4-4f)等多种类型。V 带的类型和特点见表 4-1。其中普通 V 带和窄 V 带已标准化。带的尺寸按 GB/T 11544—2012。普通 V 带有 Y、Z、A、B、C、D、E 七种型号,其截面尺寸依次增加,截面大时同样条件下带的传递功率大。窄 V 带分为基准宽度制的窄 V 带(GB/T 13575.1—2008)和有效宽度制的窄 V 带(GB/T 13575.2—2008),本章只介绍前者。基准宽度制的窄 V 带有 SPZ、SPA、SPB、SPC 四种型号。V 带的截面尺寸和特性数据见表 4-2。

表 4-1 V 带的类型和特点

类型	简图	特点	类型	简图	特点
普通 V 带		较平带摩擦力大,允许包角小,传动比大。相对高度 h/b_p 约为 0.7	齿形 V 带		内周制成齿形,带的散热性、与轮子的贴着性好,挠曲性好。它的带轮上有 V 形槽、无齿
窄 V 带		节宽 b_p 相同时,比普通 V 带的承载能力大,结构更紧凑。相对高度 h/b_p 约为 0.9	联组 V 带		一般用在功率和传动比较大的场合,但要求张紧力大

表 4-2　V 带的截面尺寸和特性数据

截面图	类型		节宽 b_p/mm	顶宽 b/mm	高度 h/mm	楔角 φ/(°)
	普通 V 带	窄 V 带				
	Y		5.3	6	4	
	Z		8.5	10	6	
		SPZ	8.5	10	8	
	A		11.0	13	8	
		SPA	11.0	13	10	
	B		14.0	17	11	40
		SPB	14.0	17	14	
	C		19.0	22	14	
		SPC	19.0	22	18	
	D		27.0	32	19	
	E		32.0	38	23	

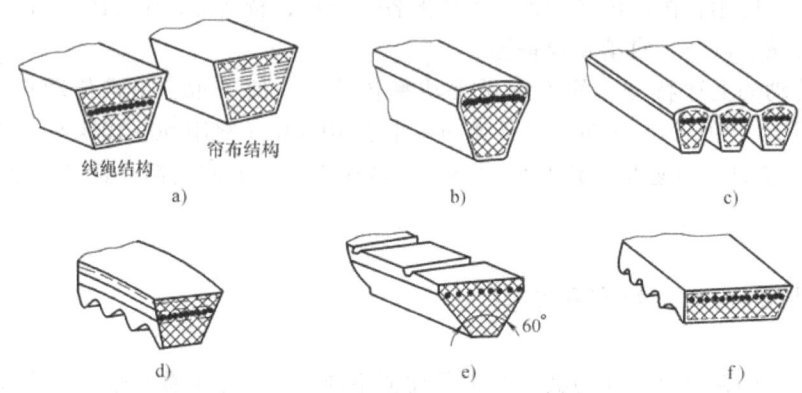

图 4-4　V 带的类型

a) 普通 V 带　b) 窄 V 带　c) 联组 V 带　d) 齿形 V 带　e) 大楔角 V 带　f) 宽 V 带

V 带均制成无接头的环形，其结构由包布层、顶胶、抗拉体及底胶等部分构成。抗拉体用来承受基本拉力，顶胶和底胶在带弯曲时分别承受拉伸和压缩，包布主要起保护作用。按抗拉体的结构可分为帘布芯 V 带（图 4-5a）和绳芯 V 带（图 4-5b）两种类型。绳芯 V 带挠性好、抗扭强度高，适用于转速较高、带轮直径较小、结构紧凑的场合。帘布芯 V 带制造方便、抗拉强度较高，但易伸长、发热和脱层。

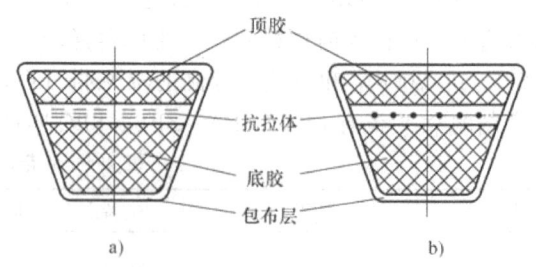

图 4-5　V 带的抗拉体的结构

a) 帘布芯 V 带　b) 绳芯 V 带

当 V 带垂直其底边弯曲时，在带中保持原长度不变的一条周线称为节线；由全部节线构成的面称为节面（见表 4-2 中的截面图）；节面宽度称为节宽 b_p。

在 V 带轮上与所配用 V 带的节宽 b_p 相对应的带轮直径称为基准直径 d_d。V 带在规定的张紧力下，位于带轮基准直径上的周线长度称为基准长度 L_d。普通 V 带基准长度及带长修正系数 K_L 见表 4-3。

表 4-3 普通 V 带基准长度及带长修正系数 K_L

Y L_d/mm	K_L	Z L_d/mm	K_L	A L_d/mm	K_L	B L_d/mm	K_L	C L_d/mm	K_L	D L_d/mm	K_L	E L_d/mm	K_L
200	0.81	405	0.87	630	0.81	930	0.83	1565	0.82	2740	0.82	4660	0.91
224	0.82	475	0.90	700	0.83	1000	0.84	1760	0.85	3100	0.86	5040	0.92
250	0.84	530	0.93	790	0.85	1100	0.86	1950	0.87	3330	0.87	5420	0.94
280	0.87	625	0.96	890	0.87	1210	0.87	2195	0.90	3730	0.90	6100	0.96
315	0.89	700	0.99	990	0.89	1370	0.90	2420	0.92	4080	0.91	6850	0.99
355	0.92	780	1.00	1100	0.91	1560	0.92	2715	0.94	4620	0.94	7650	1.01
400	0.96	920	1.04	1250	0.93	1760	0.94	2880	0.95	5400	0.97	9150	1.05
450	1.00	1080	1.07	1430	0.96	1950	0.97	3080	0.97	6100	0.99	12230	1.11
500	1.02	1330	1.13	1550	0.98	2180	0.99	3520	0.99	6840	1.02	13750	1.15
		1420	1.14	1640	0.99	2300	1.01	4060	1.02	7620	1.05	15280	1.17
		1540	1.54	1750	1.00	2500	1.03	4600	1.05	9140	1.08	16800	1.19
				1940	1.02	2700	1.04	5380	1.08	10700	1.13		
				2050	1.04	2870	1.05	6100	1.11	12200	1.16		
				2200	1.06	3200	1.07	6815	1.14	13700	1.19		
				2300	1.07	3600	1.09	7600	1.17	15200	1.21		
				2480	1.09	4060	1.13	9100	1.21				
				2700	1.10	4430	1.15	10700	1.24				
						4820	1.17						
						5370	1.20						
						6070	1.24						

窄 V 带基准长度及带长修正系数见表 4-4。

表 4-4 窄 V 带基准长度及带长修正系数

基准长度 L_d/mm	K_L			
	SPZ	SPA	SPB	SPC
630	0.82			
710	0.84			
800	0.86	0.81		
900	0.88	0.83		
1000	0.90	0.85		
1120	0.93	0.87		
1250	0.94	0.89	0.82	
1400	0.96	0.91	0.84	
1600	1.00	0.93	0.86	
1800	1.01	0.95	0.88	0.81
2000	1.02	0.96	0.90	0.83
2240	1.05	0.98	0.92	0.86
2500	1.07	1.00	0.94	0.88
2800	1.09	1.02	0.96	0.90
3150	1.11	1.04	0.98	0.92
3550	1.13	1.06	1.00	0.94
4000		1.08	1.02	0.96
4500		1.09	1.04	0.98
5000			1.06	1.00
5600			1.08	1.02
6300			1.10	1.04
7100			1.12	1.06
8000			1.14	1.08
9000				1.10
10000				1.12
11200				1.14
12500				

第二节 带传动工作情况分析

一、带传动中的受力分析

安装时,传动带即以一定的预紧力 F_0 紧套在两个带轮上,使带和带轮相互压紧。带不工作时(图 4-6a),带两边的拉力相等,均为 F_0;带在工作时(图 4-6b),设主动轮以带速 n_1 转动,带与带轮的接触面间便产生摩擦力,主动轮作用在带上的摩擦力 F_f 的方向和主动轮的圆周速度方向相同,从动轮作用在带上的摩擦力 F_f 的方向和从动轮的圆周速度方向相反,从而由带和带轮工作面间的摩擦力使其一边的拉力由 F_0 增大到 F_1,称为紧边拉力;另一边的拉力由 F_0 减小到 F_2,称为松边拉力,两者之差为带的有效拉力 F_e。在带传动中,有效拉力 F_e 并不是作用于某固定点的集中力,而是带和带轮接触面上的各点摩擦力的总和 $\sum F_f$。若近似地认为带工作时的总长度不变,则带的紧边拉力的增加量,应等于松边拉力的减小量。

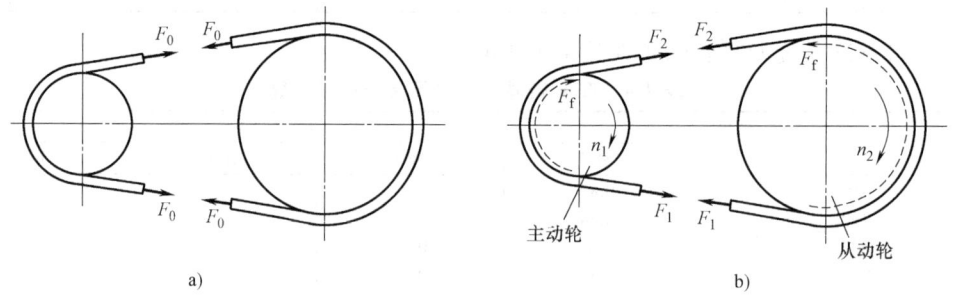

图 4-6 带传动中的受力分析

带传动正常工作时有如下关系:

$$\begin{cases} F_e = \sum F_f = F_1 - F_2 = \dfrac{1000P}{v} \\ F_1 - F_2 = F_0 - F_2 \end{cases} \rightarrow \begin{cases} F_1 = F_0 + \dfrac{F_e}{2} \\ F_2 = F_0 - \dfrac{F_e}{2} \end{cases} \tag{4-1}$$

带传递的功率

$$P = \frac{F_e v}{1000} \tag{4-2}$$

式中 v——带速(m/s);

P——名义传动功率(kW)。

由上述分析可知,带的两边的拉力 F_1 和 F_2 的大小,取决于预紧力 F_0 和带传动的有效拉力 F_e。在带传动的传动能力范围内,F_e 的大小又和传动的功率 P 及带速有关。当传动的功率增大时,带的两边拉力的差值 $F_e = F_1 - F_2$ 也要相应地增大。带的两边拉力的这种变化,实际上反映了带和带轮接触面上摩擦力的变化。显然,当其他条件不变且预紧力 F_0 一定时,这个摩擦力有一极限值即最大摩擦力 $\sum F_{fmax}$（临界值，最大有效圆周力），当 $\sum F_{fmax} \geq F_e$ 时，带传动才能正常运转。若所需传递的圆周力（有效拉力）超过这一极限值时，传动带将在带轮上打滑。这个极限值就限制着带传动的传动能力。

二、带传动的最大有效拉力及其影响因素

带传动中，当带有打滑趋势时，摩擦力即达到极限值，也即带传动的有效拉力达到最大值。这时，根据理论推导有下列关系：

$$\frac{F_1}{F_2} = e^{f\alpha} \rightarrow F_1 = F_2 e^{f\alpha} \tag{4-3}$$

式中　f——摩擦系数（对 V 带 f 用 f_v 代）；

　　　α——带在带轮上的包角（rad），一般为主动轮；

小带轮包角　　　　$\alpha_1 \approx 180° - \dfrac{d_{d2}-d_{d1}}{a} \times 60°$ \hfill (4-4)

大带轮包角　　　　$\alpha_2 \approx 180° + \dfrac{d_{d2}-d_{d1}}{a} \times 60°$ \hfill (4-5)

　　　e——自然对数的底（$e = 2.718\cdots$）

式（4-3）即为柔韧体摩擦的欧拉公式。

联立 $\begin{cases} F_1 = F_0 + \dfrac{F_e}{2} \\ F_2 = F_0 - \dfrac{F_e}{2} \\ F_e = F_1 - F_2 \\ F_1 = F_2 e^{f\alpha} \end{cases}$

得最大有效拉力 F_{ec}

$$F_{ec} = F_1 \left(1 - \frac{1}{e^{f\alpha}}\right) \tag{4-6}$$

$$F_{ec} = 2F_0 \left(\frac{e^{f\alpha}-1}{e^{f\alpha}+1}\right) \tag{4-7}$$

由式（4-7）可知最大有效拉力 F_{ec} 与下列因素有关。

1) 预紧力 F_0　最大有效拉力 F_{ec} 与 F_0 成正比。这是因为 F_0 越大，带与带轮间的正压力越大，则传动时的摩擦力就越大。但 F_0 过大时，将使带的拉力增大、磨损加剧、寿命缩短。F_0 过小时，带传动的工作能力下降，易发生打滑。

2) 包角 α　最大有效拉力 F_{ec} 与 α 成正比。因为 α 越大，带与带轮接触面上所产生的总摩擦力越大，传动能力越高。由于小带轮上的包角 α_1 较小，因此带传动的最大有效拉力 F_{ec} 取决于小带轮上的包角 α_1 的大小。

3) 摩擦系数 f 与最大有效拉力 F_{ec} 成正比。摩擦系数 f 与带及带轮的材料和表面状况、工作环境等有关。

此外带的单位质量 q 和带速 v 对最大有效拉力 F_{ec} 也有影响，带的 q、v 越大，最大有效拉力 F_{ec} 越小，故高速传动时带的质量要尽可能轻。

三、带的应力分析

传动带在工作过程中，会产生三种应力。

（一）拉应力 σ

紧边的拉应力

$$\sigma_1 = F_1/A \tag{4-8a}$$

松边的拉应力

$$\sigma_2 = F_2/A \tag{4-8b}$$

式中　F_1、F_2——紧边、松边拉力（N）；
　　　A——带的截面面积（mm^2）。

（二）弯曲应力 σ_b

带在绕过带轮时，因弯曲而产生弯曲应力，弯曲应力作用在带轮段。以 V 带为例，由材料力学可知弯曲应力为

$$\sigma_b = \frac{M}{W} = E\frac{h}{d_d} \tag{4-9}$$

式中　E——带材料的弹性模量（MPa）；
　　　d_d——带轮基准直径（mm）；
　　　h——带的高度（mm）。

由式（4-9）可知，当 h 越大、d_d 越小时，弯曲应力 σ_b 就越大。故带绕在小带轮上时的弯曲应力 σ_{b1} 大于绕在大带轮上时的弯曲应力 σ_{b2}。为了避免弯曲应力过大，带轮的基准直径就不能过小。V 带轮的最小基准直径见表 4-5。

表 4-5　V 带轮的最小基准直径

带型	Y	Z	SPZ	A	SPA	B	SPB	C	SPC	D	E
d_{dmin}/mm	20	50	63	75	90	125	140	200	224	355	500

（三）离心拉应力

带在绕过带轮时做圆周运动，从而产生离心力，并在带中引起离心拉力 F_e，从而在带中引起离心拉应力 σ_c，σ_c 作用在整个带长上

$$\sigma_c = \frac{F_e}{A} = \frac{qv^2}{A} \tag{4-10}$$

式中　q——V 带的单位长度质量（kg/m），见表 4-6；
　　　v——带的线速度（m/s）；
　　　A——带的截面面积（mm^2）。

表 4-6　V 带的单位长度质量（摘自 GB/T 13575.1—2008）

带型	Y	Z	SPZ	A	SPA	B	SPB	C	SPC	D	E
m/(kg/m)	0.023	0.06	0.072	0.105	0.112	0.17	0.192	0.30	0.37	0.63	0.97

由式（4-10）可知，带的速度对离心拉应力影响很大。离心力虽然只产生在带做圆周运

动的弧段上，但由此而引起的离心拉应力却作用于传动带的全长上，且各处大小相等。离心力的存在，使传动带与带轮接触面上的正压力减小，带传动的工作能力将有所降低。

由上述分析可知，带传动在传递动力时，带中产生拉应力、弯曲应力和离心拉应力，其应力分布如图 4-7 所示。从图 4-7 中可以看出，在紧边进入主动轮处带的应力最大（减速传动时），其值为

$$\sigma_{max} = \sigma_1 + \sigma_{b1} + \sigma_c \tag{4-11}$$

如图 4-7 所示，带运行时，作用在带上某点的应力是随它所处位置不同而变化的，所以带是在变应力下工作的，当应力循环次数达到一定数值后，带将产生疲劳破坏。

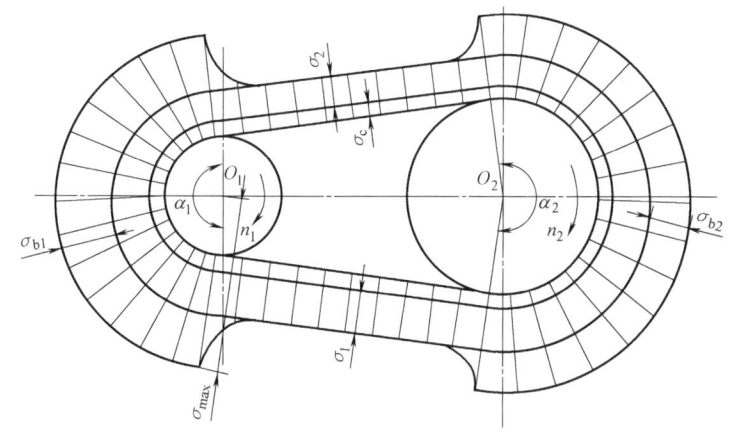

图 4-7　带工作时的应力分布示意图

带的疲劳寿命与应力的关系曲线是非线性的，下面的实验规律可以帮助设计者理解改变传动参数对带的疲劳寿命的影响。

1）当带轮直径减小 10%，带的寿命缩短将近一半。
2）当传递功率提高 10%，带的寿命缩短将近一半。
3）当带长减小 50%，带的寿命缩短将近一半（带的寿命与带长成正比）。

四、弹性滑动和打滑

（一）弹性滑动

带传动在工作时，带受到拉力后要产生弹性变形。由于带传动在工作过程中紧边和松边的拉力不等，带所受的拉力是变化的，因此带受力后的弹性变形也是变化的。

如图 4-8 所示，当带在 b 点绕上主动轮时，带的速度 v 和主动轮的圆周速度 v_1 是相等的。但在带自 b 点转到 c 点的过程中，所受拉力由 F_1 逐渐降到 F_2，弹性伸长量也要相应减小。这样带在主动轮上一面随带轮前进，一面向后收缩，因此带的速度低于主动轮的圆周速度，造成两者之间发生相对滑动。在从动轮上，情况正好相反，即带的速度 v 大于从动轮的圆周速度 v_2，两者之间也发生相对滑动。由于带传动中存在着带的弹性变形的变化，导致了带与带轮之间有一定的相对速度，因此存在带与带轮之间的相对滑动。这种因弹性变形的相对滑动称为带传动的弹性滑动。

弹性滑动是带传动中无法避免的一种正常的物理现象。由于弹性滑动的存在，使得带与带轮间产生摩擦和磨损，使带温度升高，降低了传动效率；从动轮的圆周速度 v_2 低于主动轮的圆周速度 v_1，即产生了速度损失。这种速度损失还随外载荷的变化而变化，这就使得带传动不能保证准确的传动比。

由于弹性滑动的影响，将使从动轮的圆周速度 v_2 低于主动轮的圆周速度 v_1，其降低率可用滑动率 ε 来表示

$$\varepsilon = \frac{v_1 - v_2}{v_1} \times 100\% \qquad (4\text{-}12\text{a})$$

在考虑弹性滑动的情况下，带传动的传动比为

$$i = \frac{n_1}{n_2} = \frac{d_{d2}}{d_{d1}(1-\varepsilon)} \qquad (4\text{-}12\text{b})$$

式中　n_1、n_2——主、从动轮的转速（r/min）；

d_{d1}、d_{d2}——主、从动轮的基准直径（mm）。

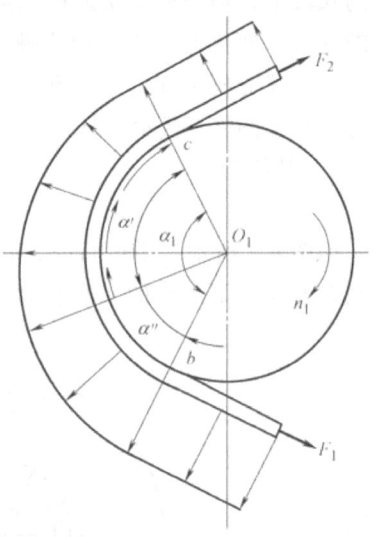

图 4-8　弹性滑动

滑动率 ε 的值与弹性滑动的大小有关，也即与带的材料和受力大小等因素有关，不能得到准确的数值，因此带传动不能获得准确的传动比。带传动的滑动率一般为 1%～2%，粗略计算时可忽略不计。

（二）打滑

一般说来，并不是全部接触弧上都发生弹性滑动。接触弧可分成有相对滑动（动弧）和无相对滑动（静弧）两部分（图 4-8），两段弧所对应的中心角，分别称为滑动角（α'）和静角（α''）。实践证明，静弧总是出现在带进入带轮的这一边上，动弧总是发生在离开带轮的一侧。带不传递载荷时，滑动角为零，随着载荷增加，滑动角逐渐加大而静角则在减小，当滑动角增大到包角 α 时，达到极限状态，带传动的有效拉力达最大值，带就开始打滑。打滑将造成带的严重磨损并使带的运动处于不稳定状态。对于开口传动，带在大轮上的包角总是大于在小轮上的包角，故打滑总是先在小带轮上开始的。

注意：不能将弹性滑动和打滑混淆起来，打滑是由过载引起的带在带轮上的全面滑动；打滑可以避免，弹性滑动不能避免。

第三节　V 带传动的设计计算

一、带传动的失效形式、设计准则及单根 V 带的基本额定功率

（一）带传动的失效形式、设计准则

根据带传动的工作情况分析可知，带传动的主要失效形式有带的疲劳断裂、打滑和磨损。

（1）疲劳断裂　带的任一横截面上的应力将随着带的运转而循环变化，当应力循环达到一定的次数，即运行一定的时间后，带在局部出现疲劳断裂脱层，随之出现疏松状态甚至

断裂,从而发生疲劳断裂,丧失传动能力。

(2) 打滑 当工作外载荷超过带传动的最大有效拉力时,带与小带轮沿整个工作面出现相对滑动,导致传动打滑失效。

(3) 磨损 弹性滑动(不可避免)、打滑,造成带与带轮间相对滑动,使带产生磨损。

带的疲劳断裂和打滑是常见的失效形式,因此带传动的设计准则是:既要在工作中充分发挥其工作能力而又不打滑,同时还要求传动带有足够的疲劳强度,以保证一定的使用寿命。

(二) 单根 V 带的基本额定功率

单根 V 带所能传递的基本额定功率是指在一定预紧力作用下,带传动不发生打滑且有足够疲劳寿命时所能传递的最大功率。

(1) 由疲劳强度条件得

$$\sigma_1 \leq ([\sigma] - \sigma_{b1} - \sigma_c) \tag{4-13}$$

(2) 由带传动不打滑条件

$$F_{ec} = F_1 \left(1 - \frac{1}{e^{f v \alpha}}\right) = \sigma_1 A \left(1 - \frac{1}{e^{f v \alpha}}\right) \tag{4-14}$$

故传递的临界功率为

$$P = \frac{F_{ec} v}{1000} = \sigma_1 A \left(1 - \frac{1}{e^{f v \alpha}}\right) \frac{v}{1000} \tag{4-15}$$

整理得单根 V 带所能传递的功率为

$$P_1 = ([\sigma] - \sigma_{b1} - \sigma_c) A \left(1 - \frac{1}{e^{f v \alpha}}\right) \frac{v}{1000} \tag{4-16}$$

(3) 许用应力 $[\sigma]$ 对于一定规格、材质的带,特定试验条件下:在传动比 $i=1$ (即包角 $\alpha = 180°$)、特定带长、载荷平稳条件下,在 $10^8 \sim 10^9$ 次的循环次数时,V 带许用应力为

$$[\sigma] = \sqrt[m]{\frac{C}{N}} = \sqrt[11.1]{\frac{C L_d}{3600 j L_h v}} \tag{4-17}$$

式中 j——绕过带轮的数目;

L_h——总工作时数(h);

v——带速(m/s);

m——指数;

L_d——带的基准长度(m);

C——由试验得到的常数,取决于带的材料和结构。

若实际工况下包角不等于 180°、胶带长度与特定带长不同,则应引入包角修正系数 K_α (表 4-7) 和带长修正系数 K_L (表 4-3),实际工况与试验工况不同,则应引入工况系数 K_A (表 4-8)。在特定试验条件下,根据式 (4-16) 计算出的单根 V 带的基本额定功率 P_1 列于表 4-9 和表 4-11。当传动比 $i>1$ 时,由于从动轮直径大于主动轮直径,传动带绕过从动轮时所产生的弯曲应力低于绕过主动轮时所产生的弯曲应力。因此,工作能力有所提高,即单根 V 带有一功率增量 ΔP_1,其值列于表 4-10 和表 4-12。这时单根 V 带所能传递的功率即为 P_1+

ΔP_1。V带轮的基准直径系列见表4-13。

表4-7 包角修正系数 K_α

小带轮包角	180°	175°	170°	165°	160°	155°	150°	145°	140°	135°	130°	125°	120°	115°	110°	105°	100°	95°	90°
K_α	1	0.99	0.98	0.96	0.95	0.93	0.92	0.91	0.89	0.88	0.86	0.84	0.82	0.80	0.78	0.76	0.74	0.72	0.69

表4-8 工况系数 K_A

工况		K_A					
		空、轻载启动①			重载启动②		
		每天工作小时数/h					
		<10	10~16	>16	<10	10~16	>16
载荷变动最小	液体搅拌机、通风机和鼓风机(≤7.5kW)、离心式水泵和压缩机、轻载输送机	1.0	1.1	1.2	1.1	1.2	1.3
载荷变动小	带式输送机(不均匀载荷)、通风机(>7.5kW)、旋转式水泵和压缩机(非离心式)、发动机、金属切削机床、印刷机、旋转筛、锯木机和木工机械	1.1	1.2	1.3	1.2	1.3	1.4
载荷变动较大	制砖机、斗式提升机、往复式水泵和压缩机、起重机、磨粉机、压力机、橡胶机械、振动筛、纺织机械、重载输送机	1.2	1.3	1.4	1.4	1.5	1.6
载荷变动很大	破碎机(旋转式、颚式等)、磨碎机(球磨、棒磨、管磨)	1.3	1.4	1.5	1.5	1.6	1.8

① 空、轻载启动—电动机(交流启动、三角启动、直流并励)、四缸以上的内燃机、装有离心式离合器、液力联轴器的动力机。
② 重载启动—电动机(联机交流启动、直流复励或串励)、四缸以下的内燃机。

表4-9 单根普通V带所能传递的基本额定功率 P_1　　　　　　　(单位：kW)

型号	小带轮的基准直径 d_{d1}/mm	小带轮的转速 n_1/(r/min)													
		200	400	700	800	950	1200	1450	1600	2000	2400	2800	3200	3600	4000	5000	6000
Y	20	—	—	—	0.01	0.02	0.02	0.03	0.03	0.04	0.04	0.05	0.06	0.06	0.08	0.10
	31.5	—	—	0.03	0.04	0.04	0.05	0.06	0.06	0.07	0.09	0.10	0.11	0.12	0.13	0.15	0.17
	40	—	—	0.04	0.05	0.06	0.07	0.08	0.09	0.11	0.12	0.14	0.15	0.16	0.18	0.20	0.24
	50	0.04	0.05	0.06	0.07	0.08	0.09	0.11	0.12	0.14	0.16	0.18	0.20	0.22	0.23	0.25	0.27
Z	50	0.04	0.06	0.09	0.10	0.12	0.14	0.16	0.17	0.20	0.22	0.26	0.28	0.30	0.32	0.34	0.31
	63	0.05	0.08	0.13	0.15	0.18	0.22	0.25	0.27	0.32	0.37	0.41	0.45	0.47	0.49	0.50	0.48
	71	0.06	0.09	0.17	0.20	0.23	0.27	0.30	0.33	0.39	0.46	0.50	0.54	0.58	0.61	0.62	0.56
	80	0.10	0.14	0.20	0.22	0.26	0.30	0.35	0.39	0.44	0.50	0.56	0.61	0.64	0.67	0.66	0.61
	90	0.10	0.14	0.22	0.24	0.28	0.33	0.36	0.40	0.48	0.54	0.60	0.64	0.68	0.72	0.73	0.56
A	75	0.15	0.26	0.40	0.45	0.51	0.60	0.68	0.73	0.84	0.92	1.00	1.04	1.08	1.09	1.02	0.80
	90	0.22	0.39	0.61	0.68	0.77	0.93	1.07	1.15	1.34	1.50	1.64	1.75	1.83	1.87	1.82	1.50
	100	0.26	0.47	0.74	0.83	0.95	1.14	1.32	1.42	1.66	1.87	2.05	2.19	2.28	2.34	2.25	1.80
	112	0.31	0.56	0.90	1.00	1.15	1.39	1.61	1.74	2.04	2.30	2.51	2.68	2.78	2.83	2.64	1.96
	125	0.37	0.67	1.07	1.19	1.37	1.66	1.92	2.07	2.44	2.74	2.98	3.16	3.26	3.28	2.91	1.87
	160	0.51	0.94	1.51	1.69	1.95	2.36	2.73	2.54	3.42	3.80	4.06	4.19	4.17	3.98	2.67	—
B	125	0.48	0.84	1.30	1.44	1.64	1.93	2.19	2.33	2.64	2.85	2.96	2.94	2.80	2.51	1.09	—
	140	0.59	1.05	1.64	1.82	2.08	2.47	2.82	3.00	3.42	3.70	3.85	3.83	3.63	3.24	1.29	—
	160	0.74	1.32	2.09	2.32	2.66	3.17	3.62	3.86	4.40	4.75	4.89	4.80	4.46	3.82	0.81	—
	180	0.88	1.59	2.53	2.81	3.22	3.85	4.39	4.68	5.30	5.67	5.76	5.52	4.92	3.92	—	—
	200	1.02	1.85	2.69	3.30	3.77	4.50	5.13	5.46	6.13	6.47	6.43	5.95	4.98	3.47	—	—
	250	0.37	2.50	4.00	4.46	5.10	6.04	6.82	7 20	7.87	7.89	7.14	5.60	3.12	—	—	—

(续)

型号	小带轮的基准直径 d_{d1}/mm	小带轮的转速 n_1/(r/min)														
		100	150	200	300	400	400	700	800	950	1200	1450	1600	2000	2400	2800	3200
C	200	—	—	1.39	1.92	2.41	2.87	3.69	4.07	4.58	5.29	5.84	6.07	6.34	6.02	5.01	3.23
	224	—	—	1.70	2.37	2.99	3.58	4.64	5.12	5.78	6.71	7.45	7.75	8.06	7.57	6.08	3.57
	250	—	—	2.03	2.85	3.62	4.33	5.64	6.23	7.04	8.21	9.04	9.38	9.62	8.75	6.56	2.93
	280	—	—	2.42	3.40	4.32	5.19	6.76	7.52	8.49	9.81	10.72	11.06	11.04	9.50	6.13	—
	315	—	—	2.84	4.04	5.14	6.17	8.09	8.92	10.05	11.53	12.46	12.72	12.14	9.43	4.16	—
	400	—	—	3.91	5.54	7.06	8.52	11.02	12.10	13.48	15.04	15.53	15.24	11.95	4.34	—	—
D	355	3.01	4.20	5.31	7.35	9.24	10.90	13.70	14.83	16.15	17.25	16.77	16.63	—	—	—	—
	450	4.37	6.17	7.90	11.02	13.85	16.40	20.63	22.25	24.01	24.84	22.02	19.59	—	—	—	—
	560	5.91	8.43	10.76	15.07	18.95	22.38	27.73	29.55	31.04	29.67	22.58	15.13	—	—	—	—
	710	8.01	11.38	14.55	20.35	25.45	29.76	35.59	36.87	36.35	27.88	7.99	—	—	—	—	—
	800	9.22	13.11	16.76	23.39	29.08	33.72	39.14	39.55	36.76	21.32	—	—	—	—	—	—
E	500	6.21	8.60	10.86	14.96	18.55	21.65	26.21	27.57	28.32	25.53	16.82	—	—	—	—	—
	630	8.75	12.32	15.65	21.69	26.95	31.36	37.26	38.52	37.92	29.17	8.85	—	—	—	—	—
	800	12.05	17.05	21.70	30.05	37.05	42.53	47.96	47.38	41.59	16.46	—	—	—	—	—	—
	900	13.96	19.76	25.15	34.71	42.49	48.20	51.95	49.21	38.19	—	—	—	—	—	—	—
	1000	15.64	22.14	28.52	39.17	47.52	53.12	54.00	48.19	30.08	—	—	—	—	—	—	—

表 4-10 单根普通 V 带功率增量 ΔP_1 (单位：kW)

型号	小带轮转速 n_1/(r/min)	i 或 $1/i$									
		1.00~1.01	1.02~1.04	1.05~1.08	1.09~1.12	1.13~1.18	1.19~1.24	1.25~1.34	1.35~1.51	1.52~1.99	≥2.00
Z	400	0.00	0.00	0.00	0.00	0.00	0.00	0.00	0.00	0.01	0.01
	700	0.00	0.00	0.00	0.00	0.00	0.00	0.01	0.01	0.01	0.02
	800	0.00	0.00	0.00	0.00	0.00	0.01	0.01	0.01	0.02	0.02
	960	0.00	0.00	0.00	0.00	0.01	0.01	0.01	0.02	0.02	0.02
	1200	0.00	0.00	0.00	0.01	0.01	0.01	0.02	0.02	0.02	0.03
	1450	0.00	0.00	0.00	0.01	0.01	0.01	0.02	0.02	0.02	0.03
	2800	0.00	0.01	0.02	0.02	0.03	0.03	0.03	0.04	0.04	0.04
A	400	0.00	0.01	0.01	0.02	0.02	0.03	0.03	0.04	0.04	0.05
	700	0.00	0.01	0.02	0.03	0.04	0.05	0.06	0.07	0.08	0.09
	800	0.00	0.01	0.02	0.03	0.04	0.05	0.06	0.08	0.09	0.10
	950	0.00	0.01	0.03	0.04	0.05	0.06	0.07	0.08	0.10	0.11
	1200	0.00	0.02	0.03	0.05	0.07	0.08	0.10	0.11	0.13	0.15
	1450	0.00	0.02	0.04	0.06	0.08	0.09	0.11	0.13	0.15	0.17
	2800	0.00	0.04	0.08	0.11	0.15	0.19	0.23	0.26	0.30	0.34
B	400	0.00	0.01	0.03	0.04	0.06	0.07	0.08	0.10	0.11	0.13
	700	0.00	0.02	0.05	0.07	0.10	0.12	0.15	0.17	0.20	0.22
	800	0.00	0.03	0.06	0.08	0.11	0.14	0.17	0.20	0.23	0.25
	950	0.00	0.03	0.07	0.10	0.13	0.17	0.20	0.23	0.26	0.30
	1200	0.00	0.04	0.08	0.13	0.17	0.21	0.25	0.30	0.34	0.38
	1450	0.00	0.05	0.10	0.15	0.20	0.25	0.31	0.36	0.40	0.46
	2800	0.00	0.10	0.20	0.29	0.39	0.49	0.59	0.69	0.79	0.89
C	400	0.00	0.04	0.08	0.12	0.16	0.20	0.23	0.27	0.31	0.35
	700	0.00	0.07	0.14	0.21	0.27	0.34	0.41	0.48	0.55	0.62
	800	0.00	0.08	0.16	0.23	0.31	0.39	0.47	0.55	0.63	0.71
	950	0.00	0.09	0.19	0.27	0.37	0.47	0.56	0.65	0.74	0.83
	1200	0.00	0.12	0.24	0.35	0.47	0.59	0.70	0.82	0.94	1.06
	1450	0.00	0.14	0.28	0.42	0.58	0.71	0.85	0.99	1.14	1.27
	2800	0.00	0.27	0.55	0.82	1.10	1.37	1.64	1.92	2.19	2.47

表 4-11　单根窄 V 带所能传递的基本额定功率 P_1　　　　　（单位：kW）

型号	小带轮的基准直径 d_{d1}/mm	小带轮的转速 n_1/(r/min)														
		200	400	700	800	950	1200	1450	1600	2000	2400	2800	3200	3600	4000	5000	6000
SPZ	63	0.2	0.35	0.54	0.60	0.68	0.81	0.93	1.00	1.17	1.32	1.45	1.56	1.66	1.74	1.85	1.85
	71	0.25	0.44	0.70	0.78	0.90	1.08	1.25	1.35	1.59	1.81	2.00	2.18	2.33	2.46	2.68	2.74
	80	0.31	0.55	0.88	0.99	1.14	1.38	1.60	1.73	2.05	2.34	2.61	2.85	3.06	3.24	3.56	3.66
	90	0.37	0.67	1.09	1.21	1.40	1.70	1.98	2.14	2.55	2.93	3.26	3.57	3.84	4.07	4.46	4.56
	100	0.43	0.79	1.28	1.44	1.66	2.02	2.36	2.55	3.05	3.49	3.90	4.26	4.58	4.85	5.27	5.32
	125	0.59	1.09	1.77	1.91	2.30	2.80	3.28	3.55	4.24	4.85	5.40	5.88	6.27	6.58	6.92	6.57
SPA	90	0.43	0.75	1.17	1.30	1.48	1.76	2.02	2.16	2.49	2.77	3.00	3.16	3.26	3.29	3.07	2.34
	100	0.53	0.94	1.49	1.65	1.89	2.27	2.61	2.80	3.27	3.67	3.99	4.25	4.42	4.50	4.31	3.46
	125	0.77	1.40	2.25	2.52	2.90	3.50	4.06	4.38	5.15	5.80	6.34	6.76	7.03	7.16	6.75	5.14
	160	1.11	2.04	3.30	3.70	4.27	5.17	6.01	6.47	7.60	8.53	9.24	9.72	9.94	9.87	8.28	4.31
	200	1.49	2.75	4.47	5.01	5.79	7.00	8.10	8.72	10.13	11.22	11.92	12.19	11.98	11.25	6.75	—
SPB	140	1.08	1.92	3.02	3.35	3.83	4.55	5.19	5.54	6.31	6.86	7.15	7.17	6.89	6.23	—	—
	180	1.65	3.01	4.82	5.37	6.16	7.38	8.46	9.05	10.34	11.21	11.62	11.49	10.77	9.40	—	—
	200	1.94	3.54	5.69	6.35	7.30	8.74	10.02	10.70	12.18	13.11	13.41	13.01	11.83	9.77	—	—
	250	2.64	4.86	7.84	8.75	10.04	11.99	13.66	14.51	16.19	16.89	16.44	14.69	11.48	6.63	—	—
	315	3.53	6.53	10.51	11.71	13.40	15.84	17.79	18.70	20.00	19.44	16.71	11.47	3.40	—	—	—
SPC	224	2.90	5.19	8.13	8.99	10.19	11.89	13.22	13.81	14.58	14.01	11.89	8.01	—	—	—	—
	280	4.18	7.59	12.01	13.31	15.10	17.60	19.44	20.20	20.75	18.86	14.11	6.10	—	—	—	—
	315	4.97	9.07	14.36	15.90	18.01	20.88	22.87	23.58	23.47	19.98	12.53	—	—	—	—	—
	400	6.86	12.56	19.79	21.84	24.52	27.83	29.46	29.53	25.81	15.48	—	—	—	—	—	—
	500	9.04	16.52	25.67	28.09	31.04	33.85	33.58	31.70	19.35	—	—	—	—	—	—	—

表 4-12　单根窄 V 带功率增量 ΔP_1　　　　　（单位：kW）

型号	小带轮转速 n_1/(r/min)	传动比 i									
		1.00~1.01	1.02~1.05	1.06~1.1	1.12~1.18	1.19~1.26	1.27~1.38	1.39~1.57	1.58~1.94	1.95~3.38	≥3.38
SPZ	400	0.00	0.01	0.01	0.03	0.03	0.04	0.05	0.06	0.06	0.06
	730	0.00	0.01	0.03	0.05	0.06	0.08	0.09	0.10	0.11	0.12
	800	0.00	0.01	0.03	0.05	0.07	0.08	0.10	0.11	0.12	0.13
	980	0.00	0.01	0.04	0.06	0.08	0.10	0.12	0.13	0.15	0.15
	1200	0.00	0.02	0.04	0.08	0.10	0.13	0.15	0.17	0.18	0.19
	1460	0.00	0.02	0.05	0.09	0.13	0.15	0.18	0.20	0.22	0.23
	2800	0.00	0.04	0.10	0.18	0.24	0.30	0.35	0.39	0.43	0.45
SPA	400	0.00	0.01	0.04	0.07	0.09	0.11	0.13	0.14	0.16	0.16
	730	0.00	0.02	0.07	0.12	0.16	0.20	0.23	0.26	0.28	0.30
	800	0.00	0.03	0.08	0.13	0.18	0.22	0.25	0.29	0.31	0.33
	980	0.00	0.03	0.09	0.16	0.21	0.26	0.30	0.34	0.37	0.40
	1200	0.00	0.04	0.11	0.20	0.27	0.33	0.38	0.43	0.47	0.49
	1460	0.00	0.05	0.14	0.24	0.32	0.39	0.46	0.51	0.56	0.59
	2800	0.00	0.10	0.26	0.46	0.63	0.76	0.89	1.00	1.09	1.15
SPB	400	0.00	0.03	0.08	0.14	0.19	0.22	0.26	0.30	0.32	0.34
	730	0.00	0.05	0.14	0.25	0.33	0.40	0.47	0.53	0.58	0.62
	800	0.00	0.06	0.16	0.27	0.37	0.45	0.53	0.59	0.65	0.68
	980	0.00	0.07	0.19	0.33	0.45	0.54	0.63	0.71	0.78	0.82
	1200	0.00	0.08	0.23	0.41	0.56	0.67	0.79	0.89	0.97	1.03
	1460	0.00	0.10	0.28	0.49	0.67	0.81	0.95	1.07	1.16	1.23
	2800	0.00	0.20	0.55	0.96	1.30	1.57	1.85	2.08	2.26	2.40

（续）

型号	小带轮转速 n_1/(r/min)	传动比 i								
		1.00~1.01	1.02~1.05	1.06~1.1	1.12~1.18	1.19~1.26	1.27~1.38	1.39~1.57	1.58~1.94	1.95~3.38	≥3.38
SPC	400	0.00	0.09	0.24	0.41	0.56	0.68	0.79	0.89	0.97	1.03
	730	0.00	0.16	0.42	0.74	1.00	1.22	1.43	1.60	1.75	1.85
	800	0.00	0.17	0.47	0.82	1.12	1.35	1.58	1.78	1.94	2.06
	980	0.00	0.21	0.56	0.98	1.34	1.62	1.90	2.14	2.33	2.47
	1200	0.00	0.26	0.71	1.23	1.67	2.03	2.38	2.67	2.91	3.09
	1460	0.00	0.31	0.85	1.48	2.01	2.43	2.85	3.21	3.50	3.70

表 4-13 V 带轮的基准直径系列

基准直径 d_d/mm	槽型						
	Y	Z SPZ	A SPA	B SPB	C SPC	D	E
	外径 d_a/mm						
50	53.2	54①					
63	66.2	67					
71	74.2	75					
75	—	79	80.5①				
80	83.2	84	85.5①				
85	—	—	90.5①				
90	93.2	94	95.5				
95	—	—	100.5				
100	103.2	104	105.5				
106	—	—	111.5				
112	115.2	116	117.5				
118	—	—	123.5				
125	128.2	129	130.5	132①			
132		136①	137.5	139①			
140		144	145.5	147			
150		154	155.5	157			
160		164	165.5	167			
170		—	—	177			
180		184	185.5	187			
200		204	205.5	207	209.6①		
212		—	—	219②	221.6①		
224		228	229.5①	231	233.6		
236		—	—	243②	245.6		
250		254	255.5	257	259.6		
265		—	—	—	274.6		
280		284	285.5①	287	289.6		
315		319	320.5	322	324.6		
355		359	360.5①	362	364.6	371.2	
375		—	—	—	—	391.2	
400		404	405.5	407	409.6	416.2	
425		—	—	—	—	441.2	
450		—	455.5①	457①	459.6	466.2	
475		—	—	—	—	491.2	
500		504	505.5	507	509.6	516.2	519.2

注：1. d_a 参见图 4-13。
2. 直径的极限偏差：基准直径按 c11，外径按 h12。
3. 没有外径值的基准直径不推荐使用。
① 仅限于普通 V 带轮。
② 仅限于 SP 型窄 V 带轮。

二、设计计算和参数选择

（一）设计数据、设计内容

设计 V 带传动时一般已知的条件是：
1）传动的用途、工作情况和原动机类型。
2）传递的功率 P。
3）大、小带轮的转速 n_2 和 n_1。
4）对传动的尺寸要求等。

设计计算的主要内容：
1）V 带的型号、长度和根数。
2）中心距。
3）带轮基准直径及结构尺寸。
4）作用在轴上的压力等。

（二）设计方法及参数选择

（1）确定计算功率 P_{ca}

$$P_{ca} = K_A P \tag{4-18}$$

式中　P——传递的额定功率（kW）；
　　　K_A——工况系数（表 4-8）。

（2）选择 V 带型号　根据计算功率 P_{ca} 和小带轮转速 n_1 由图 4-9 或图 4-10 选择 V 带型号。当在两种型号的交线附近时，可以对两种型号同时计算，最后选择较好的一种。

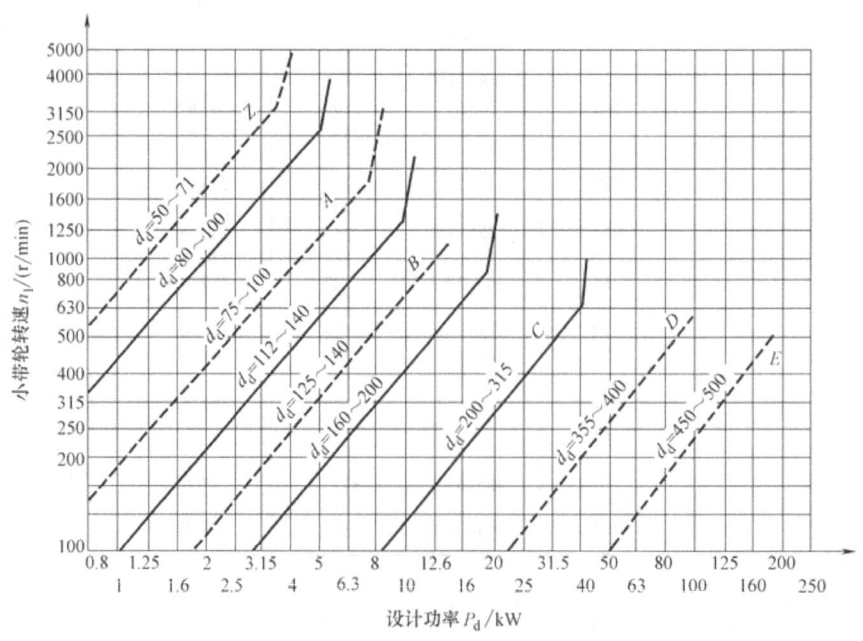

图 4-9　普通 V 带选型图

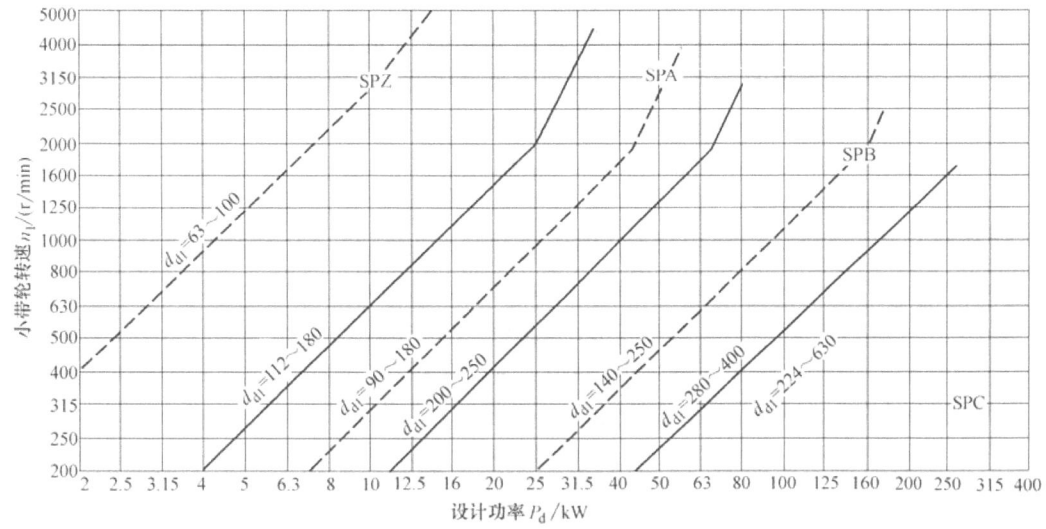

图 4-10 窄 V 带选型图

(3) 确定带轮基准直径 d_{d1} 和 d_{d2} 一般取 $d_{d1} \geq d_{\min}$（表 4-5）。大带轮基准直径可按式 (4-19a) 计算。大、小带轮直径一般均应按带轮基准直径系列圆整（表 4-13），仅当传动比要求较精确时，才考虑滑动率 ε（取 $\varepsilon = 0.02$）来计算大轮直径，这时 d_{d2} 可不按表圆整，而按式 (4-19b) 计算

$$d_{d2} \approx i d_{d1} \tag{4-19a}$$

$$d_{d2} = \frac{n_1}{n_2} d_{d1}(1-\varepsilon) \tag{4-19b}$$

(4) 验算带的速度 v

$$v = \pi d_{d1} n_1 / 60 \times 1000 \tag{4-20}$$

由 $P = \dfrac{F_e v}{1000}$ 可知，当传递的功率一定时，带速越高，则所需有效圆周力 F_e 越小，因而 V 带的根数可减少。但带速过高，带的离心力显著增大，减小了带与带轮间的接触压力，从而降低了传动的工作能力。同时，带速过高，使带在单位时间内绕过带轮的次数增加，应力变化频繁，从而降低了带的疲劳寿命。由表 4-9、表 4-11 可见，当带速达到某值后，不利因素将使基本额定功率降低。所以带速一般取 $v = 5 \sim 25 \text{m/s}$ 为宜，当 $v = 20 \sim 25 \text{m/s}$ 时最有利。当带速过高（Y、Z、A、B、C 型 $v > 25 \text{m/s}$；D、E 型 $v > 30 \text{m/s}$）时，应重选较小的带轮基准直径。

(5) 确定中心距 a 和 V 带基准长度 L_d 根据结构要求初定中心距 a_0。中心距小则结构紧凑，但使小带轮上包角减小，降低带传动的工作能力。同时由于中心距小，V 带的长度短，在一定速度下，单位时间内的应力循环次数增多而导致使用寿命降低，所以中心距不宜取得太小、但也不宜太大，太大除有相反的力臂外，速度较高时还易引起带的颤动。

如果中心距未给出，可根据传动结构需要初定中心距。对于 V 带传动一般可取

$$0.7(d_{d1} + d_{d2}) < a_0 < 2(d_{d1} + d_{d2}) \tag{4-21}$$

初选 a_0 后，V 带初算的基准长度 L'_d 可根据几何关系由下式计算：

$$L'_d \approx 2a_0 + \frac{\pi}{2}(d_{d2}+d_{d1}) + \frac{(d_{d2}-d_{d1})^2}{4a_0} \qquad (4\text{-}22)$$

根据式（4-22）算得的 L'_d 值，应由表 4-3 选定相近的基准长度 L_d，然后再确定实际中心距 a。由于 V 带传动的中心距一般是可以调整的，所以可用下式近似计算 a 值：

$$a \approx a_0 + \frac{L_d - L'_d}{2} \qquad (4\text{-}23)$$

考虑到中心距调整、补偿 F_0，中心距 a 应有一个范围

$$(a - 0.015 L_d) \leqslant a \leqslant (a + 0.03 L_d) \qquad (4\text{-}24)$$

即， 最小中心距 $a_{\min} = a - 0.015 L_d$ （4-25）

  最大中心距 $a_{\max} = a + 0.03 L_d$ （4-26）

(6) 验算小带轮包角 α_1 小带轮包角 α_1 可按下式计算：

$$\alpha_1 \approx 180° - \frac{d_{d2}-d_{d1}}{a} \times 57.3° \qquad (4\text{-}27)$$

为使带传动有一定的工作能力，一般要求 $\alpha_1 \geqslant 120°$（特殊情况允许 $\alpha_1 = 90°$）。若 α_1 小于此值，则可适当加大中心距 a；若中心距不可调，则可加张紧轮（可参考表 4-15）。

从式（4-19a）、式（4-27）可以看出，α_1 也与传动比 i 有关，d_{d2} 与 d_{d1} 的差越大，即 i 越大，则 α_1 越小。通常为了在中心距不过大的条件下保证包角不致过小，所用传动比不宜过大。普通 V 带传动一般推荐 $i \leqslant 7$（一般 $i = 3 \sim 5$），必要时可达 10。

(7) 确定 V 带根数 Z 根据计算功率 P_{ca} 由下式确定：

$$Z = \frac{P_{ca}}{(P_1 + \Delta P_1) K_\alpha K_L} \qquad (4\text{-}28)$$

式中 K_α——包角修正系数，查表 4-7；

  K_L——带长修正系数，查表 4-4；

  P_1——单根 V 带的基本额定功率，查表 4-9 或表 4-11；

  ΔP_1——单根胶带考虑传动比 i 影响的功率增量，查表 4-10 或表 4-12。

为使每根 V 带受力比较均匀，所以根数不宜太多，通常应小于 10 根，以 3~7 根较好；否则应改选 V 带型号，重新设计。

(8) 确定预紧力 F_0 适当的预紧力是保证带传动正常工作的重要因素之一。预紧力小，则摩擦力小，易出现打滑。反之，预紧力过大，会使 V 带的拉应力增加而寿命降低，进而使轴和轴承的压力增大。对于非自动张紧的带传动，由于带的松弛作用，过高的预紧力也不易保持。为了保证所需的传递功率，又不出现打滑，并考虑离心力的不利影响时，单根 V 带适当的预紧力为

$$F_0 = 500 \frac{P_{ca}}{vZ}\left(\frac{2.5 - K_\alpha}{K_\alpha}\right) + qv^2 \qquad (4\text{-}29)$$

由于新带容易松弛，所以对非自动张紧的带传动，安装新带时的预紧力应为上述预紧力计算值的 1.5 倍。

预紧力是否恰当，可用下述方法进行近似测试。如图 4-11 所示，在带与带轮的切点跨距的中点处垂直于带加一载荷 G，若带沿跨距每 100mm 中点处产生的挠度为 1.6mm（即挠角为 1.8°）时，则预紧力恰当。

(9) 确定压轴力 F_Q(图 4-12)

$$F_Q = 2ZF_0\cos\frac{\beta}{2} = 2ZF_0\cos\left(\frac{\pi}{2}-\frac{\alpha_1}{2}\right) = 2F_0 Z\sin\frac{\alpha_1}{2} \quad (4-30)$$

式中 α_1——小带轮包角；

Z——V 带根数；

F_0——单根带的预紧力。

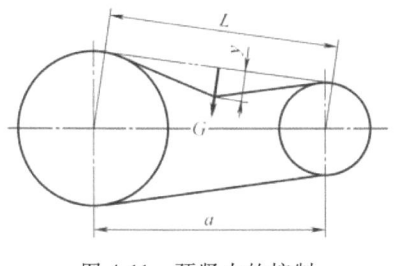

图 4-11 预紧力的控制

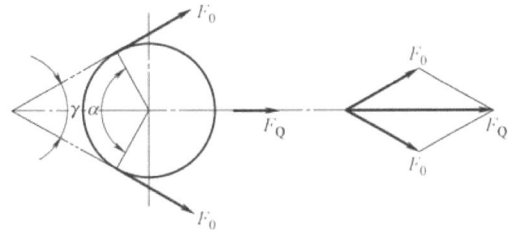

图 4-12 压轴力 F_Q

第四节　带传动结构设计

一、V 带轮的结构设计

（一）V 带轮设计的要求

设计 V 带轮时应满足的要求有：质量轻、加工工艺性及结构工艺性好、无过大的铸造或焊接应力、质量分布均匀，转速高时要经过动平衡；轮槽工作面要精加工（表面粗糙度 Ra 一般为 3.2μm），以减少带的磨损；各轮槽的尺寸和角度应保持一定的精度，以使载荷分布较为均匀等。

（二）V 带轮的材料

带速小于 30m/s 时，带轮一般用 HT200 制造，高速时要用钢材（铸钢或用钢板冲压后焊接而成）制造，速度可达 45m/s。小功率时可用铸铝或塑料。

（三）V 带轮的结构

V 带轮是带传动中的重要零件，典型的带轮由三部分组成：轮缘（用以安装传动带）；轮毂（用以安装在轴上）；轮辐或腹板（连接轮缘与轮毂）。

铸铁制 V 带轮的典型结构有以下几种：实心式（S 型）、腹板式（P 型）、孔板式（H 型）和轮辐式（E 型），如图 4-13 所示。

带轮基准直径 $d_d \leq 2.5d$（d 为轴的直径）时，可采用实心式结构。当 $2.5d \leq d_d \leq 300$mm 时，带轮常采用腹板式结构。当 $D_1-d_1 \geq 100$mm 时，带轮通常采用孔板式结构。当 $d_d > 300$mm 时，带轮常采用轮辐式结构。

带轮的结构设计，主要根据带轮的基准直径选择结构形式；根据带型确定轮槽截面尺寸（表 4-14）；带轮的其他结构尺寸通常按经验公式（图 4-14）计算确定。确定带轮的各部分尺寸后，即可绘制出零件图，并按工艺要求注出相应的技术要求等。

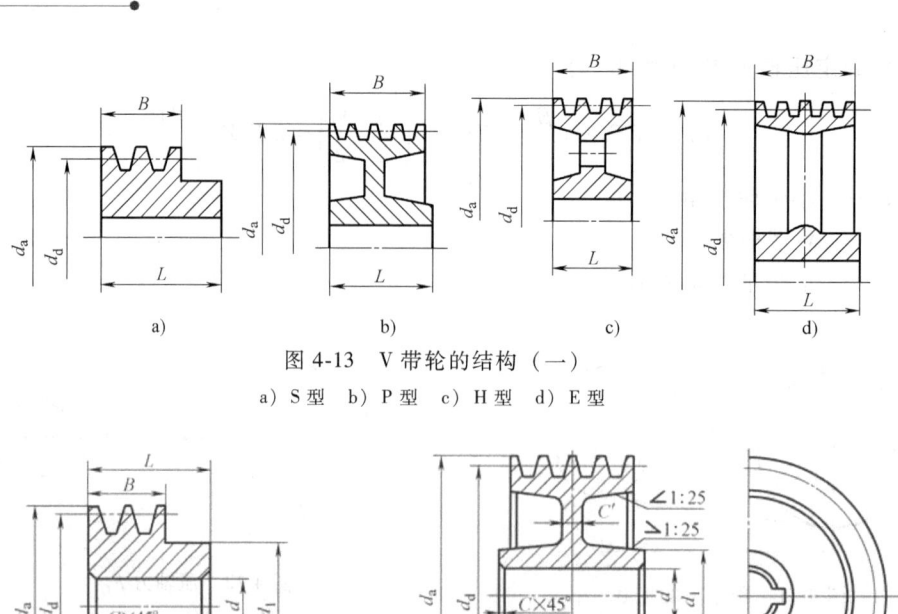

图 4-13 V带轮的结构（一）

a）S型 b）P型 c）H型 d）E型

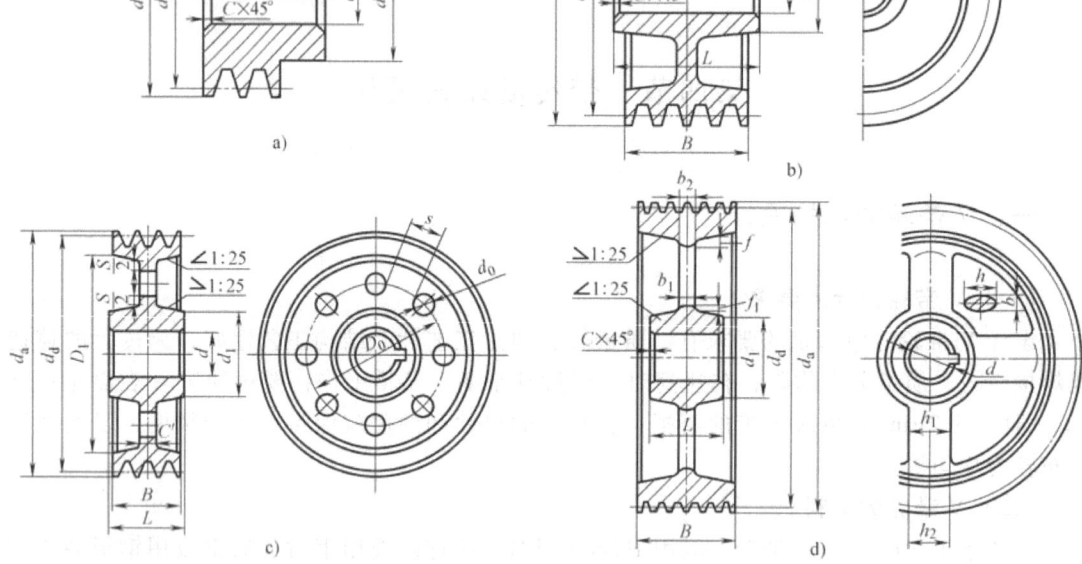

图 4-14 V带轮的结构（二）

表 4-14 普通V带轮的轮槽截面尺寸（摘自 GB/T 13575.1—2008）

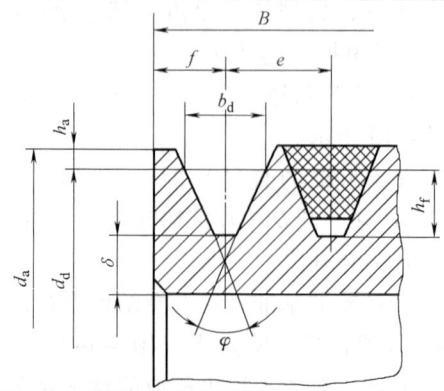

(续)

项目	符号	槽型								
		Y	Z	SPZ	A	SPA	B	SPB	C	SPC	D	E
基准宽度	b_d/mm	5.3	8.5		11.0		14.0		19.0		27.0	32.0
基准线上槽深	h_{amin}/mm	1.6	2.0		2.75		3.5		4.8		8.1	9.6
基准线下槽深	h_{fmin}/mm	4.7	7.0	9.0	8.7	11.0	10.8	14.0	14.3	19.0	19.9	23.4
槽间距	e/mm	8±0.3	12±0.3		15±0.3		19±0.4		25.5±0.5		37±0.6	44.5±0.7
第一槽对称面至端面的距离	f/mm	7+1	8+1		10^{+2}_{-1}		12.5^{+2}_{-1}		17^{+2}_{-1}		23^{+3}_{-1}	29^{+4}_{-1}
最小轮缘厚	δ_{min}/mm	5	5.5		6		7.5		10		12	15
带轮宽	B/mm	$B=(z-1)e+2f$ z——轮槽数										
外径	d_a/mm	$d_a = d+2h_a$										
轮槽角 φ	32°	相应的基准直径 d/mm	≤60	—	—	—	—	—	—
	34°		—	≤80	≤118	≤190	≤315	—	—
	36°		—	—	—	—	—	≤475	≤600
	38°		—	>80	>118	>190	>315	>475	>600
	极限偏差	±0.5°							

$$d_1 = (1.8 \sim 2.0)d, \quad d \text{ 为轴的直径}$$
$$h_2 = 0.8h_1 \quad D_0 = 0.5(D_1+d_1) \quad b_1 = 0.4h_1$$
$$d_0 = (0.2 \sim 0.3)(D_1-d_1), b_2 = 0.8b_1 \quad C' = \left(\frac{1}{7} \sim \frac{1}{4}\right)BS = C'$$
$$L = (1.5 \sim 2.0)d (\text{当} B<1.5d \text{时}, L=B), \quad f_1 = 0.2h_1 \quad f_2 = 0.2h_2 \quad h_1 = 290\sqrt[3]{\frac{P}{n z_a}}$$

式中 P——传递的功率（kW）；

n——带轮的转速（r/min）；

z_a——轮辐数。

二、V带传动的张紧装置

由于传动带的材料不是完全弹性体，因而带在工作一段时间后会发生塑性伸长而松弛，使张紧力降低。因此，带传动需要有张紧装置，以保证正常工作。V带传动的张紧装置，见表4-15。

表4-15　V带传动的张紧装置

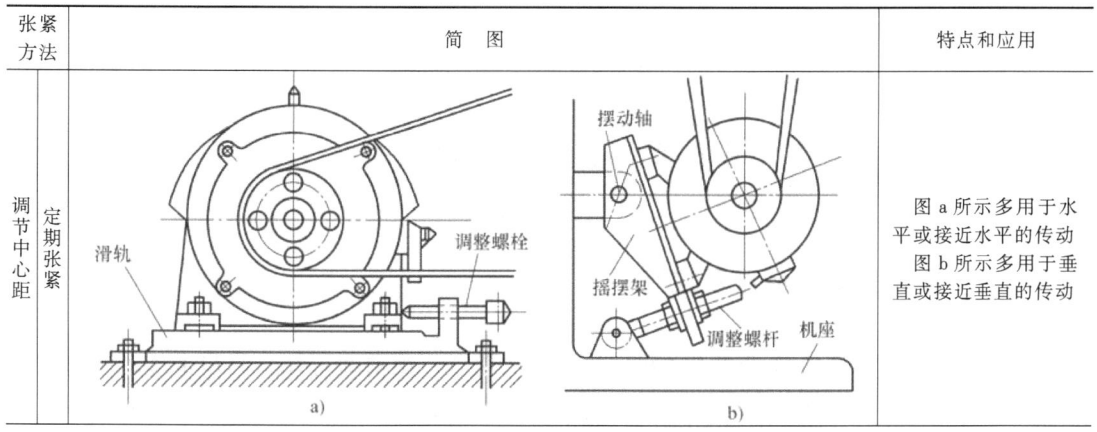

张紧方法		简 图	特点和应用
调节中心距	自动张紧	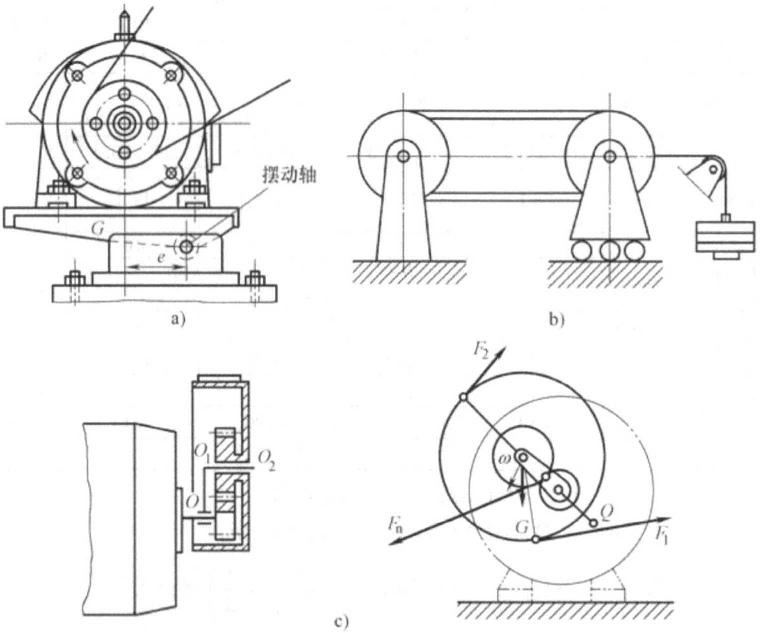 	图 a 所示靠电动机的自重或定子的反力矩张紧。应使电动机和带轮的转向有利于减小偏心距 图 b 所示常用于带传动的试验装置 图 c 所示是根据负载自动调节张紧力大小的张紧装置，带轮是一行星机构
张紧轮		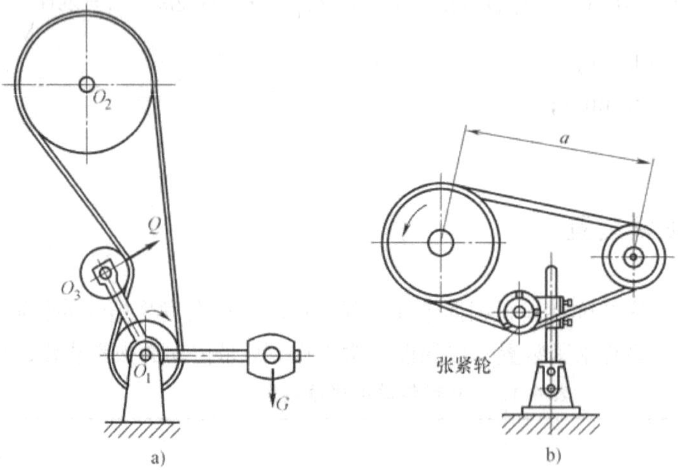	可任意调节预紧力的大小。增大包角容易装卸；但影响带的寿命，不能逆转 图 a 所示为自动张紧 图 b 所示为定期张紧

第五节　其他带传动简介

一、同步带传动的特点及应用

同步带传动具有带传动、链传动和齿轮传动的优点。由前述可知，同步带传动由于带与带轮靠啮合传递运动和动力，故带与带轮间无相对滑动，能保证准确的传动比。同步带通常以钢丝绳或玻璃纤维绳为抗拉体，氯丁橡胶或聚氨酯为基体，薄而轻，故可用于较高速度。传动时的线速度可达 50m/s，传动比可达 10，效率可达 98%。传动噪声比带传动、链传动和齿轮传动小、耐磨性好、不需油润滑、寿命比摩擦带长。其主要缺点是制造和安装精度要求较高，中心距要求较严格。所以同步带广泛应用于要求传动比准确的中、小功率传动中，如家用电器、计算机、仪器、机床、化工、石油等机械设备。

同步带有单面有齿和双面有齿两种，简称单面带和双面带。双面带又有对称齿型（DⅠ）和交错齿型（DⅡ）之分。同步带齿有梯形齿和弧形齿两类。同步带型号分为最轻型 MXL、超轻型 XXL、特轻型 XL、轻型 L、重型 H、特重型 XH、超重型 XXH 七种。

在规定的张紧力下，带的纵截面上相邻两齿对称中心线的直线距离称为带齿节距，以 P_b 表示。带齿节距是同步带传动最基本的参数之一。当同步带垂直其底边弯曲时，在带中保持原长度不变的任意一条周线，称为节线，节线长以 L_p 表示。

同步带带轮的齿形推荐采用渐开线齿形，可由展成法加工而成；也可以使用直边齿形。

二、高速带传动

高速带传动是指带速 $v>30\text{m/s}$、高速轴转速 $n_1=10000\sim50000\text{r/min}$ 的传动。这种传动主要用于增速，以驱动高速机床、粉碎机、离心机及某些机器。高速带传动的增速比为 2～4，有张紧轮时可达 8。

高速带传动要求传动可靠、运转平稳，并有一定的寿命。由于高速带的离心应力和挠曲次数显著增大，故高速带都采用质量轻、厚度薄而均匀、挠曲性好的环形平带，如麻织带、丝织带、锦纶编织带、薄型强力锦纶带、高速环形胶带等。薄型强力锦纶带采用胶合接头，故应使接头与带的挠曲性能尽量接近。

为防止掉带，主、从动轮轮缘表面都应加工出凸度，大小带轮轮缘表面应有凸弧，可制成鼓形面或 2°的双锥面，如图 4-15a 所示。为了防止运转时带与轮缘表面间形成气垫、摩擦系数降低，进而影响正常传动，轮缘表面应开环形槽，槽间距为 5~10mm，如图 4-15b 所示。

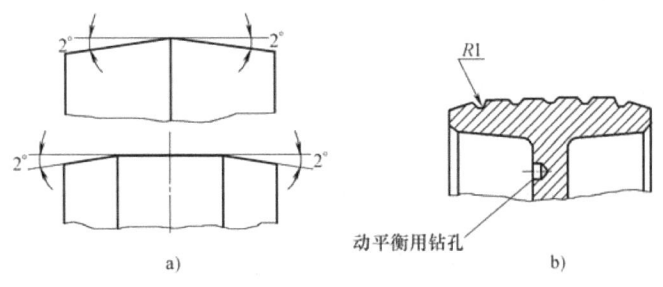

图 4-15 高速带传动轮缘

在高速带传动中，带的寿命占有很重要的地位，带的绕曲次数 $u=jv/L$（j 为带某一点绕行一周时所绕过的带轮数；带速 v 及带长 L 的单位分别为 m/s 及 m）是影响带的寿命的主要因素，因此应限制 $u_{max}=45\sim100\text{Hz}$。

【例 4-1】 设计曲柄压力机的窄 V 带传动（载荷变动较大）。一班制工作，Y 系列异步电动机驱动，传递功率 $P=15\text{kW}$，传动比 $i=3.2$，主动轮转速 $n_1=1460\text{r/min}$，一天工作时间小于10h。

解：

计算与说明	主要结果
1）确定计算功率 P_{ca} 由表4-8查得工况系数 $K_A=1.2$，$P_{ca}=K_A P=1.2\times 15\text{kW}=18\text{kW}$	$P_{ca}=18\text{kW}$
2）选取窄V带型号 根据图4-10选择SPZ型带	SPZ
3）确定带轮基准直径 d_{d1}、d_{d2} 由表4-5、表4-13及图4-10取主动轮直径 $d_{d1}=125\text{mm}$ 根据式(4-19a)，计算从动轮直径 $d_{d2}\approx i\, d_{d1}=3.2\times 125\text{mm}=400\text{mm}$ 按式(4-20)验算带速 $v=\pi d_{d1} n_1/60\times 1000\text{m/s}=9.55\text{m/s}<35\text{m/s}$	$d_{d1}=125\text{mm}$ $d_{d2}=400\text{mm}$ 带的速度合格
4）确定窄V带的基准长度 L_d 和传动中心距 a 根据式(4-21)初定中心距 $a_0=500\text{mm}$ 根据式(4-22)计算带所需的基准长度 $=1862\text{mm}$ 由表4-4选取带的基准长度 $=2000\text{mm}$ 按式(4-23)计算实际中心距 $a=569\text{mm}$ 根据式(4-25)、式(4-26)计算中心距变动范围 最小中心距 $a_{\min}=a-0.015L_d=539\text{mm}$ 最大中心距 $a_{\max}=a+0.03L_d=629\text{mm}$	$a=569\text{mm}$ $L_d=2000\text{mm}$ $a_{\min}=539\text{mm}$ $a_{\max}=629\text{mm}$
5）验算主动轮上的包角 α_1 按式(4-27)验算包角 $\alpha_1\approx 151°>120°$	主动轮包角合格
6）计算窄V带根数 Z 由表4-11查得 $P_1=3.28\text{kW}$，由表4-12查得 $\Delta P_1=0.22\text{kW}$ 由表4-7查得 $K_\alpha=0.92$，由表4-4查得 $K_L=1.02$ 根据式(4-28)计算带的根数 $Z=\dfrac{P_{ca}}{(P_1+\Delta P_1)K_\alpha K_L}=5.48$，取带的根数 $Z=6$	$Z=6$ 根
7）计算预紧力 F_0 由表4-6查得 $m=0.07\text{kg/m}$ 根据式(4-29)计算预紧力 $F_0=1272.5\text{N}$	$F_0=1272.5\text{N}$
8）计算压轴力 F_Q 根据式(4-30)计算压轴力 $F_Q=14783.61\text{N}$	$F_Q=14783.61\text{N}$
9）带轮结构设计 （略）	

思 考 题

4.1 摩擦系数大小对带传动有什么影响？影响摩擦系数大小有哪些因素？为了增加传动能力，能否将带轮工作面加工粗糙些？为什么？

4.2 空载起动后加载运转，直至带传动将要打滑的临界情况，其整个过程中，带的紧、松边拉力的比值 F_1/F_2 是如何变化的？打滑在哪个轮上先发生？为什么？

4.3 带速越高，离心力越大，但在多级传动中，为什么常将带传动放在高速级？

4.4 V带截面楔角均是40°，而V带轮轮槽的楔角 φ 却随带轮直径的不同而变化，为什么？

4.5 设计带传动时，为什么要限制小带轮直径、包角 α_1、带的最小和最大速度？

习 题

4.1 V带传动的 $n_1 = 1460 \text{r/min}$，带与带轮的当量摩擦系数 $f_v = 0.51$，包角 $\alpha_1 = 120°$，单位带长的质量 $m = 0.12 \text{kg/m}$，预紧力 $F_0 = 460 \text{N}$，带轮直径 $d_{d1} = 100 \text{mm}$。求：1) 该传动所能传递的最大有效拉力。2) 传递的最大转矩。3) 若传动的效率为 0.95，从动轮输出的功率为多少？

4.2 V带传动传递的功率 $P = 7.5 \text{kW}$，带速 $v = 10 \text{m/s}$，紧边拉力是松边拉力的两倍，即 $F_1 = 2F_2$，带的质量忽略不计，试求有效拉力 F_e、紧边拉力 F_1 和预紧力 F_0。

4.3 已知一窄 V 带传动的 $n_1 = 1460 \text{r/min}$，$n_2 = 400 \text{r/min}$，$d_{d1} = 180 \text{mm}$，中心距 $a = 1600 \text{mm}$，带型号为 SPB 型，根数 $Z = 3$，工作时有冲击，两班制工作，试求该带传动能传递的功率。

4.4 Y 系列异步电动机通过 V 带传动驱动离心泵，载荷平稳，电动机功率 $P = 22 \text{kW}$，转速 $n_1 = 1460 \text{r/min}$，离心式水泵的转速 $n_2 = 970 \text{r/min}$，两班制工作。试设计该 V 带传动。

习题参考答案

4.1 1) $F_{ec} = 449.41 \text{N}$。

2) $T = 22.47 \text{N·m}$。

3) $P_{从} = 3.26 \text{kW}$。

4.2 $F_e = 750 \text{N}$；$F_1 = 1500 \text{N}$；$F_0 = 1125 \text{N}$。

4.3 略。

4.4 略。

第五章 链传动

第一节 概　述

链传动是用于两个或两个以上链轮之间,以链作为中间挠性件的一种非共扼啮合传动,它靠链条与链轮齿之间的啮合来传递运动和动力,如图 5-1 所示。因其经济、可靠,故广泛用于农业、采矿、冶金、起重、运输、石油、化工、纺织等机械的动力传动中。

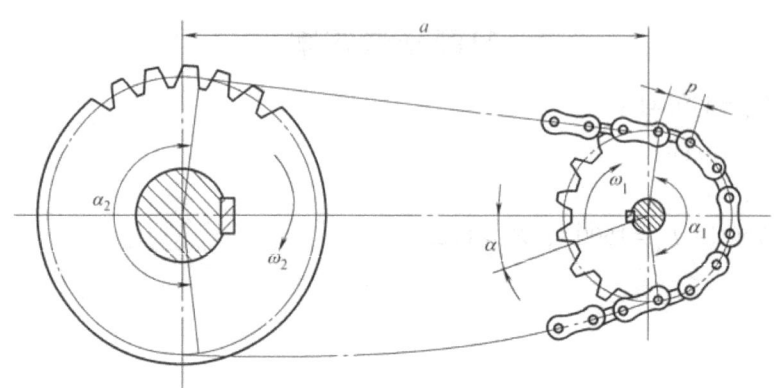

图 5-1　链传动的组成

一、链传动的特点

链传动属于啮合传动,与齿轮传动相似,但它是靠中间零件链条实现传动的,又与带传动相似。但是,它与齿轮、带传动比较,有一系列的优点。

与齿轮传动相比,链传动的制造与安装精度要求较低,成本低廉;在远距离传动(中心距最大可达十多米)时,其结构比齿轮传动轻便得多。

与带传动比较,链传动有结构紧凑,作用在轴上的载荷小,承载能力较大,效率较高(一般可达 96%~97%),能保持准确的平均传动比等优点,在同样使用条件下,链传动结构较为紧凑。同时,链传动能在高温及速度较低的情况下工作。

链传动的主要缺点是:在两根平行轴间只能用于同向回转的传动;由于多边形效应,链的瞬时速度、瞬时传动比和链的载荷都不均匀,不适合高速场合,运转时不能保持恒定的瞬时传动比;磨损后易发生跳齿;工作时有噪声;不宜在载荷变化很大和急速反向的传动中应用；制造费用较带传动高。

因此，链传动适用于两轴相距较远，要求平均传动比不变但对瞬时传动比要求不严格，工作环境恶劣（多油、多尘、高温）等场合。

按用途不同，链可分为：传动链、输送链和起重链。输送链和起重链主要用在运输和起重机械中，而在一般机械传动中，常用的是传动链。

传动链的主要类型有短齿距精密滚子链（简称滚子链）和齿形链等，其中以滚子链应用最广。本章主要讨论传动链的有关设计问题。

二、传动链的种类

传动链主要有下列几种形式：滚子链和齿形链等。

（一）滚子链

如图 5-2a 所示，滚子链由内链板、外链板、销轴、套筒、滚子等组成。内链板与套筒间、外链板与销轴间均为过盈配合，滚子与套筒之间、套筒与销轴间则为间隙配合，形成动联接。工作时内、外链节间可以相对挠曲，套筒则绕销轴自由转动。为了减少销轴与套筒间的磨损，在它们之间应进行润滑。滚子活套在套筒外面，啮合时滚子沿链轮齿廓滚动，以减小链条与链轮轮齿间的磨损。内、外链板均制成 8 字形，以使链板各横截面的抗拉强度大致相同，并减轻链条的质量及惯性。

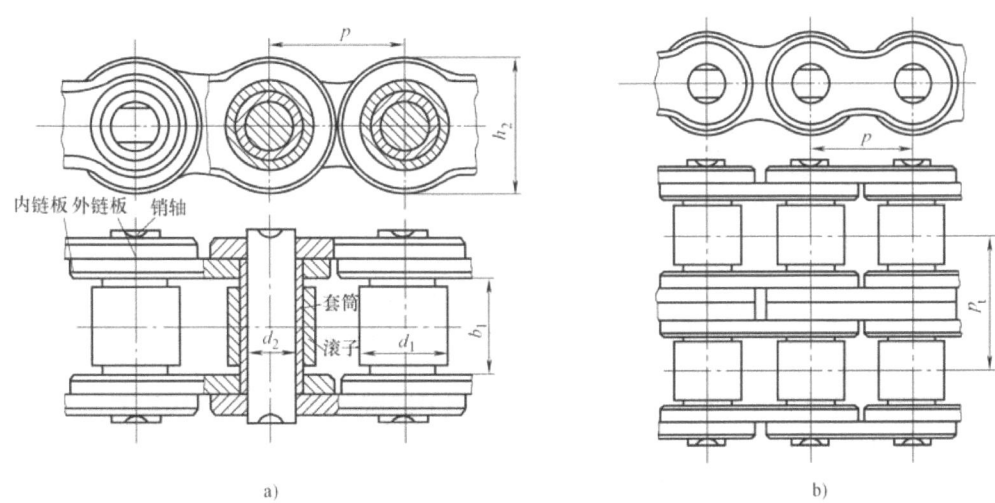

图 5-2 滚子链的结构
a) 单排链 b) 双排链

相邻两销轴轴线间的距离称为节距，用 p 表示，它是链的主要参数。滚子链的节距是指链在拉直的情况下，相邻滚子外圆中心之间的距离。滚子链的基本参数和尺寸见表 5-1。

把一根以上的单排链并列、用长销轴联结起来的链称为多排链（图 5-2b）。排数越多，越难使各排受力均匀，故一般不超过 3 或 4 排，4 排以上的传动链可与生产厂家协商制造。当载荷大而要求排数多时，可采用两根或两根以上的双排链或三排链。

表 5-1 滚子链的基本参数和尺寸（摘自 GB/T 1243—2006）

链号	节距 p/mm	排距 p_t/mm	滚子直径 d_{1max}/mm	内链节内宽 b_{1min}/mm	销轴直径 d_{2max}/mm	内链板高度 h_{2max}/mm	抗拉强度 F_u/N	每米质量（单排）q/(kg/m)
08A	12.70	14.38	7.92	7.85	3.98	12.07	13900	0.62
10A	15.875	18.11	10.16	9.40	5.09	15.09	21800	1.02
12A	19.05	22.78	11.91	12.57	5.96	18.10	31300	1.50
16A	25.40	29.29	15.88	15.75	7.94	24.13	55600	2.60
20A	31.75	35.76	19.05	18.90	9.54	30.17	87000	3.91
24A	38.10	45.44	22.23	25.22	11.11	36.20	125000	5.62
28A	44.45	48.87	25.40	25.22	12.71	42.23	170000	7.50
32A	50.80	58.55	28.58	31.55	14.29	48.26	223000	10.10
36A	57.15	65.84	35.71	35.48	17.46	54.30	281000	13.45
40A	63.50	71.55	39.68	37.85	19.85	60.33	347000	16.15
48A	76.20	87.83	47.63	47.35	23.81	72.39	500000	23.20

注：使用过渡链节时，其抗拉强度按表列数值的 80% 计算。

为了使链联成封闭环状，链的两端应用联接链节联接起来，联接链节通常有三种形式（图 5-3）。当一根链的链节数为偶数时采用联接链节，其形状与链节相同，仅连接链板与销轴为间隙配合，可采用开口销或弹簧夹片将接头上的活动销轴固定。当链节总数为奇数时，可采用过渡链节联接。链条受力后，过渡链节的链板除受拉力外，还受附加弯矩，其强度较一般链节低。所以在一般情况下，最好不用奇数链节。但在重载、冲击、反向等繁重条件下工作时，采用全部由过渡链节构成的链，柔性较好，能缓和冲击和振动。

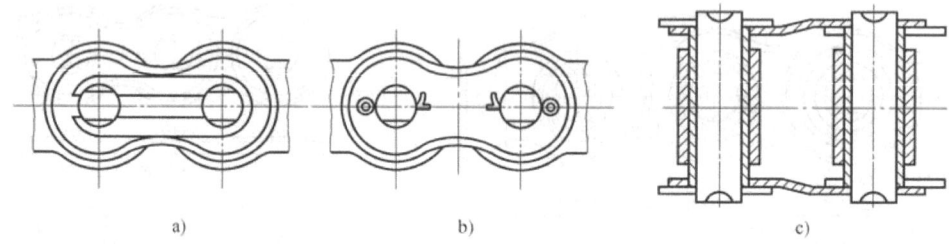

图 5-3 滚子链联接链节形式
a) 弹簧夹片 b) 开口销 c) 过渡链节

标记示例：链号 08A、单排、86 个链节长的滚子链标记为 08A-1×86 GB/T 1243—2006。

（二）齿形链

齿形链由若干组齿形链板交错排列，用铰链相互联接而成，链板两侧工作面为直边，夹角为 60°和 70°两种，靠链板工作面和链轮轮齿的啮合来实现传动。

为了防止齿形链在链轮上沿轴向窜动，齿形链上设有导向装置（图 5-4）。导板有内导板和外导板之分。内导板可以较精确地把链定位于适当的位置，故导向性好、工作可靠，适用于高速及重载传动；但链轮轮齿需开出导向槽。用外导板齿形链时，链轮轮齿不需开出导向槽，故链轮结构简单；但导向性差，外导板与销轴铆合处易松脱。

由于齿形链的齿形及啮合特点，其传动较平稳、承受冲击性能好、轮齿受力均匀、噪声较小，故又称无声链。它允许较高的链速，特殊设计的齿形链传动最高链速可达 40m/s；但它结构比滚子链复杂，价格较高、质量较大，所以目前应用较少。

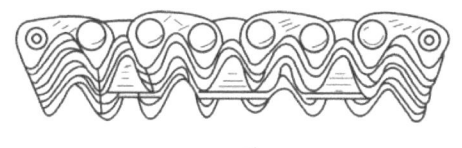

图 5-4 齿形链及其导向装置
a) 带内导板的 b) 带外导板的

齿形链按铰链结构不同可分为圆销式、轴瓦式和滚柱式三种（表 5-2）。与滚子链相比，齿形链传动平稳、无噪声、承受冲击性能好、工作可靠，多用于高速或运动精度要求较高的传动装置中。

表 5-2 齿形链铰链形式

结构形式	结构说明	特点
圆销式(简单铰链)	链板用圆柱销铰接，链板孔与销轴为间隙配合	铰链承压面积小、压力大、磨损严重、日渐少用
轴瓦式(衬瓦铰链)	链板销孔两侧有长短扇形槽各一条，相邻链板在同一销轴上左、右相间排列。销孔中装入销轴，并在销轴两侧的短槽中嵌入与其紧配的轴瓦。这样由两片轴瓦和一根销轴组成了一个铰链。两相邻链节做相对转动时，左右轴瓦将各在其长槽中摆动，两轴瓦内表面沿销轴表面滑动	轴瓦长等于链宽，承压面积大、压力小。当铰链内的压力相同时，轴瓦式所能传递的载荷约为圆销式的两倍。但因轴瓦与销轴表面是滑动摩擦，故磨损仍较严重
滚柱式(滚动摩擦铰链)	没有销轴，铰链由两个曲面滚柱组成。曲面滚柱各自固定在相应的链板孔中。当两相邻链节相对转动时，两滚柱工作面做相对滚动	载荷沿全链宽均匀分布，以滚动摩擦代替滑动摩擦，故显著地减小了阻力。链节相对转动时，滚动中心变化，实际节距随之变化，可补偿链传动的"多边形效应"

第二节 滚子链链轮的结构和材料

一、链轮的参数和齿形

（一）链轮的参数

链轮的基本参数：配用链条的节距 p、滚子的最大外径 d_1、排距 p_t、齿数 z。滚子链链轮的主要尺寸及计算公式见表 5-3。链轮毂孔的直径应小于其最大许用直径 d_{kmax}（表 5-4）。

表 5-3　滚子链链轮的主要尺寸及计算公式

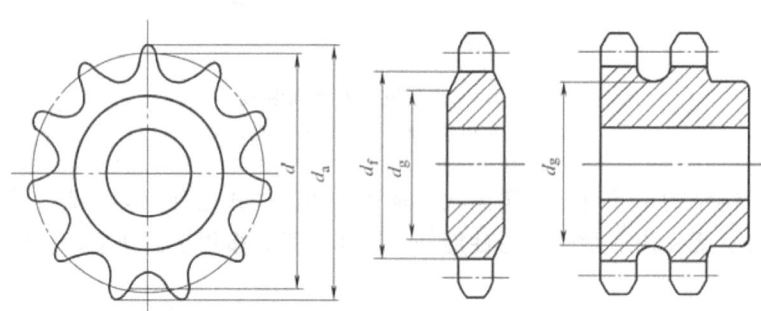

名称	代号	计算公式	备注
分度圆直径	d	$d = p/\sin(180°/z)$	
齿顶圆直径	d_a	$d_{amax} = d + 1.25p - d_1$ $d_{amin} = d + (1 - 1.6/z)p - d_1$ 若为三圆弧—直线齿形，则 $d_a = p[0.54 + \cot(180°/z)]$	可在 $d_{amin} \sim d_{amax}$ 范围内任意选取，但选用 d_{amax} 时，应考虑采用展成法加工有发生顶切的可能性
分度圆弦齿高	h_a	$h_{amax} = (0.625 + 0.8/z)p - 0.5d_1$ $h_{amin} = 0.5(p - d_1)$ 若为三圆弧—直线齿形，则 $h_a = 0.27p$	h_a 是为简化放大齿形图的绘制而引入的辅助尺寸（表 7-5） h_{amax} 相应于 d_{amax}；h_{amin} 相应于 d_{amin}
齿根圆直径	d_f	$d_f = d - d_1$	
最大齿侧凸缘（或排间槽）直径	d_g	$d_g = p\cot(180°/z) - 1.04h_2 - 0.76\text{mm}$ h_2 为内链板高度（表 5-1）	

注：d_a、d_g 值取整数，其他尺寸精确到 0.01mm。

表 5-4　链轮毂孔的最大许用直径 d_{kmax}　　　　（单位：mm）

p/mm \ z	11	13	15	17	19	21	23	25
8.00	10	13	16	20	25	28	31	34
9.525	11	15	20	24	29	33	37	42
12.70	18	22	28	34	41	47	51	57
15.875	22	30	37	45	51	59	65	73
19.05	27	36	46	53	62	72	80	88
25.40	38	51	61	74	84	95	109	120
31.75	50	64	80	93	108	122	137	152
38.10	60	79	95	112	129	148	165	184
44.45	71	91	111	132	153	175	196	217
50.80	80	105	129	152	177	200	224	249
63.50	103	132	163	193	224	254	278	310
76.20	127	163	201	239	276	311	343	372

滚子链链轮的最大和最小齿槽形状见表 5-5。

表 5-5 滚子链链轮的最大和最小齿槽形状

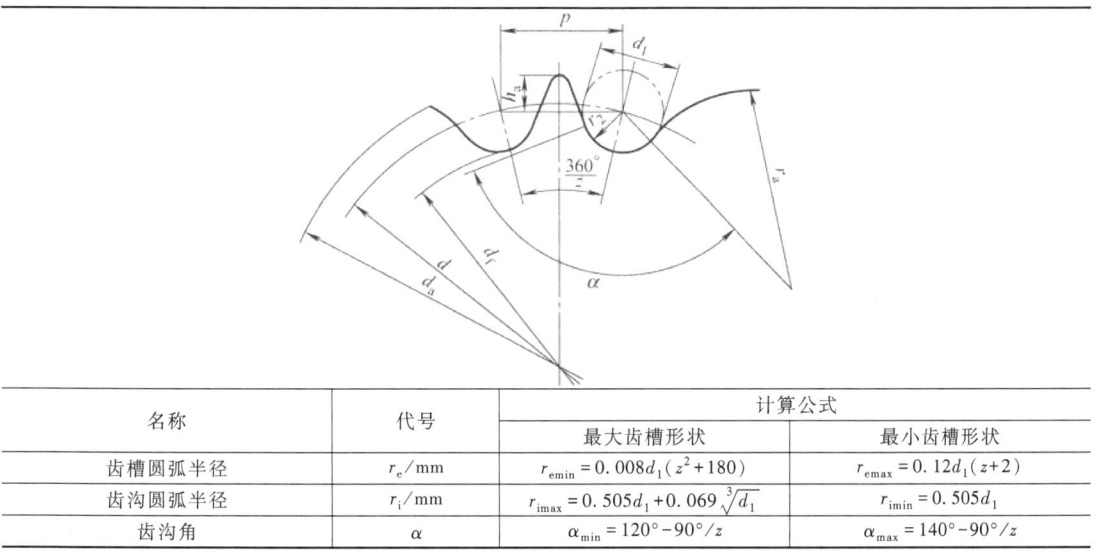

名称	代号	计算公式	
		最大齿槽形状	最小齿槽形状
齿槽圆弧半径	r_e/mm	$r_{e\min}=0.008d_1(z^2+180)$	$r_{e\max}=0.12d_1(z+2)$
齿沟圆弧半径	r_i/mm	$r_{i\max}=0.505d_1+0.069\sqrt[3]{d_1}$	$r_{i\min}=0.505d_1$
齿沟角	α	$\alpha_{\min}=120°-90°/z$	$\alpha_{\max}=140°-90°/z$

滚子链链轮轴向齿廓尺寸见表 5-6。

表 5-6 滚子链链轮轴向齿廓尺寸

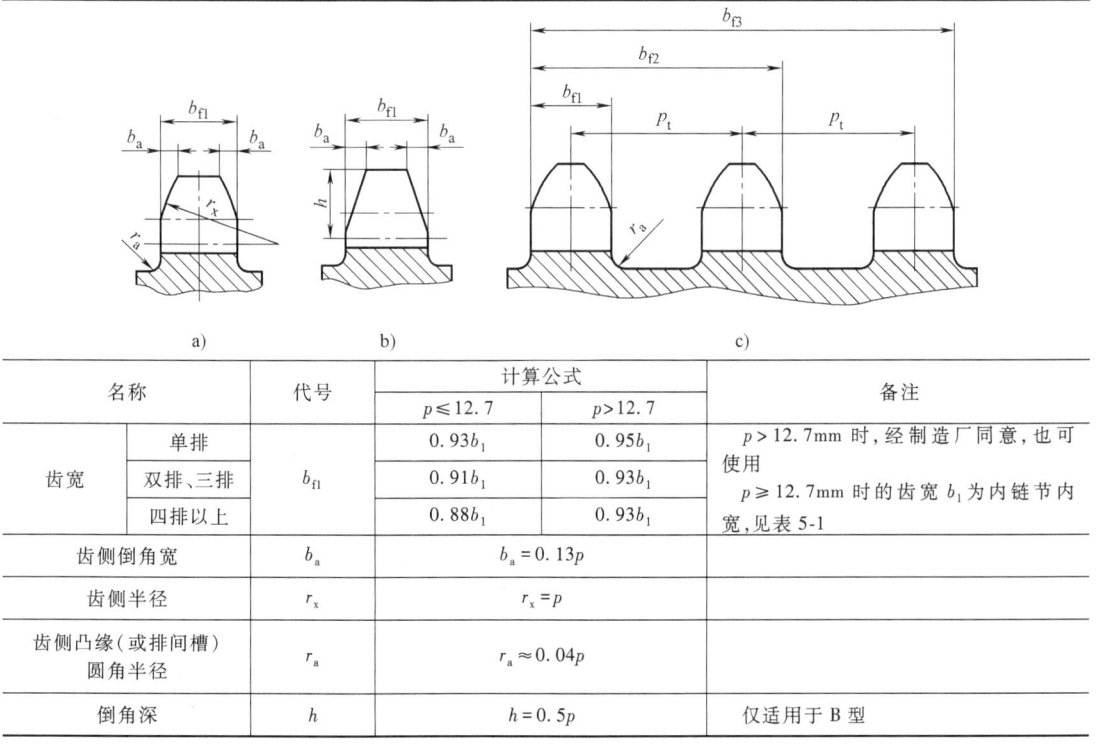

名称		代号	计算公式		备注
			$p \leq 12.7$	$p > 12.7$	
齿宽	单排	b_{f1}	$0.93b_1$	$0.95b_1$	$p>12.7$mm 时,经制造厂同意,也可使用 $p \geq 12.7$mm 时的齿宽 b_1 为内链节内宽,见表 5-1
	双排、三排		$0.91b_1$	$0.93b_1$	
	四排以上		$0.88b_1$	$0.93b_1$	
齿侧倒角宽		b_a	$b_a=0.13p$		
齿侧半径		r_x	$r_x=p$		
齿侧凸缘(或排间槽)圆角半径		r_a	$r_a \approx 0.04p$		
倒角深		h	$h=0.5p$		仅适用于 B 型

(二) 链轮轮齿的齿形

链轮轮齿的齿形应保证链节能自由地进入和退出啮合,在啮合时应保证良好的接触,同时它的形状应尽可能地简单。滚子链与链轮的啮合属于非共轭啮合,标准只规定链轮的最大齿槽形状和最小齿槽形状。实际齿槽形状在最小、最大范围内都可用,因而链轮齿廓曲线的几何形状可以有很大的灵活性。常用的齿廓为三圆弧一直线齿形，其中 abcd 为齿廓工作段（图 5-5）。因齿形用标准刀具加工，在链轮零件图中不必画出，只需在图上注明"齿形按 GB/T 1243—2006 制造"即可。

二、链轮结构与材料

（一）链轮结构

小直径链轮可采用实心式（图 5-6a）、腹板式（图 5-6b），或将链轮与轴做成一体。链轮的主要失效形式是齿面磨损，所以大链轮最好采用齿圈可以更换的组合式（图 5-6c），此时齿圈与轮芯可用不同的材料制造。

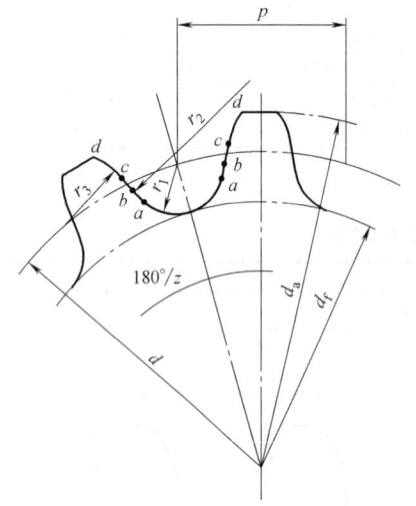

图 5-5　链轮轮齿的三圆弧一直线齿槽形状

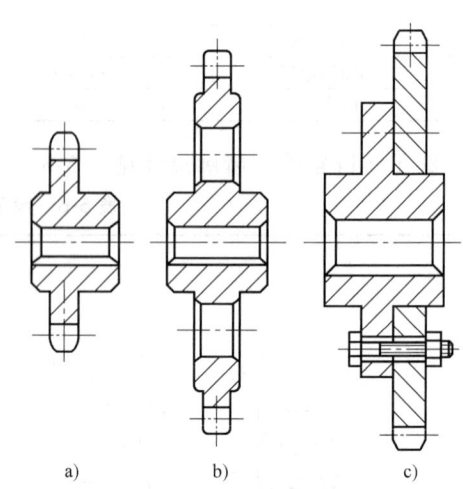

图 5-6　链轮结构
a) 实心式　b) 腹板式　c) 组合式

（二）链轮材料

链轮材料应能保证轮齿具有足够的耐磨性和强度。由于小链轮轮齿的啮合次数比大链轮轮齿的啮合次数多，所受冲击也较严重，故小链轮应采用较好的材料制造。

链轮常用的材料和应用范围见表 5-7。

表 5-7　链轮常用的材料和应用范围

材料	热处理	热处理后硬度	应用范围
15、20	渗碳、淬火、回火	50~60HRC	$z \leqslant 25$ 有冲击载荷的主、从动链轮
35	正火	160~200HBW	$z > 25$ 的主、从动链轮
40、50、45Mn、ZG 310-570	淬火、回火	45~50HRC	无剧烈冲击振动和要求耐磨损的主、从动链轮
15Cr、20Cr	渗碳、淬火、回火	50~60HRC	$z < 25$ 有动载荷及传递较大功率的重要链轮
40Cr、35SiMn、35CrMo	淬火、回火	40~50HRC	要求强度较高和耐磨损的重要链轮
Q235	焊接后退火	140HBW	中低速、功率不大的较大链轮
普通灰铸铁（不低于 HT200）	淬火、回火	260~280HBW	$z > 50$ 的从动链轮及外形复杂或强度要求一般的链轮
夹布胶木	—	—	$P < 6$kW、速度较高、要求传动平稳和噪声小的链轮

第三节 链传动工作情况分析

一、链传动的运动特性分析

(一) 平均链速和平均传动比

链传动的运动情况和把带绕在多边形轮子上的情况很相似,链绕在链轮上,链节与相应的链轮轮齿啮合,由于每个链节是刚性的,链节与相应的轮齿啮合后,这一段链条将曲折成正多边形的一部分(图5-7a)。该正多边形的边长等于链条的节距p,边数相当于链轮齿数z,轮子每转一周,链转过的长度应为zp,当两链轮转速分别为n_1和n_2,平均链速为

$$v_{\mathrm{m}} = v = \frac{z_1 p \, n_1}{60 \times 1000} = \frac{z_2 p \, n_2}{60 \times 1000} \tag{5-1}$$

利用上式,可求得链传动的平均传动比

$$i_{\mathrm{m}} = i = \frac{n_1}{n_2} = \frac{z_2}{z_1} = 常数 \tag{5-2}$$

(二) 链传动的运动不均匀性(多边形效应)

如图5-7b所示,链轮转动时,绕在链轮上的链条,只有其铰链的销轴A的轴心是沿着链轮分度圆(实际应为节圆,本章均用分度圆近似代换)运动的,而链节其余部分的运动轨迹均不在分度圆上。

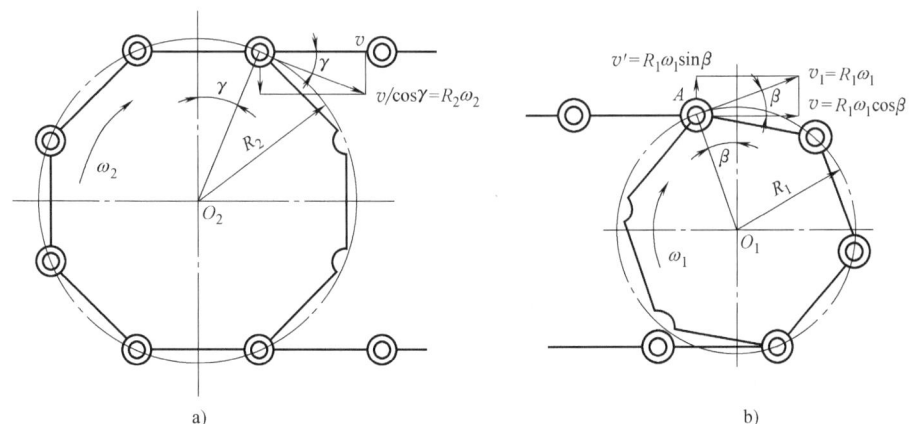

图 5-7 链传动的速度分析图 1

为了便于分析,假设紧边在传动时总是处于水平位置,参看图5-8。当链节进入主动轮时,其销轴总是随着链轮的转动而不断改变其位置。当位于β角的瞬时,若主动链轮以等角速度ω_1转动时,该链节的铰链销轴A的轴心做等速圆周运动,设以链轮分度圆半径R_1近似取代节圆半径,则其圆周速度为$v_1 = R_1 \omega_1$。

对于主动轮,链速v应为销轴圆周速度($v_1 = R_1\omega_1$)在水平方向的分速度,即

$$v = v_1 \cos\beta = R_1 \omega_1 \cos\beta = \frac{\omega_1 d_1}{2}\cos\beta \tag{5-3}$$

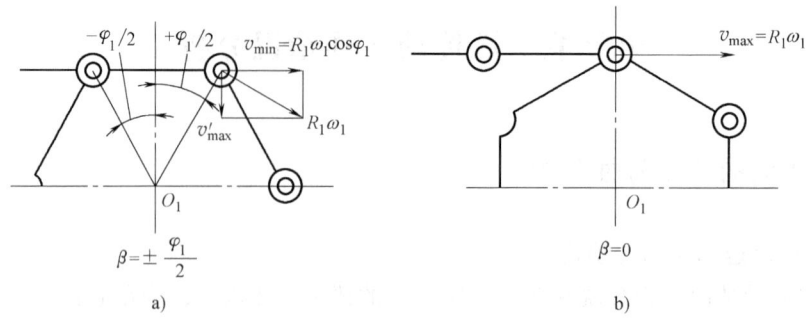

图 5-8 链传动的速度分析图 2

垂直方向分速度

$$v' = v_1 \sin\beta = R_1\omega_1 \sin\beta = \frac{\omega_1 d_1}{2}\sin\beta \tag{5-4}$$

式中 v_1——A 点的圆周速度（m/s）；

β——链节进入啮合后某点铰链中心与轮心连线与铅垂线夹角（或铰链中心相对于铅垂线的位置角）。

β 的变化范围：$\beta \in \left(-\dfrac{\varphi_1}{2}, +\dfrac{\varphi_1}{2}\right)$ 做周期性变化，其中 $\varphi_1 = 360°/z_1$。

当 $\beta = \pm\dfrac{\varphi_1}{2} = \pm\dfrac{180°}{z_1}$，即刚进入与刚退出啮合时

$$v = v_{\min} = R_1\omega_1 \cos\frac{\varphi_1}{2} \tag{5-5}$$

$$v' = v'_{\max} = R_1\omega_1 \sin\frac{\varphi_1}{2} \tag{5-6}$$

当 $\beta = 0$（在顶点位置）

$$v = v_{\max} = R_1\omega_1 \tag{5-7}$$

$$v' = v'_{\min} = R_1\omega_1 \sin\beta = 0 \tag{5-8}$$

对于从动链轮，由于链速 v

$$v = R_2\omega_2 \cos\gamma = R_1\omega_1 \cos\beta \tag{5-9}$$

所以从动链轮的角速度为

$$\omega_2 = \frac{v}{R_2\cos\gamma} = \frac{R_1\omega_1\cos\beta}{R_2\cos\gamma} \tag{5-10}$$

链传动的瞬时传动比为

$$i_t = \frac{\omega_1}{\omega_2} = \frac{R_2\cos\gamma}{R_1\cos\beta} \neq 常数 \tag{5-11}$$

由此可见，主动链轮虽做等角速度回转，而链条前进的瞬时速度却周期性地由小变大、由大变小。每转过一个链节，链速的变化就重复一次，链轮的节距越大、齿数越少，β 角的变化范围就越大，链速 v 的变化也就越大。与此同时，铰链销轴做上下运动的垂直分速度 v' 也在周期性地变化，导致链沿铅垂方向产生有规律的振动（图 5-9）。同理，每一链节在与

从动链轮轮齿啮合的过程中,链节铰链在从动链轮上的相位角 γ,也不断地在 $\pm 180°/z_2$ 范围内变化,所以从动链轮的角速度也是变化的。

随着 β 角和 γ 角的不断变化,链传动的瞬时传动比也是不断变化的。只有在 $z_1=z_2$(即 $R_1=R_2$),且传动的中心距 a 恰为节距 p 的整数倍时(这时 β 和 γ 角的变化规律才会时时相等),传动比才能在全部啮合过程中保持不变,即恒为 1。

上述链传动运动不均匀性的特征,是由围绕在链轮上的链条形成了正多边形这一特点所造成的,故称为链传动的多边形效应。多边形效应将引起链的动载荷、链的振动及链的过早破坏。链传动的多边形效应是链传动的固有属性,只能减小、不可消除。

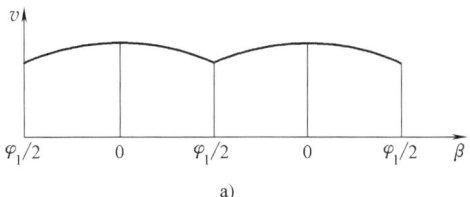
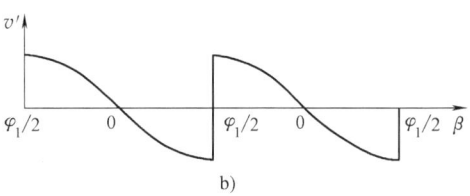

图 5-9 链传动速度波动

(三) 链传动的动载荷

链传动在工作过程中,链条和从动链轮都是做周期性的变速运动,因而造成和从动链轮相连的零件也产生周期性的速度变化,从而引起了动载荷。动载荷的大小与回转零件的质量和加速度的大小有关。链传动在工作时引起动载荷的主要原因是:

1) 由于链速和从动链轮的角速度是变化的,从而产生了相应的加速度和角加速度,因此必然引起附加动载荷。链的加速度越大,动载荷也将越大。链条前进的加速度引起的动载荷 F_{d1} 为

$$F_{d1} = ma_c \tag{5-12}$$

式中　m——紧边链条的质量(kg);
　　　a_c——链条加速度(m/s^2)。

$$a_c = \frac{dv}{dt} = -R_1 \omega_1^2 \sin\beta \tag{5-13}$$

当 $\beta = \pm \dfrac{\varphi_1}{2} = \pm \dfrac{180°}{z_1}$ 时,$a_{cmax} = \pm \dfrac{\omega_1^2 p}{2}$

当 $\beta = 0$ 时,$a_{cmin} = 0$

从动链轮的角加速度引起的动载荷 F_{d2} 为

$$F_{d2} = \frac{J}{R_2} \frac{d\omega_2}{dt} \tag{5-14}$$

式中　J——从动系统转化到从动链轮轴上的转动惯量($kg \cdot m^2$);
　　　ω_2——从动链轮的角速度(rad/s);
　　　R_2——从动链轮的分度圆半径(m)。

2) 链沿垂直方向分速度 v' 也做周期性的变化,产生横向振动,这也是链传动产生动载荷的原因之一。

$$a' = R_1 \omega_1^2 \cos\beta \tag{5-15}$$

上述简单关系可以说明,链轮转速越高、节距越大、链轮齿数越少(β、γ 的变化范围

越大)时动载荷越大。采用较多的链轮齿数和较小的节距对降低动载荷是有利的。

3) 当链节进入链轮的瞬间,链节和轮齿以一定的相对速度相啮合(图5-10),从而使链和轮齿受到冲击并产生附加的动载荷。由于链节对轮齿的连续冲击,将使传动产生振动和噪声,并将加速链的损坏和轮齿的磨损,同时增加了能量的消耗。

链节对轮齿的冲击动能越大,对传动的破坏作用也越大。

根据理论分析,冲击动能为

$$E_k = \frac{1}{2}mv^2 = \frac{1}{2}qp\left(\frac{pn}{60\times1000}\right)^2 = \frac{qp^3n^2}{C} \quad (5\text{-}16)$$

式中 q——每米链长的质量(kg/m);
C——常数。

因此,从减少冲击动能来看,应采用较小的链节距并限制链轮的极限转速。

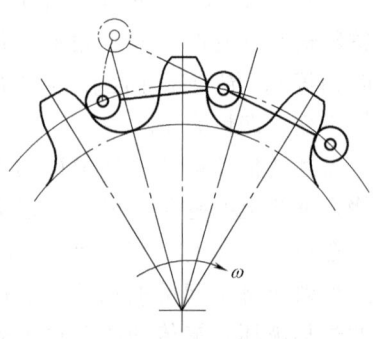

图 5-10 链节和轮齿啮合时的冲击

4) 若链张紧不好,链条松弛,在起动、制动、反转、载荷变化等情况下,将产生惯性冲击,使链传动产生很大的动载荷。

二、链传动的受力分析

链传动在安装时应使链条受到一定的张紧力。但链条的张紧力比带传动要小得多。链传动的张紧力主要是为了防止链条的松边过松而影响链条的退出和啮合,产生跳齿和脱链。

(一) 链在传动中的主要作用力

(1) 工作拉力(有效圆周力)F_e 它取决于传动功率P和链速v,按下式计算:

$$F_e = \frac{1000P}{v} \quad (5\text{-}17)$$

式中 P——传动功率(kW);
v——链速(m/s)。

(2) 离心拉力F_c 链条运转经过链轮时产生离心拉力F_c。由于链条的连续性,F_c作用在链条全长上,按下式计算:

$$F_c = qv^2 \quad (5\text{-}18)$$

式中 q——单位长度链系的质量(kg/m);
v——链速(m/s)。

(3) 悬垂拉力F_f 由于链在工作时有一定的松弛而下垂引起悬垂拉力,作用于链全长。F_f取决于传动的布置形式及链在工作时的许用垂度,垂度f越小、F_f越大,若允许垂度过小,则必须以很大的F_f力拉紧,从而增加链的磨损和轴承载荷;允许垂度过大,则又会使链和链轮的啮合情况变坏。可按照求悬垂拉力的方法求得悬垂拉力(图5-11、图5-12)。

悬垂拉力为

$$F_f = \max\{F_f', F_f''\} \quad (5\text{-}19)$$

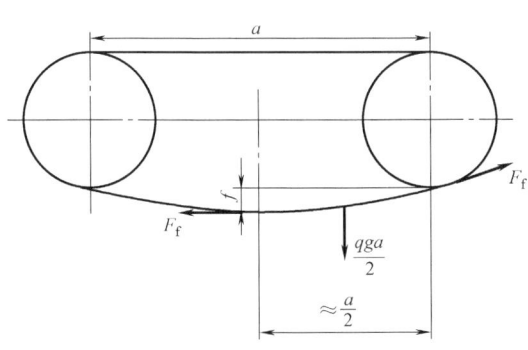

图 5-11 链传动的悬垂拉力

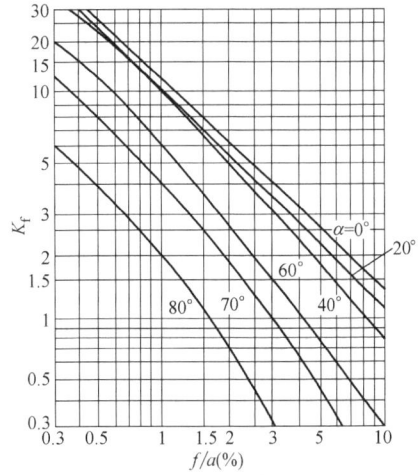

图 5-12 悬垂拉力的确定

注：图中 f 为垂度，α 为两轮中心线与水平面的夹角。

$$\begin{cases} F'_f = \dfrac{qga^2}{8f} = \dfrac{qga}{8(f/a)} = K_f qga \\ F''_f = (K_f + \sin\alpha) qga \end{cases} \quad (5\text{-}20)$$

式中　K_f——垂度系数，$f=0.2a$ 时的拉力系数，如图 5-12 所示；

q——单位长度链条的质量（kg/m），见表 5-1；

a——链传动的中心距（m）；

g——重力加速度（m/s²）。

链两边同时张紧的传动是不能用的，否则链和轴承将过度磨损；反之，如果垂度过大，振动和抖动也会导致链的过度磨损或功率的损耗。

（二）链的紧边和松边受到的拉力

紧边拉力为　　　　　　　　$F_1 = F_e + F_c + F_f$ 　　　　　　　　(5-21)

松边拉力为　　　　　　　　$F_2 = F_c + F_f$ 　　　　　　　　(5-22)

（三）压轴力 F_Q

压轴力可近似地取为

$$F_Q \approx F_e + 2F_f \quad (5\text{-}23)$$

离心拉力对它没有影响，不应计算在内。又由于悬垂拉力不大，故近似取

$$F_Q \approx 1.2 K_A F_e \quad (5\text{-}24)$$

式中　K_A——工况系数，见表 5-8。

第四节　滚子链传动的设计计算

一、链传动的主要失效形式

（一）链条的疲劳破坏

链条工作时，链的元件长期受变应力的作用，经过一定的循环次数后，链板将疲劳断

裂，滚子表面将出现疲劳裂纹和疲劳点蚀。速度越高，链传动的疲劳损坏就越快。在润滑充分、设计和安装正确的条件下，疲劳破坏通常是主要的失效形式。滚子链在中、低速时，链板首先疲劳断裂，高速时，由于套筒或滚子啮合时所受冲击载荷急剧增加，因而套筒或滚子先于链板产生冲击疲劳破坏。

（二）铰链磨损

当链条的链节进入或退出啮合时，相邻铰链链节发生相对转动，因而在链条的销轴和套筒之间发生相对滑动，使接触面发生磨损链条的实际节距增长。啮合点沿链轮齿高方向外移达到一定程度以后，就会破坏链与链轮的正确啮合，容易造成跳齿和脱链的现象（图5-13），使传动失效。对于润滑不良的链传动，磨损往往是主要的失效形式。

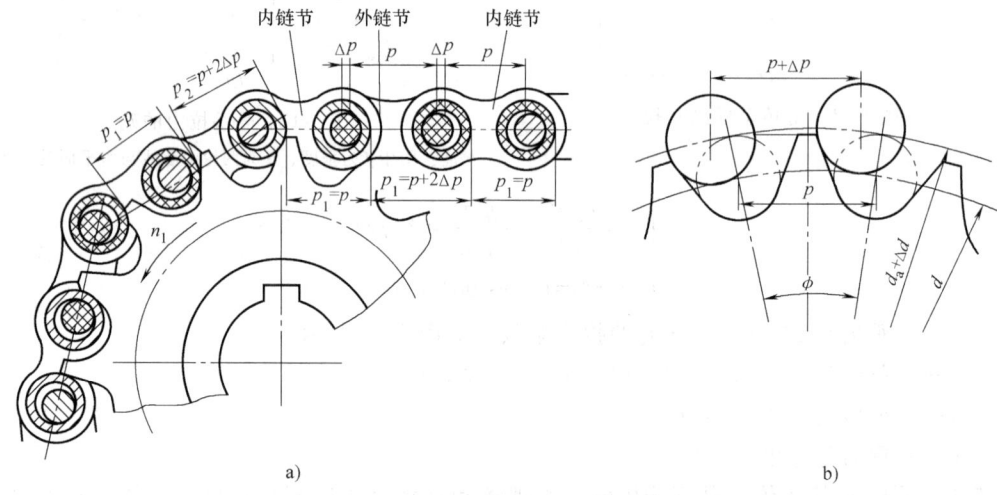

图 5-13　铰链磨损后节距伸长量与节圆外移量之间的关系

（三）铰链胶合

当链轮转速达一定数值时，链节啮合时受到的冲击能量增大，销轴和套筒间润滑油膜被破坏，使两者的工作表面在很高的温度和压力下直接接触，从而导致胶合。因此，胶合在一定程度上限制了链传动的极限转速。

（四）链条静力拉断

低速（$v<0.6\text{m/s}$）时链条过载，或有突然冲击作用时，链的受力超过链的静强度，就会发生过载拉断。

少量的链轮轮齿磨损或塑性变形并不产生严重问题。但当链轮轮齿的磨损和塑性变形超过一定程度后，链的寿命将显著下降。通常，链轮的寿命为链条寿命的2~3倍以上，故链传动的承载能力是以链的强度和寿命为依据的。

二、链传动的承载能力

（一）极限功率曲线

链传动在不同的工作情况下，其主要的失效形式也不同。图5-14a所示为链在一定寿命下，小链轮在不同转速下由各种失效形式限定的极限功率曲线。曲线1是在良好而充分润滑条件下由磨损破坏限定的极限功率曲线；曲线2是在变应力作用下链板疲劳破坏限定的极限功率曲线；曲线3是由滚子、套筒冲击疲劳强度限定的极限功率曲线；曲线4是由销轴与套筒胶合限定的极限功率曲线；曲线5是良好润滑情况下的额定功率曲线，它是设计时实际使用的功率曲线；曲线6是润滑条件不好或工作环境恶劣情况下的极限功率曲线，在这种情况下链磨损严重，所能传递的功率比良好润滑情况下的功率低得多。在一定的使用寿命和润滑良好的条件下，链传动各种失效形式的极限功率曲线如图5-14b所示。

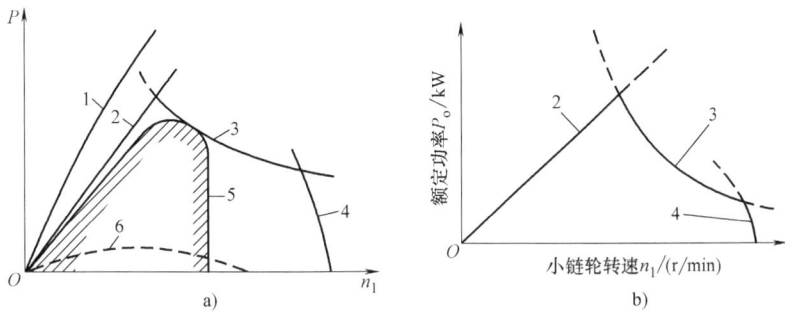

图 5-14 滚子链极限功率曲线

（二）额定功率曲线

图 5-15 所示为 A 系列滚子链的额定功率曲线，是在图 5-14 所示的 2、3、4 曲线基础上做了一些修正得到的。根据小链轮转速 n_1，由图 5-15 可查出该情况下各种型号的链在链速 $v>0.6\text{m/s}$ 情况下允许传递的额定功率 P_1。

滚子链的额定功率曲线是在以下标准试验条件下得出的。

1）安装在水平平行轴上的两链轮链传动。
2）小链轮齿数为 19。
3）没有过渡链节的单排链条。
4）链条长度为 120p（不同的链条长度将影响链条的使用寿命）。
5）传动比从 1/3~3。
6）预期使用寿命为 15000h。
7）工作温度在 -5~+70℃ 之间。
8）链轮正确对中，链条保持正确调整。
9）运转平稳，绝无过载、振动或频繁起动现象。
10）在链传动的有效寿命期间保持清洁和适当的润滑（具体按图 5-16 所示链传动的推荐润滑方式）。

当实际情况不符合试验规定的条件时，链传动所传递的功率应修正为当量的单排链的额定功率

$$P'_0 = \frac{K_A K_z}{K_p} P \tag{5-25}$$

式中 K_A——工况系数，见表 5-8；
K_z——小链轮齿数系数，如图 5-17 所示；

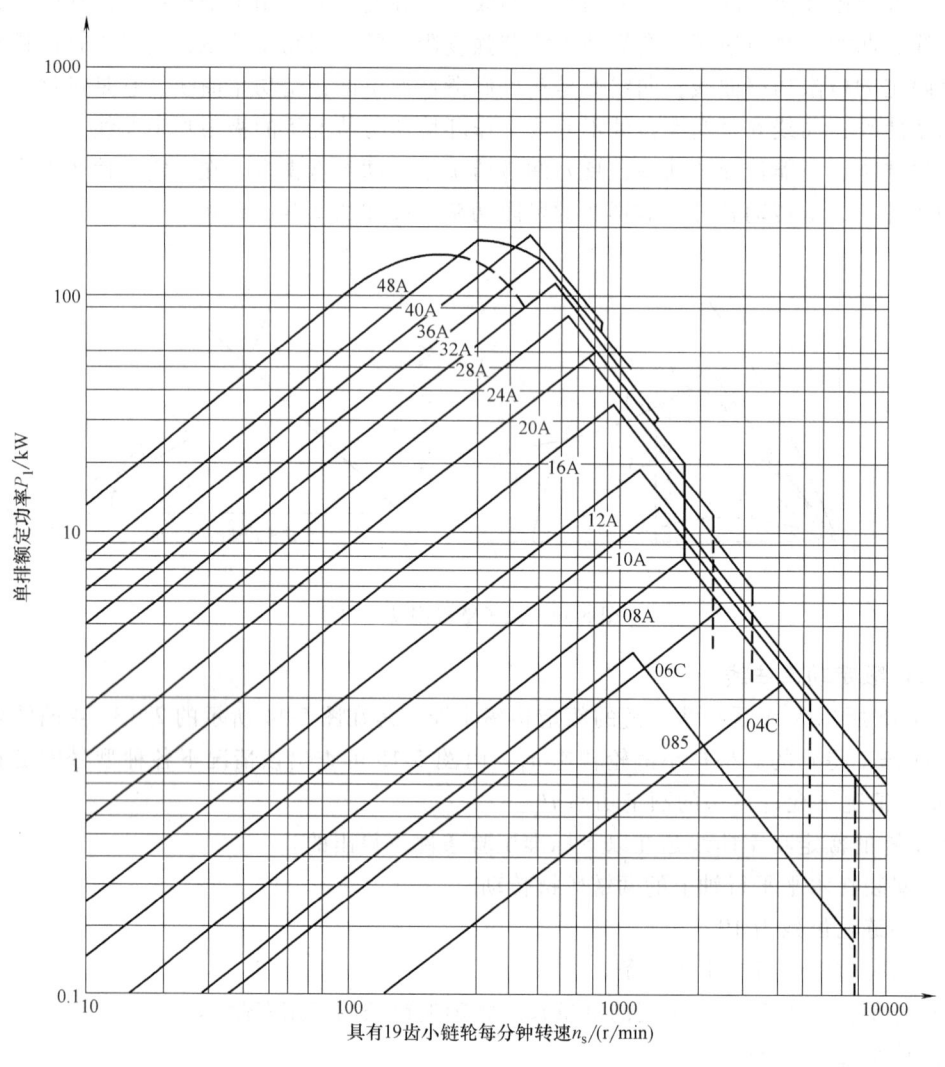

图 5-15　A 系列滚子链的额定功率曲线

K_p——排数系数，见表 5-9；

P——链传动所传递的功率（kW）。

三、链传动主要参数的选择

（一）传动比 i

链传动的传动比 i 一般 ≤6，推荐 $i=2\sim3.5$；当 $v<2\text{m/s}$ 且载荷平稳时，i 允许到 10（个别情况可到 15）。若传动比过大，则链包在小链轮上的包角过小，啮合的齿数太少，这将加速轮齿的磨损，容易出现跳齿，破坏正常啮合，并使传动外廓尺寸增大。通常包角最好不小于 120°，传动比在 3 左右。

（二）链轮齿数

链轮齿数的多少对传动的平稳性和使用寿命均有很大的影响，因此链轮齿数不宜过少或

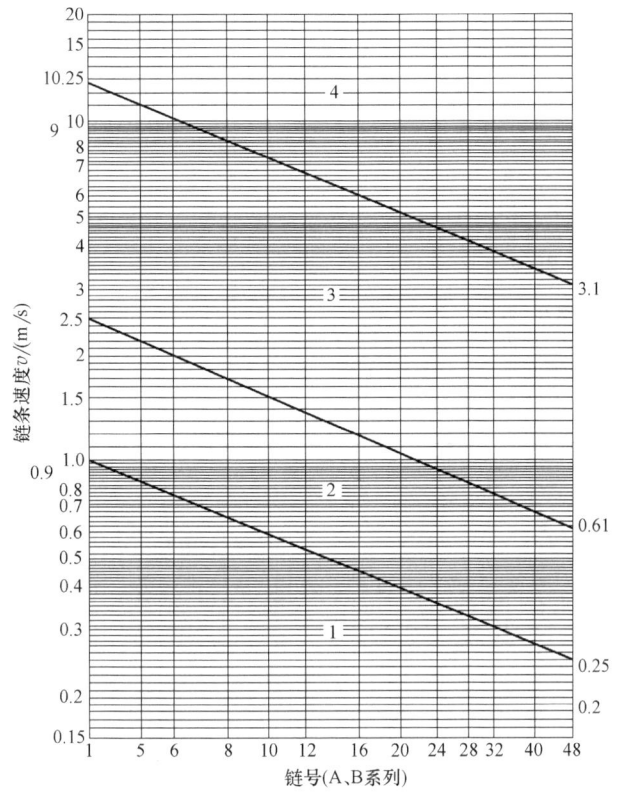

图 5-16 链传动的推荐润滑方式（GB/T 18150—2006）
1—人工润滑 2—滴油润滑 3—油池或飞溅润滑 4—强制润滑

过多。对于小链轮而言，齿数 z_1 过少时会有如下影响。1）增加传动的不均匀性和动载荷。2）增加链节间的相对转角，从而增大功率损耗。3）增加铰链承压面间的压强（因齿数少时，链轮直径小，链的工作拉力将增加），从而加速铰链磨损等。

表 5-8 工况系数 K_A

		主动机械特性		
		平稳运转	轻微振动	中等振动
从动机械特性		电动机、汽轮机和燃气轮机、带液力变矩器的内燃机	带有机械式联轴器的六缸或六缸以上的内燃机、经常起动的电动机（一日两次以上）	带有机械式联轴器的六缸以下内燃机
平稳运转	离心式的泵和压缩机、印刷机、均匀加料的带式输送机、纸张压光机、自动扶梯、液体搅拌机和混料机、旋转干燥机、风机	1.0	1.1	1.3

(续)

从动机械特性		主动机械特性		
		平稳运转	轻微振动	中等振动
		电动机、汽轮机和燃气轮机、带液力变矩器的内燃机	带有机械式联轴器的六缸或六缸以上的内燃机、经常起动的电动机（一日两次以上）	带有机械式联轴器的六缸以下内燃机
中等振动	三缸或三缸以上往复式泵和压缩机、混凝土搅拌机、载荷不均匀的输送机、固体搅拌机和混合机	1.4	1.5	1.7
严重振动	电铲、轧机、球磨机、橡胶加工机械、刨床、压力机、剪板机、单缸或双缸泵和压缩机、石油钻采设备	1.8	1.9	2.1

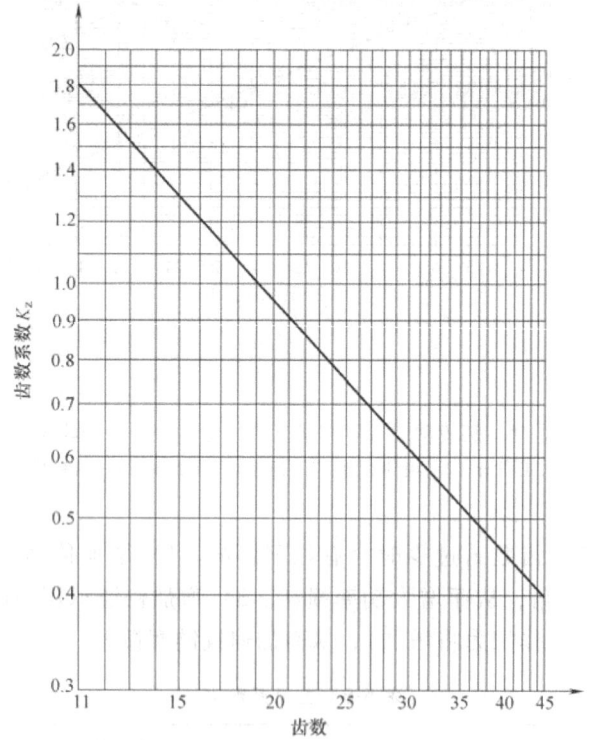

图 5-17 小链轮齿数系数 K_z

表 5-9 排数系数 K_p

排数	1	2	3	4	5	6
K_p	1.0	1.7	2.5	3.3	4.0	4.6

从增加传动均匀性和减少动载荷考虑，小链轮齿数宜适当多些。滚子链小链轮齿数 z_1 选择见表 5-10。

对于大链轮而言，虽然增加小链轮齿数对传动有利，但 z_1 选得太大，大链轮齿数 z_2 将更大，除增大了传动的尺寸和质量外，还易发生跳齿和脱链，使链条寿命缩短。

表 5-10　滚子链小链轮齿数 z_1 选择

链速 v/(m/s)	0.6~3	3~8	8~25	>25
z_1	≥17	≥21	≥25	≥35

链轮齿数太多将缩短链的使用寿命。由图 5-13 可知，链节磨损后，套筒和滚子都被磨薄而且中心发生偏移。这时，链与轮齿实际啮合的节距将由 p 增至 $p+\Delta p$，链节势必沿着轮齿廓向外移，链轮节圆直径的增量为 $\Delta d=\Delta p/\sin(180°/z)$，因而分度圆直径将由 d 增至 $d+\Delta d$。若 Δp 不变，则链轮齿数越多，所需分度圆直径的增量 Δd 就越大。链节越向外移，链从链轮上脱落的可能性也就越大，链的使用寿命也就越短。因此，链轮最多齿数限制为 $z_{\max}=150$，一般不大于 114。

综上所述，链轮齿数的取值范围为 $17\leqslant z\leqslant 150$。从限制大链轮齿数和减少传动尺寸考虑，传动比大的链传动建议选取较少的链轮齿数。当链速很低时，允许最少齿数为 9。

在选取链轮齿数时，应同时考虑到均匀磨损的问题。由于链节数多选用偶数，所以链轮齿数最好选与链节数互质的数或不能整除链节数的数。

（三）选定链的型号，确定链节距和链排数

链的节距反映了链节和链轮齿的各部分尺寸，节距越大，链和链轮齿各部分的尺寸也越大，在一定条件下链的拉曳能力也越大，但传动的多边形效应增大，于是速度不均匀性、动载荷、噪声等都将增加。因此，在承载能力足够的条件下，应选取较小节距的单排链；高速重载时，可选用小节距的多排链。

若已知传递功率 P 和转速 n_1，则先根据式（5-25）计算出当量的单排链的额定功率 P_0'，再由图 5-15 选取链型号，以确定节距 p。

（四）链节数 L_p 和链传动中心距 a

中心距过小、链速不变时，单位时间内链条绕转次数增多，链条曲伸次数和应力循环次数增多，因而加剧了链节距的磨损和疲劳。同时，由于中心距小，链条在小链轮上的包角变小，在包角范围内，每个轮齿所受载荷增大，且容易出现跳齿和脱链现象；若中心距大、链较长，则弹性较好，抗振能力较高，又因磨损较慢，所以链的使用寿命较长。但中心距过大，会引起从动边垂度过大，传动时造成松边颤动。因此，若中心距不受其他条件限制，一般可初选 $a_0=(30\sim 50)p$，最大取 $a_{0\max}=80p$。当有张紧装置或托板时，a_0 可大于 $80p$。

链的长度常用链节数 L_p 表示，$L_p=L/p$，L 为链长。链节数的计算公式为

$$L_p=\frac{L}{p}=\frac{z_1+z_2}{2}+\frac{2a_0}{p}+\left(\frac{z_2-z_1}{2\pi}\right)^2\frac{p}{a_0} \qquad (5-26)$$

计算出的 L_p 值应圆整为相近的整数，而且最好为偶数，以免使用过渡链节。根据圆整后的链节数，链传动的理论中心距为

$$a=\frac{p}{4}\left[\left(L_p-\frac{z_1+z_2}{2}\right)+\sqrt{\left(L_p-\frac{z_1+z_2}{2}\right)^2-8\left(\frac{z_2-z_1}{2\pi}\right)^2}\right] \qquad (5-27)$$

为了保证链条松边有一个合适的垂度 f，实际中心距应比理论中心距小一些。即

$$a'=a-\Delta a \qquad (5-28)$$

理论中心距 a 的减小量 $\Delta a=(0.002\sim 0.004)a$，对于中心距可调的链传动，$\Delta a$ 可取大

值；对于中心距不可调和没有张紧装置的链传动，则 Δa 应取较小值。当链条磨损后，链节增长，垂度过大时，将引起啮合不良和链的振动。为了在工作过程中能适当调整垂度，一般将中心距设计成可调，调整范围 $\Delta a \geq 2p$，松边垂度 $f = (0.01 \sim 0.02)a$。当无张紧装置，而中心距又不可调时，必须精算中心距 a。

（五）链速及润滑方式

链速的提高受到动载荷的限制，所以一般最好不超过 12m/s。若链和链轮的制造质量很高、链节距较小、链轮齿数较多、安装精度很高，以及采用合金钢制造的链，则链速最高可达 40m/s。

根据链速 v，由图 5-16 选择合适的润滑方式。

（六）小链轮毂孔最大直径

根据小链轮的节距和齿数由表 5-4 确定链轮毂孔的最大许用直径 $d_{k\max}$，若 $d_{k\max}$ 小于安装链轮处的轴径，则应重新选择链传动的参数（增大 z_1 或 p）。

（七）低速链传动的抗拉强度计算

对于链速 $v<0.6$m/s 的低速链传动，因抗拉强度不够而破坏的概率很大，故常按下式进行抗拉强度计算。

计算安全系数

$$S_{ca} = \frac{F_u m}{K_A(F_e + F_c + F_f)} \geq 4 \sim 8 \qquad (5-29)$$

式中　F_u——抗拉强度（N），见表 5-1；

　　　m——链的排数；

　　　K_A——工况系数，见表 5-8；

　　　F_e——工作拉力（有效圆周力）（N）；

　　　F_c——离心拉力（N）；

　　　F_f——悬垂拉力（N）。

第五节　链传动的布置、张紧和润滑

一、链传动的布置

链传动一般应布置在铅垂面内，尽可能避免布置在水平面或倾斜面内。若确有需要，则应考虑加托板或张紧轮等装置，并且设计较紧凑的中心距。

链传动的布置见表 5-11。

二、链传动的张紧

若链传动中松边垂度过大，则引起啮合不良和链条振动，所以链传动张紧的目的和带传动不同，张紧力并不决定链的工作能力，而只是决定垂度的大小。链传动张紧主要是为了避免垂度太大时的啮合不良和链条振动，同时也为了增加链条和链轮的啮合角。

表 5-11 链传动的布置

传动参数	正确布置	不正确布置	说明
$i=2\sim3$ $a=(30\sim50)p$ (i 与 a 较佳场合)			传动比和中心距中等大小，两轮轴线在同一水平面，紧边在上、在下都可以，但在上好些
$i>2$ $a<30p$ (i 与 a 小场合)			中心距较小，两轮轴线不在同一水平面，松边应在下面，否则松边垂度增大后，链条易与链轮卡死
$i>1.5$ $a>60p$ (i 与 a 大场合)			传动比小，中心距较大。两轮轴线在同一水平面，松边应在下面，否则垂度增大后，松边会与紧边相碰，需经常调整中心距
i、a 为任意值 （垂直传动场合）			两轮轴线在同一铅垂面内，经过使用，链节距加大，垂度增大，会减少下链轮的有效啮合齿数，降低传动能力。为此应采用 1) 中心距可调 2) 设张紧装置 3) 上、下两轮偏置，使两轮的轴线不在同一铅垂面内

常见链传动的张紧方法有增大中心距、加张紧装置或在链条磨损后从中去掉一两个链节。当链传动的中心距可调整时，可通过调整中心距张紧；当中心距不可调时，可通过设置张紧轮张紧。

调整中心距的方法同带传动一样。用张紧轮时，张紧轮应装在松边上靠近主动链轮的地方。链传动张紧装置为带齿张紧轮、不带齿的张紧轮、压板或托板。不论是带齿的还是不带齿的张紧轮，其分度圆直径最好与小链轮的分度圆直径相近。不带齿的张紧轮可以用夹布胶木制成，宽度应比链约宽 5mm。张紧装置有自动张紧和定期调整两种。前者多用弹簧、吊重等自动张紧装置（图 5-18a、b），后者可用螺旋、偏心等调整装置（图 5-18c、d）。中心距大的链传动用托板控制垂度更为合理（图 5-18e）。

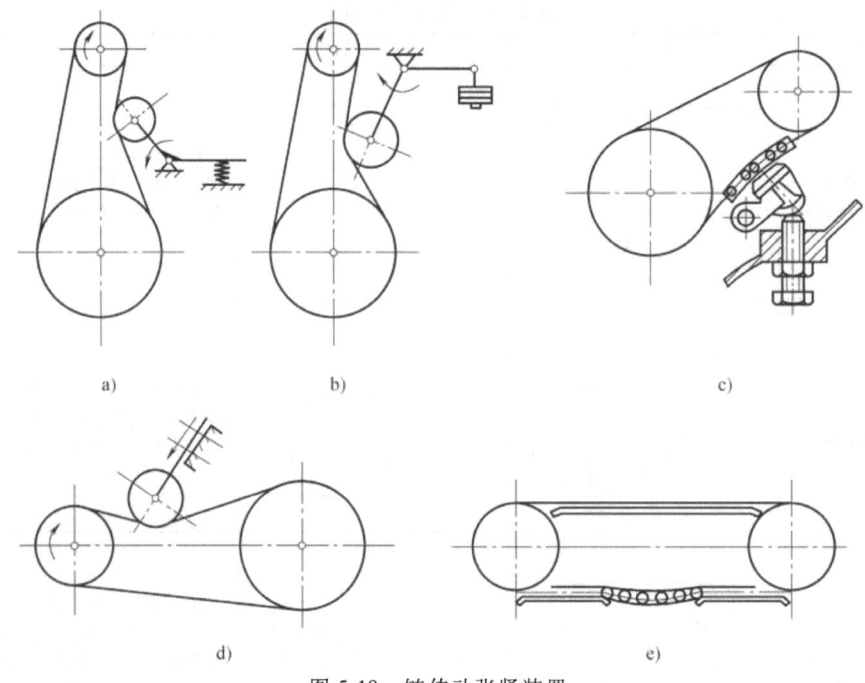

图 5-18 链传动张紧装置

三、链传动的润滑

链条的润滑对链条的寿命和工作性能的影响很大。因此链传动的润滑十分重要,对高速重载的链传动更重要。良好的润滑既缓和链节和链轮的冲击、减轻磨损,又防止铰链内部工作温度过高,以延长链条的使用寿命。

开式链传动和不易润滑的链传动,可定期拆下用煤油清洗,干燥后浸入 70~80℃ 的润滑油中,在铰链间隙中充满油后再安装使用。滚子链的润滑方法和供油量见表 5-12。

表 5-12 滚子链的润滑方法和供油量

润滑方式	润 滑 方 法	供 油 量
人工润滑	用刷子或油壶定期在链条松边内、外链板间隙中注油	每班注油一次
滴油润滑	装有简单外壳,用油杯滴油	单排链,5~20 滴/min,速度高时取大值
油池润滑	采用不漏油的外壳,使链条从油槽中通过	一般浸油深度为 6~12mm。链条浸入油面过深,搅油损失大,油易发热变质
飞溅润滑	采用不漏油的外壳,在链轮侧边安装甩油盘,其圆周速度 $v>3\text{m/s}$。当链条宽度大于 125mm 时,链轮两侧各装一个甩油盘	甩油盘浸油深度为 12~35mm
强制润滑	采用不漏油的外壳,油泵强制供油,喷油口设在链条啮入处,循环油可起冷却作用	每个喷油口供油量可根据链节距及链速大小查阅有关手册

润滑油推荐采用牌号为 L-AN32、L-AN46、L-AN68 的全损耗系统用油,温度低时取 L-AN32。对于开式及重载低速传动,可在润滑油中加入 MoS_2、WS_2 等添加剂。对于转速很慢

且用润滑油不便的场合,允许涂抹润滑脂,但应定期清洗与涂抹。

润滑时,应设法将油注入链节间的缝隙中,并均匀分布在链宽上。润滑油应加在松边上,因这时链节处于松弛状态,润滑油容易进入各摩擦面之间。

采用喷镀塑料的套筒或粉末冶金的含油套筒,因有自润滑作用,允许不另加润滑油。

为了工作安全、保持环境清洁、防止灰尘侵入、减小噪声及润滑需要等,链传动常用铸造或焊接护罩封闭。兼作油池的护罩应设置油面指示器、注油孔、排油孔等。传动功率较大和转速较高的链传动,常采用落地式链条箱。

【例 5-1】 设计拖动某带式运输机用的链传动。已知电动机功率 $P=10\mathrm{kW}$,转速 $n_1=970\mathrm{r/min}$,传动比 $i=3$,电动机轴径 $D=50\mathrm{mm}$,载荷平稳,链传动中心距不大于 780mm(水平布置)。

解:

计算与说明	主要结果
1)选择链轮齿数 z_1、z_2 假定链速 $v=3\sim8\mathrm{m/s}$ 由表 5-10 选取小链轮齿数 $z_1=21$ 大链轮齿数 $z_2=iz_1=3\times21=63$	$z_1=21$ $z_2=63$
2)计算当量额定功率 P'_0 由表 5-8 查得 $K_A=1.0$;由图 5-17 查得小链轮齿数系数 $K_z=0.9$ 选单排链,由表 5-9 查得排数系数 $K_p=1.0$ 由式(5-25)计算 $P'_0=\dfrac{K_A K_z}{K_p}P=9\mathrm{kW}$	$P'_0=9\mathrm{kW}$
3)选择链型号、确定链条的节距 p 根据 $n_1=970\mathrm{r/min}$ 以及所需要的额定功率 P_0 查图 5-15,选择链号为 12A 的单排链;由表 5-1 查得 $p=19.05\mathrm{mm}$	$p=19.05\mathrm{mm}$
4)确定链条的链节数 L_p 初选 $a_0=40p$,由式(5-26)计算链节数 $L_p=\dfrac{L}{p}=\dfrac{z_1+z_2}{2}+\dfrac{2a_0}{p}+\left(\dfrac{z_2-z_1}{2\pi}\right)^2\dfrac{p}{a_0}=123.12$ 节	$L_p=124$ 节
5)确定链长 L 及中心距 a 因为 $L_p=L/p$,所以链长 $L=L_p\times p=19.05\times124\div1000\mathrm{m}=2.36\mathrm{m}$ 由式(5-27)计算链传动的理论中心距为 $a=\dfrac{p}{4}\left[\left(L_p-\dfrac{z_1+z_2}{2}\right)+\sqrt{\left(L_p-\dfrac{z_1+z_2}{2}\right)^2-8\left(\dfrac{z_2-z_1}{2\pi}\right)^2}\right]\approx770\mathrm{mm}$ 理论中心距 a 的减小量 $\Delta a=(0.002\sim0.004)a=1.54\sim3.08\mathrm{mm}$ 由式(5-28)计算实际中心距 $a'=a-\Delta a=768.46\sim766.92\mathrm{mm}$ 取 $a'=767\mathrm{mm}$,小于 780mm,符合题意	$L=2.36\mathrm{m}$ $a'=767\mathrm{mm}$ 中心距合适
6)验算链速 v 由式(5-1)计算链速 $v=\dfrac{z_1 p n_1}{60\times1000}=\dfrac{z_2 p n_2}{60\times1000}=6.47\mathrm{m/s}$ 与假设相符。根据图 5-16 选用油池或飞溅润滑	$v=6.47\mathrm{m/s}$ 合适
7)验算小链轮毂孔径 d_k 查表 5-4 得小链轮毂孔的最大允许直径 $d_{k\max}=72\mathrm{mm}$,大于电动机轴径 $D=50\mathrm{mm}$,故合适	合适

（续）

计算与说明	主要结果
8) 计算压轴力 F_Q 由式(5-17)计算工作拉力 $F_e = \dfrac{1000P}{v} = 1854.72\text{N}$ 由式(5-24)计算压轴力 $F_Q \approx 1.2K_A F_e = 2225.66\text{N}$	$F_Q = 2225.66\text{N}$
9) 链轮结构设计(略) 做习题时要求进行链轮的结构设计	

思 考 题

5.1 为什么在自行车中都采用链传动，而不用带传动？与带传动比较，链传动有何特点？

5.2 在多级传动中（包含带、链和齿轮传动），链传动布置在哪一级比较合适？为什么？

5.3 什么是链传动的多边形效应？其产生的原因和影响多边形效应的主要因素是什么？

5.4 链传动中，由于磨损引起的链节距 p 伸长而导致的脱链，是先发生在小链轮上还是先发生在大链轮上？为什么？

5.5 链传动的主要失效形式有哪些？链传动设计中链轮齿数、链节距和传动中心距的选取原则是什么？

习 题

5.1 有一滚子链传动，水平布置，采用 10A 单排滚子链，小链轮齿数 $z_1 = 18$，大链轮齿数 $z_2 = 60$，中心距 $a \approx 730\text{mm}$，小链轮转速 $n_1 = 730\text{r/min}$，电动机驱动，载荷平稳。试计算：链节数；链传动传递的功率；链的紧边拉力；压轴力。

5.2 设计一输送装置用的滚子链传动，已知：传递的功率 $P = 12\text{kW}$，主动链轮转速 $n_1 = 960\text{r/min}$，从动链轮转速 $n_2 = 300\text{r/min}$。传动由电动机驱动，载荷平稳。

5.3 一双排滚子链传动，已知：传递的功率 $P = 2\text{kW}$，传动中心距 $a = 500\text{mm}$，采用链号为 10A 的滚子链，主动链轮 $n_1 = 130\text{r/min}$，$z_1 = 17$，电动机驱动，中等冲击载荷，水平布置，静强度安全系数为 7。试校核此链传动的强度。

习题参考答案

5.1 $L_p = 132$ 节；$P = 5\text{kW}$；$F_1 = 1485.28\text{N}$；$F_Q = 1724.14\text{N}$。

5.2 略。

5.3 略。

第六章 齿轮传动

对于齿轮传动，必须解决两个基本问题：传动平稳和足够的承载能力。有关齿轮传动平稳方面的问题，在《机械原理》中已论述。本章则着重讨论最常用的渐开线齿轮传动承载能力方面的问题。

第一节 概 述

一、齿轮传动的特点

齿轮传动是机械传动中最重要的传动之一。它的主要特点是工作可靠，使用寿命长；结构紧凑，传动比准确；传动效率高；速度和功率的适用范围广，其功率可高达近十万千瓦，圆周速度可达 200m/s，最高 300m/s。齿轮传动的主要缺点是制造及安装精度要求较高，制造成本较高，不宜用于传动距离过大的场合，精度较低或高速运行时振动或噪声较大，无过载保护作用等。

二、齿轮传动的类型

齿轮传动的类型很多，除了按《机械原理》中所述的两齿轮轴线的相对位置和轮齿齿向的分类方法以外，在设计过程中，还常将齿轮传动做如下分类。

按工作条件的不同，齿轮传动可分为开式、半开式和闭式齿轮传动。开式齿轮传动的齿轮完全暴露在外，不能防尘、润滑不良，而且易落入灰尘、异物等，轮齿齿面容易磨损，但传动成本低，一般用于低速、低精度或尺寸过大不易封闭严密的场合；半开式齿轮传动装有简单的防护罩，有时把大齿轮部分浸入油池中；闭式齿轮传动的齿轮放在密闭的箱体（如齿轮箱内）润滑、密封性能好，各轴的安装精度及系统的刚度比较高，能保证较好的啮合条件，重要的齿轮传动都采用闭式齿轮传动。

按齿面硬度的不同，齿轮传动可分为软齿面（≤350HBW）和硬齿面（>350HBW）齿轮传动两种。当啮合传动的一对齿轮中至少有一个为软齿面齿轮时，则称为软齿面齿轮传动；两齿轮均为硬齿面齿轮时，则称为硬齿面齿轮传动。软齿面和硬齿面齿轮传动的强度计算运用的设计准则和计算公式是不相同的。两者相比较，软齿面齿轮加工工艺简单，不需要磨齿，但承载能力低，常用于强度和精度要求都不高的传动。硬齿面齿轮通常需要淬火处理，而淬火会使轮齿产生变形，因此淬火后还需对齿面进行磨削加工，以提高轮齿精度，故硬齿面齿轮加工工艺比较复杂。但其承载能力高、结构紧凑，常用于高速、重载、要求尺寸紧凑及精密机器中。

齿轮传动的设计，主要是通过合理选择齿轮的材料及热处理方法，并通过必要的强度计算确定满足强度条件的齿轮参数和尺寸，进而设计出具有足够承载能力的齿轮传动。

第二节　齿轮传动的失效形式和设计准则

一、齿轮传动的失效形式

机械零件在工作中可能的失效形式是拟定其设计准则的依据。一般齿轮传动的失效主要是轮齿的失效。轮齿的失效形式很多，常见的失效形式可分为齿体损伤失效（如轮齿折断）、齿面损伤失效（如点蚀、胶合、磨粒磨损、塑性变形）等两大类，有如下所述五种形式。

1. 轮齿折断

轮齿折断一般发生在齿根处。因为轮齿好像一个悬臂梁，受载后轮齿根部的弯曲应力最大，再加上齿根过渡部分的截面突变及加工刀痕等引起的应力集中作用，当轮齿反复受载时，齿根部分在交变弯曲应力的作用下将产生疲劳裂纹，并逐渐扩展，致使轮齿折断。这种折断称为疲劳折断（图6-1a）。轮齿短时严重过载也会发生轮齿折断，称为过载折断。对于齿宽大而载荷沿齿向分布不均匀的齿轮、接触线倾斜的斜齿轮和人字齿轮，会造成局部折断（图6-1b）。

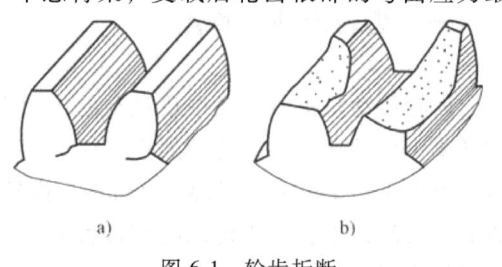

图6-1　轮齿折断
a）疲劳折断　b）局部折断

提高轮齿抗折断能力的措施很多，如增大齿根过渡圆角，消除该处的加工刀痕以降低应力集中；增大轴及支承的刚度，以减少齿面上局部受载的程度；使轮齿芯部具有足够的韧性；在齿根处施加适当的强化措施（如喷丸）等。

为防止轮齿的疲劳折断和过载折断，在设计中，需分别计算轮齿齿根的弯曲疲劳强度和静强度。

2. 齿面点蚀

轮齿进入啮合后，齿面接触处会产生接触应力，在脉动循环的接触应力作用下，轮齿的表面会产生细微的疲劳裂纹，随着应力循环次数的增加，裂纹逐渐扩展，致使表层金属微粒剥落，形成小麻点或较大的凹坑，这种现象称为齿面点蚀。齿轮在啮合传动中，因轮齿在节线接近啮合时往往单齿啮合、接触应力较大，且此处轮齿间的相对滑动速度小，润滑油膜不易形成，摩擦力较大，故齿面点蚀一般首先发生在节线附近的齿根表面上，然后再向其他部位扩展（图6-2）。

闭式传动中的软齿面较易发生齿面点蚀。齿面点蚀严重影响传动的平稳性，并产生振动和噪声，以致齿轮不能正常工作。

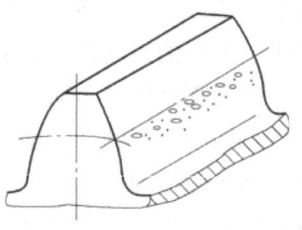

图6-2　齿面点蚀

而在开式齿轮传动中,由于齿面磨损较快,一般不会出现齿面点蚀。

提高齿面硬度和润滑油的黏度,降低齿面表面粗糙度值等均可提高轮齿抗疲劳点蚀的能力。

3. 齿面胶合

齿面胶合是一种严重的黏着磨损现象。在高速重载的齿轮传动中,齿面间的高压、高温使润滑油黏度降低、油膜破坏,局部金属表面直接接触并互相黏连(熔焊)在一起,继而又被撕开而形成沟纹(图6-3),这种现象称为齿面胶合。低速重载的齿轮传动,因速度低不易形成油膜,且啮合处的压力大,使齿面间的表面油膜遭到破坏而产生黏着,也会出现齿面胶合。

提高齿面硬度和降低表面粗糙度值,限制油温、增加油的黏度,选用加有抗胶合添加剂的合成润滑油等,将有利于提高轮齿齿面抗胶合的能力。

4. 齿面磨粒磨损

因轮齿在啮合过程中存在相对滑动,当其工作面间进入硬屑粒,如砂粒、铁屑等时,将引起磨粒磨损(图6-4)。磨粒磨损将破坏渐开线齿形,齿侧间隙加大,引起冲击和振动。严重时会因轮齿变薄,抗弯强度降低而折断。

齿面磨粒磨损是开式传动的主要失效形式。采用闭式传动,提高齿面硬度,减小齿面表面粗糙度及采用清洁的润滑油,都可以减轻齿面磨损。

5. 齿面塑性变形

当轮齿材料较软且载荷较大时,轮齿表层材料在摩擦力作用下,将沿着滑动方向产生局部的齿面塑性变形,导致主动轮齿面节线附近出现凹沟,从动轮齿面节线附近出现凸棱(图6-5)。从而使轮齿失去正确的齿形,影响齿轮的正常啮合。

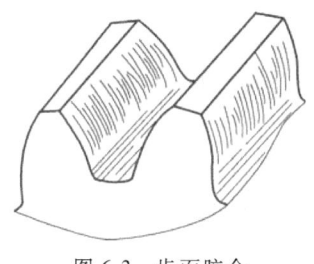
图6-3 齿面胶合

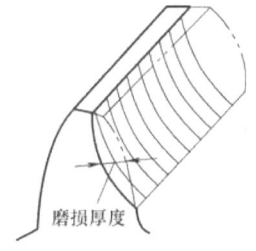
图6-4 齿面磨粒磨损

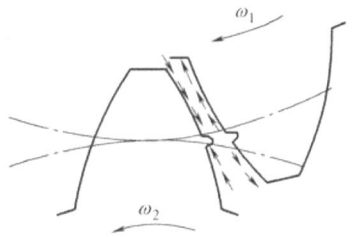
图6-5 齿面塑性变形

提高齿面硬度,采用黏度较高的润滑油,都有助于防止轮齿产生塑性变形。

二、齿轮传动的设计准则

设计齿轮传动时,应根据实际情况,分析其主要的失效形式,选择相应的设计准则进行设计计算。

对于一般工作条件的闭式软齿面齿轮传动(齿面硬度≤350HBW),主要失效形式为齿面点蚀。故设计准则为按齿面接触疲劳强度设计计算,确定出主要参数和尺寸,再按齿根弯曲疲劳强度进行校核。

对于闭式硬齿面齿轮传动(齿面硬度>350HBW),主要失效形式是轮齿折断。故设计准则为按齿根弯曲疲劳强度设计计算,确定模数和尺寸,然后再按齿面接触疲劳强度进行校核。

对于开式齿轮传动，主要失效形式是齿面磨损和因磨损导致的轮齿折断，通常只按齿根弯曲疲劳强度进行设计计算，确定齿轮的模数。考虑磨损对齿厚的影响，一般采用降低轮齿许用弯曲应力的办法，如将闭式传动的许用应力乘以 0.7~0.8，或将计算出来的模数适当增大 10%~20% 的办法来解决。

如果齿轮传动在工作时有偶然过载或短期尖锋载荷出现，为避免轮齿过载折断或塑性变形，应当进行软齿的静强度计算。

对于按设计手册中给出的经验公式设计的齿轮轮毂、轮辐和轮缘等部位，通常不会发生破坏，因此不必进行强度计算。

第三节 齿轮的材料和许用应力

一、齿轮常用材料

为了使齿轮能够正常工作，轮齿表面应具有较高的抗磨损、抗点蚀、抗胶合及抗塑性变形的能力，而齿根要有较高的抗折断能力。因此，对齿轮材料的基本要求为齿面要硬、齿芯要韧。除具有足够的强度，还应具有良好的加工工艺性及热处理性能，且经济性要好。

1. 钢铁材料

最常用的齿轮材料是钢铁材料，如各种碳素结构钢和合金结构钢。制造时按热处理方式和齿面硬度不同又分为：

（1）软齿面齿轮（≤350HBW） 这类齿轮的轮齿是在热处理（调质或正火）后进行精切削加工的，切制后即为成品。其精度一般为 8 级，精切时可达 7 级。例如 45 钢、40Cr，采用正火或调质，加工过程是热处理后切齿。

（2）硬齿面齿轮（>350HBW） 这类齿轮的轮齿是在精加工后进行最终热处理（淬火、表面淬火等）的，其轮齿不可避免地会产生变形，必要时可用磨削或研磨的方法加以消除，其精度可达 5 级或 4 级。例如：45 钢、40Cr，采用淬火；20Cr、20CrMnTi，采用渗碳淬火。加工过程是切齿，齿面硬化处理后精加工。

（3）中硬齿面齿轮（300~350HBW） 中硬齿面主要用于负荷冲击及过载都不大的重载及中、低速的齿轮传动装置。由于中硬齿面的硬度介于软齿面和硬齿面之间，所以中硬齿面的齿轮既具有软齿面的加工工序少，热处理只需调质处理，用滚齿即可完成加工等，工艺较硬齿面简单，成本低，精度可达 7 级，生产周期短，不易产生断齿和剥落现象等优点，又具有硬齿面的承载能力。一般来讲，中硬齿面硬度是合金钢通过调质处理后达到的，通常称这种合金钢为调质钢。较常用的有：40CrMnMo、40CrNi2Mo 和 37SiMn2MoV。40CrMnMo 主要用于直径小于 60mm、齿宽小于 20mm 的齿轮传动；40CrNi2Mo 用于直径为 60~180mm、齿宽 20~120mm；而 37SiMn2MoV 则用于直径为 180~300mm、齿宽为 120~200mm 的齿轮传动。Ni 元素在提高钢强度的同时还使钢保持良好的塑性和韧性，尤其低温韧性，所以制造低速重载和承受冲击载荷的大齿轮时多采用镍钢。尽管镍钢价格高，但对于大型重要齿轮其综合经济效益是较好的。

2. 铸钢

当齿轮较大（一般 $d=400\sim600\text{mm}$）、而轮坯不宜锻出时，可采用铸钢齿轮。常用的铸钢有 ZG 310-570、ZG 340-640 等。铸件由于铸造时收缩性大、内应力大，故应进行正火或回火处理以消除其内应力。

3. 灰铸铁及球墨铸铁

灰铸铁的铸造性能和可加工性好、价格低廉、抗点蚀和抗胶合能力强，但抗弯曲强度低、冲击韧性差，常用于工作平稳、速度较低、功率不大的场合。铸铁中石墨有自润滑作用，尤其适用于开式传动。常用牌号有 HT200~HT350。

球墨铸铁的力学性能和抗冲击性能远高于灰铸铁，可替代某些调质钢制作的大齿轮。常用牌号为 QT500-7、QT600-3 等。

4. 非金属材料

对高速、轻载及精度要求不高的齿轮传动，可采用非金属材料，如夹布胶木、尼龙等制成小齿轮，以降低噪声。由于非金属材料的导热性和耐热性差，与其配对的大齿轮仍采用钢或铸铁制造，以利于散热。

齿轮常用材料及其力学性能见表 6-1。

表 6-1 齿轮常用材料及其力学性能

材料	牌号	热处理	硬度	抗拉强度 R_m/MPa	屈服极限 σ_s/MPa	应用范围
优质碳素钢	45钢	正火	169~217HBW	580	290	低速轻载
		调质	217~255HBW	650	360	低速中载
		表面淬火	48~55HRC	750	450	低速中载或低速重载，冲击很小
	50钢	正火	180~220HBW	620	320	低速轻载
合金钢	40Cr	调质	240~260HBW	700	550	中速中载
		表面淬火	48~55HRC	900	650	高速中载、无剧烈冲击
	42SiMn	调质 表面淬火	217~269HBW 45~55HRC	750	470	高速中载、无剧烈冲击
	38SiMnMo	调质 表面淬火	217~269HBW 45~55HRC	690	540	
	40CrMnMo	调质	294~326HBW	1000~1100		中低速、重载、承受冲击、小直径
	40CrNi2Mo	调质	263~326HBW	900~1100		低速重载、承受冲击
	37SiMn2MoV	调质	263~326HBW	900~1100		中低速、重载、承受冲击、大直径
	20Cr	渗碳淬火	56~62HRC	650	400	高速重载、承受冲击
	20CrMnTi	渗碳淬火	56~62HRC	1100	850	
铸钢	ZG 310-570	正火 表面淬火	160~210HBW 40~50HRC	570	320	中速、中载、大直径
	ZG 340-640	正火 调质	170~230HBW 240~270HBW	650 700	350 380	
球墨铸铁	QT600-3 QT500-7	正火	220~280HBW 147~241HBW	600 500		低、中速轻载，有小的冲击
灰铸铁	HT200 HT300	人工时效（低温退火）	170~230HBW 187~235HBW	200 300		低速轻载、冲击很小

二、齿轮材料的选用原则

选用齿轮材料，必须根据机器对齿轮传动的要求，本着既可靠又经济的原则来确定。由于小齿轮受载次数比大齿轮多,且小齿轮齿根较薄,为了使配对的两齿轮使用寿命接近,故应使小齿轮的材料比大齿轮的好一些或硬度高一些。对于软齿面齿轮传动,应使小齿轮齿面硬度比大齿轮的高 30~50HBW,且传动比越大,两齿轮的硬度差也应越大。对于传递功率中等、传动比相对较大的齿轮传动,可考虑采用硬齿面的小齿轮与软齿面的大齿轮匹配,这样可以通过硬齿面对软齿面的冷作硬化作用,提高软齿面的硬度。硬齿面齿轮传动的两轮齿面硬度,小齿轮的硬度应略高,也可和大齿轮相等。

三、许用应力

齿轮的许用应力是根据齿轮在一定的试验条件下,按失效概率为1%获得的疲劳极限确定的。当设计齿轮的工作条件与试验条件不同时,则需加以修正。

齿轮的许用应力按下式计算:

$$[\sigma] = \frac{K_N \sigma_{\lim}}{S_{\min}} \tag{6-1}$$

式中　$S_{\min}$——最小安全系数,见表 6-2;

　　　$\sigma_{\lim}$——失效概率为1%时试验齿轮的疲劳极限;

　　　K_N——寿命系数。

表 6-2　最小安全系数

最小安全系数	软齿面	硬齿面	重要传动($R \geq 0.999$)
$S_{H\min}$	0.1~1.1	1.1~1.2	1.3~1.5
$S_{F\min}$	0.25~1.4	1.4~1.6	1.6~2.2

寿命系数 K_N 分 K_{HN} 和 K_{FN}。接触疲劳寿命系数 K_{HN} 查图 6-6;弯曲疲劳寿命系数 K_{FN} 查图 6-7。两图中的应力循环次数 N 的计算方法是:设 n 为齿轮的转速 (r/min),j 为齿轮每

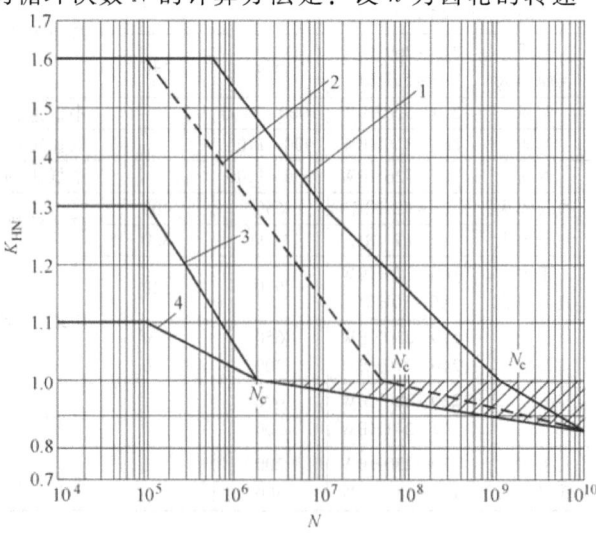

图 6-6　接触疲劳寿命系数 K_{HN}(当 $N>N_c$ 可根据经验在网纹内取 K_{HN} 值)

1—允许一定点蚀时的结构钢、调质钢、球墨铸铁(珠光体、贝氏体)、珠光体可锻铸铁、渗碳淬火的渗碳钢
2—材料同1、不允许出现点蚀、火焰或感应淬火的钢　3—灰铸铁、球墨铸铁(铁素体)、渗氮的渗氮钢、调质钢、渗碳钢　4—碳氮共渗的调质钢、渗碳钢

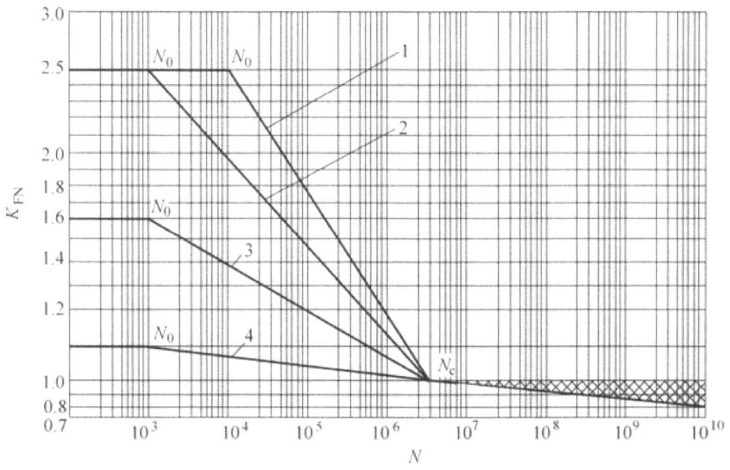

图 6-7 弯曲疲劳寿命系数 K_{FN}（当 $N>N_c$ 可根据经验在网纹内取 K_{FN} 值）

1—调质钢、球墨铸铁（珠光体、贝氏体）、珠光体可锻铸铁　2—渗碳淬火的渗碳钢、火焰或感应淬火钢、球墨铸铁
3—渗氮钢、球墨铸铁（铁素体）、结构钢、灰铸铁　4—碳氮共渗的调质钢、渗碳钢

转一周同侧齿面啮合次数，L_h 为齿轮工作寿命（h），则应力循环次数 N 为

$$N = 60njL_h \tag{6-2}$$

疲劳极限 σ_{lim} 也分为 σ_{Hlim} 和 σ_{Flim}。接触疲劳极限 σ_{Hlim} 查图 6-8；弯曲疲劳极限 σ_{Flim} 查

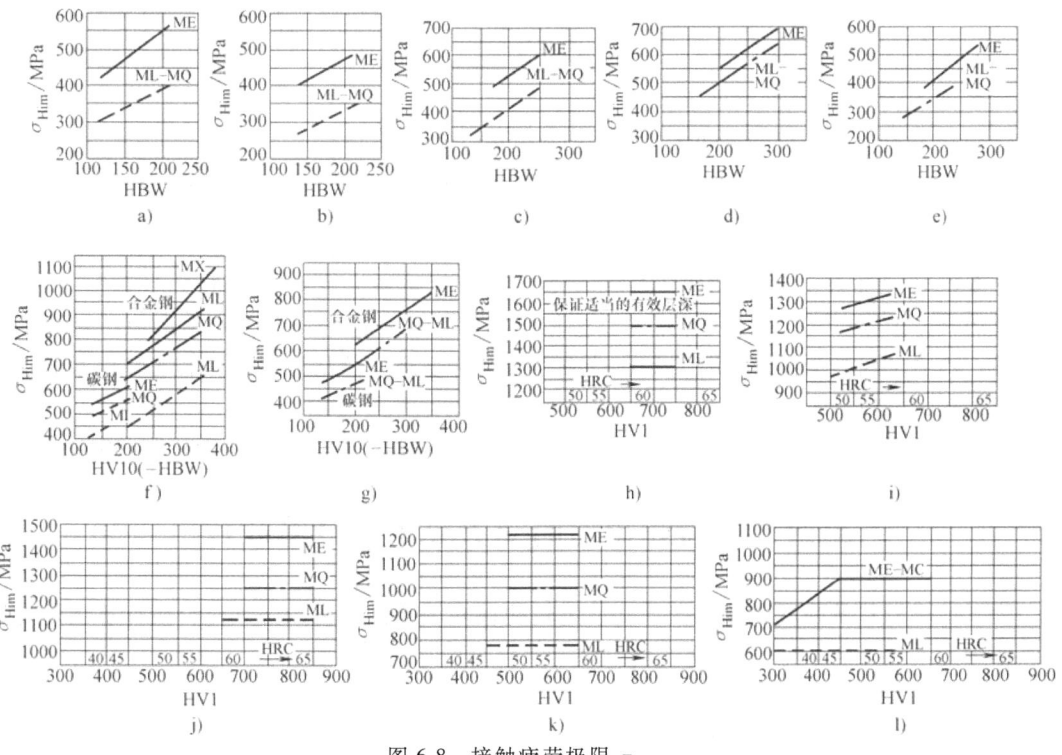

图 6-8 接触疲劳极限 σ_{Hlim}

a）正火处理的结构钢　b）正火处理的铸钢　c）黑色可锻铸铁　d）球墨铸铁　e）灰铸铁　f）调质钢
g）铸钢　h）渗碳淬火钢　i）火焰或感应淬火钢　j）调质-气体渗氮处理的渗氮钢
k）调质-气体渗氮处理的调质钢　l）调质或正火-碳氮共渗处理的调质钢

图6-9，以 σ_{FE} 代入。图中 σ_{FE} 是用齿轮材料制成的无缺口试件在完全弹性范围内经受脉动载荷作用时的名义弯曲疲劳极限，是齿轮材料的弯曲疲劳强度基本值；$\sigma_{F\lim}$ 是试验齿轮的弯曲疲劳极限，是指某种材料的齿轮经长期持续的重复载荷作用后，齿轮保持不破坏时的极限应力。$\sigma_{FE} = \sigma_{F\lim} Y_{ST}$，其中 Y_{ST} 是试验齿轮的应力修正系数，$Y_{ST} = 2.0$。

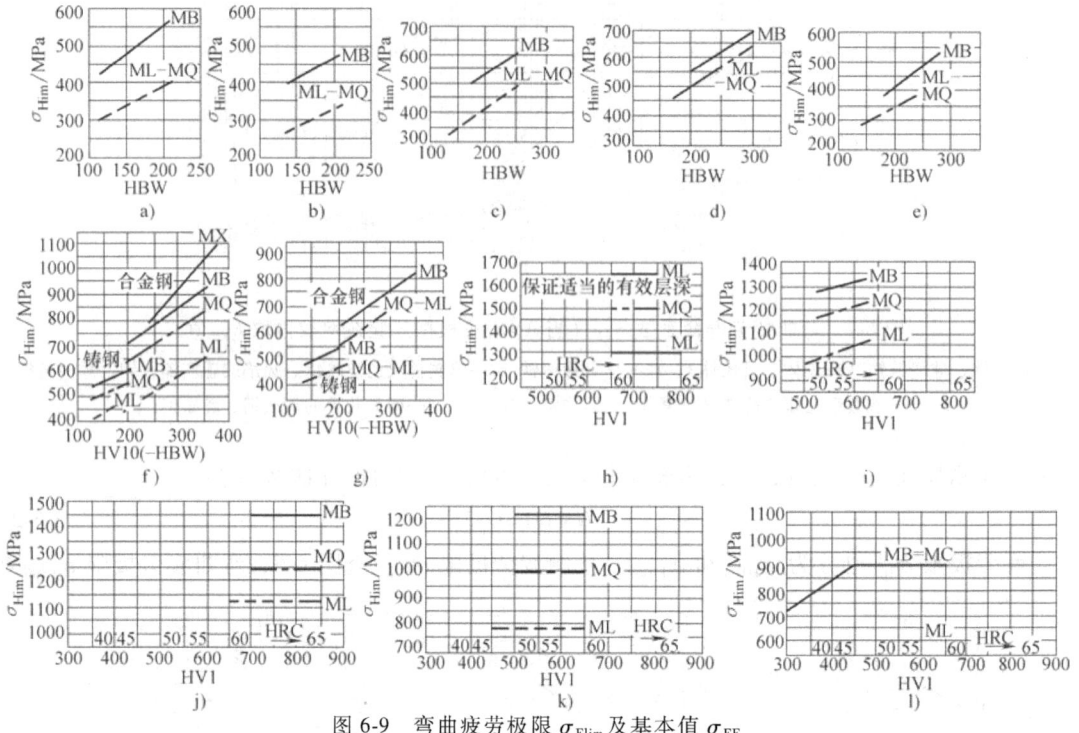

图 6-9 弯曲疲劳极限 $\sigma_{F\lim}$ 及基本值 σ_{FE}

a）正火处理的结构钢 b）正火处理的铸钢 c）球墨铸铁 d）黑色可锻铸铁 e）灰铸铁 f）调质钢
g）铸钢 h）渗碳淬火钢 i）表面硬化钢 j）调质-气体渗氮处理的渗氮钢
k）调质-气体渗氮处理的调质钢 l）调质或正火-碳氮共渗处理的调质钢

图6-8、图6-9中，ME、MQ、ML 分别表示对齿轮材料冶炼和热处理质量有优、中、低要求时的疲劳极限，MX 表示对淬透性及金相组织有特殊考虑的调质合金钢取值。对弯曲疲劳极限，实验时为脉动循环，若实际齿轮应力为对称循环，将极限应力乘以0.7，双向运转时，所乘系数可以稍大于0.7。

夹布塑胶的接触疲劳许用应力 $[\sigma_H] = 110\text{MPa}$，弯曲疲劳许用应力 $[\sigma_F] = 50\text{MPa}$。

第四节 齿轮传动的受力分析和计算载荷

为了计算齿轮的强度，并为设计支承齿轮的轴和轴承做准备，必须先分析计算齿轮轮齿上的作用力。

一、圆柱齿轮传动的受力分析

1. 直齿圆柱齿轮传动

为便于分析计算，常将齿轮轮齿实际所受的沿接触线分布的分布力，简化为作用于齿轮分度圆上齿宽中点处的集中力,在忽略摩擦力的情况下,该集中力为沿齿面法线方向并指向齿面的法向力 F_n。

图 6-10 所示为直齿圆柱齿轮传动的受力分析。两轮齿面间的相互作用力应沿啮合点的公法线方向,而图中的 F_n 为作用于主动轮上的力。为便于计算,将 F_n 在齿宽中点处分解为两个相互垂直的分力,即切于分度圆的圆周力 F_t 和沿直径方向指向轮心的径向力 F_r。

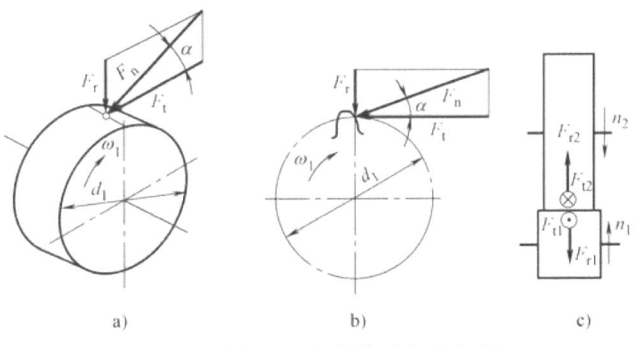

图 6-10 直齿圆柱齿轮传动的受力分析

各力大小的计算公式为

$$\begin{cases} F_{t1} = \dfrac{2T_1}{d_1} \\ F_{r1} = F_{t1}\tan\alpha \\ F_{n1} = \dfrac{F_{t1}}{\cos\alpha} \end{cases} \tag{6-3}$$

式中 d_1——小齿轮分度圆直径(mm);
α——分度圆压力角(°)。
T_1——小齿轮的名义转矩(N·mm)。

各力的方向判断为:圆周力 F_t 对于主动轮为工作阻力,而对于从动轮则为驱动力,所以主动轮上的圆周力与转动方向相反;从动轮上的圆周力与转动方向相同;两个齿轮上的径向力 F_r 分别指向各自的轮心(注:力方向为指向纸面里时用"⊗"表示;指向外时用"⊙"表示)。

作用在主动轮和从动轮上的各对力为作用力与反作用力的关系,所以主动轮与从动轮的同名力大小相等、方向相反,即:$F_{t1} = -F_{t2}$,$F_{r1} = -F_{r2}$,$F_{n1} = -F_{n2}$。

2. 斜齿圆柱齿轮传动

图 6-11 所示为斜齿圆柱齿轮传动受力分析。与直齿圆柱齿轮传动的受力分析一样,忽略齿间的摩擦力,当轮齿上作用转矩 T_1 时,则该轮齿受力可视为集中作用于齿宽中点的法向力 F_n。将 F_n 分解为三个相互垂直的分力,即圆周力 $\boldsymbol{F_t}$、径向力 $\boldsymbol{F_r}$ 和轴向力 $\boldsymbol{F_a}$。

各力的大小分别为

$$\begin{cases} F_t = \dfrac{2T_1}{d_1} \\ F_r = F_t\tan\alpha_t = F_{t1}\dfrac{\tan\alpha_n}{\cos\beta} \\ F_a = F_t\tan\beta \\ F_n = \dfrac{F_t}{\cos\beta\cos\alpha_n} \end{cases} \tag{6-4}$$

式中 α_t、α_n——齿轮的端面压力角和法向压力角,其中后者为标准值 20°;
β——螺旋角。

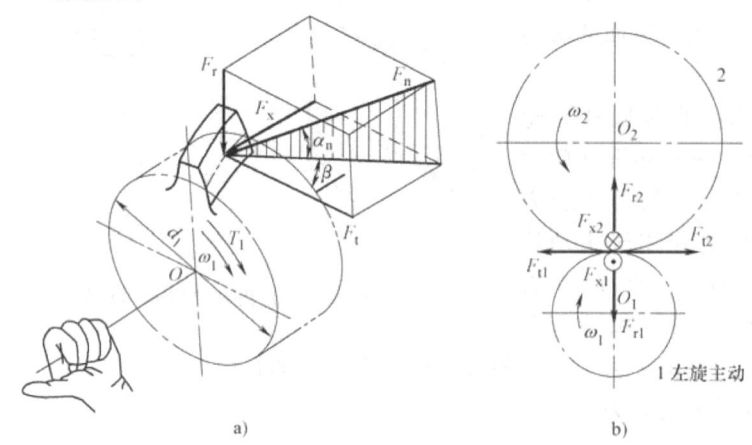

图 6-11 斜齿圆柱齿轮传动受力分析

各分力的方向判断为:
1)圆周力和径向力方向的判定方法与直齿圆柱齿轮相同。
2)轴向力的方向可用主动轮左、右手法则判断:当主动轮是右旋时用右手,左旋时用左手,握住主动轮的轴线,四指弯曲指向为齿轮的转动方向,大拇指伸直的方向即为主动轮轴向力的方向。从动轮的轴向力方向则与主动轮轴向力方向相反。

两轮所受各力的关系为:主动轮和从动轮的同名力大小相等、方向相反,即 $F_{t1} = -F_{t2}$,$F_{r1} = -F_{r2}$,$F_{a1} = -F_{a2}$,$F_{n1} = -F_{n2}$。

【例 6-1】 如图 6-12a 所示,已知齿轮 1 的转向,齿轮 2 旋向,求齿轮 1、2 的轴向力、径向力、圆周力。如图 6-12b 所示,已知齿轮 1 轴向力、齿轮 2 转向,判断齿轮 1、2 的旋向。如图 6-12c 所示,已知齿轮 1 轴向力、齿轮 2 旋向,判断齿轮 1 的旋向和转向(所求结果在图中标示即可)。

解:如图 6-13a 所示,由外啮合可知齿轮 2 的转向,齿轮 2 为左旋则齿轮 1 为右旋,再由右手法则得出齿轮 1 的轴向力和其他各力;如图 6-13b 所示,由已知齿轮 1 轴向力方向和齿轮 2 转向,知齿轮 1 转向,用左右手在齿轮 1 上试判断,知左手符合,则齿轮 1 为左旋,齿轮 2 为右旋;如图 6-13c 所示,由已知齿轮 2 旋向,知齿轮 1 为左旋,用左手判断齿轮 1 的转向为向上。

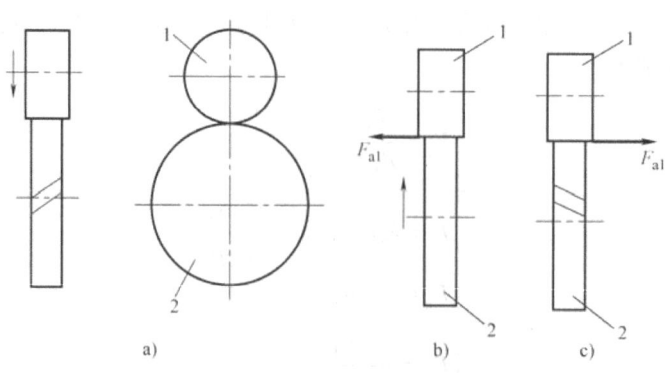

图 6-12 例 6-1 图

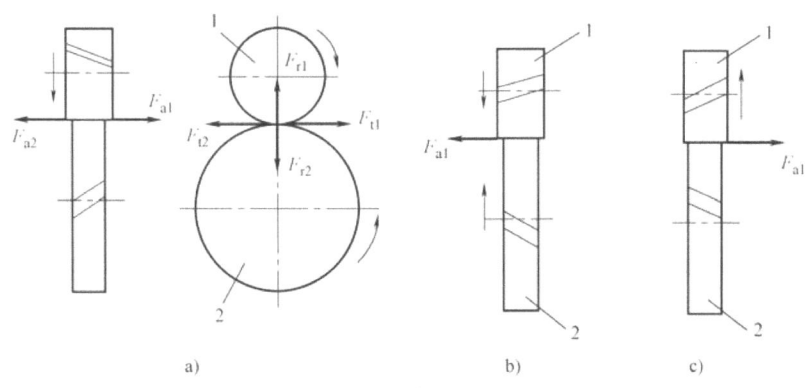

图 6-13 例 6-1 图解

【例 6-2】 如图 6-14a 所示,已知主动轴 Ⅰ 的回转方向和齿轮 1 的旋向,为使中间轴 Ⅱ 上两齿轮所受轴向力相互抵消一部分,试确定齿轮 3 的旋向,并在图中示出齿轮 2、3 的各个分力。

解:如图 6-14b 所示,第一步,由轴 Ⅰ 转向、旋向知轴 Ⅱ 转向,齿轮 2 为左旋;第二步,用右手法则判断齿轮 1 轴向力向上,则齿轮 2 轴向力向下,径向力指向齿轮 2 轴心,圆周力与 n_2 同向(在轴 Ⅱ 左方,所以方向为指向里面);第三步,齿轮 3 与齿轮 2 的轴向力方向相反为向上,径向力指向齿轮 3 轴心,圆周力与 n_2 相反(在轴 Ⅱ 右方,所以方向为指向里面)。

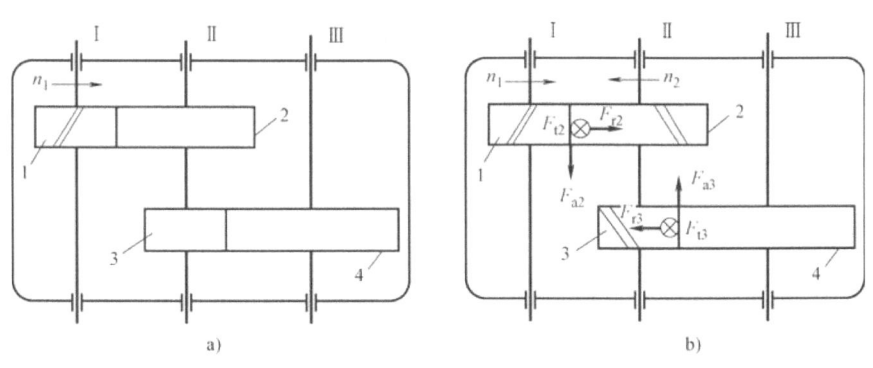

图 6-14 例 6-2 图

二、计算载荷

齿轮工作时所受名义转矩 T_1(N·mm)为

$$T_1 = 9.55 \times 10^6 \frac{P_1}{n_1} \tag{6-5}$$

式中 P_1——作用在齿轮上的名义功率(kW);

n_1——主动齿轮的转速(r/min)。

而实际工作时,由于受原动机和工作机的性能、齿轮制造和安装误差、齿轮及其支承件变形等因素的影响,使得齿轮所受的实际载荷要比名义载荷大。因此在进行强度计算时,引

入载荷系数 K 来考虑上述因素的影响。计算载荷 T_{1C}（N·mm）为

$$T_{1C} = KT_1 = K_A K_v K_\alpha K_\beta T_1 \tag{6-6}$$

式中　K——载荷系数；

K_A——使用系数；

K_v——动载系数；

K_α——齿间载荷分配系数，包括 $K_{H\alpha}$、$K_{F\alpha}$；

K_β——齿向载荷分布系数。

1. 使用系数 K_A

使用系数 K_A 用于考虑原动机和工作机的工作特性、联轴器的缓冲性能及运行状态等外部因素引起的动载荷对轮齿受载的影响，见表6-3。

表6-3　使用系数 K_A

工作机		原动机			
工作特性	示例	均匀平稳	轻微冲击	中等冲击	严重冲击
		电动机、汽轮机	多缸内燃机		单缸内燃机
均匀平稳	发电机、均匀传输的带式或板式运输机和加料机、轻型升降机、通风机、轻型离心机、离心泵、机床进给机构等	1.00	1.10	1.25	1.50
轻微冲击	不均匀传输的带式运输机、机床的主传动机构、起重机螺旋机构、重型升降机、工业和矿用通风机、多缸活塞泵等	1.25	1.35	1.50	1.75
中等冲击	橡胶挤压机、轻型球磨机、木工机械、压力机、钻床、提升装置、单缸活塞泵等	1.50	1.60	1.75	2.00
强烈冲击	挖掘机、重型球磨机、破碎机、重型给水泵、带材冷轧机、碾碎机等	1.75	1.85	2.00	≥2.25

注：1）斜齿、圆周速度低、精度高、齿宽系数小、齿轮在两轴承间对称布置时取小值；直齿、圆周速度高、精度低、齿宽系数大、齿轮在两轴承间不对称布置时取大值。

2）对于增速传动，建议取表中数值的1.1倍。

3）当外部机械与齿轮装置之间有挠性联接时，通常 K_A 值可适当减小。

2. 动载系数 K_v

动载系数 K_v 用来考虑齿轮副在啮合过程中，因啮合误差（基节误差、齿形误差和轮齿变形等）和运转速度引起的内部附加动载荷对轮齿受载的影响（图6-15）。

一对理想的渐开线齿廓的齿轮，只有基圆齿距（$p_{b1} = p_{b2}$）相等才能正确啮合，瞬时传动比才恒定。但由于制造误差和弹性变形等原因，基圆齿距不可能完全相等，这时轮齿啮合时因瞬时速比发生变化而产生冲击和振动载荷。齿轮的圆周速度越大、加工精度越低，齿轮动载荷越大。

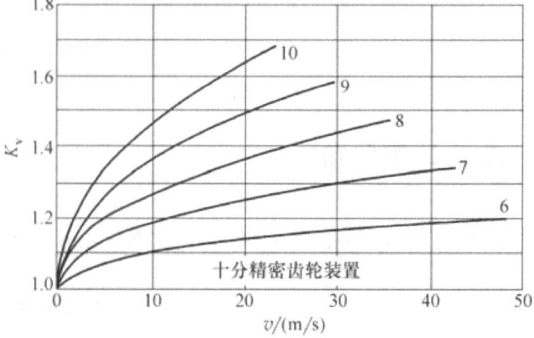

图6-15　动载系数 K_v 值

适当提高制造精度、降低齿轮圆周速度、增加轮齿及支承的刚度，对齿轮进行修缘，即对齿顶的一小部分齿廓曲线进行适当修削，如 $p_{b1} < p_{b2}$，修从动轮；$p_{b1} > p_{b2}$，修主动轮，如图6-16所示。上述方法都能减小内部附加动载荷。

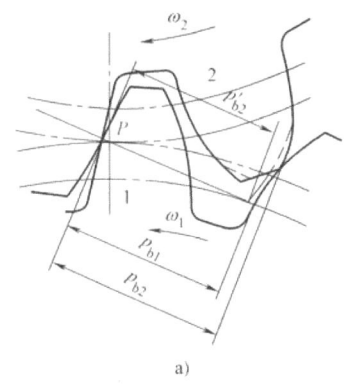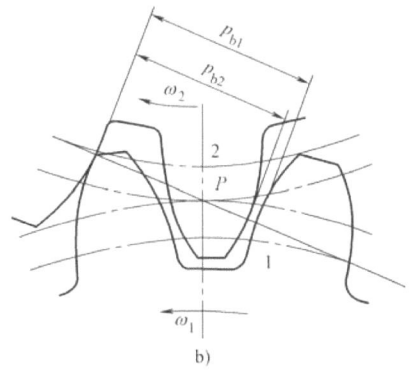

图 6-16 齿顶修缘

a) 从动轮齿顶修缘　b) 主动轮齿顶修缘

3. 齿间载荷分配系数 K_α

齿间载荷分配系数 K_α 用来考虑齿轮传动时同时啮合的各对轮齿分配不均匀的影响。

齿轮传动的端面重合度一般大于 1，工作时单对齿啮合和双对齿啮合交替进行。在双对齿啮合时，作用力由两对齿承担，由于制造误差和轮齿变形等原因，载荷在两啮合齿对之间的分配是不均匀的。此外，齿面硬度、轮齿啮合刚度、基圆齿距误差、修缘量、磨合量等多种因素对齿间载荷分配系数 K_α 都有影响。齿间载荷分配系数 K_α 见表 6-4。

表 6-4 齿间载荷分配系数 K_α

$K_A F_t/b$		≥100N/mm				<100N/mm
精度等级 Ⅱ 组		5	6	7	8	9	5 级以下
经表面硬化的直齿圆柱齿轮	$K_{H\alpha}$	1.0		1.1	1.2	$1/Z_\varepsilon^2 \geq 1.2$
	$K_{F\alpha}$					$1/Y_\varepsilon^2 \geq 1.2$
经表面硬化的斜齿圆柱齿轮	$K_{H\alpha}$	1.0	1.1②	1.2	1.4	$\dfrac{\varepsilon_\alpha}{\cos^2\beta_b} \geq 1.4$①
	$K_{F\alpha}$					
未经表面硬化的直齿圆柱齿轮	$K_{H\alpha}$	1.0			1.1	1.2	$1/Z_\varepsilon^2 \geq 1.2$
	$K_{F\alpha}$					$1/Y_\varepsilon^2 \geq 1.2$
未经表面硬化的斜齿圆柱齿轮	$K_{H\alpha}$	1.0	1.1	1.2	1.4	$\dfrac{\varepsilon_\alpha}{\cos^2\beta_b} \geq 1.4$①
	$K_{F\alpha}$					

① 若 $K_{F\alpha} > \dfrac{\varepsilon_\gamma}{\varepsilon_\alpha Y_\varepsilon}$，则取 $K_{F\alpha} > \dfrac{\varepsilon_\gamma}{\varepsilon_\alpha Y_\varepsilon}$。

② 对修形齿，取 $K_{H\alpha} = K_{F\alpha} = 1$。

4. 齿向载荷分布系数 K_β

齿向载荷分布系数 K_β 就是考虑载荷沿齿宽方向分布不均匀的影响。由于轴的弯曲和扭转变形、轴承的弹性变形以及传动装置的制造和安装误差等原因，导致齿轮副相互倾斜及轮齿扭曲。如图 6-17a 所示，齿轮受载后，轴产生弯曲变形，两齿轮随之偏斜，使得作用在齿面上的载荷沿齿宽方向分布不均匀，而轴因扭转变形也会产生载荷沿齿宽分布不均匀。为了使小齿轮扭转变形能补偿弯曲变形引起的齿轮

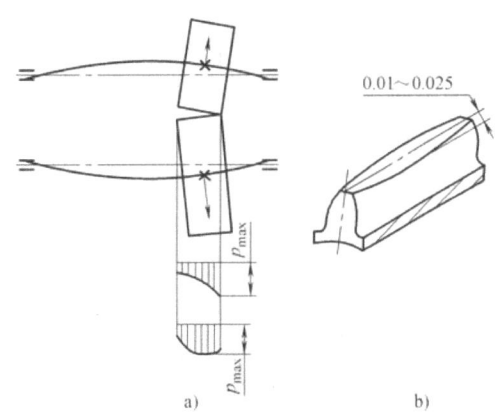

图 6-17 载荷沿齿向的分布及修形

a) 载荷沿齿向的分布　b) 鼓形齿

偏载,应将齿轮布置在远离转矩输入端。此外,齿宽、齿面磨合等对 K_β 也有影响。

设计中,可根据齿轮的布置方式(对称布置、非对称布置和悬臂布置)、齿宽系数 ψ_d (为齿宽 b 与小齿轮分度圆直径 d_1 之比)、精度等级以及软、硬齿面的不同等,查表 6-5 确定 K_β。

提高齿轮的制造和安装精度,提高轴承和箱体的刚度,合理选择齿宽,合理布置齿轮在轴上的位置,将齿轮传动中的一个齿轮沿齿宽方向进行修形制成鼓形齿(图 6-17b)等,均可改善齿向载荷分布不均匀现象。

表 6-5 齿向载荷分布系数 K_β

布置形式		小齿轮齿面硬度	$\psi_d = b/d_1$									
			0.2	0.4	0.6	0.8	1.0	1.2	1.4	1.6	1.8	2.0
对称布置		≤350HBW	—	1.01	1.02	1.03	1.05	1.07	1.09	1.13	1.17	1.22
		>350HBW	—	1.00	1.03	1.06	1.10	1.14	1.19	1.25	1.34	1.44
非对称布置	轴的刚性较大	≤350HBW	1.00	1.02	1.04	1.06	1.08	1.12	1.14	1.18	—	—
		>350HBW	1.00	1.04	1.08	1.13	1.17	1.23	1.28	1.35	—	—
	轴的刚性较小	≤350HBW	1.03	1.05	1.08	1.11	1.14	1.18	1.23	1.28	—	—
		>350HBW	1.05	1.10	1.16	1.22	1.28	1.36	1.45	1.55	—	—
悬臂布置		≤350HBW	1.08	1.11	1.16	1.23	—	—	—	—	—	—
		>350HBW	1.15	1.21	1.32	1.45	—	—	—	—	—	—

注:1. 表中数值为 8 级精度的 K_β 值。若精度高于 8 级,表中值应减小 5%~10%,但不得小于 1;若低于 8 级,表中值应增大 5%~10%。
2. 跨径比 $L/d \approx 2.5 \sim 3$,为刚性大的轴;$L/d > 3$,为刚性小的轴。
3. 对于锥齿轮,$\psi_d = \psi_{dm} = b/d_{m1} = \psi_R \sqrt{u^2+1}/(2-\psi_R)$,其中 d_{m1} 为小齿轮的平均分度圆直径,单位为 mm;u 为齿数比;$\psi_R = b/R$ (R 为锥齿轮的锥距)。

第五节 直齿圆柱齿轮传动的强度计算

一、齿面接触疲劳强度计算

两齿轮接触时,如图 6-18 所示,采用的简化模型是用轴线平行的两圆柱的接触代替一对轮齿的接触。轮齿在啮合过程中,接触应力随齿廓上各接触点的综合曲率半径的变化而不同,且靠近节点 P 处的 ρ 值虽不是最大,但该点一般为单对齿啮合,点蚀也往往先出现在节线附近的齿根表面。因此,接触疲劳强度计算通常以节点为计算点,计算齿面上产生的最大接触应力 σ_H。

由于齿轮副为线接触,故可将在节点处啮合的一对轮齿,简化为半径分别等于两轮齿廓在节点处的曲率半径 ρ_1、ρ_2 的两个圆柱接触的力学模型,以力学经典公式——赫兹公式为基础,得出在预期的使用寿命中,齿面不出现疲劳点蚀的强度条件

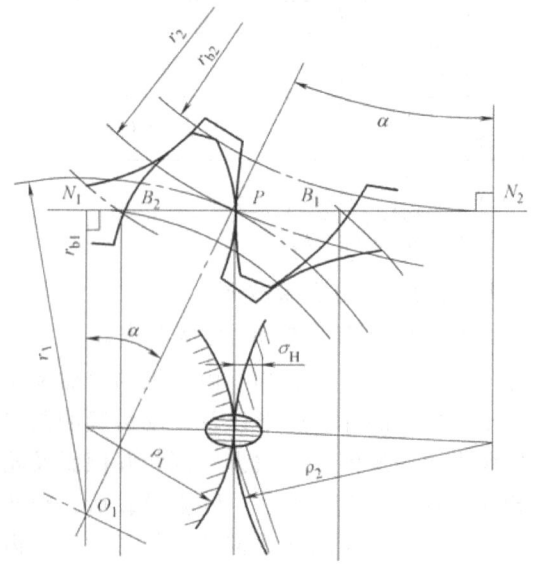

图 6-18 齿面接触应力

$$\sigma_H = \sqrt{\dfrac{F_n\left(\dfrac{1}{\rho_1}\pm\dfrac{1}{\rho_2}\right)}{\pi\left[\left(\dfrac{1-\mu_1^2}{E_1}\right)+\left(\dfrac{1-\mu_2^2}{E_2}\right)\right]L}} \leqslant [\sigma_H] \tag{6-7}$$

式中 σ_H、$[\sigma_H]$——齿面接触应力（MPa）、许用接触应力（MPa）；

F_n——法向力（N）；

L——接触线总长度（mm）；

ρ_1、ρ_2——两轮齿接触点曲率半径（mm），"+"用于外啮合，"-"号用于内啮合；

μ_1、μ_2、E_1、E_2——两齿轮材料的泊松比和弹性模量。

标准直齿圆柱齿轮在节点 P 处，$\rho_1=\dfrac{d_1}{2}\sin\alpha$，$\rho_2=\dfrac{d_2}{2}\sin\alpha$，$F_n=\dfrac{F_t}{\cos\alpha}$。

在此，设齿轮 1 为小轮，齿轮 2 为大轮。将大轮齿数与小轮齿数之比 $u=z_2/z_1$ 称为齿数比。对于减速齿轮传动，$u=i$；对于增速齿轮传动，$u=1/i$。

显然有 $\dfrac{\rho_2}{\rho_1}=\dfrac{d_2}{d_1}=\dfrac{z_2}{z_1}=u$，则 $\rho_2=u\rho_1$，由此可得 $\dfrac{1}{\rho}=\dfrac{1}{\rho_1}\pm\dfrac{1}{\rho_2}=\dfrac{\rho_2\pm\rho_1}{\rho_1\rho_2}=\dfrac{2}{d_1\sin\alpha}\dfrac{u\pm1}{u}$。

由于端面重合度 ε_α（可由图 6-19 查得）总是大于 1，故接触线总长：$L=\dfrac{b}{Z_\varepsilon^2}$，式中的 Z_ε 为重合度系数，为

$$Z_\varepsilon = \sqrt{\dfrac{4-\varepsilon_\alpha}{3}} \tag{6-8a}$$

上式中 ε_α 对于标准直齿圆柱齿轮传动，也可近似按下式计算

$$\varepsilon_\alpha = 1.88-3.2\left(\dfrac{1}{z_1}\pm\dfrac{1}{z_2}\right) \tag{6-8b}$$

将以上各式一并代入式（6-7），计入载荷系数 K，简化后得

$$\sigma_H = Z_E Z_H Z_\varepsilon \sqrt{\dfrac{KF_t}{bd_1}\dfrac{(u\pm1)}{u}} \leqslant [\sigma_H] \tag{6-9}$$

式中 Z_E——弹性系数（$\sqrt{\text{MPa}}$），见表 6-6；

Z_H——节点区域系数，其值查图 6-20。

标准齿轮 $\alpha=20°$，$Z_H=2.5$；在变位齿轮传动中，对 $x_1+x_2=0$ 的高度变位齿轮传动，轮齿的接触强度未变，对 $x_1+x_2>0$ 的正变位齿轮传动，节点的啮合角增大，节点区域系数 Z_H 减小，因而提高了轮齿的接触强度。

取齿宽系数 $\psi_d=b/d_1$，并将 $F_t=2T/d_1$ 代入式（6-9）得

$$\sigma_H = Z_E Z_H Z_\varepsilon \sqrt{\dfrac{2KT_1}{\psi_d d_1^3}\dfrac{(u\pm1)}{u}} \leqslant [\sigma_H] \tag{6-10a}$$

$$d_1 \geqslant \sqrt[3]{\dfrac{2KT_1}{\psi_d}\dfrac{(u\pm1)}{u}\left(\dfrac{Z_E Z_H Z_\varepsilon}{[\sigma_H]}\right)^2} \tag{6-10b}$$

式（6-10a）为标准直齿圆柱齿轮接触疲劳强度的校核公式，式（6-10b）为标准直齿圆柱齿轮满足接触疲劳强度的设计公式。

表 6-6 弹性系数 Z_E （单位：$\sqrt{\text{MPa}}$）

小齿轮материal	大齿轮材料						
	钢	铸钢	球墨铸铁	铸铁	锡青铜	铸锡青铜	织物层压塑料
钢	189.8	188.9	181.4	162.0	159.8	155.0	56.4
铸钢		188.0	180.5	161.4			
球墨铸铁			173.9	156.6			
铸铁				143.7			

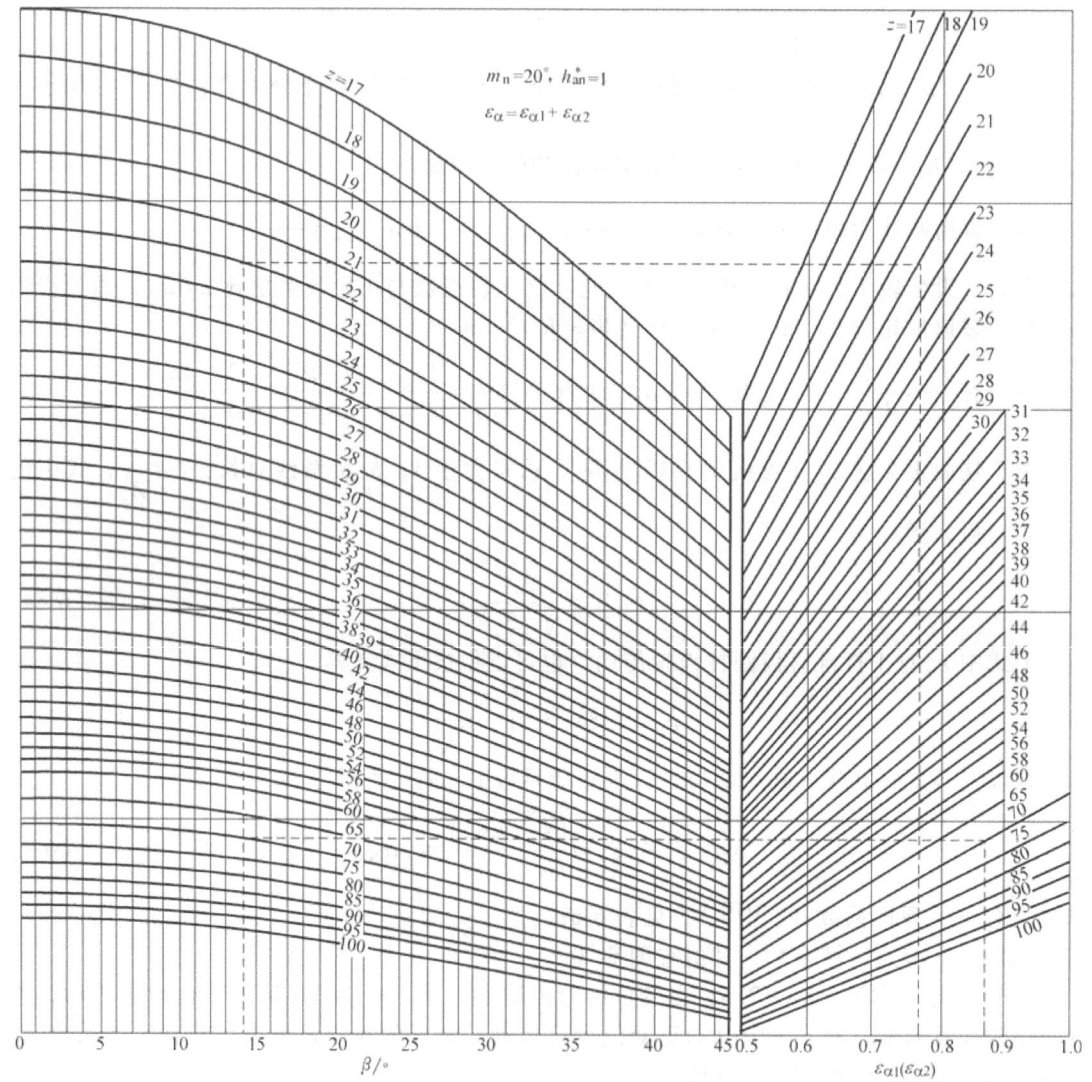

图 6-19 标准外啮合圆柱齿轮的端面重合度 ε_α

注：用法举例：$z_1 = 22$，$z_2 = 70$，$\beta = 14°$，则 $\varepsilon_{\alpha 1} + \varepsilon_{\alpha 2} = 0.765 + 0.87 = 1.635$

二、齿根弯曲疲劳强度计算

轮齿的弯曲疲劳强度，通常以齿根处为最弱。根据分析，齿根所受的最大弯矩发生在轮齿啮合点位于单对齿啮合区的最高点。但是由于按此点计算较为复杂，为了简化计算，对一一般精度齿轮传动（6 级精度以下），可将齿顶作为载荷的作用点，且认为载荷为一对齿承担。如图 6-21 所示，作为轮齿对称轴线成 30°角并与齿根过渡曲线相切的切线，通过两切点平行于齿轮轴线的截面，即为齿根危险截面。

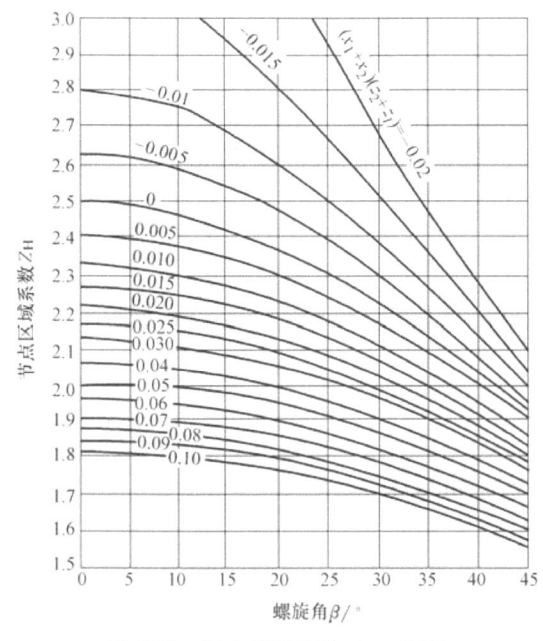

图 6-20　节点区域系数（$\alpha=20°$）

注：x_1、x_2 为齿轮的变位系数。

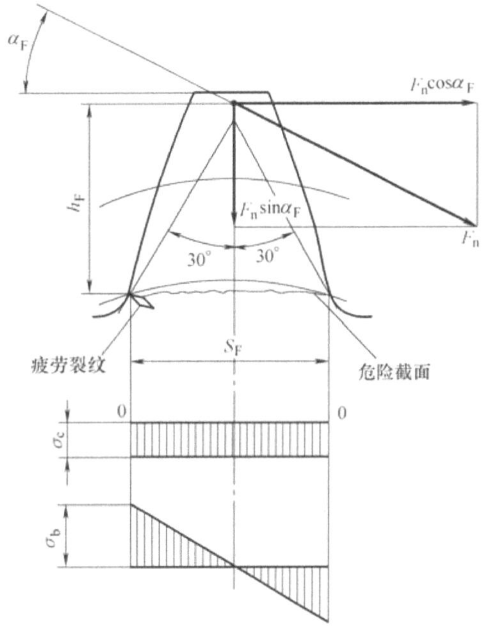

图 6-21　齿根危险截面应力

为计算方便，将作用于齿顶的法向力 F_n 移到轮齿的对称线上。F_n 可分解为相互垂直的两个分力：$F_n\cos\alpha_F$ 和 $F_n\sin\alpha_F$，前者使齿根产生弯曲应力 σ_b 和切应力 τ，后者使齿根产生压应力 σ_c。弯曲应力起主要作用，其余影响很小，为简化计算，在应力修正系数 Y_{Sa}（表 6-6）中考虑，则齿根危险截面上最大弯曲应力为

$$\sigma_b = \frac{M}{W} = \frac{F_n\cos\alpha_F h_F}{(bS_F^2)/6} = \frac{F_t 6\cos\alpha_F\left(\dfrac{h_F}{m}\right)}{bm\left(\dfrac{S_F}{m}\right)^2\cos\alpha} \tag{6-11}$$

令 $Y_{Fa} = \dfrac{F_t 6\cos\alpha_F\left(\dfrac{h_F}{m}\right)}{\left(\dfrac{S_F}{m}\right)^2\cos\alpha}$，为齿形系数，查表 6-7。$Y_{Fa}$ 是一个量纲为 1 的系数，只与轮齿的齿廓形状有关，而与齿的大小（模数）无关。而齿轮的齿形主要取决于齿轮的齿数 z 和变位系数 x。齿数少，齿根厚度薄，Y_{Fa} 大，弯曲强度低；正变位齿轮（$x>0$），齿根厚，减小 Y_{Fa}，可提高齿根弯曲疲劳强度。标准齿轮的齿形只与齿数有关。

表 6-7　外齿轮齿形系数 Y_{Fa}、应力修正系数 Y_{Sa}

$z(z_v)$	17	18	19	20	21	22	23	24	25	26	27	28	29
Y_{Fa}	2.97	2.91	2.85	2.802	2.76	2.72	2.69	2.65	2.62	2.60	2.57	2.55	2.53
Y_{Sa}	1.52	1.53	1.54	1.55	1.56	1.57	1.575	1.58	1.59	1.595	1.60	1.61	1.62

(续)

$z(z_v)$	30	35	40	45	50	60	70	80	90	100	150	200	∞
Y_{Fa}	2.52	2.45	2.40	2.35	2.32	2.28	2.24	2.22	2.20	2.18	2.14	2.12	2.06
Y_{Sa}	1.625	1.65	1.67	1.68	1.70	1.73	1.75	1.77	1.78	1.79	1.83	1.865	1.97

注：1) 基准齿形的参数为 $\alpha=20°$、$h*=1$、$c*=0.25$、$\rho=0.38m$（m 为齿轮的模数）。

2) 对内齿轮：当 $\alpha=20°$、$h*=1$、$c*=0.25$、$\rho=0.15m$ 时，$Y_{Fa}=2.053$，$Y_{Sa}=2.65$。

3) 线性插值法一般公式：$y=y_1+\dfrac{y_2-y_1}{x_2-x_1}(x-x_1)$。

计入载荷系数 K、应力修正系数 Y_{Sa}、重合度系数 Y_ε，则得齿根危险截面的弯曲疲劳应力条件为

$$\sigma_F=\dfrac{KF_t}{bm}Y_{Fa}Y_{Sa}Y_\varepsilon \leq [\sigma_F] \tag{6-12}$$

式中 Y_{Sa}——应力修正系数，用以综合考虑齿根过渡曲线处的应力集中和除弯曲应力外对齿根应力影响的系数，查表 6-7；

重合度系数 $$Y_\varepsilon=0.25+\dfrac{0.75}{\varepsilon_\alpha} \tag{6-13}$$

取齿宽系数 $\psi_d=b/d_1$，并将 $F_t=2T/d_1$ 及 $m=d_1/z_1$ 代入式（6-12）得

$$\sigma_F=\dfrac{2KT_1}{\psi_d m^3 z_1^2}Y_{Fa}Y_{Sa}Y_\varepsilon \leq [\sigma_F] \tag{6-14a}$$

$$m \geq \sqrt[3]{\dfrac{2KT_1 Y_{Fa}Y_{Sa}Y_\varepsilon}{\psi_d z_1^2 [\sigma_F]}} \tag{6-14b}$$

式（6-14a）是标准直齿圆柱齿轮齿根弯曲疲劳强度的计算公式，式（6-14b）是标准直齿圆柱齿轮满足齿根弯曲疲劳强度的设计公式。

三、齿轮传动强度计算说明

1）由式（6-10a）或式（6-10b）可知，配对齿轮的齿面接触应力相等，即 $\sigma_{H1}=\sigma_{H2}$。当配对齿轮的 $[\sigma_{H1}]=[\sigma_{H2}]$ 时，接触疲劳强度相等。若按齿面接触疲劳强度设计齿轮传动时，应将 $[\sigma_{H1}]$ 和 $[\sigma_{H2}]$ 中较小值代入设计公式（式6-10b）计算。

2）由式（6-14a）或式（6-14b）可知，配对齿轮的齿根弯曲应力由于 $Y_{Fa1}Y_{Sa1}$ 与 $Y_{Fa2}Y_{Sa2}$ 的值通常不同，故配对齿轮的齿根弯曲应力不等，即 $\sigma_{F1} \neq \sigma_{F2}$。按齿根弯曲疲劳强度设计齿轮传动时，应将 $(Y_{Fa1}Y_{Sa1})/[\sigma_{F1}]$ 或 $(Y_{Fa2}Y_{Sa2})/[\sigma_{F2}]$ 中较大值代入式（6-14b）进行计算。

3）闭式软齿面齿轮传动，一般先按齿面接触疲劳强度设计，确定中心距后，再选择齿数和模数，然后校核轮齿的弯曲疲劳强度；闭式硬齿面齿轮传动，通常先按弯曲疲劳强度设计，再校核其接触疲劳强度。开式齿轮传动进行弯曲疲劳强度设计计算，并将模数增大 10%~15%，以补偿磨粒磨损的影响。

4）当用设计公式初步计算齿轮的 d_1 或 m 时，由于载荷系数 K 中 K_v、K_α、K_β 不能预先确定，初步设计时，可按表 6-8 查取齿轮传动载荷系数初略值 K_t 进行设计计算，得到试算值 d_{1t} 或 m_{nt} 及其他相关尺寸和有关参数。校核强度时，再计算载荷系数 K，并与 K_t 比较，若 K 与 K_t 相差不大，则不必修改原计算；若相差较大，应按下式修正：

$$d_1 = d_{1t}\sqrt[3]{K/K_t} \tag{6-15}$$

$$m = m_{nt}\sqrt[3]{K/K_t} \tag{6-16}$$

5）强度设计求得模数后，应将模数取为标准值，标准模数系列见表 6-9。另外，为防止轮齿太小引起意外折断，动力传动的齿轮模数一般不小于 1.5mm。

表 6-8　齿轮传动载系数初略值 K_t

工作机特性 \ 原动机特性	均匀平稳 电动机	轻微冲击 汽轮机、液压马达	中等冲击 多缸内燃机	严重冲击 单缸内燃机
均匀平稳	1.2~1.4	1.4~1.6	1.6~1.8	1.8~2.0
轻微冲击	1.4~1.6	1.6~1.8	1.8~2.0	2.0~2.2
中等冲击	1.6~1.8	1.8~2.0	2.0~2.2	2.2~2.4
严重冲击	1.8~2.0	2.0~2.2	2.2~2.4	2.4~2.6

表 6-9　标准模数系列（GB/T 1357—2008）　　　　　（单位：mm）

第一系列	1	1.25	1.5	2	2.5	3	4	5	6
	8	10	12	16	20	25	32	40	50
第二系列	1.125	1.375	1.75	2.25	2.75	3.5	4.5	5.5	(6.5)
	7	9	11	14	18	22	28	36	45

四、齿轮传动设计参数选择

1. 齿数 z 的选择

齿轮齿数多，则齿轮传动的重合度大、传动平稳。当中心距 a 一定时，增大齿数可减小模数、降低齿高，因而减小金属的切削用量、降低成本；同时，降低齿高不能减小滑动速度，减少磨损及减小胶合的危险性。但模数小，齿厚随之减薄，则会降低弯曲疲劳强度。

闭式齿轮传动一般转速较高，为了提高传动的平稳性，减小冲击振动，以齿数多一些为好，小齿轮的齿数可取为 $z_1 = 20 \sim 40$。开式或半开式齿轮传动，轮齿失效形式主要为磨损，为使轮齿不致过小，小齿轮的齿数可取为 $z_1 = 17 \sim 20$。为使轮齿免于根切，对于 $\alpha = 20°$ 的标准直齿圆柱齿轮，应取 $z_1 \geq 17$。

小齿轮齿数 z_1 确定后，按齿数比 $u = z_2/z_1$ 确定大齿轮齿数 z_2。一般 z_1 与 z_2 应为互质数，以使相啮合齿对磨损均匀。

2. 齿宽系数 ψ_d 的选择

由齿轮强度计算公式可知，轮齿越宽，承载能力越高，但在齿面上的载荷沿接触线方向分布越不均匀，因此齿宽系数应取得适当。一般适当增加齿宽系数，能使所得齿轮直径较小而结构紧凑。齿宽系数 ψ_d 见表 6-10。

表 6-10　齿宽系数 ψ_d

齿轮相对轴承的位置	齿面硬度	
	软齿面	硬齿面
对称布置	0.8~1.4	0.4~0.9
非对称布置	0.2~1.2	0.3~0.6
悬臂布置	0.3~0.4	0.2~0.5

注：直齿圆柱齿轮宜取小值，斜齿圆柱齿轮可取大值；载荷稳定、轴刚度大时可取大值；变载荷、轴刚度小时宜取小值。

按 $b=\psi_d d_1$ 计算出 b 后，将小齿轮宽度 b_1 在 b（圆整值）的基础上加大 5~10mm，即让 $b_2=b$（圆整值），$b_1=b_2+(5\sim10)$ mm，b_1、b_2 值在装配图中也应表示出来，如图 6-22 所示。$b_1>b_2$ 便于装配，并保证齿轮传动有足够的啮合宽度，防止大小齿轮因装配误差产生轴向错位，导致啮合宽度减小而增大轮齿的工作载荷。

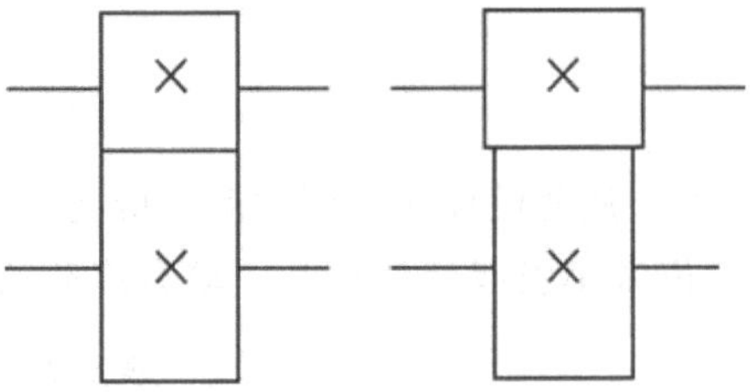

图 6-22 齿轮的宽度配置
a) $b_1=b_2$ b) $b_1>b_2$

3. 中心距 a

根据强度计算求得的 d_1 计算出中心距 a 后，若不为整数，则通过调整齿数或模数，将中心距调整为整数，最好是以 0 或 5 结尾的整数。大批量生产时，中心距按有关的推荐值选用；单件或小批量生产时不受推荐值限制。a 值不得小于按齿面接触疲劳强度计算出的中心距值，否则齿面接触能力可能不足。

五、齿轮精度

GB/T 10095.1—2008 对渐开线圆柱齿轮规定了 13 个精度等级，其中 0 级为最高的精度等级，12 级为最低的精度等级，常用的是 5~9 级精度。齿轮精度等级应根据齿轮传动的用途、工作条件、传递功率和圆周速度及技术要求等来选择。一般在传递功率大、圆周速度高、要求传动平稳、噪声低等场合，应选用较高的精度等级；反之，为降低成本，选用低的精度等级。各类机器所用齿轮传动的精度等级范围见表 6-11，精度等级适用的速度范围见表 6-12。

表 6-11 各类机器所用齿轮传动的精度等级范围

机器名称	汽轮机	金属切削机床	航空发动机	轻型汽车	重型汽车	拖拉机	通用减速器	锻压机床	起重机	农业机器
精度等级	3~6	3~8	4~8	5~8	7~9	6~8	6~8	6~9	7~10	8~11

表 6-12 精度等级适用的速度范围　　　　（单位：mm）

精度等级	圆柱齿轮传动		锥齿轮传动	
	直齿	斜齿	直齿	斜齿
5 级及以上	≥15	≥30	≥12	≥20
6 级	<15	<30	<12	<20
7 级	<10	<15	<8	<10
8 级	<6	<10	<4	<7
9 级	<2	<4	<1.5	<3

【例 6-3】 设计某二级圆柱齿轮减速器。原动机为电动机，双向运转，载荷有中等冲击。已知：传递功率 $P=17$kW，$n_1=1470$r/min，高速级传动比 $i=3.7$，低速级传动比 $i=2.75$，预期寿命为 8 年，两班制工作，每年按 260 天计。要求采用直齿圆柱齿轮传动、结构紧凑。试设计此减速器的低速级齿轮传动（传动效率忽略不计）。

解题分析：

1) 根据题意，本题属于设计计算题，即选择齿轮材料，通过承载能力计算确定齿轮传动参数和尺寸。

2) 考虑要求结构紧凑，可采用硬齿面齿轮，但因是低速级齿轮传动，传递的转矩大，因而大齿轮尺寸较大，不便于硬化处理，故考虑采用中硬齿轮。

3）由于要设计的齿轮传动是闭式传动，且大齿轮是软齿面齿轮，最大可能的失效形式是齿面疲劳点蚀；但如模数过小，也可能发生轮齿折断。因此，本齿轮传动可按齿面接触疲劳强度设计，确定主要参数，再校核轮齿的弯曲疲劳强度。

4）因无严重短期过载，不用校核静强度。

解：

计算与说明	主要结果
1）选择齿轮材料、热处理方式及齿数 小齿轮选用40CrMnMo，调质处理，齿面硬度为294~326HBW； 大齿轮选用37SiMn2MoV，调质处理，齿面硬度为263~294HBW。 因为是低速级，初选小齿轮齿数 $z_3 = 32$，大齿轮 $z_4 = i z_3 = 2.75 \times 32 = 88$	小齿轮 $z_3 = 32$ 40CrMnMo 调质 大齿轮 $z_4 = 88$ 37SiMn2MoV 调质
2）确定许用应力 根据小齿轮齿面硬度310HBW和大齿轮齿面硬度280HBW，按图6-8f查 MQ 线，查得齿面接触应力为：$\sigma_{Hlim3} = 770\text{MPa}$，$\sigma_{Hlim4} = 750\text{MPa}$ 按图6-9f查 MQ 线，查得轮齿弯曲疲劳极限应力为：$\sigma_{FE3} = 640\text{MPa}$，$\sigma_{FE4} = 620\text{MPa}$ 计算两齿轮应力循环次数 小齿轮 $N_3 = 60njL_h = 60 \times \dfrac{1470}{3.7} \times 1 \times (8 \times 260 \times 16) = 7.9 \times 10^8$ 大齿轮 $N_4 = N_3/i = 7.9 \times 10^8/2.75 = 2.9 \times 10^8$ 按图6-6查接触疲劳寿命系数 K_{HN}：$K_{HN3} = 1$，$K_{HN4} = 1.07$ 按图6-7查弯曲疲劳寿命系数 K_{FN}：$K_{FN3} = 0.9$，$K_{FN4} = 0.95$ 按表6-2得：$S_{Hmin} = 1.1$，$S_{Fmin} = 1.25$，双向运转，弯曲许用应力乘以0.8 $[\sigma_{H3}] = \dfrac{K_{HN3}\sigma_{Hlim3}}{S_{Hmin}} = \dfrac{1 \times 770}{1.1}\text{MPa} = 700\text{MPa}$ $[\sigma_{H4}] = \dfrac{K_{HN4}\sigma_{Hlim4}}{S_{Hmin}} = \dfrac{1.07 \times 750}{1.1}\text{MPa} = 729.5\text{MPa}$ $[\sigma_{F3}] = \dfrac{K_{FN3}\sigma_{EF3}}{S_{Fmin}} \times 0.8 = \dfrac{0.9 \times 640}{1.25} \times 0.8\text{MPa} = 368.6\text{MPa}$ $[\sigma_{F4}] = \dfrac{K_{FN4}\sigma_{EF4}}{S_{Fmin}} \times 0.8 = \dfrac{0.95 \times 620}{1.25} \times 0.8\text{MPa} = 377\text{MPa}$	$[\sigma_{H3}] = 700\text{MPa}$ $[\sigma_{H4}] = 729.5\text{MPa}$ $[\sigma_{F3}] = 368.6\text{MPa}$ $[\sigma_{F4}] = 377\text{MPa}$
3）按齿面接触疲劳强度设计 确定计算载荷：小齿轮转矩为 $T_3 = 9.55 \times 10^6 \dfrac{P_3}{n_3} = 9.55 \times 10^6 \times \dfrac{17}{1470/3.7}\text{N} \cdot \text{mm} = 408636\text{N} \cdot \text{mm}$ 初选载荷系数 K_t：查表6-8，因为是直齿圆柱齿轮传动，电动机驱动，载荷有中等冲击，轴承相对齿轮不对称布置，所以初选载荷系数 $K_t = 1.8$ 则：$K_t T_3 = 1.8 \times 408636\text{N} \cdot \text{mm} = 735545\text{N} \cdot \text{mm}$ 确定弹性系数：查表6-6，$Z_E = 189.8 \sqrt{\text{MPa}}$ 确定节点区域系数：查图6-20，标准齿轮 $Z_H = 2.5$ 确定齿宽系数：查表6-10，软齿面取 $\psi_d = 1.0$ 由图6-19查得 $\varepsilon_\alpha = \varepsilon_{\alpha 1} + \varepsilon_{\alpha 2} = 0.81 + 0.88 = 1.69$ 由式(6-8)，$Z_\varepsilon = \sqrt{\dfrac{4-\varepsilon_\alpha}{3}} = \sqrt{\dfrac{4-1.69}{3}} = 0.877$ 因小齿轮的齿面接触应力值较小，故将 $[\sigma_{H3}] = 700\text{MPa}$ 代入计算 将以上计算结果代入式(6-10)计算，得小齿轮3的分度圆直径 $d_3 \geq \sqrt[3]{\dfrac{2K_t T_3(u \pm 1)}{\psi_d u}\left(\dfrac{Z_E Z_H Z_\varepsilon}{[\sigma_H]}\right)^2} = \sqrt[3]{\dfrac{2 \times 735545(2.75+1)}{2.75}\left(\dfrac{189.8 \times 2.5 \times 0.877}{700}\right)^2}\text{mm} =$ 89.167mm，计算圆周速度 $v = \dfrac{\pi d_3 n_3}{60 \times 1000} = \dfrac{\pi \times 89.167 \times 1470/3.7}{60 \times 1000}\text{m/s} \approx 1.854\text{m/s}$	$T_3 = 408636\text{N} \cdot \text{mm}$ 初选 $K_t = 1.8$ $Z_E = 189.8 \sqrt{\text{MPa}}$ $Z_H = 2.5$ $\psi_d = 1$ $\varepsilon_\alpha = 1.69$ $Z_\varepsilon = 0.877$ $v = 1.854\text{m/s}$ 8级精度 $K = 2.03$ $d_3 = 92.814\text{mm}$

(续)

计算与说明	主要结果
查表6-11,并考虑齿轮传动的用途,选择8级精度。 计算载荷系数 K 使用系数 K_A:按电动机驱动、中等振动,查表6-3取 $K_A=1.5$ 动载系数 K_v:按8级精度和速度 v,查图6-15,取 $K_v=1.14$ 齿间载荷分配系数 K_α $\dfrac{K_A F_1}{b} = \dfrac{2K_A T_1}{bd_1} = \dfrac{2\times1.5\times408636}{96\times96}\text{N}\cdot\text{mm}=133.0\text{N}\cdot\text{mm}>100\text{N}\cdot\text{mm}$ 由表6-4,取 $K_\alpha=1.1$ 齿向载荷分配系数 K_β:由表6-5, $\psi_d=1.0$,减速器轴刚度较大,非对称布置,取 $K_\beta=1.08$ 故实际载荷系数 $K=K_A K_v K_\alpha K_\beta = 1.5\times1.14\times1.1\times1.08 = 2.03$ 按实际载荷系数修正试算的分度圆直径,由式(6-15)得 $d_3 = d_{3t}\sqrt[3]{\dfrac{K}{K_t}} = 89.167\text{mm}\times\sqrt[3]{\dfrac{2.03}{1.8}} = 92.814\text{mm}$	$T_3=408636\text{N}\cdot\text{mm}$ 初选 $K_t=1.8$ $Z_E=189.8\sqrt{\text{MPa}}$ $Z_H=2.5$ $\psi_d=1$ $\varepsilon_\alpha=1.69$ $Z_\varepsilon=0.877$ $v=1.854\text{m/s}$ 8级精度 $K=2.03$ $d_3=92.814\text{mm}$
4)几何尺寸计算 计算模数: $m=\dfrac{d_3}{z_3}=\dfrac{92.814}{32}\text{mm}=2.900\text{mm}$ 按表6-9确定 $m=3\text{mm}$ 计算分度圆直径: $d_3=mz_3=3\times32=96\text{mm}$; $d_4=mz_4=3\times88=264\text{mm}$ 计算中心距: $a=\dfrac{(z_3+z_4)m}{2}=\dfrac{(32+88)\times3}{2}\text{mm}=180\text{mm}$ 计算齿宽: $b=\psi_d d_3 = 1.0\times96=96\text{mm}$;圆整后取 $b_4=100\text{mm}$, $b_3=105\text{mm}$ 其他尺寸略	$m=3\text{mm}$ $d_3=96\text{mm}$ $d_4=264\text{mm}$ $a=180\text{mm}$ $b_3=105\text{mm}$ $b_4=100\text{mm}$
5)校核轮齿弯曲疲劳强度 齿形修正系数 Y_{Fa} 和应力修正系数 Y_{Sa}:由 $z_3=32,z_4=88$,查表6-7(因表中没有该两种齿数,用插值法计算),得齿形修正系数 Y_{Fa} $Y_{Fa3}=2.52+(32-30)(2.45-2.52)/(35-30)=2.492$; $Y_{Fa4}=2.204$ 应力修正系数 Y_{Sa}: $Y_{Sa3}=1.635$, $Y_{Sa4}=1.778$ 重合度系数 Y_ε: $Y_\varepsilon=0.25+\dfrac{0.75}{\varepsilon_\alpha}=0.25+\dfrac{0.75}{1.69}=0.694$ 校核齿根弯曲疲劳强度:由式(6-14a)计算 $\sigma_{F3}=\dfrac{2KT_3}{\psi_d m^3 z_3^2}Y_{Fa3}Y_{Sa3}Y_\varepsilon$ $=\dfrac{2\times2.03\times408636}{1\times3^3\times32^2}\times2.492\times1.635\times0.694\text{MPa}$ $=169.7\text{MPa}\leq[\sigma_{F3}]=368.6\text{MPa}$ $\sigma_{F4}=\dfrac{2KT_3}{\psi_d m^3 z_3^2}Y_{Fa4}Y_{Sa4}Y_\varepsilon$ $=\dfrac{2\times2.03\times408636}{1\times3^3\times32^2}\times2.204\times1.778\times0.694$ $=163.2\text{MPa}\leq[\sigma_{F4}]=377\text{MPa}$ 齿根弯曲疲劳强度合格	$Y_{Fa3}=2.204$ $Y_{Fa4}=2.204$ $Y_\varepsilon=0.694$ $\sigma_{F3}=169.7\text{MPa}\leq[\sigma_{F3}]$ $\sigma_{F4}=163.2\text{MPa}\leq[\sigma_{F4}]$
6)结构设计 略	

第六节　标准斜齿圆柱齿轮传动的强度计算

一、齿面接触疲劳强度计算

斜齿圆柱齿轮传动齿面不发生疲劳点蚀的强度条件可参照直齿圆柱齿轮传动接触应力的

计算公式，按当量齿轮参数即法向参数计算。但有以下几点不同。

1) 斜齿圆柱齿轮的法向齿廓是渐开线，齿廓啮合点的曲率半径应为法向曲率半径 ρ_{n1} 和 ρ_{n2}。

2) 接触线总长度随啮合位置不同而变化，同时还受端面重合度 ε_α 和纵向重合度 ε_β 的共同影响。

3) 接触线倾斜有利于提高疲劳强度，用螺旋角系数 Z_β 考虑其影响。

对渐开线标准斜齿圆柱齿轮，在啮合平面内节点 P 处有

$\rho_{n1} = \dfrac{\rho_{t1}}{\cos\beta_b} = \dfrac{d_1\sin\alpha_t}{2\cos\beta_b}$，$\rho_{n2} = \dfrac{\rho_{t2}}{\cos\beta_b} = \dfrac{d_2\sin\alpha_t}{2\cos\beta_b}$，$F_n = \dfrac{2T_1}{d_1}\dfrac{1}{\cos\alpha_t\cos\beta_b}$，接触线总长 $L = \dfrac{b}{Z_\varepsilon^2\cos\beta_b}$。

将以上关系代入式（6-10a），计入载荷系数 K、螺旋角系数 Z_β，则得标准斜齿圆柱齿轮传动齿面接触疲劳强度的校核公式

$$\sigma_H = Z_E Z_H Z_\varepsilon Z_\beta \sqrt{\dfrac{2KT_1(u\pm1)}{\psi_d d_1^3}\dfrac{1}{u}} \leq [\sigma_H] \tag{6-17}$$

式中　Z_E——弹性系数（$\sqrt{\text{MPa}}$），同标准直齿圆柱齿轮，见表 6-6；

Z_H——节点区域系数，$Z_H = \sqrt{\dfrac{2\cos\beta_b}{\cos\alpha_t\tan\alpha_t}}$，查图 6-20（变位齿轮传动 Z_H 对接触疲劳强度的影响同直齿轮传动）；

Z_ε——重合度系数，　　$Z_\varepsilon = \sqrt{\dfrac{4-\varepsilon_\alpha}{3}(1-\varepsilon_\beta) + \dfrac{\varepsilon_\beta}{\varepsilon_\alpha}}$ 　　(6-18)

当 $\varepsilon_\beta > 1$ 时，按 $\varepsilon_\beta = 1$ 代入式（6-18）计算；

Z_β——螺旋角系数，　　$Z_\beta = \sqrt{\cos\beta}$ 　　(6-19)

由式（6-17）得标准斜齿圆柱齿轮传动齿面接触疲劳强度的设计公式

$$d_1 \geq \sqrt[3]{\dfrac{2KT_1(u\pm1)}{\psi_d\,u}\left(\dfrac{Z_E Z_H Z_\varepsilon Z_\beta}{[\sigma_H]}\right)^2} \tag{6-20}$$

注意，对于斜齿圆柱齿轮传动，齿面上的接触线是倾斜的，且轮齿齿顶面比齿根面具有较高的接触疲劳强度。斜齿圆柱齿轮传动中，由于小齿轮选材的原因，小齿轮的齿面接触疲劳强度比大齿轮的高，当大齿轮的齿根面产生点蚀时，仅承载区由大齿轮的齿根面向齿顶面有所转移，并不导致斜齿轮传动的立即失效。故斜齿轮传动齿面的接触疲劳强度应同时取决于大、小齿轮。实际计算时，近似取 $[\sigma_H] = ([\sigma_{H1}] + [\sigma_{H2}])/2$；当 $[\sigma_H] > 1.23[\sigma_{H2}]$ 时，取 $[\sigma_H] = 1.23[\sigma_{H2}]$，$[\sigma_{H2}]$ 为较软齿面的许用接触应力。

按式（6-20）求出小齿轮直径 d_1 后，可根据选定的齿数 z_1、z_2 和初选的螺旋角 β，按 $a = \dfrac{d_1(u+1)}{2}$，$m_n = \dfrac{2a\cos\beta}{z_1+z_2}$ 计算确定中心距 a 和模数 m_n。

由　　　　$a = \dfrac{1}{2}(d_1 + d_2) = \dfrac{1}{2}m_t(z_1 + z_2) = \dfrac{m_n}{2\cos\beta}(z_1 + z_2)$ 　　(6-21)

计算得出的中心距 a 经圆整后，再计算螺旋角 β

$$\beta = \arccos\dfrac{m_n(z_1 + z_2)}{2a} \tag{6-22}$$

需注意：中心距应圆整，最好为 0 或 5 结尾的整数，以便于加工和检验；模数应取标准值，螺旋角的计算应精确到 """"。按上述要求，中心距一般都要圆整，所以实际设计时，可初选 $\beta = 10° \sim 15°$，代入式（6-21）计算得出中心距，然后将圆整后的中心距 a 再代入式（6-22）中得出螺旋角 β。由此也可以看出，斜齿圆柱齿轮可以利用调整螺旋角 β 来达到凑配中心距 a 的目的。

二、齿根弯曲疲劳强度计算

斜齿圆柱齿轮的齿根弯曲疲劳强度计算，通常按其法向当量直齿圆柱齿轮进行，各参数均为法面模数。由于斜齿圆柱齿轮传动的接触线是倾斜的，轮齿失效形式往往是局部折断，其承载能力比直齿圆柱齿轮显著提高。计入螺旋角系数 Y_β，则得标准斜齿圆柱齿轮传动齿根弯曲疲劳强度的校核公式

$$\sigma_F = \frac{2KT_1 \cos^2\beta}{\psi_d m_n^3 z_1^2} Y_{Fa} Y_{Sa} Y_\varepsilon Y_\beta \leq [\sigma_F] \tag{6-23}$$

式中　Y_{Fa}——齿形系数，按当量齿数 z_v 由表 6-7 查；
　　　Y_{Sa}——应力修正系数，按当量齿数 z_v 由表 6-7 查；
　　　Y_ε——重合度系数，按下式计算：

$$Y_\varepsilon = 0.25 + \frac{0.75\cos^2\beta_b}{\varepsilon_\alpha} \tag{6-24}$$

　　　Y_β——螺旋角系数，按下式计算：

$$Y_\beta = 1 - \varepsilon_\beta \frac{\beta}{120°} \geq Y_{\beta\min} = 1 - 0.25\varepsilon_\beta \geq 0.75 \tag{6-25}$$

上式中，当 $\varepsilon_\beta > 1$，取 $\varepsilon_\beta = 1$；当 $\beta > 30°$ 时，取 $\beta = 30°$；当 $Y_\beta > 0.75$ 时，取 $Y_\beta = 0.75$。螺旋角一般取 $\beta = 8° \sim 20°$。螺旋角过小，斜齿轮的优点不明显，过大则轴向力增大。

由式（6-23）得标准斜齿圆柱齿轮传动齿根弯曲疲劳强度的设计公式

$$m_n \geq \sqrt[3]{\frac{2KT_1\cos^2\beta Y_{Fa}Y_{Sa}Y_\varepsilon Y_\beta}{\psi_d z_1^2} \cdot \frac{1}{[\sigma_F]}} \tag{6-26}$$

按齿根弯曲疲劳强度计算得出 m_n，将模数取为标准值，按 $d_1 = m_n z_1$ 计算得出 d_1，然后按斜齿圆柱齿轮齿面接触疲劳强度设计一样的方法，进行初选螺旋角 β、计算中心距 a、圆整中心距和凑配中心距的设计步骤。

【例 6-4】　试设计例 6-3 中二级圆柱齿轮减速器中的高速级齿轮传动。采用斜齿圆柱齿轮，其他条件同例 6-3。

解题分析：题意要求结构紧凑，故应采用硬齿面齿轮传动。由于闭式硬齿面齿轮的主要失效形式是轮齿弯曲疲劳折断，故应先按轮齿弯曲疲劳强度设计，然后再按齿面接触疲劳强度校核。因无严重短期过载，故不必校核过载能力。因双向运转，轮齿弯曲疲劳极限应力应乘以 0.8。

第六章 齿轮传动

解：

计算与说明	主要结果
1) 选择材料、热处理方式 小齿轮 20Cr，渗碳淬火，硬度为 56~62HRC 大齿轮 40Cr，表面淬火，硬度为 48~55HRC	小齿轮 20Cr，渗碳淬火 大齿轮 40Cr，表面淬火
2) 确定许用应力 按小齿轮硬度 58HRC 和大齿轮硬度 52HRC，按图 6-8h、图 6-8i MQ 线查齿面接触疲劳极限应力 $\sigma_{Hlim1}=1500\text{MPa}$，$\sigma_{Hlim2}=1180\text{MPa}$ 按图 6-9h、图 6-9i MQ 线查轮齿弯曲疲劳极限应力 $\sigma_{FE1}=850\text{MPa}$、$\sigma_{FE2}=720\text{MPa}$ 计算两齿轮应力循环次数：由式 6-2 计算 小齿轮 $N_1=60n_1jL_h=60\times1470\times1\times(8\times260\times16)=2.9\times10^9$ 大齿轮 $N_2=N_1/i=2.9\times10^9/3.7=7.9\times10^8$ 按图 6-6 查接触疲劳寿命系数 K_{HN}：$K_{HN1}=0.9$，$K_{HN2}=0.95$ 按图 6-7 查得弯曲疲劳寿命系数 K_{FN}：$K_{FN1}=0.87$，$K_{FN2}=0.9$ 查表 6-2 取最小安全系数：$S_{Hmin}=1.2$，$S_{Fmin}=1.5$ 双向运转，弯曲许用应力乘以 0.8 $[\sigma_{H1}]=\dfrac{K_{HN1}\sigma_{Hlim1}}{S_{Hmin}}=\dfrac{0.9\times1500}{1.2}\text{MPa}=1125\text{MPa}$ $[\sigma_{H2}]=\dfrac{K_{HN2}\sigma_{Hlim2}}{S_{Hmin}}=\dfrac{0.95\times1180}{1.2}\text{MPa}=934\text{MPa}$ $[\sigma_{F1}]=\dfrac{K_{FN1}\sigma_{FE1}}{S_{Fmin}}\times0.8=\dfrac{0.87\times850}{1.5}\times0.8\text{MPa}=394\text{MPa}$ $[\sigma_{F2}]=\dfrac{K_{FN2}\sigma_{FE2}}{S_{Fmin}}\times0.8=\dfrac{0.9\times720}{1.5}\times0.8\text{MPa}=345.6\text{MPa}$	$[\sigma_{H1}]=1125\text{MPa}$ $[\sigma_{H2}]=934\text{MPa}$ $[\sigma_{F1}]=394\text{MPa}$ $[\sigma_{F2}]=345.6\text{MPa}$
3) 按齿根弯曲疲劳强度设计 小齿轮转矩：$T_1=9.55\times10^6\dfrac{P_1}{n_1}=9.55\times10^6\times\dfrac{17}{1470}\text{N}\cdot\text{mm}=110.4\text{N}\cdot\text{m}$ 查表 6-8，考虑斜齿圆柱齿轮传动，电动机驱动，载荷有中等冲击，轴承相对齿轮不对称布置。初选载荷系数 $K_t=1.7$ $K_tT_1=1.7\times110.4\text{N}\cdot\text{m}=187.7\text{N}\cdot\text{m}$ 查表 6-10，硬齿面取 $\psi_d=0.8$ 初选 $z_1=20$，$z_2=i_1z_1=3.7\times20=74$，初选 $\beta=11°$ $z_{v1}=20/\cos^3\beta=20/\cos^311°=21.14$，$z_{v2}=74/\cos^3\beta=74/\cos^311°=78.23$ 查表 6-7（插值）计算，得齿形修正系数 $Y_{Fa1}=2.75$，$Y_{Fa2}=2.22$ 应力修正系数 $Y_{Sa1}=1.56$，$Y_{Sa2}=1.77$ 计算大、小齿轮的 $\dfrac{Y_{Fa}Y_{Sa}}{[\sigma_F]}$ $\dfrac{Y_{Fa1}Y_{Sa1}}{[\sigma_{F1}]}=\dfrac{2.75\times1.56}{394}=0.01094$ $\dfrac{Y_{Fa2}Y_{Sa2}}{[\sigma_{F2}]}=\dfrac{2.22\times1.77}{345.6}=0.01137$ 由图 6-19 查端面重合度 $\varepsilon_\alpha=\varepsilon_{\alpha1}+\varepsilon_{\alpha2}=0.76+0.88=1.64$ 纵向重合度 $\varepsilon_\beta=\dfrac{\psi_dz_1}{\pi}\tan\beta=\dfrac{0.8\times20}{\pi}\times\tan11°=0.99$ 端面压力角 $\alpha_t=\arctan\left(\dfrac{\tan\alpha_n}{\cos\beta}\right)=\arctan\left(\dfrac{\tan20°}{\cos11°}\right)=20.34°$ 基圆螺旋角 $\beta_b=\arctan\left(\tan\beta\dfrac{d_b}{\alpha_t}\right)=\arctan(\tan\beta\cos\alpha_t)=\arctan(\tan11°\cos20.34°)=10.329°$ 重合度系数 $Y_\varepsilon=0.25+\dfrac{0.75\cos^2\beta_b}{\varepsilon_\alpha}=0.25+\dfrac{0.75\times\cos^210.329°}{1.64}=0.693$	$T_1=110.4\text{N}\cdot\text{m}$ 初选 $K_t=1.7$ 初选 $\psi_d=0.8$ $z_1=20$ $z_2=74$ 初选 $\beta=11°$ $Y_{Fa1}=2.75$ $Y_{Fa2}=2.22$ $Y_{Sa1}=1.56$ $Y_{Sa2}=1.77$ $\dfrac{Y_{Fa1}Y_{Sa1}}{[\sigma_{F1}]}<\dfrac{Y_{Fa2}Y_{Sa2}}{[\sigma_{F2}]}$ $\varepsilon_\alpha=1.64$ $\varepsilon_\beta=0.99$ $\alpha_t=20.34°$ $\beta_b=10.329°$ $Y_\varepsilon=0.693$ $Y_\beta=0.909$ $m_{nt}=2.03\text{mm}$

（续）

计算与说明	主要结果
螺旋角系数 $Y_\beta = 1 - \varepsilon_\beta \dfrac{\beta}{120°} = 1 - 0.99 \dfrac{11°}{120°} \approx 0.909$ $m_n \geq \sqrt[3]{\dfrac{2KT_1 Y_{Fa} Y_{Sa} Y_\varepsilon Y_\beta}{\psi_d z_1^2 [\sigma_F]}} = \sqrt[3]{\dfrac{2 \times 187.7 \times 10^3}{0.8 \times 20^2} \times 0.01137 \times 0.693 \times 0.909}\ \text{mm} = 2.03\ \text{mm}$ 取标准模数：$m_n = 2.5\ \text{mm}$ 计算分度圆直径：$d_1 = m_n z_1 / \cos\beta = 2.5\ \text{mm} \times 20 / \cos 11° = 50.936\ \text{mm}$ 计算圆周速度：$v = \dfrac{\pi d_1 n_1}{60 \times 1000} = \dfrac{\pi \times 50.936 \times 1470}{60 \times 1000}\ \text{m/s} \approx 3.92\ \text{m/s}$ 查表 6-11，并考虑该齿轮传动的用途，选择 7 级精度 计算载荷系数 K 使用系数 K_A：按电动机驱动，中等振动，查表 6-3，取 $K_A = 1.5$ 动载系数 K_v：按 7 级精度和速度，查图 6-15，取 $K_v = 1.13$ 齿间载荷分配系数 K_α $\dfrac{K_A F_1}{b} = \dfrac{2 K_A T_1}{\psi_d d_1^2} = \dfrac{2 \times 1.5 \times 110.4 \times 10^3}{0.8 \times 50.936^2}\ \text{mm} = 159.6\ \text{N}\cdot\text{mm} > 100\ \text{N}\cdot\text{mm}$ 由表 6-4，取 $K_{H\alpha} = K_{F\alpha} = 1.2$ 齿向载荷分配系数 K_β：由表 6-5，$\psi_d = 0.8$，减速器轴刚度较大，非对称布置，取 $K_\beta = 1.13 - 1.13 \times 10\% = 1.02$ 将以上系数值代入得 $K = K_A K_v K_\alpha K_\beta = 1.5 \times 1.13 \times 1.2 \times 1.02 = 2.07$ 因实际载荷系数与试选载荷系数有差距，按下式修正为 $m_n = m_{nt} \sqrt[3]{K/K_t} = 2.03 \sqrt[3]{\dfrac{2.07}{1.7}}\ \text{mm} = 2.24\ \text{mm} < 2.5\ \text{mm}$ 修正后模数小于 2.5 mm，所以 $m_n = 2.5\ \text{mm}$	$K_A = 1.5$ $K_v = 1.13$ $K_{H\alpha} = K_{F\alpha} = 1.2$ $K_\beta = 1.02$ $K = 2.07$ $m_n = 2.5\ \text{mm}$
4）计算齿轮主要几何尺寸 $a = \dfrac{m_n}{2\cos\beta}(z_1 + z_2) = \dfrac{2.5}{2\cos 11°}(20 + 74) = 119.70\ \text{mm}$ 将中心距圆整为 120 mm 按圆整后的中心距修正螺旋角： $\beta = \arccos \dfrac{m_n(z_1 + z_2)}{2a} = \arccos \dfrac{2.5 \times (20 + 74)}{2 \times 120} = 11°42'57''$ 分度圆直径 $d_1 = m_n z_1 / \cos\beta = 2.5\ \text{mm} \times 20 / \cos 11°42'57'' = 51.06\ \text{mm}$ $d_2 = m_n z_2 / \cos\beta = 2.5\ \text{mm} \times 74 / \cos 11°42'57'' = 188.94\ \text{mm}$ 齿轮宽度 $b = \psi_d d_1 = 0.8 \times 51.06\ \text{mm} = 40.85\ \text{mm}$ 圆整后取 $b_2 = 45\ \text{mm}$，$b_1 = (45 + 5)\ \text{mm} = 50\ \text{mm}$	$a = 120\ \text{mm}$ $\beta = 11°42'57''$ $d_1 = 51.06\ \text{mm}$ $d_2 = 188.94\ \text{mm}$ $b_1 = 50\ \text{mm}$ $b_2 = 45\ \text{mm}$
5）校核轮齿接触疲劳强度 弹性系数查表 6-6，$Z_E = 189.8\ \sqrt{\text{MPa}}$ 节点区域系数查图 6-20，标准齿轮，$Z_H = 2.45$ 重合度系数 Z_ε $Z_\varepsilon = \sqrt{\dfrac{4-\varepsilon_\alpha}{3}(1-\varepsilon_\beta) + \dfrac{\varepsilon_\beta}{\varepsilon_\alpha}} = \sqrt{\dfrac{4-1.64}{3}(1-0.99) + \dfrac{0.99}{1.64}} = 0.78$ $Z_\beta = \sqrt{\cos\beta} = \sqrt{\cos 11°42'57''} = 0.99$；因大齿轮的许用接触应力值较小，故将 $[\sigma_{H2}] = 934\ \text{MPa}$ 代入，有 $\sigma_H = Z_E Z_H Z_\varepsilon Z_\beta \sqrt{\dfrac{2KT_1(u+1)}{\psi_d d_1^3\ u}} = 189.8 \times 2.45 \times 0.78 \times 0.99 \times \sqrt{\dfrac{2 \times 2.07 \times 110.4 \times 10^3}{0.8 \times 51.06^3} \dfrac{(3.7+1)}{3.7}} =$ $838.4\ \text{MPa} \leq [\sigma_H] = 934\ \text{MPa}$ 齿面接触疲劳强度足够	$Z_E = 189.8\ \sqrt{\text{MPa}}$ $Z_H = 2.45$ $Z_\varepsilon = 0.78$ $Z_\beta = 0.99$ $\sigma_H = 838.4\ \text{MPa} \leq [\sigma_H]$
6）结构设计 略	

第七节 标准直齿锥齿轮传动的强度计算

锥齿轮用于传递两交错轴之间的运动和力,有直齿、斜齿和曲线齿之分。本节主要介绍最常用的轴交角 $\Sigma=90°$ 的标准直齿锥齿轮传动的强度计算。

直齿锥齿轮传动的标准模数是大端模数 m,锥齿轮模数另有标准,其几何尺寸按大端计算,而强度以齿宽中点处的当量直齿圆柱齿轮作为计算依据。

标准直齿锥齿轮的主要几何尺寸计算见《机械原理》相关章节。

一、轮齿的受力分析

忽略摩擦力的影响,直齿锥齿轮法向力 F_n 通常视为集中作用在平均分度圆上,即在齿宽中点处。根据空间几何关系,F_n 可分解为三个互相垂直的分力,有圆周力 F_t、径向力 F_r 和轴向力 F_a(图 6-23),其各力的大小为

$$\begin{cases} F_t = \dfrac{2T_1}{d_{m1}} \\ F_{r1} = F_{t1}\tan\alpha\cos\delta_1 \\ F_{a1} = F_{t1}\tan\alpha\sin\delta_1 \\ F_n = \dfrac{F_t}{\cos\alpha} \end{cases} \tag{6-27}$$

圆周力 F_t 和径向力 F_r 的方向判断与直齿圆柱齿轮相同。各轮的轴向力 F_a 方向分别指向各自的大端。由于直齿锥齿轮传动不是平行轴间传动,所以主动轮与从动轮上的力有如下关系

$$F_{t1}=-F_{t2}, \quad F_{r1}=-F_{a2}, \quad F_{a1}=-F_{r2}$$

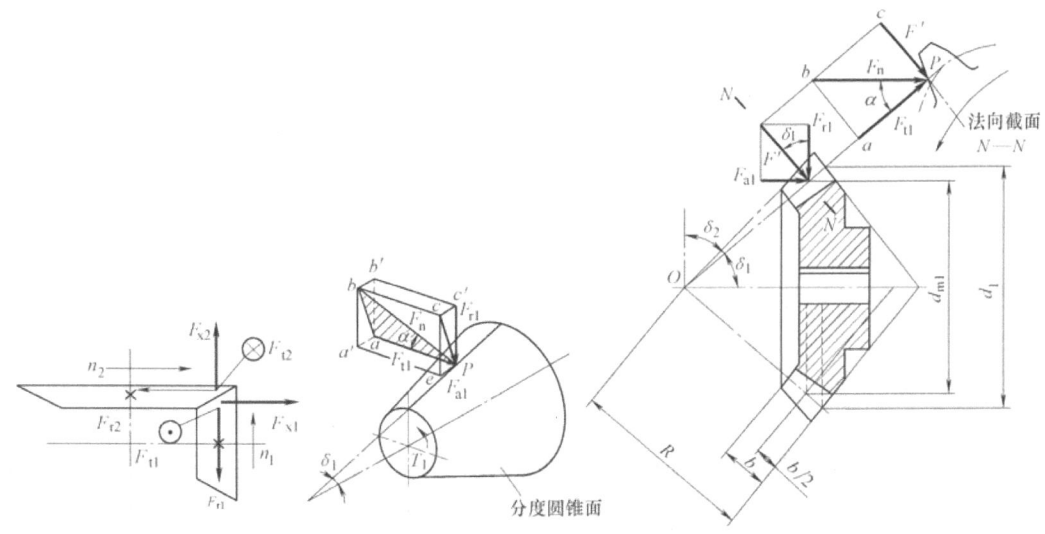

图 6-23 直齿锥齿轮传动受力分析

二、齿面接触疲劳强度计算

直齿锥齿轮的齿面接触疲劳强度可近似按平均分度圆处的当量圆柱齿轮进行计算。考虑齿面接触区长度对齿面应力的影响,取有效齿宽为 $0.85b$,以平均直径处的参数代入直齿圆柱齿轮的计算公式,简化后即得直齿锥齿轮传动齿面接触疲劳强度校核公式和设计公式。分别为

$$\sigma_H = Z_E Z_H Z_\varepsilon \sqrt{\frac{4.7KT_1}{\psi_R(1-0.5\psi_R)^2 d_1^3 u}} \leq [\sigma_H] \quad (6\text{-}28)$$

$$d_1 \geq \sqrt[3]{\frac{4.7KT_1}{\psi_R(1-0.5\psi_R)^2 u}\left(\frac{Z_E Z_H Z_\varepsilon}{[\sigma_H]}\right)^2} \quad (6\text{-}29)$$

式中,Z_E、Z_H、u 与直齿圆柱齿轮传动相同;Z_ε 重合度系数根据平均当量齿轮的重合度按式(6-8a)计算;载荷系数同样为 $K=K_A K_v K_\alpha K_\beta$,其中 K_β 也可按表6-13查取;ψ_R 为齿宽系数,$\psi_R = b/R$,R 为锥距。

表6-13 锥齿轮齿向载荷分布系数 K_β

应用	支承情况		
	两轮均为两端支承	一轮为两端另一轮悬臂	两轮均为悬臂
飞机、车辆	1.50	1.65	1.88
工业机器、船舶	1.65	1.88	2.25

注:1. 在运转条件有最佳接触印痕时方可用表值。
2. 表值适用于鼓形齿,非鼓形齿直齿锥齿轮可将表值适当增大。

三、轮齿弯曲疲劳强度计算

轮齿弯曲疲劳强度计算,仍按平均分度圆处的当量圆柱齿轮计算。取有效齿宽为 $0.85b$,以平均直径处的参数代入直齿圆柱齿轮的计算公式,简化后即得直齿锥齿轮传动轮齿弯曲疲劳强度校核公式和设计公式。分别为

$$\sigma_F = \frac{4.7KT_1}{\psi_R(1-0.5\psi_R)^2 m^3 z_1^2 \sqrt{u^2+1}} Y_{Fa} Y_{Sa} Y_\varepsilon \leq [\sigma_F] \quad (6\text{-}30)$$

$$m \geq \sqrt[3]{\frac{4.7KT_1}{\psi_R(1-0.5\psi_R)^2 z_1^2 \sqrt{u^2+1}} \frac{Y_{Fa} Y_{Sa} Y_\varepsilon}{[\sigma_F]}} \quad (6\text{-}31)$$

式中,齿形系数 Y_{Fa} 和应力修正系数 Y_{Sa} 按当量齿数 z_v 分别由表6-7查取;重合度系数 Y_ε 按当量齿数 z_v 由式(6-13)计算。

四、参数选择

直齿锥齿轮传动的参数选择与直齿圆柱齿轮基本相同,由于锥齿轮加工精度较低,尤其大直径齿轮精度更难于保证,因此,取齿数比 $u=1\sim3$;ψ_R 通常取 $\psi_R = 0.2\sim0.35$。

【例6-5】 设计一级直齿锥齿轮减速器的齿轮。传动比 $i=2.5$,高速轴转速 $n_1 = 390\text{r/min}$,

输出转矩 $T_2 = 500$N·m，载荷平稳、长期运转，可按无限寿命设计。计算中不计功率损失。

解题分析：由于直齿锥齿轮磨齿加工较为困难，应较少用硬齿面齿轮传动。由于闭式软齿面齿轮，其主要失效形式是齿面接触疲劳失效，故先按齿面接触疲劳强度设计，再校核它的轮齿弯曲疲劳强度。

解：

计算与说明	主要结果
1) 选择材料和热处理方式 小齿轮 40Cr，调质，硬度为 241~286HBW 大齿轮 42SiMn，调质，硬度为 217~269HBW	小齿轮 40Cr 大齿轮 42SiMn
2) 确定许用应力 根据小齿轮齿面硬度 260HBW 和大齿轮齿面硬度 240HBW，按图 6-8f 查 MQ 线，查得齿面接触应力为：$\sigma_{Hlim1} = 720$MPa，$\sigma_{Hlim2} = 680$MPa 按图 6-9f 查 MQ 线，查得轮齿弯曲疲劳极限应力为：$\sigma_{FE1} = 590$MPa，$\sigma_{FE2} = 570$MPa 按无限寿命计算，则 按图 6-6 取接触疲劳寿命系数：$K_{HN1} = K_{HN2} = 0.95$ 按图 6-7 取弯曲疲劳寿命系数：$K_{FN1} = K_{FN2} = 0.9$ 查表 6-2 取最小安全系数：$S_{Hmin} = 1.1$，$S_{Fmin} = 1.3$ $[\sigma_{H1}] = \dfrac{K_{HN1}\sigma_{Hlim1}}{S_{Hmin}} = \dfrac{0.95 \times 720}{1.1}$MPa $= 622$MPa $[\sigma_{H2}] = \dfrac{K_{HN2}\sigma_{Hlim2}}{S_{Hmin}} = \dfrac{0.95 \times 680}{1.1}$MPa $= 587$MPa $[\sigma_{F1}] = \dfrac{K_{FN1}\sigma_{EF1}}{S_{Fmin}} = \dfrac{0.9 \times 590}{1.3}$MPa $= 408$MPa $[\sigma_{F2}] = \dfrac{K_{FN2}\sigma_{EF2}}{S_{Fmin}} = \dfrac{0.9 \times 570}{1.3}$MPa $= 395$MPa	$[\sigma_{H1}] = 622$MPa $[\sigma_{H2}] = 587$MPa $[\sigma_{F1}] = 408$MPa $[\sigma_{F2}] = 395$MPa
3) 按齿面接触疲劳强度设计 确定齿数比 u：因属减速传动，齿数比 $u = 2.5$ 确定计算载荷：小齿轮转矩为 $T_1 = \dfrac{T_2}{i} = \dfrac{500}{2.5}$N·m $= 200$N·m 初选载荷系数 K：查表 6-8，考虑是锥齿轮传动，电动机驱动，载荷平稳，轴承相对齿轮不对称布置。取载荷系数 $K = 1.6$ 则：$KT_1 = 1.6 \times 200$N·m $= 320$N·m 确定弹性系数：查表 6-6，$Z_E = 189.8\sqrt{\text{MPa}}$ 确定节点区域系数：查图 6-20，标准齿轮 $Z_H = 2.5$ 确定齿宽系数：取 $\psi_R = b/R = 0.25$ 初选重合度系数 Z_ε，一般直齿传动，ε_α 在 1.1~1.9 之间。这里取 $\varepsilon_\alpha = 1.8$，由式(6-8)， $Z_\varepsilon = \sqrt{\dfrac{4-1.8}{3}} = 0.86$ 因大齿轮的齿面接触疲劳应力值较小，故将 $[\sigma_{H2}] = 587$MPa 代入计算， 将以上各式的值和系数代入式(6-29)计算，得 $d_1 \geq \sqrt[3]{\dfrac{4.7KT_1}{\psi_R(1-0.5\psi_R)^2 u}\left(\dfrac{Z_E Z_H Z_\varepsilon}{[\sigma_H]}\right)^2} = \sqrt[3]{\dfrac{4.7 \times 320 \times 10^3}{0.25(1-0.5 \times 0.25)^2 \times 2.5}\left(\dfrac{189.8 \times 2.5 \times 0.86}{587}\right)^2}$mm $=$ 114.91mm 取 $z_1 = 26$，$z_2 = iz_1 = 2.5 \times 26 = 65$ 模数 $m = d_1/z_1 = 114.91$mm$/26 = 4.42$mm，取标准模数 $m = 5$mm 大端分度圆 $d_1 = mz_1 = 5$mm$\times 26 = 130$mm，$d_2 = mz_2 = 5$mm$\times 65 = 325$mm 锥角 $\delta_1 = \arctan\dfrac{1}{i} = \arctan\dfrac{1}{2.5} = 21°48'5''$ $\delta_2 = \arctan i = \arctan 2.5 = 68°11'55''$	$u = i = 2.5$ $T_1 = 200$N·m 初取 $K = 1.6$ $z_1 = 26$ $z_2 = 65$ $m = 5$mm $d_1 = 130$mm $d_2 = 325$mm $\delta_1 = 21°48'5''$ $\delta_2 = 68°11'55''$ $R = 175.01$mm $d_{m1} = 113.75$mm 8 级精度

(续)

计算与说明	主要结果
锥距 $R = \dfrac{d_1}{2\sin\delta_1} = \dfrac{130}{2\times\sin 21°48'5''}\mathrm{mm} = 175.01\mathrm{mm}$ $d_{m1} = (1-0.5\psi_R)d_1 = (1-0.5\times 0.25)\times 130\mathrm{mm} = 113.75\mathrm{mm}$ 选择齿轮精度等级 齿轮圆周速度 $v = \dfrac{\pi d_{m1} n_1}{60\times 1000} = \dfrac{\pi\times 113.75\times 390}{60\times 1000}\mathrm{m/s} \approx 2.32\mathrm{m/s}$ 查表6-11,并考虑齿轮传动的用途,选择8级精度 精确计算载荷系数 K 使用系数 K_A:查表6-3 取 $K_A = 1$ 动载系数 K_v:按8级精度和速度,查图6-15,取 $K_v = 1.15$ 齿轮传动啮合宽度 $b = \psi_R R = 0.25\times 175.01\mathrm{mm} = 43.75\mathrm{mm} \approx 45\mathrm{mm}$ 齿宽:$b_2 = 45\mathrm{mm}$, $b_1 = 48\mathrm{mm}$ 齿间载荷分配系数 K_α $\dfrac{K_A F_1}{b} = \dfrac{2K_A T_1}{b\, d_{m1}} = \dfrac{2\times 1\times 200\times 10^3}{45\times 113.75}\mathrm{N\cdot mm} = 78.2\mathrm{N\cdot mm} < 100\mathrm{N\cdot mm}$ 由表6-4,取 $K_\alpha = 1.3$ 齿向载荷分配系数 K_β:由表6-5,$\psi_{dm} = b/d_{m1} = 45/113.75 = 0.4$,轴悬臂布置,取 $K_\beta = 1.12$ 则 $K = K_A K_v K_\alpha K_\beta = 1\times 1.15\times 1.3\times 1.12 = 1.67$ $\sigma_H = Z_E Z_H Z_\varepsilon \sqrt{\dfrac{4.7KT_1}{\psi_R(1-0.5\psi_R)^2 d_1^3 u}} = 189.8\times 2.5\times 0.86 \sqrt{\dfrac{4.7\times 1.67\times 200\times 10^3}{0.25(1-0.5\times 0.25)^2\times 130^3\times 2.5}}\mathrm{MPa} =$ $500.5\mathrm{MPa} \leqslant [\sigma_{H2}] = 587\mathrm{MPa}$	$b_2 = 45\mathrm{mm}$ $b_1 = 48\mathrm{mm}$ $K = 1.67$ $\sigma_H = 500.5\mathrm{MPa} <[\sigma_{H2}]$ 齿面接触疲劳强度足够
4)校核轮齿弯曲疲劳强度 齿形修正系数 Y_{Fa} 和应力修正系数 Y_{Sa} 由 $z_{v1} = z_1/\cos\delta_1 = 26/\cos 21°48'5'' = 28$ $z_{v2} = z_2/\cos\delta_2 = 65/\cos 68°11'55'' = 175$,查表6-7得 齿形修正系数 Y_{Fa}:$Y_{Fa1} = 2.55$, $Y_{Fa2} = 2.13$ 应力修正系数 Y_{Sa}:$Y_{Sa1} = 1.61$, $Y_{Sa2} = 1.8475$ 重合度系数 Y_ε:$\varepsilon_\alpha = 1.88 - 3.2\left(\dfrac{1}{z_{v1}} + \dfrac{1}{z_{v2}}\right) = 1.88 - 3.2\left(\dfrac{1}{28} + \dfrac{1}{175}\right) = 1.75$ 由式(6-13)有 $Y_\varepsilon = 0.25 + \dfrac{0.75}{\varepsilon_\alpha} = 0.25 + \dfrac{0.75}{1.75} = 0.68$ 校核齿根弯曲疲劳强度:由式(6-30)计算 $\sigma_{F1} = \dfrac{4.7KT_1}{\psi_R(1-0.5\psi_R)^2 m^3 z_1^2 \sqrt{u^2+1}} Y_{Fa} Y_{Sa} Y_\varepsilon$ $= \dfrac{4.7\times 1.67\times 200\times 10^3}{0.25(1-0.5\times 0.25)^2\times 5^3\times 26^2\times \sqrt{2.5^2+1}}\times 2.55\times 1.61\times 0.68\mathrm{MPa}$ $= 100.7\mathrm{MPa} \leqslant [\sigma_{F1}] = 408\mathrm{MPa}$ $\sigma_{F2} = \dfrac{4.7KT_1}{\psi_R(1-0.5)\psi_R m^3 z_1^2 \sqrt{u^2+1}} Y_{Fa} Y_{Sa} Y_\varepsilon$ $= \dfrac{4.7\times 1.67\times 200\times 10^3}{0.25(1-0.5\times 0.25)^2\times 5^3\times 26^2\times \sqrt{2.5^2+1}}\times 2.13\times 1.8475\times 0.68\mathrm{MPa}$ $= 96.5\mathrm{MPa} \leqslant [\sigma_{F2}] = 395\mathrm{MPa}$	 $\sigma_{F1} = 100.7\mathrm{MPa} < [\sigma_{F1}]$ $\sigma_{F2} = 96.5\mathrm{MPa} < [\sigma_{F2}]$ 齿根弯曲疲劳强度足够
5)结构设计 略	

第八节 齿轮传动的效率和润滑

一、齿轮传动的效率

闭式齿轮传动的效率 η 为

$$\eta = \eta_1 \eta_2 \eta_3 \tag{6-32}$$

式中 η_1——考虑齿轮啮合时摩擦损失的效率；

η_2——考虑润滑油被搅动时油阻损失的效率；

η_3——考虑轴承中摩擦损失的效率。

齿轮传动效率的具体数据可查阅相关手册。

二、齿轮传动的润滑

开式、半开式及低速闭式齿轮传动，通常采用人工周期性加油润滑，所用的润滑剂为润滑油或润滑脂。

通用闭式齿轮传动，其润滑方式根据齿轮圆周速度的大小决定。当齿轮的圆周速度 $v<12\text{m/s}$ 时，常将大齿轮的轮齿浸入油池中进行润滑（图 6-24a）。齿轮浸油深度对圆柱齿轮通常不宜超过齿高，也不应小于 10mm；对锥齿轮应浸入齿宽，至少应浸入齿宽的一半。在多级齿轮传动中，可借助带油轮将油带到未浸入油池内齿轮的齿面上（图 6-24b）。

当齿轮的圆周速度 $v>12\text{m/s}$ 时，应采用喷油润滑（图 6-24c）。当 $v \leqslant 25\text{m/s}$ 时，喷嘴位于轮齿啮入或啮出边均可；$v>25\text{m/s}$ 时，喷嘴应位于轮齿啮出边，以借润滑油及时冷却刚啮合过的轮齿。

齿轮传动常用润滑剂的牌号及黏度可查阅相关设计手册。

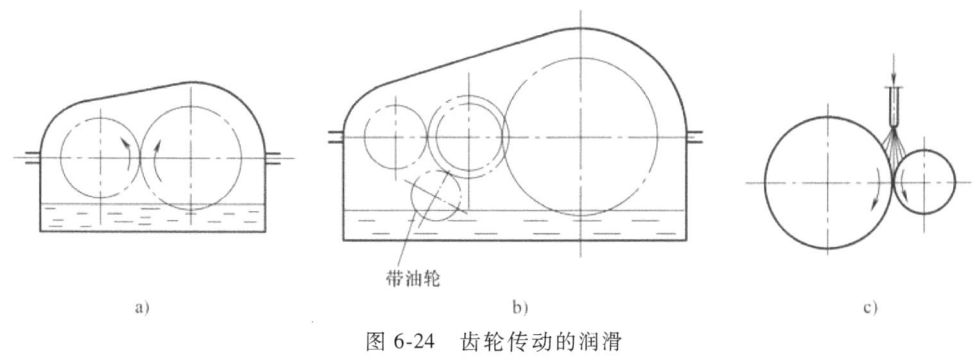

图 6-24 齿轮传动的润滑
a) 浸油润滑 b) 带油轮带油润滑 c) 喷油润滑

第九节 齿轮的结构

通过齿轮传动的强度计算，已确定齿轮的主要参数和尺寸。而齿轮的轮毂、轮辐、轮缘等部分的尺寸，通常由结构设计确定。

齿轮的结构形式主要与齿轮的尺寸、毛坯材料、加工工艺、使用要求及经济性等因素有关。进行齿轮结构设计时，必须综合考虑上述因素。通常是先按齿轮的直径选定合适的结构形式，再由经验公式确定有关尺寸，绘制零件图。

常用齿轮结构形式有以下几种。

1）齿轮轴。当圆柱齿轮的齿根圆至键槽底部的距离 $x \leq (2 \sim 2.5) m_n$ 或当锥齿轮小端的齿根圆至键槽底部的距离 $x \leq (1.6 \sim 2) m$ 时，应将齿轮与轴制成一体，称为齿轮轴，如图 6-25 所示。

2）实体式齿轮。当齿轮的齿顶圆直径 $d_a \leq 200 \text{mm}$ 时，可采用实体式结构，如图 6-26 所示。此种齿轮常用锻钢制造。

3）腹板式齿轮。当齿轮的齿顶圆直径 $d_a = 200 \sim 500 \text{mm}$ 时，可采用腹板式结构，如图 6-27 所示。其通常用锻钢制造，各部分尺寸由图中经验公式确定。

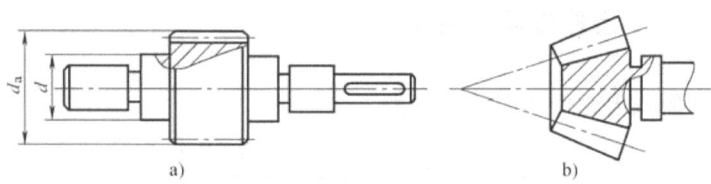

图 6-25 齿轮轴
a）圆柱齿轮轴 b）锥齿轮轴

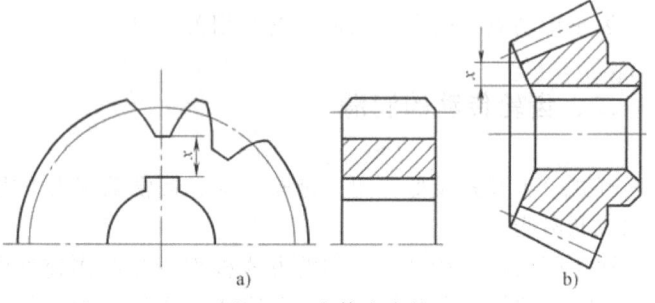

图 6-26 实体式齿轮
a）圆柱齿轮 b）锥齿轮

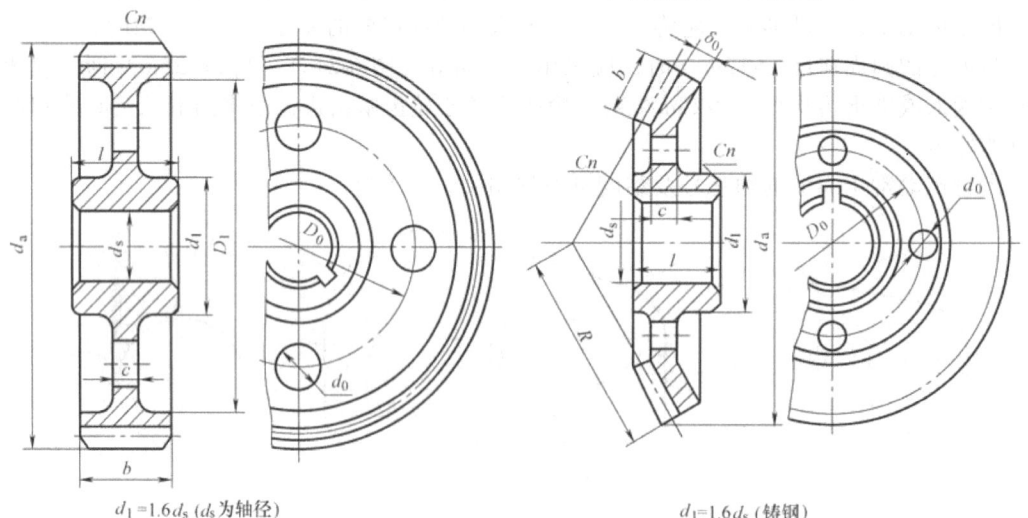

$d_1 = 1.6 d_s$（d_s 为轴径）
$D_0 = \frac{1}{2}(D_1 + d_1)$
$D_1 = d_a - (10 \sim 12) m_n$
$d_0 = 0.25 (D_1 - d_1)$
$c = 0.3b$
$l = (1.2 \sim 1.3) d_s \geq b$
$n = 0.5 m$
a）

$d_1 = 1.6 d_s$（铸钢）
$d_1 = 1.8 d_s$（铸铁）
$l = (1 \sim 1.2) d_s$
$c = (0.1 \sim 0.17) l > 10$
$\delta_0 = (3 \sim 4) m > 10$
D_0 和 d_0 根据结构确定
b）

图 6-27 腹板式齿轮
a）圆柱齿轮 b）锥齿轮

4）轮辐式齿轮。当 d_a>500mm 时，可采用轮辐式结构，如图 6-28 所示。这种结构的齿轮采用铸钢或铸铁制造，各部分尺寸由图中经验公式确定。

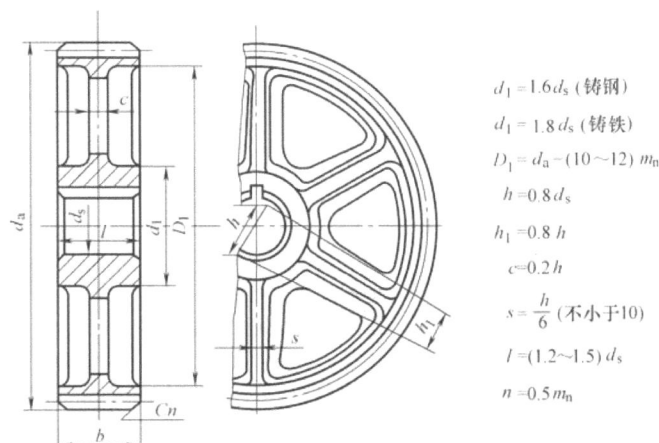

$d_1 = 1.6d_s$（铸钢）
$d_1 = 1.8d_s$（铸铁）
$D_1 = d_a - (10\sim12)m_n$
$h = 0.8d_s$
$h_1 = 0.8h$
$c = 0.2h$
$s = \dfrac{h}{6}$（不小于10）
$l = (1.2\sim1.5)d_s$
$n = 0.5m_n$

图 6-28　铸造轮辐式圆柱齿轮

5）对于尺寸很大的齿轮，为节约贵金属，常采用齿圈套装在轮芯上的组合式结构（图 6-29），齿圈用钢制，轮芯则用铸铁或铸钢。

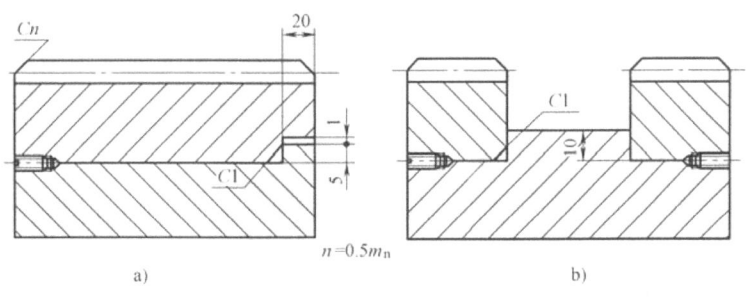

图 6-29　组合齿轮结构

第十节　其他齿轮传动简介

一、曲线齿锥齿轮传动

由于直齿锥齿轮精度较低，传动中会产生较大的振动和噪声，不宜用于高速齿轮传动。因此，高速时宜采用曲线齿锥齿轮传动。

曲线齿锥齿轮传动由于齿倾斜、重合度大，较直齿锥齿轮传动具有承载能力高、传动效率高、传动平稳、动载荷和噪声小等优点，因而获得日益广泛的应用。常用曲线齿锥齿轮传动有圆弧齿和延伸外摆线齿锥齿轮传动。

弧齿锥齿轮传动，其轮齿沿齿长方向的齿线为圆弧（图 6-30a），可在专用的格里森（美国）铣齿机上切齿，并容易磨齿，是曲线齿锥齿轮中应用最为广泛的一种。

延伸外摆线曲线齿锥齿轮传动，其轮齿沿齿长方向为延伸外摆线（图 6-30b），采用等

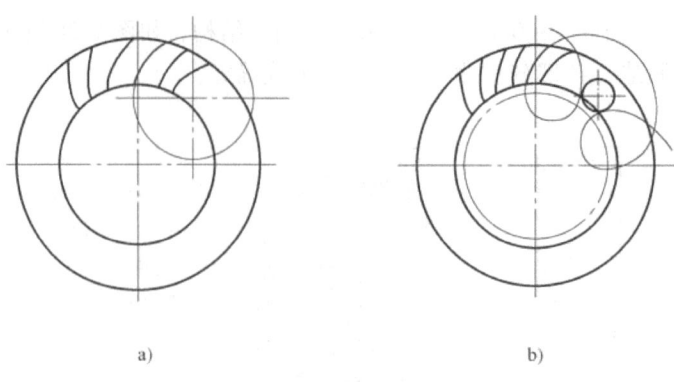

图 6-30 曲线齿锥齿轮传动
a) 弧齿锥齿轮 b) 延伸外摆线曲线齿锥齿轮

高齿,可在奥利康(瑞士)机床上切齿。这种齿轮的主要优点是齿的接触区较理想,生产效率高。其缺点是磨齿困难,不宜用于高速传动。

二、圆弧齿圆柱齿轮传动

渐开线圆柱齿轮传动具有精确加工、便于安装、中心距误差不影响承载能力等优点。但是,渐开线齿轮外啮合时,其接触点的综合曲率半径较小,齿面接触强度较低,难于满足重载齿轮要求;轮齿间的接触是线接触,对制造和安装误差较敏感,易引起轮齿上载荷集中,降低承载能力;齿廓间滑动系数是变化的,易造成磨损不均。为了克服渐开线圆柱齿轮的这些缺点,圆弧齿圆柱齿轮已得到广泛应用。近年来,又由单圆弧齿轮传动(图 6-31a)发展为双圆弧齿轮传动(图 6-31b)。

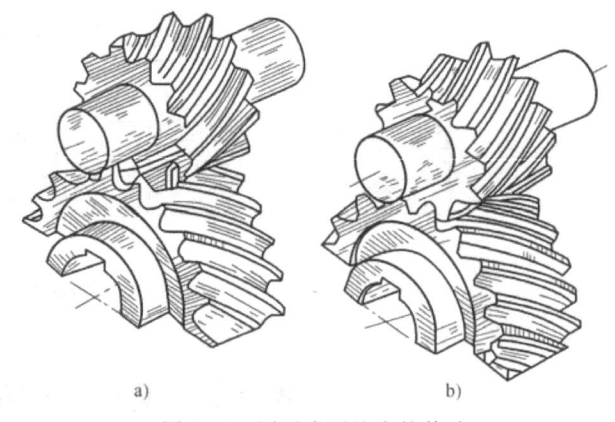

图 6-31 圆弧齿圆柱齿轮传动
a) 单圆弧齿轮传动 b) 双圆弧齿轮传动

圆弧齿轮传动与渐开线齿轮传动相比有以下特点。

1)圆弧齿轮传动啮合轮齿的综合曲率半径大(相当于内啮合),轮齿具有较高的接触强度。其弯曲强度虽不够理想,但仍比渐开线齿轮高。

2)圆弧齿轮传动具有良好的磨合性,相啮合的轮齿能紧密贴合,实际啮合面积大;轮齿在啮合过程中主要是滚动摩擦,啮合点以较高速度沿啮合线移动,对齿面间的油膜形成有利,不仅可减少啮合摩擦损失,提高传动效率,而且有助于提高齿面间的接触强度和耐磨性。

3)圆弧齿轮传动没有根切,没有最小齿数限制。

4)圆弧齿轮传动的中心距的偏差对轮齿沿齿高的正常接触影响很大,这将降低承载能力,因而对中心距的精度要求较高。

思 考 题

6.1 齿轮传动与其他机械传动相比有何特点？

6.2 齿轮传动的主要失效形式有哪些？各种失效形式常在何种情况下发生？

6.3 闭式齿轮传动和开式齿轮传动的主要失效形式是什么？

6.4 闭式软齿面齿轮传动、闭式硬齿面齿轮传动及开式齿轮传动的设计准则有何不同？

6.5 齿轮材料的选用原则是什么？常用材料和热处理方法有哪些？

6.6 在设计软齿面齿轮传动时，为什么常使小齿轮的齿面硬度比大齿轮高 30~50HBW？

6.7 载荷系数中的 K_A、K_v、K_α、K_β 各考虑的是什么因素对齿轮承受载荷的影响？它们各自与哪些因素有关？

6.8 对于齿轮相对两支承非对称布置的圆柱齿轮传动，从减小齿向载荷分布不均的角度考虑，齿轮应布置在什么位置比较合理？

6.9 一对圆柱齿轮的实际齿宽为什么做成不相等？哪个齿轮的齿宽大？在强度计算公式中的齿宽 b 应以哪个齿轮的齿宽代入？为什么？锥齿轮的齿宽是否也是这样？

6.10 一对直齿圆柱齿轮传动中，大、小齿轮弯曲疲劳强度相等的条件是什么？

6.11 一对直齿圆柱齿轮传动中，大、小齿轮接触疲劳强度相等的条件是什么？

6.12 一对渐开线圆柱齿轮，若中心距 a、传动比 i 和其他条件不变，仅改变齿轮的齿数 z，则对接触疲劳强度和弯曲疲劳强度各有何影响？

6.13 在二级圆柱齿轮传动中，如其中一级为斜齿圆柱齿轮传动，它一般是安排在高速级还是低速级？为什么？在布置锥齿轮-圆柱齿轮减速器的方案时，锥齿轮传动应是布置在高速级还是低速级？为什么？

6.14 如何确定齿轮传动的润滑方法？如何确定齿轮传动的效率？

6.15 齿轮主要有哪几种结构形式？设计中如何选择？

习 题

6.1 图 6-32 所示的二级斜齿圆柱齿轮减速器，已知：高速级齿轮参数为 $m_n = 2$mm，$\beta_1 = 13°$，$z_1 = 20$，$z_2 = 60$；低速级 $m'_n = 2$mm，$\beta' = 12°$，$z_3 = 20$，$z_4 = 68$；齿轮 4 为左旋；轴 I 的转向如图示，$n_1 = 960$r/min，传递功率 $P_1 = 5$kW，忽略摩擦损失。

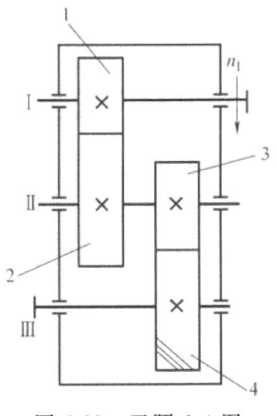

图 6-32 习题 6.1 图

试求：1）轴Ⅱ、Ⅲ的转向（标于图上）；2）为使轴Ⅱ的轴承所承受的轴向力小，确定各齿轮的螺旋线方向（标于图上）；3）齿轮 2、3 所受各分力的方向（标于图上）；4）计算齿轮 4 所受各分力的大小。

6.2 图 6-33 所示为二级斜齿圆柱齿轮减速器，已知条件如图所示。试问：1）低速级斜齿轮的螺旋线方向应如何选择才能使中间轴Ⅱ上两齿轮所受的轴向力相反？2）低速级小齿轮的螺旋角 β_2 应取多大值，才能使轴Ⅱ轴上轴向力相互抵消？

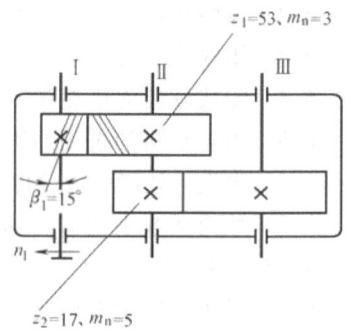

图 6-33 习题 6.2 图

6.3 图 6-34 所示为直齿锥齿轮 - 斜齿圆柱齿轮减速器，齿轮 1 主动，转向如图示。锥齿轮的参数为 $m=2$mm，$z_1=20$，$z_2=40$，$\psi_R=0.3$；斜齿圆柱齿轮的参数为 $m_n=3$mm，$z_3=20$，$z_4=60$。试求：1）画出各轴的转向；2）为使轴Ⅱ所受轴向力最小，标出齿轮 3、4 的螺旋线方向；3）画出轴Ⅱ上齿轮 2、3 所受各力的方向；4）若要求轴Ⅱ上的轴承几乎不承受轴向力，则齿轮 3 的螺旋角应取多大（忽略摩擦损失）？

6.4 设计某二级直齿圆柱齿轮减速器低速级齿轮传动。原动机为电动机，单向传动、载荷平稳。已知：低速级传递功率 $P_1=32$kW，传动比 $i=4$，$n_1=300$r/min，单班工作，预期寿命为 10 年，每年按 250 天计（传动效率忽略不计）。

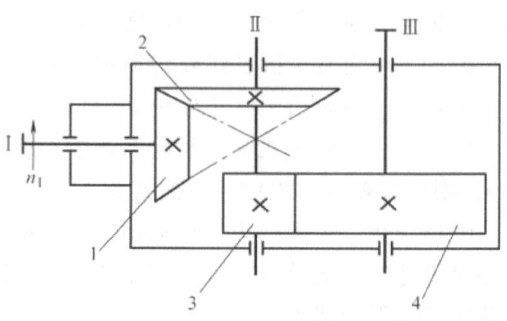

图 6-34 习题 6.3 图

6.5 若题 6.4 中的条件不变，改用斜齿圆柱齿轮传动，试重新设计此传动；并比较两题的设计结果，说明在工作条件完全相同的情况下，斜齿圆柱齿轮传动较直齿圆柱齿轮传动的优点。

6.6 某闭式二级斜齿圆柱齿轮减速器传递功率为 20kW，电动机驱动，电动机转速 $n=1470$r/min，双向传动，载荷有中等冲击，高速级传动比 $i=3.5$，要求结构紧凑、两班工作，预期寿命为 10 年，每年按 250 天计（传动效率忽略不计）。试设计此高速级齿轮传动。

6.7 设计闭式单级正交的直齿锥齿轮传动。已知：输出转矩 $T_2=480$N·m，高速轴转速为 960r/min，传动比 $i=3$，小齿轮悬臂布置、载荷均匀，原动机为电动机，单向转动，按无限寿命计算。

习题参考答案

6.1　1）、2）、3）略，4）$F_{t4}=F_{t3}=4865$N；$F_{r4}=F_{r3}=1810$N；$F_{a4}=F_{a3}=1034$N。

6.2　1）Ⅱ轴上小齿轮为左旋；Ⅲ轴上大齿轮为左旋。2）$\beta=8°16'12''$。

6.3　1）、2）、3）略，4）$\beta=16°41'35''$。

6.4　按齿面接触疲劳强度设计，$m=4$mm。

6.5　按齿面接触疲劳强度设计，$m_n=4$mm；$a=290$mm；$\beta=15°5'24''$。

6.6　按齿根弯曲疲劳强度设计，$m_n=3$mm；$a=140$mm；$\beta=15°21'32''$。

6.7　按齿面接触疲劳强度设计，$m=4.5$mm。

第七章

蜗杆传动

第一节 蜗杆传动的类型和特点

蜗杆传动是一种齿轮传动形式,由交错轴斜齿圆柱齿轮传动演变而来。它由蜗杆和蜗轮组成(图7-1a),蜗杆和蜗轮两轴线交错的夹角可为任意值,常用的为 $\Sigma = \beta_1 + \beta_2 = 90°$(图7-1b)。蜗杆传动主要用于传递空间交错两轴之间的运动和动力,一般情况下,蜗杆为主动件,蜗轮为从动件。蜗杆传动具有自锁性,一般用作减速传动。蜗杆传动具有传动比大而结构紧凑等优点,在各类机械中得到广泛使用。

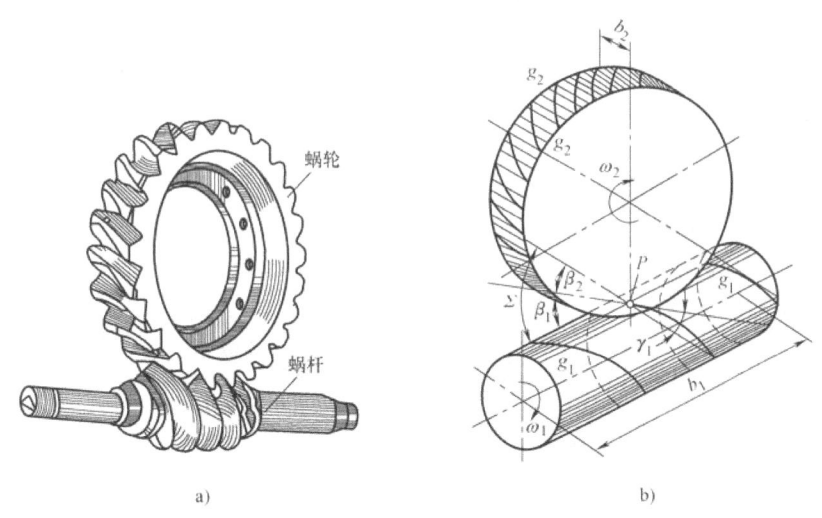

图 7-1 蜗杆传动

一、蜗杆传动的类型

蜗杆传动的分类,按蜗杆齿的旋向有左旋和右旋之分;按蜗杆头数有单头和多头之分,蜗杆头数就是其齿数 z_1,导程角 $\gamma = 90° - \beta_1 = \beta_2$;按蜗杆相对蜗轮的位置有上置、下置(图7-1a)和侧置之分。但蜗杆传动主要按照蜗杆的形状不同而分类,有圆柱蜗杆传动(图7-2a)、环面蜗杆传动(图7-2b)和锥蜗杆传动(图7-2c)等。其中圆柱蜗杆传动分为普通圆柱蜗杆传动和圆弧圆柱蜗杆传动，普通圆柱蜗杆传动又分为阿基米德蜗杆、渐开线蜗杆、法向直廓蜗杆和锥面包络蜗杆传动。

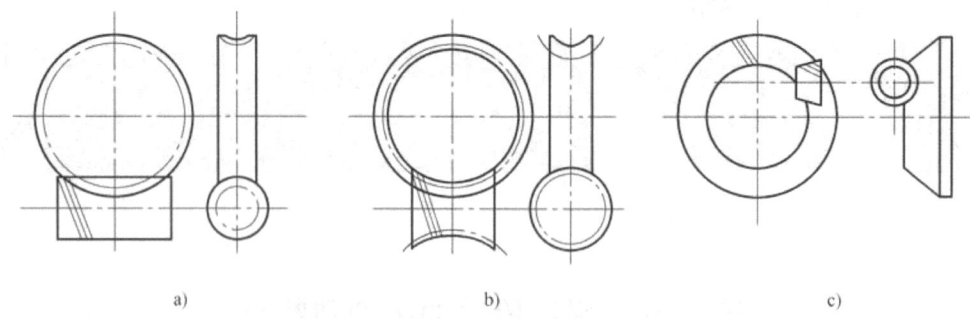

图 7-2 蜗杆传动的类型
a）圆柱蜗杆传动 b）环面蜗杆传动 c）锥蜗杆传动

1. 圆柱蜗杆传动

（1）普通圆柱蜗杆传动 普通圆柱蜗杆传动中的蜗杆，按其螺旋面的形状不同，又可分为阿基米德蜗杆（ZA 型）、法向直廓蜗杆（ZN 型）、渐开线蜗杆（ZI 型）和锥面包络圆柱蜗杆（ZK 型）等。普通圆柱蜗杆分类及特点见表 7-1。

表 7-1 普通圆柱蜗杆分类及特点

类型	工艺简图	蜗杆加工原理	特点	应用
阿基米德蜗杆（ZA 型）		用直线切削刃的梯形车刀切削而成，切削刃通过蜗杆的轴平面，蜗杆端面上的齿形为阿基米德螺旋线；中间平面内的齿形为直线，类似于齿条	车削工艺好，但精度低	由于传动的啮合特性差，只用于中小载荷、中低速及间歇工作的场合，应用逐渐减少
法向直廓蜗杆（ZN 型）		与 ZA 蜗杆相似，只是直线切削刃放在蜗杆的法平面。在蜗杆法平面内齿形是直线；在端面上是延伸渐开线	车削加工，加工精度低	同上，多用于分度蜗杆传动

(续)

类型	工艺简图	蜗杆加工原理	特点	应用
渐开线蜗杆（ZI型）	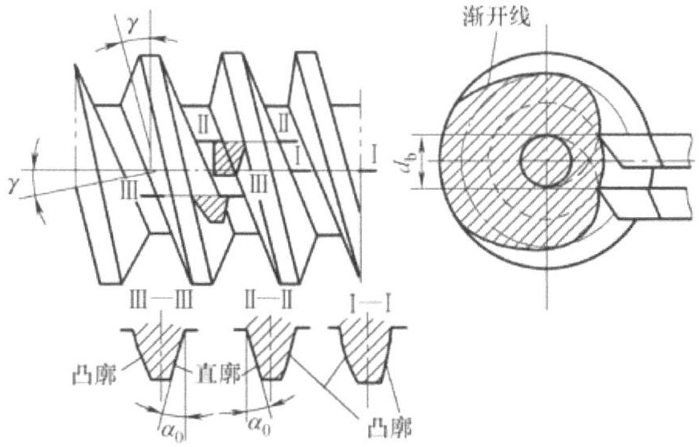	切削刃与蜗杆的基圆柱相切，加工后蜗杆端面的齿形为渐开线；中间平面和法平面内的齿形均为曲线	可在专用机床上磨削，承载能力高于其他直齿廓圆柱蜗杆，效率可达95%	用于传递载荷和功率较大的场合
锥面包络圆柱蜗杆（ZK型）	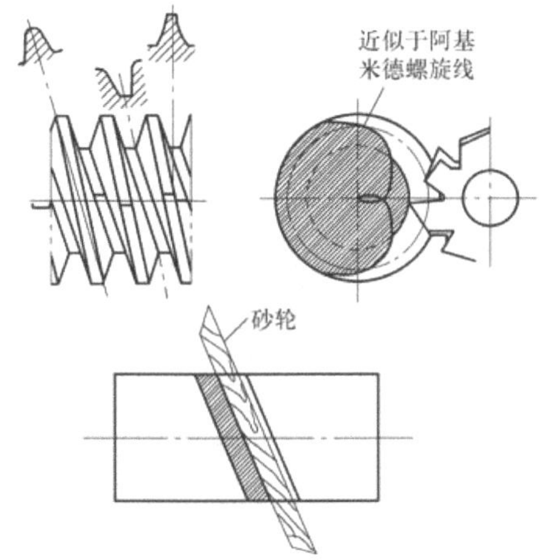	在铣床和磨床上加工，加工时梯形圆盘铣刀放在蜗杆的法面内并绕其轴线做回转运动，蜗杆做螺旋运动，蜗杆的齿面由刀具的回转面包络而成。在蜗杆的任意截面内，蜗杆的齿形都是曲线	容易磨削，加工精度高。但齿形曲线复杂，设计、测量困难	一般用于中速、中载、连续运转的动力蜗杆传动

（2）圆弧圆柱蜗杆传动　圆弧圆柱蜗杆传动和普通圆柱蜗杆传动相似，只是齿廓形状有所区别。蜗杆的螺旋面是用刃边为凸圆弧形的刀具切制的，而蜗轮是用展成法制造的（图7-3）。在中间平面上蜗杆的齿廓为凹弧，而与其相配的蜗轮的齿廓为凸弧形。所以，圆弧圆柱蜗杆传动是一种凹凸弧齿廓相啮合的传动，也是一种线接触的啮合传动。其主要特点是效率高，一般可达90%以上；承载能力高，一般较普通圆柱蜗杆传动高出50%~150%；体积小、质量轻；结构紧凑。这种传动已广泛应用到冶金、矿山、化工、建筑、起重等机械设备的减速机构中。

2. 环面蜗杆传动

环面蜗杆传动的特征是，蜗杆在轴向的外形是以凹圆弧为母线所形成的旋转曲面，所以把这种蜗杆传动称为环面蜗杆传动（图7-2b）。在这种传动的啮合带内，蜗轮的节圆位于蜗杆的节弧面上，也即蜗杆的节弧沿蜗轮的节圆包着蜗轮。在中间平面内，蜗杆和蜗轮都是直线齿廓。由于同时相啮合的齿对多，而且轮齿的接触线与蜗杆齿运动的方向近似于垂直，所以大大改善了轮齿受力情况和润滑油膜形成的条件，因而承载能力为阿基米德蜗杆传动的2~4倍，效率一般高达0.85~0.9；但它需要较高的制造和安装精度。

除这种环面蜗杆传动外，还有包络环面蜗杆传动。包络环面分为一次包络和二次包络（双包）两种，包络环面蜗杆传动的承载能力和效率较环面蜗杆传动均有显著提高。

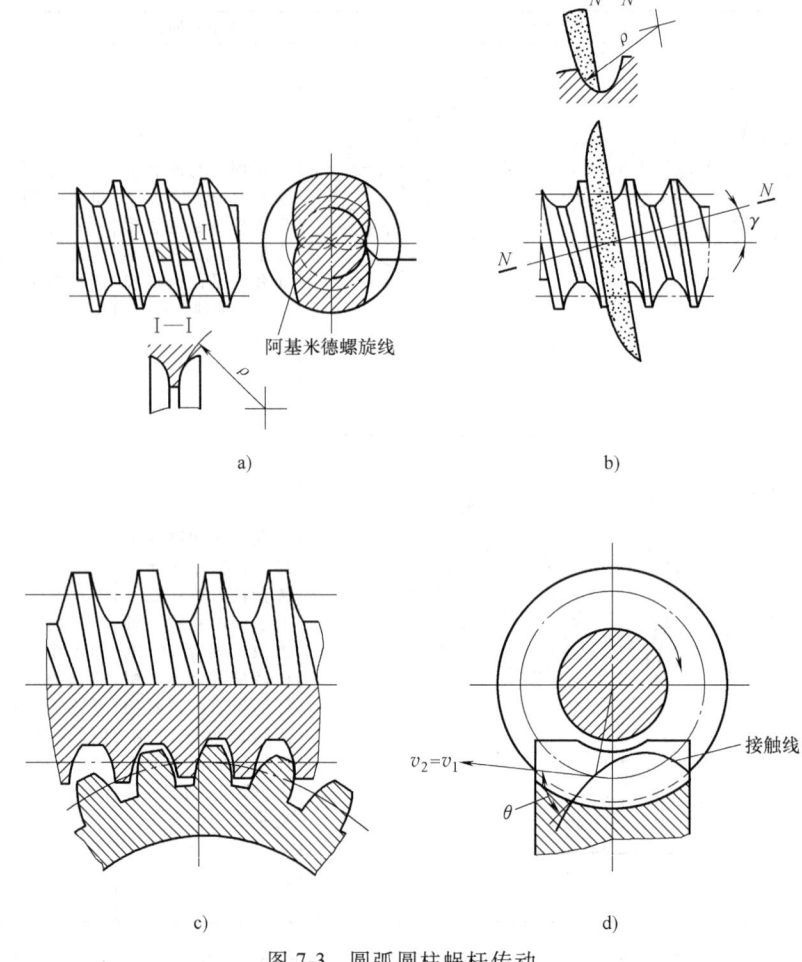

图 7-3 圆弧圆柱蜗杆传动

3. 锥蜗杆传动

锥蜗杆传动（图 7-2c）的两轴交错角通常为 90°。锥蜗杆传动的蜗杆由在节锥上分布的等导程的螺旋所形成，故称为锥蜗杆。锥蜗杆的螺旋在节锥上的导程角相同。蜗轮外形类似于曲线齿锥齿轮，它由与锥蜗杆相似的锥滚刀在普通滚齿机上加工而成，故称为锥蜗轮。

锥蜗杆传动的特点是：同时啮合的齿数多，重合度大、传动平稳，承载能力和效率高；传动比范围大（10~360）；侧隙便于控制和调整；制造和安装简便、工艺性好；能作为离合器使用；蜗轮可用淬火钢制成，节约有色金属。但由于结构上的原因，传动具有不对称性，因而正、反转时受力不同，承载能力和效率也不同。

二、蜗杆传动的特点

蜗杆传动是在齿轮传动的基础上发展起来的，它具有齿轮传动的某些特点，即在中间平面（通过蜗杆轴线并垂直于蜗轮轴线的平面）内的啮合情况与齿轮齿条的啮合相类似；又有别于齿轮传动的特性，即其运动特性相当于一对螺旋副传动。蜗杆相当于单头或多头螺杆，蜗轮相当于一个"不完整的螺母"包在蜗杆上。当蜗杆轴线转动一周时，蜗轮相应转过一个或多个齿。

蜗杆传动与齿轮传动比较，具有下列特点。

1）传动比大、结构紧凑。在动力传递中，传动比在 8~100 之间，在分度机构中传动比可以达到 1000。由于传动比大，零件数目又少，因而结构很紧凑。

2）传动平稳、噪声较低。在蜗杆传动中，由于蜗杆齿连续地与蜗轮齿相啮合，同时，蜗杆蜗轮啮合时为线接触，同时啮合的齿对多，故冲击载荷小、传动平稳、噪声低。

3）蜗杆传动具有自锁性。当导程角 γ 小于啮合面的当量摩擦角时，蜗杆传动便具有自锁性，此时只能以蜗杆为主动件带动蜗轮运动，而不能以蜗轮带动蜗杆运动。

4）传动效率低、磨损较严重。因为蜗杆蜗轮在啮合处有较大的相对滑动，因而易磨损、易发热、效率较低。当滑动速度很大，工作条件不够良好时，会产生较严重的摩擦与磨损，从而引起过热，使润滑情况恶化，因此摩擦损失更大、效率更低；当传动具有自锁性时，效率也更低，仅为 0.4 左右。

5）成本较高。由于摩擦、磨损及发热严重，蜗轮常需采用价格较昂贵的减摩、耐磨材料（有色金属）来制造，以便与钢制蜗杆配对组成减摩性良好的滑动摩擦副，而且需要良好的润滑装置，故成本较高。

6）蜗杆的轴向力较大，致使轴承寿命降低。

三、蜗杆传动的应用

由于蜗杆传动具有以上的特点，故广泛用于两轴交错、传动比较大、传递功率不太大（传递功率低于 50kW）或间歇工作的场合，如应用在机床、汽车、仪器、起重运输机械、冶金机械及其他机器或设备中。

蜗杆传动通常用于减速装置，但也有个别机器用作增速装置。由于具有自锁性，故常在卷扬机等起重机械中起安全保护作用。

第二节 蜗杆传动的主要参数和几何尺寸计算

如前所述，蜗杆传动的中间平面是指通过蜗杆轴线并垂直于蜗轮轴线的平面。如图 7-4 所示，在中间平面上，普通圆柱蜗杆传动相当于斜齿轮和齿条的啮合运动，因此在设计蜗杆传动时，按中间平面上的参数（模数、压力角）和尺寸（齿顶圆、分度圆等）作为基准，并沿用齿轮传动的计算关系。

一、普通圆柱蜗杆传动的主要参数及其选择

普通圆柱蜗杆传动的主要参数有模数 m、压力角 α、蜗杆头数 z_1、蜗轮齿数 z_2 及蜗杆分度圆直径 d_1 等。进行蜗杆传动设计时，首先要正确地选择参数。

1. 模数 m 和压力角 α

在中间平面上，蜗杆传动的正确啮合条件为：蜗杆的轴向模数 m_{a1} 和轴向压力角 α_{a1} 分

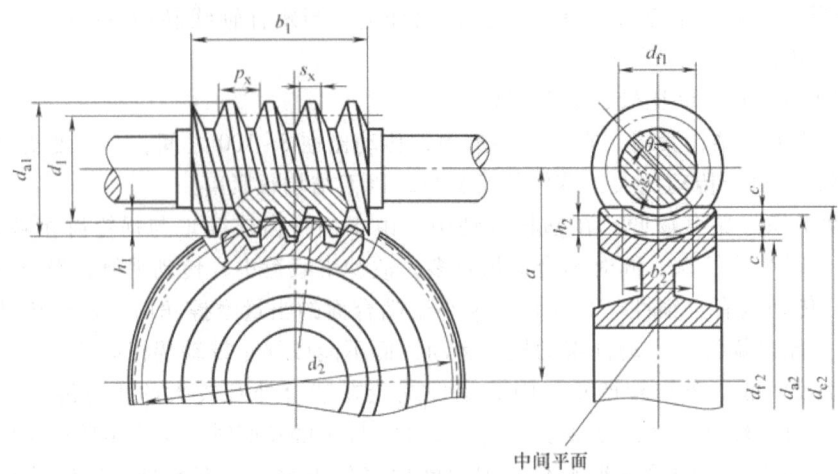

图 7-4 普通圆柱蜗杆传动的基本几何尺寸

别与蜗轮的端面模数 m_{t2} 和端面压力角 α_{t2} 相等

$$m_{a1} = m_{t2} = m \tag{7-1}$$

$$\alpha_{a1} = \alpha_{t2} = \alpha \tag{7-2}$$

标准模数值见表 7-2，阿基米德蜗杆（ZA）的标准压力角在蜗杆轴平面内，轴向压力角 α_{a1} 为标准值（20°），而其余三种（ZN、ZI、ZK）蜗杆的法向压力角 α_n 为标准值（20°）。蜗杆轴向压力角与法向压力角的关系为

$$\tan\alpha_a = \frac{\tan\alpha_n}{\cos\gamma} \tag{7-3}$$

2. 齿顶高系数 h_a^* 和顶隙系数 c^*

一般采用 $h_a^* = 1$ 和 $c^* = 0.2$。

3. 导程角 γ

蜗杆的形成原理与螺旋相同，设其头数为 z_1，螺旋线的导程为 p_z，轴向齿距为 p_x。则有 $p_z = z_1 p_x$（图 7-5）。而分度圆柱上的导程角 γ 为

$$\tan\gamma = \frac{p_z}{\pi d_1} = \frac{z_1 p_x}{\pi d_1} = \frac{z_1 m}{d_1} \tag{7-4}$$

导程角小，则传动效率低、易自锁；导程角大，则传动效率高，但加工困难。按国家标准，导程角 γ 在 3°~31° 之间。

4. 蜗杆分度圆直径 d_1 和直径系数 q

蜗杆分度圆直径 d_1

$$d_1 = \frac{z_1 m}{\tan\gamma} \tag{7-5}$$

在蜗杆传动中，为了保证蜗杆与蜗轮的正确啮合，常用与蜗杆相同尺寸的蜗轮滚刀来加工与其配对的蜗轮。这样，只要有一种尺寸的蜗杆，就需要一种对应的蜗轮滚刀。对于同一

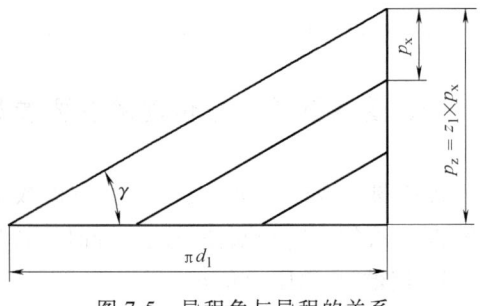

图 7-5 导程角与导程的关系

模数，可以有很多不同直径的蜗杆，因而对每一模数就要配备很多种蜗轮滚刀。显然，这样很不经济。为便于标准化并减少蜗轮滚刀的规格和数量，GB 10088—1988 将蜗杆分度圆直径 d_1 规定为标准值，而把比值 d_1/m 称为蜗杆直径系数 q，即

$$q = \frac{d_1}{m} \tag{7-6}$$

则导程角 γ 可写为

$$\tan\gamma = \frac{z_1}{q} \tag{7-7}$$

d_1 与 q 已有标准值，普通圆柱蜗杆公称尺寸和参数及其与蜗轮参数的匹配见表 7-2。当选用较小的蜗杆分度圆直径 d_1 时，蜗杆的刚性小、挠度大；蜗轮滚刀为整体结构，强度较低，刀齿数目少，磨损快，齿形和压力角误差大，导程角大，效率高。当选用较大的蜗杆分度圆直径 d_1 时，蜗杆刚性大、挠度小；蜗轮滚刀可以套装，结构强度大，刀齿数目多，刀齿磨损慢，导程角小，传动效率较低，圆周速度大，容易形成油膜，润滑条件好。

表 7-2 普通圆柱蜗杆公称尺寸和参数及其与蜗轮参数的匹配（$\Sigma = 90°$）（GB 10085—1988）

中心距 a/mm	模数 m/mm	蜗杆分度圆直径 d_1/mm	$m^2 d_1$ /mm³	蜗杆头数 z_1	直径系数 q	导程角 γ	蜗轮齿数 z_2	蜗轮变位系数 x_2
40 50	1	18	18	1	18.00	3°10′47″	62 82	0 0
40	1.25	20	31.25	1	16.00	3°34′35″	49	−0.500
50 63	1.25	22.4	35	1	17.92	3°11′38″	62 82	+0.040
50	1.6	20	51.2	1 2 4	12.50	4°34′26″ 9°05′25″ 17°44′41″	51	−0.500
63 80	1.6	28	71.68	1	17.50	3°16′14″	61 82	+0.125 +0.250
40 (50) (63)	2	22.4	89.6	1 2 4 6	11.20	5°06′08″ 10°07′29″ 19°39′14″ 28°10′43″	29 (39) (53)	−0.100 (+0.100) (−0.100)
80 100	2	35.5	142	1	17.75	3°13′28″	62 82	+0.125
50 (63) (80)	2.5	28	175	1 2 4 6	11.20	5°06′08″ 10°07′29″ 19°39′14″ 28°10′43″	29 (39) (53)	−0.100 (+0.100) (−0.100)
100		45	281.25	1	18.0	3°10′47″	62	0
63 (80) (100)	3.15	35.5	352.25	1 2 4 6	11.27	5°04′15″ 10°03′48″ 19°32′29″ 28°01′50″	29 (39) (53)	−0.1349 (+0.2619) (−0.3889)
125	3.15	56	556	1	17.778	3°13′10″	62	−0.2063
80 (100) (125)	4	40	640	1 2 4 6	10.00	5°42′38″ 11°18′36″ 21°48′05″ 30°57′50″	31 (41) (51)	−0.500 (−0.500) (+0.750)

(续)

中心距 a/mm	模数 m/mm	蜗杆分度圆直径 d_1/mm	$m^2 d_1$ /mm³	蜗杆头数 z_1	直径系数 q	导程角 γ	蜗轮齿数 z_2	蜗轮变位系数 x_2
160	4	71	1136	1	17.75	3°13′28″	62	+0.125
100 (125) (160) (180)	5	50	1250	1 2 4 6	10.00	5°42′38″ 11°18′36″ 21°48′05″ 30°57′50″	31 (41) (53) (61)	−0.500 (−0.500) (+0.500) (+0.500)
200	5	90	2250	1	18.0	3°10′47″	62	0
125 (160) (180) (200)	6.3	63	2500.47	1 2 4 6	10.00	5°42′38″ 11°18′36″ 21°48′05″ 30°57′50″	31 (41) (48) (53)	−0.6587 (−0.1032) (−0.4286) (+0.2460)
250	6.3	112	4445.28	1	17.778	3°13′10″	61	+0.2937
160 (200) (225) (250)	8	80	5120	1 2 4 6	10.00	5°42′38″ 11°18′36″ 21°48′05″ 30°57′50″	31 (41) (47) (52)	−0.500 (−0.500) (−0.375) (+0.250)

注：1. 表中导程角 $\gamma<3°30′$ 的圆柱蜗杆均为自锁蜗杆。
    2. 括号中的参数不适用于蜗杆头数 $z_1=6$ 时，也即 $z_1=6$ 只适合该栏内没有打括号的中心距参数。
    3. 表中中心距 a、蜗轮齿数 z_2 及蜗轮变位系数 x_2 ——对应。
    4. 表中蜗杆头数 z_1、导程角 γ ——对应。
    5. 普通圆柱蜗杆模数还有 10mm、12.5mm、16mm、20mm、25mm 等。

5. 蜗杆头数 z_1 和蜗轮齿数 z_2

蜗杆头数 z_1 可根据传动比 i 和效率 η 来选定。单头蜗杆的传动比大，易自锁，但效率低，不宜用于传递功率较大的场合，需要传递功率较大时，z_1 应取 2 或 4，但蜗杆头数过多，会给加工带来困难。通常蜗杆头数取为 1、2、4、6。

蜗轮齿数 $z_2=uz_1$。为保证蜗杆传动的平稳性和效率，一般取 $z_2=27\sim80$。为了避免用蜗轮滚刀切制蜗轮时产生根切与干涉，理论上应使 $z_{2\min}\geqslant17$。但当 $z_2<26$ 时，啮合区要显著减小，将影响传动的平稳性；而在 $z_2\geqslant30$ 时则可始终保持两对以上的齿啮合，所以通常规定 $z_2\geqslant28$。对于动力传动，z_2 一般不大于 80，这是由于当蜗轮直径不变时，z_2 越大，模数就越小，将削弱轮齿的弯曲疲劳强度；当模数不变时，蜗轮尺寸将增大，使相啮合的蜗杆支承间距加长，这将降低蜗杆的弯曲刚度，影响蜗轮与蜗杆的啮合。蜗杆头数 z_1 与蜗轮齿数 z_2 的推荐值见表 7-3。

表 7-3 蜗杆头数 z_1 与蜗轮齿数 z_2 的推荐值

$u=z_2/z_1$	z_1	z_2
≈5	6	29~31
7~15	4	29~61
14~30	2	29~61
29~82	1	29~82

6. 传动比 i 和齿数比 u

传动比：
$$i=\frac{n_1}{n_2} \tag{7-8a}$$

式中 n_1、n_2——蜗杆和蜗轮的转速（r/min）。

齿数比：
$$u = \frac{z_2}{z_1} \tag{7-8b}$$

当蜗杆为主动时
$$i = \frac{n_1}{n_2} = \frac{z_2}{z_1} = u \tag{7-9}$$

7. 蜗杆传动的标准中心距 a

蜗杆传动的标准中心距为
$$a = \frac{1}{2}(d_1 + d_2) = \frac{1}{2}(q + z_2)m \tag{7-10}$$

二、蜗杆传动变位的特点

蜗杆传动变位的目的主要是配凑中心距 a 或改变传动比 i，或者是为了提高蜗杆传动的承载能力及传动效率，使其符合标准值等。圆柱蜗杆传动具有与齿轮、齿条一样的啮合特性，变位方法与齿轮传动的变位方法相似，也即在切削时，利用刀具相对于蜗轮毛坯的径向位移来实现变位。但是在蜗杆传动中，由于蜗杆的齿廓形状和尺寸要与加工蜗轮的滚刀形状和尺寸相同，所以为了保持刀具尺寸不变，蜗杆尺寸是不能变动的，因而只能对蜗轮进行变位。由于蜗杆相当于齿条，变位时只有蜗轮的尺寸发生变化，而蜗杆的尺寸保持不变，这样蜗轮滚刀的尺寸也可保持不变。即能使刀具标准化，仅蜗轮变位，而蜗杆不变位。

图 7-6 所示为蜗杆传动的变位，变位后只是蜗杆在中间平面上的节线有所改变，不再与分度线重合，而蜗轮的节圆仍与分度圆重合。

变位蜗杆传动根据使用场合的不同，可在下述两种变位方式中选取一种。

（1）凑中心距 变位前后，蜗轮的齿数不变（$z_2' = z_2$），蜗杆传动的中心距改变（$a' \neq a$），其中心距的计算式如下：

变位前的中心距
$$a = \frac{1}{2}(q + z_2)m \tag{7-11}$$

变位后的中心距
$$a' = (a + x_2 m) = \frac{1}{2}(q + z_2 + 2x_2)m \tag{7-12}$$

蜗轮变位系数
$$x_2 = (a' - a)/m \tag{7-13}$$

（2）凑传动比 i 变位前后，蜗杆传动中心距不变（$a' = a$），蜗轮齿数发生变化（$z_2' \neq z_2$），改变蜗轮齿数来凑传动比，故有

$$a' = (a + x_2 m) = \frac{1}{2}(q + z_2' + 2x_2)m = \frac{1}{2}(q + z_2)m = a \tag{7-14}$$

蜗轮变位系数
$$x_2 = (z_2 - z_2')/2 \tag{7-15}$$

蜗轮变位系数的推荐范围是 $-0.5 \leq x \leq +0.5$，如从接触疲劳强度考虑，采用正变位系数较好，如从改善蜗杆传动的摩擦磨损考虑，采用负变位系数较好，在 GB/T 10085—1988 中，大部分采用负变位系数。

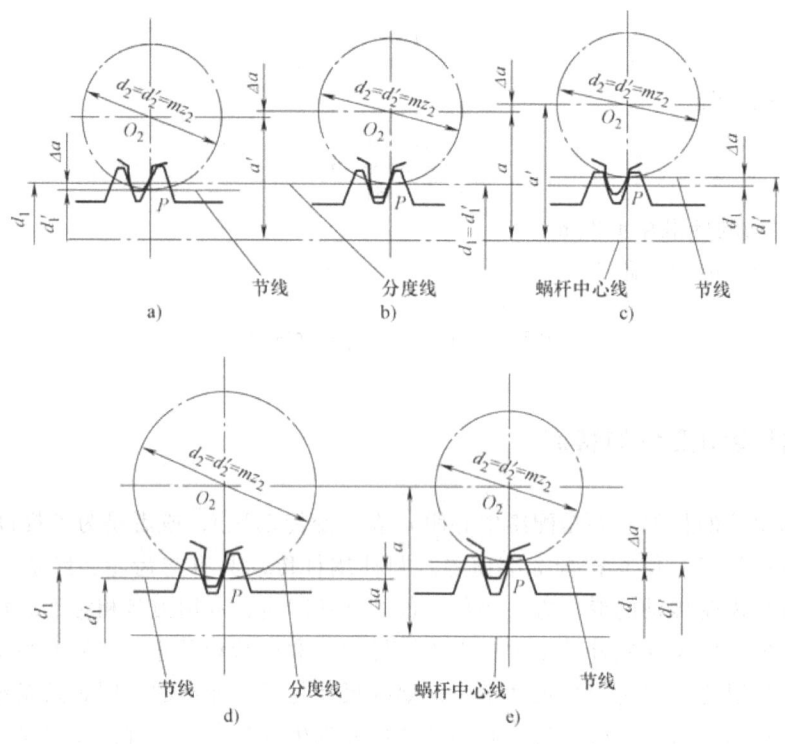

图 7-6 蜗杆传动的变位
a) 变位传动 $x_2<0$, $z_2'=z_2$, $a'<a$ b) 标准传动 $x_2=0$ c) 变位传动 $x_2>0$, $z_2'=z_2$, $a'>a$
d) 变位传动 $x_2<0$, $a'=a$, $z_2'>z_2$ e) 变位传动 $x_2>0$, $a'=a$, $z_2'<z_2$

三、蜗杆传动的几何尺寸计算

普通圆柱蜗杆传动的主要几何尺寸计算公式见表 7-4。

表 7-4 普通圆柱蜗杆传动的主要几何尺寸计算公式

名　　称	代号	计算公式或说明
中心距	a	$a=(d_1+d_2+2x_2m)/2$
蜗杆头数	z_1	按规定选取
蜗杆齿数	z_2	按传动比确定
压力角	α	$\alpha_x=20°$ 或 $\alpha_n=20°$
模数	m	$m=m_x=m_n/\cos\gamma$
传动比	i	$i=n_1/n_2$
齿数比	u	$u=z_2/z_1$(当蜗杆主动时, $i=u$)
蜗轮变位系数	x_2	$x_2=\dfrac{a}{m}-\dfrac{d_1+d_2}{2m}$
蜗杆直径系数	q	$q=d_1/m$
蜗杆轴向齿距	p_x	$p_x=\pi m$
蜗杆导程	p_z	$p_z=\pi m z_1$
蜗杆分度圆直径	d_1	$d_1=mq$(按表 7-2 选取标准值)
蜗轮分度圆直径	d_2	$d_2=mz_2=2a-d_1-2x_2m$
蜗杆齿顶高	h_{a1}	$h_{a1}=h_a^* m=0.5(d_{a1}-d_1)$

(续)

名 称	代号	计算公式或说明
蜗轮齿顶高	h_{a2}	$h_{a2}=0.5(d_{a2}-d_2)=m(h_a^*+x_2)$
蜗杆齿根高	h_{f1}	$h_{f1}=(h_a^*+c^*)m=0.5(d_1-d_{f1})$
蜗轮齿根高	h_{f2}	$h_{f2}=0.5(d_2-d_{f2})=m(h_a^*-x_2+c^*)$
蜗杆齿高	h_1	$h_1=h_{a1}+h_{f1}=0.5(d_{a1}-d_{f1})$
蜗轮齿高	h_2	$h_2=h_{a2}+h_{f2}=0.5(d_{a2}-d_{f2})$
蜗杆齿顶圆直径	d_{a1}	$d_{a1}=d_1+2h_{a1}=d_1+2h_a^*m$
蜗轮喉圆直径	d_{a2}	$d_{a2}=d_2+2h_{a2}=d_2+2(h_a^*+x_2)m$
蜗杆齿根圆直径	d_{f1}	$d_{f1}=d_1-2h_{f1}=d_1-2(h_a^*+c)m$
蜗轮齿根圆直径	d_{f2}	$d_{f2}=d_2-2h_{f2}$
顶隙	c	$c=c^*m$
渐开线蜗杆基圆直径	d_{b1}	$d_{b1}=d_1\tan\gamma/\tan\gamma_b=mz_1/\tan\gamma_b$
蜗轮咽喉母圆半径	r_{g2}	$r_{g2}=a-0.5d_{a2}$
导程角	γ	$\tan\gamma=mz_1/d_1=z_1/q$
蜗轮螺旋角	β_2	$\beta_2=\gamma$
基圆柱导程角	γ_b	$\cos\gamma_b=\cos\gamma\cos\alpha_n$
蜗杆齿宽	b_1	见表7-5,由设计确定
蜗轮齿宽	b_2	由设计确定
蜗杆轴向齿厚	s_x	$s_x=0.5\pi m$
蜗杆法向齿厚	s_n	$s_n=s_x\cos\gamma$
蜗轮齿厚	s_1	按蜗杆节圆处轴向齿槽宽e_x'确定
蜗杆节圆直径	d_1'	$d_1'=d_1+2x_2m=m(q+2x_2)$
蜗轮节圆直径	d_2'	$d_2'=d_2$

蜗轮宽度B、顶圆直径d_{e2}及蜗杆齿宽b_1的计算公式见表7-5。

表7-5 蜗轮宽度B、顶圆直径d_{e2}及蜗杆齿宽b_1的计算公式

z_1	B	d_{e2}	x_2/mm	b_1	
1	≤$0.75d_{a1}$	≤$d_{a2}+2m$	0	≥$(11+0.06z_2)m$	
			-0.5	≥$(8+0.06z_2)m$	当蜗轮变位系数x_2为中间值时,b_1取x_2邻近两公式所求值的较大值
2		≤$d_{a2}+1.5m$	-1.0	≥$(10.5+z_1)m$	经磨削的蜗杆,按左式所求的长度应再增加下列值
			0.5	≥$(11+0.1z_2)m$	1)当$m<10$mm时,增加25mm
			1.0	≥$(12+0.1z_2)m$	
4	≤$0.67d_{a1}$	≤$d_{a2}+m$	0	≥$(12.5+0.09z_2)m$	2)当$m=10\sim16$mm时,增加35~40mm
			-0.5	≥$(9.5+0.09z_2)m$	
			-1.0	≥$(10.5+z_1)m$	3)当$m>16$mm时,增加50mm
			0.5	≥$(12.5+0.1z_2)m$	
			1.0	≥$(13+0.1z_2)m$	

第三节 蜗杆传动的失效形式、材料选择和结构

一、失效形式和设计准则

蜗杆传动和齿轮传动一样,其失效形式主要有:胶合、磨损、疲劳点蚀和轮齿折断等。由于蜗轮无论在材料的强度和结构方面均较蜗杆弱,所以失效多发生在蜗轮轮齿上,设计时只需要对蜗轮进行承载能力计算。由于目前对胶合与磨损的计算还缺乏适当的方法和数据,

因而还是按照齿轮传动中的接触疲劳强度和弯曲疲劳强度进行。

与平行轴圆柱齿轮相比，蜗杆和蜗轮齿面间还有沿蜗轮齿方向的滑动，且相对滑动速度大、效率低、发热量大，由于蜗杆与蜗轮齿面间有较大的相对滑动，增加了产生胶合和磨损失效的可能性。尤其在某些条件下，如润滑不良，蜗杆传动因齿面胶合而失效的可能性更大。因此，蜗杆传动的承载能力往往受到抗胶合能力的限制。

在闭式传动中，蜗杆副多因齿面胶合或点蚀而失效。因此，通常是按齿面接触疲劳强度进行设计，而按齿根弯曲疲劳强度进行校核。此外，闭式蜗杆传动散热不良时会降低蜗杆传动的承载能力，加速失效，所以还应做热平衡核算。

在开式传动中，蜗轮多发生齿面磨损和轮齿折断，因此应以保证齿根弯曲疲劳强度作为开式传动的主要设计准则。

二、常用材料

根据对蜗杆传动的失效形式分析，蜗杆和蜗轮的材料应该具有足够的强度、良好的减摩性、耐磨性和抗胶合能力。生产实践中最常用的是经过淬火并磨削的钢制蜗杆和青铜蜗轮配对使用。蜗杆蜗轮推荐选用材料见表 7-6。

表 7-6　蜗杆蜗轮推荐选用材料

名称	材料牌号	使用特点、硬度	应用场合
蜗杆	20、15Cr、20CrNi、20Cr、20CrMnTi	渗碳淬火、磨削、56~62HRC	高速重载
	45、40Cr、40CrNi、35CrMo	淬火、磨削、45~55HRC	中速中载
	45	调质处理、<270HBW	低速轻载
蜗轮	ZCuSn10Pb1、ZCuSn5Pb5Zn5	抗胶合、减摩和耐磨性最好，但价格较高	滑动速度较大（$v_s = 5 \sim 15$m/s）
	ZCuAl10Fe3、ZCuAl10Fe3Mn2	机械强度高，但减摩性和抗胶合能力低于锡青铜，价格较便宜	中等滑动速度（$v_s \leq 8$m/s）
	HT150、HT200	机械强度低、抗冲击能力差，但成本低	低速轻载传动（$v_s < 2$m/s）

1. 蜗杆

蜗杆一般用碳钢或合金钢制成。高速重载蜗杆常用 15Cr 或 20Cr、20CrMnTi 等，并经渗碳淬火；也可以用 40、45 或 40Cr 并经淬火。这样可以提高表面硬度，增加耐磨性。通常要求蜗杆淬火后的硬度为 40~55HRC，经氮化处理后的硬度为 55~62HRC。一般不太重要的低速中载的蜗杆，可采用 40、45 钢并经调质处理，其硬度为 220~300HBW。

2. 蜗轮

常用的蜗轮材料为铸造锡青铜（ZCuSn10Pb1、ZCuSn5Pb5Zn5）、铸造铝青铜（ZCuAl10Fe3）及灰铸铁（HT150、HT200）等。铸造锡青铜耐磨性最好，但价格较高，用于滑动速度 $v_s \geq 3$m/s 的重要传动；铸造铝铁青铜的耐磨性较锡青铜差一些，但价格便宜，一般用于滑动速度 $v_s \leq 4$m/s 的传动；如果滑动速度不高（$v_s \leq 2$m/s），对效率要求也不高时，可以采用灰铸铁。为了防止变形，常对蜗轮进行时效处理。

三、蜗杆传动的结构

1. 蜗杆的结构

因为蜗杆的直径较小，常与轴做成一体，称为蜗杆轴，如图 7-7 所示。当用铣制加工时,铣制蜗杆(图7-7a)没有退刀槽,且轴径可以大于蜗杆的齿根圆直径,所以其刚度较大。而车制蜗杆(图7-7b)时,为了便于车螺旋部分时退刀,留有退刀槽而使轴径小于蜗杆齿根圆直径,削弱了蜗杆的刚度。

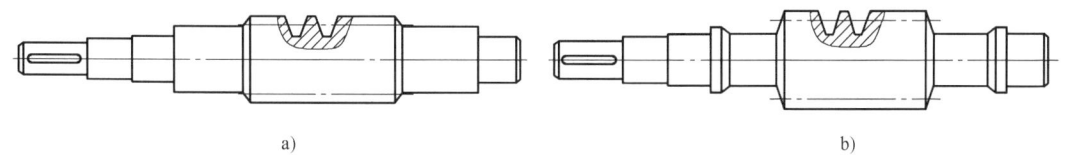

图7-7 蜗杆的结构
a) 铣制蜗杆 b) 车制蜗杆

2. 蜗轮的结构

根据尺寸和材料的不同,蜗轮结构分为整体式和组合式结构。对于较大直径的蜗轮常采用组合式结构,其齿圈常采用青铜,轮芯用铸铁或铸钢,组合方式有过盈联接式、螺栓联接式和浇注式等。过盈联接式(图7-8a)常由青铜齿圈与铸铁轮芯组成,多用于尺寸不大或工作温度变化较小的地方;螺栓联接式(图7-8b)装拆方便,多用于尺寸较大或易磨损的场合;浇注式(图7-8c)是将青铜齿圈浇注在铸铁轮芯上,常用于成批生产的蜗轮;整体式(图7-8d)主要用于铸铁蜗轮或尺寸很小的青铜蜗轮。

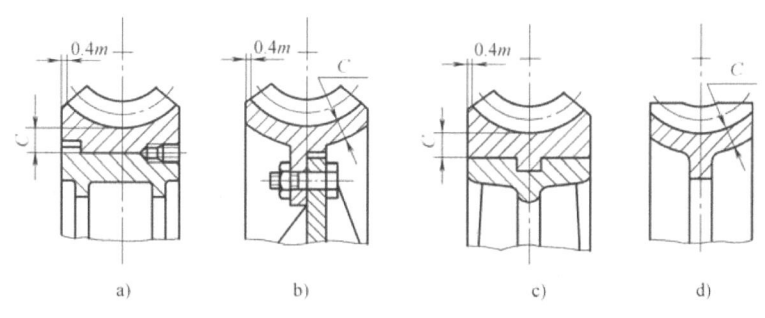

图7-8 蜗轮的结构
a) 过盈联接式 b) 螺栓联接式 c) 浇注式 d) 整体式

第四节 普通圆柱蜗杆传动承载能力计算

一、蜗杆传动的受力分析

蜗杆传动的受力与斜齿圆柱齿轮传动相似。在进行蜗杆传动的受力分析时,通常不计齿面间的摩擦力影响。根据蜗杆螺旋线方向不同,蜗杆传动有左旋和右旋两种,一对啮合的蜗杆与蜗轮的旋向相同。没有特别要求时蜗杆传动采用右旋蜗杆。

图7-9所示为蜗杆传动受力分析。设F_n为集中作用于节点P处的法向载荷,它作用于法向截面$Pabc$内。F_n可分解为三个互相垂直的分力,即圆周力(或称切向力)F_t、径向力F_r和轴向力F_a。由图可知,蜗杆上的圆周力F_{t1}对应蜗轮上的轴向力F_{a2};蜗杆上的轴向力

F_{a1} 对应蜗轮上的圆周力 F_{t2};蜗杆上的径向力 F_{r1} 对应蜗轮上的径向力 F_{r2}。这些对应的力大小相等、方向相反,即 $F_{t1}=-F_{a2}$、$F_{a1}=-F_{t2}$、$F_{r1}=-F_{r2}$。

当不计摩擦力的影响时,各力的大小可按下式计算:

$$F_{t1}=\frac{2T_1}{d_1}=-F_{a2} \quad (7\text{-}16)$$

$$F_{t2}=\frac{2T_2}{d_2}=-F_{a1} \quad (7\text{-}17)$$

$$F_{r2}=F_{t2}\tan\alpha=-F_{r1} \quad (7\text{-}18)$$

$$F_a=\frac{F_{a1}}{\cos\alpha_n\cos\gamma}=\frac{F_{t2}}{\cos\alpha_n\cos\gamma}=\frac{2T_2}{d_2\cos\alpha_n\cos\gamma} \quad (7\text{-}19)$$

式中 T_1、T_2——蜗杆及蜗轮上的公称转矩(N·mm),$T_2=iT_1\eta$;

d_1、d_2——蜗杆及蜗轮的分度圆直径(mm)。

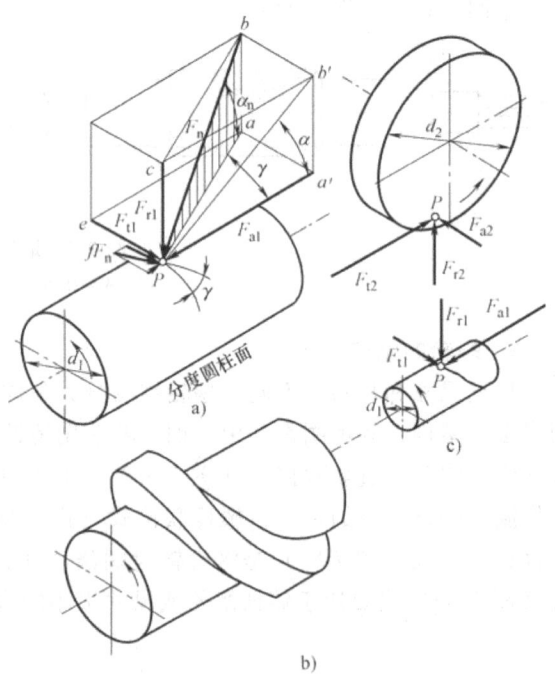

图 7-9 蜗杆传动受力分析

蜗杆传动各受力方向判定方法为:当蜗杆主动时,蜗杆上圆周力 F_{t1} 的方向与蜗杆的转向相反;蜗轮上的圆周力 F_{t2} 的方向与蜗轮的转向相同。蜗杆和蜗轮上的径向力 F_{r1} 和 F_{r2} 的方向分别指向各自的轴心。蜗杆轴向力 F_{a1} 的方向与蜗杆的螺旋线方向和转向有关,可以用"主动轮左右手法则"判断,即蜗杆为右(左)旋时用右(左)手,并以四指弯曲方向表示蜗杆转向,则拇指所指的方向为轴向力 F_{a1} 的方向,作用在蜗轮上力的方向可根据作用力与反作用力原理确定。

【例 7-1】 图 7-10 中蜗杆主动,试标出未注明的蜗杆(或蜗轮)的螺旋线方向及转向,并在图中绘出蜗杆、蜗轮啮合点处作用力的方向(用三个分力,即圆周力 F_t、径向力 F_r、轴向力 F_a 表示)。

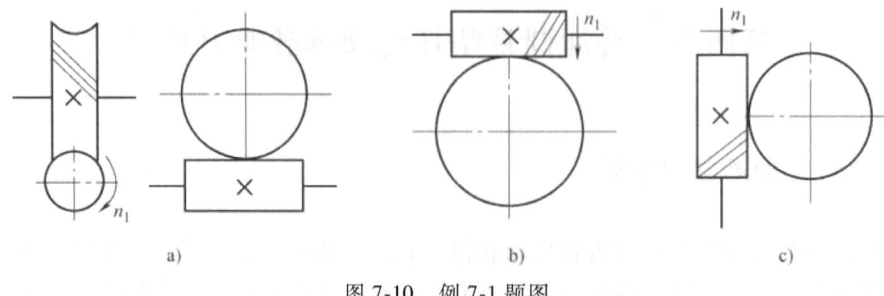

图 7-10 例 7-1 题图

解题分析:如图 7-11 所示,根据蜗杆传动啮合条件($\beta=\gamma$ 和螺旋传动原理),首先标出未注明的蜗杆(或蜗轮)的螺旋线方向及转向;再根据蜗杆(主动)与蜗轮啮合点处各作用力的方向确定方法,定出各力方向。

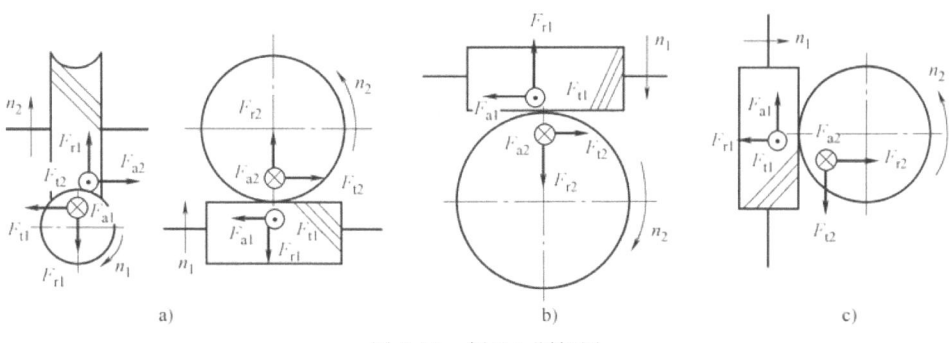

图 7-11 例 7-1 题解图

【例 7-2】 在图 7-12 所示传动系统中，1 为蜗杆，2 为蜗轮，3 和 4 为斜齿圆柱齿轮，5 和 6 为直齿锥齿轮。若蜗杆主动，要求输出齿轮 6 的回转方向如图所示。试确定：

1）若要使Ⅱ、Ⅲ轴上所受轴向力互相抵消一部分，蜗杆、蜗轮及斜齿圆柱齿轮 3 和 4 的螺旋线方向及Ⅰ～Ⅲ轴的回转方向（在图中标示）。

2）Ⅱ、Ⅲ轴上各轮啮合点处受力方向（F_t、F_r、F_a 在图中画出）。

解题分析：

1）各轴螺旋线方向：蜗杆 1——左旋；蜗轮 2——左旋；

斜齿圆柱齿轮 3——左旋；斜齿圆柱齿轮 4——右旋。Ⅰ～Ⅲ轴的回转方向：Ⅰ轴 $n_Ⅰ$——逆时针；Ⅱ轴 $n_Ⅱ$——朝下↓；Ⅲ轴 $n_Ⅲ$——朝上↑。

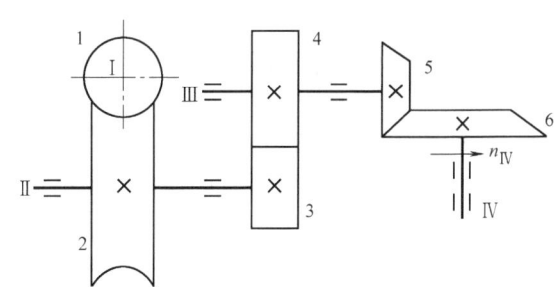

图 7-12 例 7-2 题图

2）Ⅱ、Ⅲ轴上各轮受力方向如图 7-13 所示。

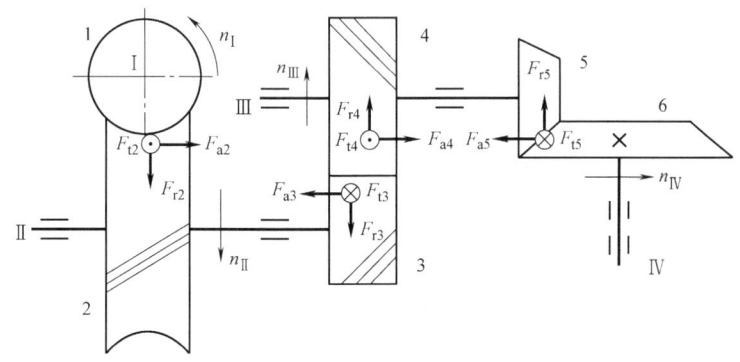

图 7-13 例 7-2 题解图

二、计算载荷

蜗杆传动的计算载荷 F_{nc} 为

$$F_{nc} = KF_n \tag{7-20}$$

式中　K——载荷系数，$K = K_A K_\beta K_v$；

K_A——使用系数，见表7-7；

K_β——齿向载荷分配系数，当蜗杆传动的载荷平稳时，载荷分布不均匀现象将由工作表面良好的磨合得到改善，取 $K_\beta = 1$，当载荷变化较大，或有冲击、振动时，$K_\beta = 1.3 \sim 1.6$；

K_v——动载系数，由于蜗杆传动一般较平稳，动载荷比齿轮传动小得多，故对于精确制造且蜗轮圆周速度 $v_2 \leq 3\text{m/s}$ 时，取 $K_v = 1.0 \sim 1.1$，当蜗轮圆周速度 $v_2 > 3\text{m/s}$ 时，取 $K_v = 1.1 \sim 1.2$。

表7-7　使用系数 K_A

工作类型	Ⅰ	Ⅱ	Ⅲ
载荷性质	均匀、无冲击	不均匀、小冲击	不均匀、大冲击
每小时起动次数	<25次	25~50次	>50次
起动载荷	小	较大	大
K_A	1	1.15	1.2

三、蜗杆传动的强度计算

1. 蜗轮齿面接触疲劳强度计算

蜗轮齿面接触疲劳强度计算的原始公式仍来源于赫兹公式，接触应力 σ_H 为

$$\sigma_H = Z_E \sqrt{\frac{K F_n}{L \rho_\Sigma}} \tag{7-21}$$

式中　F_n——啮合齿面上的法向载荷（N）；

L——接触线总长（mm）；

ρ_Σ——综合曲率半径（mm）；

K——载荷系数；

Z_E——材料的弹性影响系数（$\sqrt{\text{MPa}}$），青铜或铸铁蜗轮与钢蜗杆配对时，取 $Z_E = 160\sqrt{\text{MPa}}$。

由于蜗杆传动在同一瞬时有多对齿啮合，齿面存在多条接触线，且呈复杂的曲线形状，啮合过程中接触线总长 L 和综合曲率半径 ρ_Σ 也在不断变化，在工程中将以上公式中的法向载荷 F_n 换算成蜗轮分度圆直径 d_2 与蜗轮转矩 T_2 的关系式，再将 d_2、L、ρ_Σ 等换算成中心距 a 及 Z_ρ 的函数后，即得蜗轮齿面接触疲劳强度的验算公式

$$\sigma_H = Z_E Z_\rho \sqrt{\frac{K T_2}{a^3}} \leq [\sigma_H] \tag{7-22}$$

式中　Z_ρ——蜗杆传动的接触线长度和曲率半径对接触强度的影响系数，简称接触系数；

σ_H、$[\sigma_H]$——蜗轮齿面的接触应力及许用接触应力（MPa）。

接触系数是计及齿面曲率和接触线长度对接触应力的影响系数，由沿啮合线的接触应力平均值得来。由图7-14可见，d_1/a 越大，Z_ρ 值越小，有利于降低接触应力和减小传动的中心距。

若蜗轮材料为抗拉强度 $R_m < 300\mathrm{MPa}$ 的铸造锡青铜,因蜗轮主要为蜗轮齿面接触疲劳失效,所以承载能力取决于蜗轮的接触疲劳强度。故应先从表 7-8 中查出蜗轮的基本许用接触应力 $[\sigma_H]'$,再按 $[\sigma_H]' = K_{HN}[\sigma_H]'$ 算出许用接触应力 $[\sigma_H]$ 的值。

K_{HN} 为接触疲劳强度的寿命系数,$K_{HN} = \sqrt[8]{\dfrac{10^7}{N}}$。其中 $N = 60jn_2L_h$;n_2 为蜗轮转速(r/min);L_h 为工作寿命(h);j 为蜗轮每转一转,每个轮齿啮合的次数。

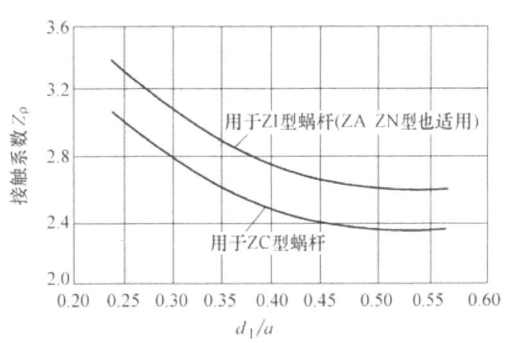

图 7-14 圆柱蜗杆传动的接触系数

表 7-8 铸造锡青铜蜗轮的基本许用接触应力 $[\sigma_H]'$

蜗轮材料	铸造方法	蜗杆螺旋面的硬度	
		≤45HRC	>45HRC
铸造锡磷青铜	砂型铸造	150	180
	金属型铸造	220	268
铸造锡锌青铜	砂型铸造	113	135
	金属型铸造	128	140

注:铸造锡青铜蜗轮的基本许用接触应力为应力循环次数 $N=10^7$ 时之值,当 $N \neq 10^7$ 时,需将表中数值乘以寿命系数 K_{HN}。当 $N > 25 \times 10^7$ 时,取 $N = 25 \times 10^7$;当 $N < 2.6 \times 10^5$ 时,取 $N = 2.6 \times 10^5$。

当蜗轮材料为灰铸铁或高强度青铜($R_m \geq 300\mathrm{MPa}$)时,蜗杆传动的承载能力主要取决于齿面胶合强度。但因目前尚无完善的胶合强度计算公式,故采用接触疲劳强度计算是一种条件性计算,在查取蜗轮齿面的许用接触应力时,要考虑滑动速度的大小。由于胶合不属于疲劳失效,$[\sigma_H]$ 与应力循环次数 N 无关,故可直接从表 7-9 中查出许用接触应力 $[\sigma_H]$ 的值。

表 7-9 灰铸铁及铸铝铁青铜蜗轮的许用接触应力 $[\sigma_H]$ (单位:MPa)

材料		滑动速度 v_s/(m/s)						
蜗杆	蜗轮	<0.25	0.25	0.5	1	2	3	4
20 或 20Cr 渗碳淬火,45 钢淬火,齿面硬度大于 45HRC	灰铸铁 HT150	206	166	150	127	95	—	—
	灰铸铁 HT200	250	202	182	154	115	—	—
	铸造铝铁青铜 ZCuAl10Fe3	—	—	250	230	210	180	160
45 钢	灰铸铁 HT150	172	139	125	106	79	—	—
	灰铸铁 HT200	208	168	152	128	96	—	—

从蜗轮齿面接触疲劳强度的验算公式中,可得到按蜗轮接触疲劳强度条件设计计算的公式为

$$a \geq \sqrt[3]{KT_2\left(\dfrac{Z_E Z_\rho}{[\sigma_H]}\right)^2} \tag{7-23}$$

从上式算出蜗杆传动的中心距 a 后,可根据预定的传动比 $i(z_2/z_1)$ 从表 7-2 中选择合适的 a 值,以及相应的蜗杆、蜗轮的参数。

2. 蜗轮齿根弯曲疲劳强度计算

蜗轮轮齿的弯曲疲劳强度取决于轮齿模数的大小。由于轮齿齿形比较复杂,且在中间平

面两侧的不同平面上的齿厚不同，相当于具有不同变位系数的正变位齿轮轮齿。距中间平面越远，齿越厚，变位系数也越大。因此，蜗轮轮齿的弯曲疲劳强度难于精确计算，只能进行条件性的概算。一般把蜗轮近似按斜齿圆柱齿轮来考虑进行条件性计算，因此该计算带有很大的近似性。按斜齿圆柱齿轮齿根弯曲疲劳强度的计算公式

$$\sigma_F = \frac{KF_1}{b_2 m_n} Y_{Fa2} Y_{Sa2} Y_\varepsilon Y_\beta = \frac{2KT_2}{b_2 d_2 m_n} Y_{Fa2} Y_{Sa2} Y_\varepsilon Y_\beta \leq [\sigma_F] \tag{7-24}$$

式中　b_2——蜗轮齿宽（mm），$b_2 = \dfrac{\pi d_1 \theta}{360° \cos\gamma}$，其中 θ 为蜗轮齿宽角（°）；

　　　m_n——法向模数（mm），$m_n = m\cos\gamma$；

　　　Y_{Sa2}——齿根应力校正系数，放在 $[\sigma_F]$ 中考虑；

　　　Y_{Fa2}——蜗轮齿形系数，由蜗轮的当量齿数 $z_{v2} = z_2/\cos^3\gamma$ 和蜗轮变位系数 x_2 从图 7-15 中查得；

　　　Y_ε——弯曲疲劳强度的重合度系数，取 $Y_\varepsilon = 0.667$；

　　　Y_β——螺旋角系数，$Y_\beta = 1 - \gamma/140°$；

　　　$[\sigma_F]$——蜗轮的许用弯曲应力（MPa），$[\sigma_F] = [\sigma_F]' K_{FN}$，其中 $[\sigma_F]'$ 为计入齿根应力校正系数 Y_{Sa2} 后蜗轮的基本许用应力，从表 7-10 中选取，K_{FN} 为寿命系数，$K_{FN} = \sqrt[9]{\dfrac{10^6}{N}}$，其中应力循环次数 N 的计算方法同前。

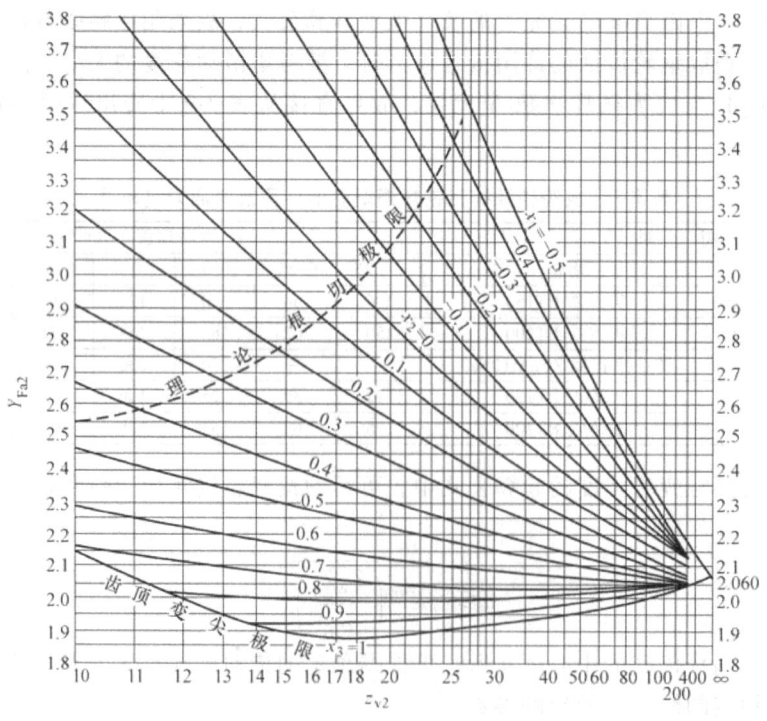

图 7-15　蜗轮齿形系数

表 7-10　蜗轮的基本许用弯曲应力 $[\sigma_F]'$　　　（单位：MPa）

蜗轮材料		铸造方法	单侧工作$[\sigma_{0F}]'$	双侧工作$[\sigma_{-1F}]'$
铸造锡青铜 ZCuSn10P1		砂型铸造	40	29
		金属型铸造	56	40
铸造锡青铜 ZCuSn5Pb5Zn5		砂型铸造	26	22
		金属型铸造	32	26
铸造铝青铜 ZCuAl10Fe3		砂型铸造	80	57
		金属型铸造	90	64
灰铸铁	HT150	砂型铸造	40	28
	HT200	砂型铸造	48	34

注：表中各种青铜的基本许用弯曲应力为应力循环次数 $N=10^6$ 时之值，当 $N\neq 10^6$ 时，需将表中数值乘以寿命系数 K_{FN}。当 $N>25\times 10^7$ 时，取 $N=25\times 10^7$；当 $N<10^5$ 时，取 $N=10^5$。

所以蜗轮齿根弯曲疲劳强度条件的校核公式为

$$\sigma_F = \frac{1.53KT_2}{d_1 d_2 m} Y_{Fa2} Y_\beta \leq [\sigma_F] \quad (7\text{-}25\text{a})$$

经整理后可得蜗轮轮齿按弯曲疲劳强度条件的设计公式为

$$m^2 d_1 \geq \frac{1.53KT_2}{z_2 [\sigma_F]} Y_{Fa2} Y_\beta \quad (7\text{-}25\text{b})$$

计算出 $m^2 d_1$ 后，可从表 7-2 中查出相应的参数。

蜗轮轮齿因弯曲强度不足而失效的情况，多发生在蜗轮齿数较多（如 $z_2>90$ 时）或开式传动中。因此，对闭式蜗杆传动通常只做弯曲疲劳强度的校核计算，而且这种计算是必须进行的。因为校核蜗轮轮齿的弯曲疲劳强度绝不只是为了判别其弯曲断裂的可能性，此外对那些承受重载的蜗杆副，蜗轮轮齿的弯曲变形量还会直接影响到蜗杆副的运动平稳性。

四、蜗杆的刚度计算

蜗杆受力后产生过大的变形，就会造成轮齿上的载荷集中，影响蜗杆与蜗轮的正确啮合，所以蜗杆还必须进行刚度校核。校核蜗杆的刚度时，通常是把蜗杆螺旋部分看作以蜗杆齿根圆为直径的轴段，主要是校核蜗杆的弯曲刚度，其最大挠度 y 可按下式做近似计算，并得其刚度条件为

$$y = \frac{L\sqrt[3]{F_{t1}^2 + F_{r1}^2}}{48EI} \leq [y] \quad (7\text{-}26)$$

式中　F_{t1}——蜗杆所受的圆周力（N）；

F_{r1}——蜗杆所受的径向力（N）；

E——蜗杆材料的弹性模量（MPa）；

I——蜗杆危险截面的惯性矩（mm^4），$I = \frac{\pi d_{f1}^4}{64}$，其中 d_{f1} 为蜗杆齿根圆直径（mm）；

L——蜗杆两端支承间的距离（mm），视具体结构要求而定，初算时可取 $L \approx 0.9 d_2$，d_2 为蜗轮分度圆直径（mm）；

$[y]$——许用最大挠度（mm），$[y] = d_1/1000$，此处 d_1 为蜗杆分度圆直径（mm）。

五、普通圆柱蜗杆传动的精度等级及其选择

按国家标准，圆柱蜗杆传动的精度在 GB 10089—1988 中，其公差规定了 12 个精度等级，其中第 1 级最高，第 12 级最低，常用精度为 6~9 级。蜗杆传动的精度等级选择和应用见表 7-11。

表 7-11 蜗杆传动的精度等级选择和应用

精度等级		6级（高精度）	7（精密精度）	8（中等精度）	9（低精度）
蜗轮许用滑动速度/(m/s)		>10	≤10	≤5	≤2
表面粗糙度 $Ra/\mu m$	蜗杆	0.4	0.40~0.80	0.80~1.6	1.60~3.20
	蜗轮	0.4	0.40~0.80	1.6	3.2
应用范围		速度较高的精密传动、中等精度的机床分度机构、发动机调速器传动	速度较高的中等功率传动、中等精度的工业运输机传动	速度较低或短时间工作的动力传动，或一般不太重要的传动	不重要的低速传动或手动传动
制造方法	蜗杆	渗碳淬火、螺旋两侧磨光和抛光	渗碳淬火、螺旋两侧磨光和抛光	调质、精车	调质、精车
	蜗轮	滚切后用蜗杆形剃齿刀精加工或加载磨合	滚切后用蜗杆形剃齿刀精加工或加载磨合	滚切后建议加载磨合	滚切后建议加载磨合

第五节 蜗杆传动的效率、润滑和热平衡计算

一、蜗杆传动的滑动速度 v_s

如图 7-16 所示，当蜗杆传动在节点处啮合时，蜗杆的圆周速度为 v_1，蜗轮的圆周速度为 v_2，滑动速度 v_s 为

$$v_s = \frac{v_1}{\cos\gamma} = \frac{\pi d_1 n_1}{60 \times 1000 \cos\gamma} \tag{7-27}$$

式中 v_1——蜗杆分度圆的圆周速度 (m/s)；

d_1——蜗杆分度圆直径 (mm)；

n_1——蜗杆的转速 (r/min)。

导程角 γ 是影响蜗杆传动啮合效率最主要的参数之一。设 f_v 为当量摩擦系数，从图 7-17 可以看出，η_1 随 γ 增大而提高，但到一定值后即下降。当 $\gamma > 28°$ 后，η_1 随 γ 的变化就比较慢，而且大导程角的蜗杆制造困难，所以一般 $\gamma < 28°$。

二、蜗杆传动的效率

闭式蜗杆传动的总效率 η 包括：轮齿啮合损耗功率的效率 η_1；轴承摩擦损耗功率的效率 η_2；浸入油中的零件搅油损耗功率的效率 η_3。因此总效率为

$$\eta = \eta_1 \eta_2 \eta_3 \tag{7-28}$$

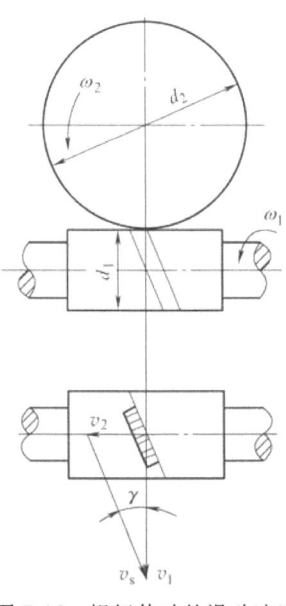

图 7-16 蜗杆传动的滑动速度

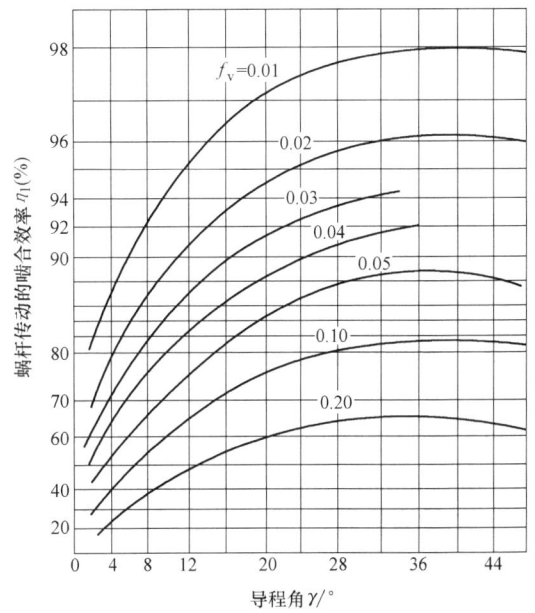

图 7-17 导程角与效率之间的关系

当蜗杆主动时，η_1 可近似按下式计算，即

$$\eta_1 = \frac{\tan\gamma}{\tan(\gamma + \varphi_v)} \tag{7-29}$$

式中 γ ——导程角（°）；

φ_v ——当量摩擦角，$\varphi_v = \arctan f_v$，其值可根据滑动速度 v_s 由表 7-12 查出。

表 7-12 当量摩擦系数和当量摩擦角

蜗轮材料	锡青铜				无锡青铜		灰铸铁			
蜗杆齿面硬度	≥45HRC		<45HRC		≥45HRC		≥45HRC		<45HRC	
滑动速度 v_s/(m/s)	f_v	ρ_v	f_v	ρ_v	f_v	ρ_v	f_v	ρ_v	f_v	ρ_v
0.01	0.11	6°17′	0.12	6°51′	0.18	10°12′	0.18	10°12′	0.19	10°45′
0.10	0.08	4°34′	0.09	5°09′	0.13	7°24′	0.13	7°24′	0.14	7°58′
0.25	0.065	3°43′	0.075	4°17′	0.10	5°43′	0.10	5°43′	0.12	6°51′
0.50	0.055	3°09′	0.065	3°43′	0.09	5°09′	0.09	5°09′	0.10	5°43′
1.00	0.045	2°35′	0.055	3°09′	0.07	4°00′	0.07	4°00′	0.09	5°09′
1.50	0.04	2°17′	0.05	2°52′	0.065	3°43′	0.065	3°43′	0.08	4°34′
2.00	0.035	2°00′	0.045	2°35′	0.055	3°09′	0.055	3°09′	0.07	4°00′
2.50	0.03	1°43′	0.04	2°17′	0.05	2°52′				
3.00	0.028	1°36′	0.035	2°00′	0.045	2°35′				
4.00	0.024	1°22′	0.031	1°47′	0.04	2°17′				
5.00	0.022	1°16′	0.029	1°40′	0.035	2°00′				
8.00	0.018	1°02′	0.026	1°29′	0.03	1°43′				
10.0	0.016	0°55′	0.024	1°22′						
15.0	0.014	0°48′	0.020	1°09′						
24.0	0.013	0°45′								

注：1. 如滑动速度与表中数值不一致时，可用插值法计算求出。
　　2. 当蜗杆齿面硬度≥45HRC 时的 ρ_v 值是指蜗杆齿面经磨削、蜗杆传动经磨合并有充分润滑的情况。

一般情况下，由于轴承摩擦和溅油这两项损耗功率不大，一般取 $\eta_2\eta_3 = 0.95 \sim 0.96$，则总效率 η 为

$$\eta = \eta_1\eta_2\eta_3 = (0.95 \sim 0.96)\frac{\tan\gamma}{\tan(\gamma+\varphi_v)} \tag{7-30}$$

在设计之初，为了近似地求出蜗轮轴上的转矩 T_2，η 值可按表 7-13 估取。

表 7-13 效率初估值

蜗杆头数	1	2	4	6
总效率 η	0.7	0.8	0.9	0.95

三、蜗杆传动的润滑

由于蜗杆传动时的滑动速度较大、效率低、发热量大，故润滑特别重要。若润滑不良，会进一步导致效率降低，并会产生急剧磨损，甚至出现胶合，故需选择合适的润滑油及润滑方式。

1. 润滑油种类

润滑油的种类很多，需根据蜗杆、蜗轮配对材料和运转条件合理选用。蜗杆传动常用的润滑油见表 7-14。

表 7-14 蜗杆传动常用的润滑油

全损耗系统用油牌号 L-AN	68	100	150	220	320	460	680
运动黏度（mm^2/s）	61.2~74.8	90~110	135~165	198~242	288~352	414~506	612~748
黏度指数不小于	90					85	
闪点（开口）/℃ 不低于	180	200					
倾点/℃ 不高于	−12			−9			−5

注：其余指标可参看 GB 5903—2011。

2. 润滑油黏度和润滑方法

润滑油黏度及给油方法，一般根据滑动速度及载荷类型进行选择。为提高蜗杆传动的抗胶合性能，宜选用黏度较高的润滑油。在矿物油中适当加些油性添加剂，如加入 5% 的动物脂肪，有利于提高油膜厚度，减轻胶合危险。用青铜制造的蜗轮，则不允许采用活性大的极压添加剂，以免腐蚀青铜。采用聚乙二醇、聚醚合成油时，摩擦系数较小，有利于提高传动效率，承受较高的工作温度，减少磨损。

闭式蜗杆传动的润滑油黏度荐用值及给油方法见表 7-15。

表 7-15 闭式蜗杆传动的润滑油黏度荐用值及给油方法

闭式蜗杆传动的滑动速度 v_s/(m/s)	0~1	0~2.5	0~5	>5~10	>10~15	>15~25	>25
载荷类型	重	重	中	不限	不限	不限	不限
运动黏度/(mm^2/s)	900	500	350	220	150	100	80
给油方法	油池润滑			喷油润滑或油池润滑	喷油润滑时的喷油压力/MPa		
					0.7	2	3

3. 润滑油量及润滑方式

对闭式蜗杆传动采用油池润滑时，蜗杆最好布置在下方，在搅油损耗不至过大的情况下，应有适当的油量。这样不仅有利于动压油膜的形成，而且有助于散热。对于蜗杆下置式

或蜗杆侧置式的传动，浸油深度应为蜗杆的齿高，且油面不应超过滚动轴承最低滚动体的中心，油池容量宜适当大些，以免蜗杆工作时泛起箱内沉淀物，使油很快老化。只有在不得已的情况下（如受结构的限制），蜗杆才布置在上方，此时浸油深度为蜗轮半径的 1/6~1/3。

若蜗杆传动的滑动速度高于 10m/s，必须采用压力喷油润滑，由喷油嘴向传动的啮合区供油。当速度小于 25m/s 时，喷油嘴位于蜗杆啮入端或啮出端皆可；当速度高于 25m/s 时，为增强冷却效果，喷油嘴宜放在啮出侧，双向转动时两边都要装有喷油嘴，而且要控制一定的油压。喷油润滑时的供油量见表 7-16。

表 7-16　喷油润滑时的供油量

中心距 a/mm	80	100	125	160	200	250	315	400	500
供油量 q/(L/min)	1.5	2	3	4	6	10	15	20	25

对于开式蜗杆传动，则采用黏度高的齿轮油或润滑脂，一般采用涂刷方式。

四、蜗杆传动的热平衡计算

蜗杆传动效率低，工作时发热量大。如果产生的热量不能及时散逸，将因油温不断升高而增大摩擦损失，甚至发生胶合。所以，必须根据单位时间内的发热量等于同时间内的散热量的条件进行热平衡计算，以保证油温稳定地处于规定的范围内。

由于摩擦损耗的功率 $P_f = P(1-\eta)$，则产生的热流量为

$$\Phi_1 = 1000 P_f = 1000 P(1-\eta) \tag{7-31}$$

式中　P——蜗杆传递的功率（kW）。

以自然冷却方式，从箱体外壁散发到周围空气中的热流量为

$$\Phi_2 = \alpha_d S(t_1 - t_0) \tag{7-32}$$

式中　α_d——箱体的表面传热系数 [W/(m²·℃)]，自然通风良好的地方取 $\alpha_d = 14 \sim 17.5$，通风不好时取 $\alpha_d = 8.7 \sim 10.5$；

　　　　S——内表面能被润滑油所飞溅到，而外表面又可为周围空气所冷却的箱体表面面积（m²），初步设计时，对于箱体有散热肋的蜗杆传动，凸缘及散热片面积按 50% 计算，对于一般蜗杆减速器，按 $S = 9 \times 10^{-5} a^{1.88}$ 估算，a 为中心距（mm）；

　　　　t_1——油的工作温度（℃），一般限制在 60~70℃，最高不应超过 80℃；

　　　　t_0——周围空气的温度（℃），常温情况可取为 20℃。

按热平衡条件 $\Phi_1 = \Phi_2$，可求得在既定工作条件下的油温为

$$t_1 = t_0 + \frac{1000 P(1-\eta)}{\alpha_d S} \tag{7-33}$$

或在保持正常工作温度所需要的散热面积为

$$S = t_0 + \frac{1000 P(1-\eta)}{\alpha_d (t_1 - t_0)} \tag{7-34}$$

在 $t_1 > 80$℃ 或有效的散热面积不足时，则必须采取措施，以提高散热能力。通常采取下述方法。

1) 在箱体外壁加散热片，以增大散热面积（图 7-18a）。

2) 在蜗杆轴端加装风扇以加速空气的流通，进行人工通风，以增大散热系数（图7-18b）。

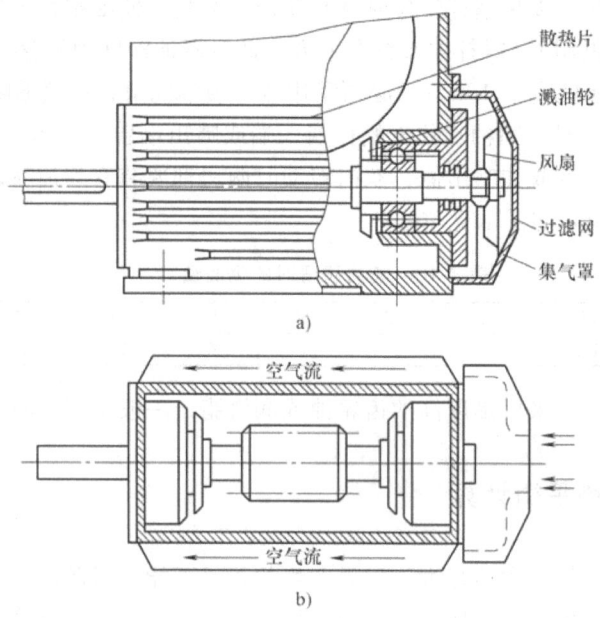

图7-18 加散热片和风扇

3) 在传动箱内装蛇形循环冷却管路（图7-19）。
4) 对于大功率的蜗杆，采用压力喷油润滑冷却（图7-20）。

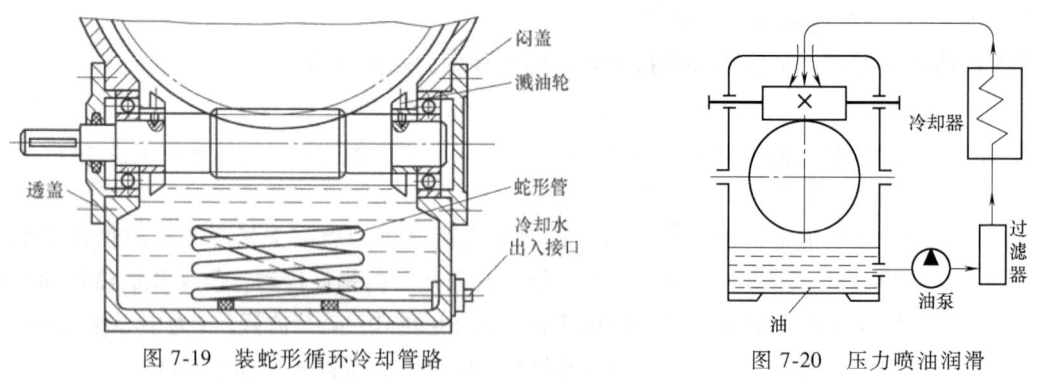

图7-19 装蛇形循环冷却管路　　图7-20 压力喷油润滑

【例7-3】 图7-21所示为带运输机中的单级蜗杆减速器。已知电动机功率 $P = 7.5\text{kW}$，

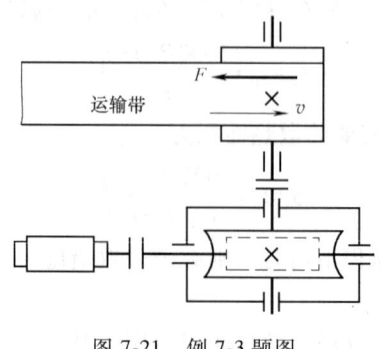

图7-21 例7-3题图

转速 $n_1 = 1440\text{r/min}$,传动比 $i = 20$,载荷有轻微冲击,单向连续运转,每天工作 8h,每年工作 300 天,使用寿命为 5 年,试设计该蜗杆传动。

解:

计算与说明	主要结果
1. 选择蜗杆传动类型 根据 GB 10085—1988 的推荐及设计要求,采用阿基米德蜗杆(ZA)	
2. 选择蜗杆、蜗轮的材料 蜗杆材料:45 钢,表面淬火,齿面硬度为 45~55HRC 蜗轮材料:因 $v_{s估} = (0.02 \sim 0.03)\sqrt[3]{Pn_1^2} = (0.02 \sim 0.03)\sqrt[3]{7.5 \times 1440^2}\text{m/s}$ $= 4.9922 \sim 7.4883\text{m/s} > 4\text{m/s}$ 故选铸造锡青铜 ZCuSn10P1 砂型铸造,蜗轮轮芯 HT100	蜗杆 45 钢 蜗轮 ZCuSn10P1
3. 确定主要参数 选择蜗杆头数 z_1:因 $i = 20$,带式运输机无自锁要求,可选 $z_1 = 2$ 初选蜗轮齿数 $z_2 = iz_1 = 20 \times 2 = 40$	$z_1 = 2$ 初选 $z_2 = 40$
4. 按齿面接触疲劳强度条件进行设计计算 1)作用于蜗轮上的转矩 T_2 $\quad T_1 = 9.55 \times 10^6 P/n_1 = 9.55 \times 10^6 \times 7.5/1440\text{N}\cdot\text{mm} = 4.974 \times 10^4\text{N}\cdot\text{mm}$ 因 $z_1 = 2$,初估 $\eta_{估} = 0.8$ $\quad T_2 = T_1 i\eta = 4.974 \times 10^4 \times 20 \times 0.8\text{N}\cdot\text{mm} = 7.9584 \times 10^5\text{N}\cdot\text{mm}$ 2)确定载荷系数 K 因为原动机为电动机,载荷有轻微冲击,速度不高,取齿向载荷分配系数 $K_\beta = 1$,动载系数 $K_v = 1.1$,使用系数 $K_A = 1.15$ $\quad K = K_A K_\beta K_v = 1 \times 1.1 \times 1.15 = 1.265$ 3)确定弹性影响系数 Z_E:青铜蜗轮与钢制蜗杆相配,$Z_E = 160\sqrt{\text{MPa}}$ 4)确定接触系数 Z_ρ 假设蜗杆分度圆直径 d_1 与传动中心距 a 的比值 $d_1/a = 0.35$,查图 7-14,取 $Z_\rho = 2.9$ 5)确定许用接触应力 $[\sigma_H]$ $\quad N = 60 n_2 L_h = 60 \times \dfrac{n_1}{i} \times 5 \times 300 \times 8 = 60 \times \dfrac{1440}{20} \times 12000 = 5.184 \times 10^7$ 寿命系数 $K_{HN} = \sqrt[8]{\dfrac{10^7}{N}} = \sqrt[8]{\dfrac{10^7}{5.184 \times 10^7}} = 0.814$ 查表 7-8,基本许用接触应力 $[\sigma_H]' = 268\text{MPa}$ $\quad [\sigma_H] = K_{HN}[\sigma_H]' = 0.814 \times 268\text{MPa} = 218.15\text{MPa}$ 6)计算中心距 a $\quad a \geq \sqrt[3]{KT_2\left(\dfrac{Z_E Z_\rho}{[\sigma_H]}\right)^2} = \sqrt[3]{1.265 \times 7.9584 \times 10^5 \left(\dfrac{160 \times 2.9}{218.15}\right)^2}\text{mm} = 165.76\text{mm}$ 由表 7-2 取中心距 $a = 200\text{mm}$,模数 $m = 8\text{mm}$,蜗杆分度圆直径 $d_1 = 80\text{mm}$,$m^2 d_1 = 5120\text{mm}^3$,$q = 10.00\text{mm}$,$\gamma = 11°18'36''$,$x_2 = -0.500$。此时 $d_1/a = 80/200 = 0.4$,由图 7-14 查得 $Z_\rho' = 2.75 < Z_\rho = 2.9$,因此以上计算结果可用。而 $z_1 = 2$,$z_2 = 41$,传动比误差为 $[(41/2)-20]/20 = 2.5\% < 5\%$,所以 $z_2 = 41$ 可用	$T_2 = 7.9584 \times 10^5\text{N}\cdot\text{mm}$ $K = 1.265$ $Z_E = 160\sqrt{\text{MPa}}$ $[\sigma_H] = 218.15\text{MPa}$ $a = 200\text{mm}$ $m = 8\text{mm}$ $q = 10\text{mm}$ $\gamma = 11°18'36''$ $d_1 = 80\text{mm}$
7)确定蜗杆与蜗轮主要参数和几何尺寸 蜗杆轴向齿距 $p_x = \pi m = \pi \times 8\text{mm} = 25.133\text{mm}$ 蜗杆齿顶圆直径 $d_{a1} = d_1 + 2h_a^* m = 80\text{mm} + 2 \times 1 \times 8\text{mm} = 96\text{mm}$ 蜗杆齿根圆直径 $d_{f1} = d_1 - 2(h_a^* + c)m = 80\text{mm} - 2(1 + 0.2) \times 8\text{mm} = 60.80\text{mm}$ 蜗轮齿数 $z_2 = 41$,蜗轮变位系数 $x_2 = -0.500$ 蜗轮分度圆直径 $d_2 = mz_2 = 8 \times 41\text{mm} = 328\text{mm}$ 蜗轮喉圆直径 $d_{a2} = d_2 + 2h_a^* m = (328 + 2 \times 1 \times 8)\text{mm} = 344\text{mm}$ 蜗轮齿根圆直径 $d_{f2} = d_2 - 2(h_a^* + c)m = 328\text{mm} - 2(1 + 0.2) \times 8\text{mm} = 308.80\text{mm}$	$d_{a1} = 96\text{mm}$ $d_{f1} = 60.80\text{mm}$ $z_2 = 41$ $x_2 = -0.500$ $d_2 = 328\text{mm}$ $d_{a2} = 344\text{mm}$ $d_{f2} = 308.80\text{mm}$

(续)

计算与说明	主要结果
5. 校核齿根弯曲疲劳强度 计算当量齿数 $z_{v2} = z_2/\cos^3\gamma = 41/\cos^3 11°18'36'' = 43.48$ 蜗轮齿形系数 Y_{Fa2}: $x_2 = -0.500$, 由图 7-15 查得 $Y_{Fa2} = 2.87$ 螺旋角系数 $Y_\beta = 1 - \gamma/140° = 1 - 11.3099°/140° = 0.919$ 计算许用弯曲应力: 查表 7-10 得 $[\sigma_H]' = 40\text{MPa}$ $[\sigma_F] = [\sigma_F]' K_{FN} = 40 \times \sqrt[9]{\dfrac{10^6}{N}}\text{MPa} = 40 \times \sqrt[9]{\dfrac{10^6}{5.184 \times 10^7}}\text{MPa} = 25.8\text{MPa}$ $\sigma_F = \dfrac{1.53KT_2}{d_1 d_2 m} Y_{Fa2} Y_\beta = \dfrac{1.53 \times 1.265 \times 7.9584 \times 10^5}{80 \times 328 \times 8} \times 2.87 \times 0.919\text{MPa}$ $= 19.35\text{MPa} \leqslant [\sigma_F] = 25.8\text{MPa}$ 齿根弯曲疲劳强度足够	$z_{v2} = 43.48$ $Y_{Fa2} = 2.87$ $Y_\beta = 0.919$ $[\sigma_F] = 25.8\text{MPa}$ $\sigma_F = 19.35\text{MPa} < [\sigma_F]$
6. 传动效率及热平衡计算 1) 导程角 γ: $\gamma = \arctan\dfrac{z_1}{q} = \arctan\dfrac{2}{10} = 11.3099°$ 2) 滑动速度 v_s: $v_s = \dfrac{v_1}{\cos\gamma} = \dfrac{\pi d_1 n_1}{60 \times 1000 \cos\gamma} = \dfrac{\pi \times 80 \times 1440}{60000 \times \cos 11.3099°}\text{m/s} = 6.15\text{m/s}$ 3) 确定当量摩擦角 φ_v: 由表 7-12 查(插值法)得 $\varphi_v = 1°11' = 1.18°$ 4) 计算 η $\eta = (0.95 \sim 0.96)\dfrac{\tan\gamma}{\tan(\gamma + \varphi_v)} = (0.95 \sim 0.96)\dfrac{\tan 11.3099°}{\tan(11.3099° + 1.18°)} = 0.858 \sim 0.867$ 取 $\eta = 0.87$ 5) 确定箱体散热面积 S: $S = 9 \times 10^{-5} a^{1.88} = 9 \times 10^{-5} \times 200^{1.88}\text{m}^2 = 1.906\text{m}^2$ 6) 热平衡计算: 取环境温度 $t_0 = 20°C$, 散热系数 $\alpha_d = 15\text{W}/(\text{m}^2 \cdot °C)$, 达到热平衡时的工作油温 $t_1 = t_0 + \dfrac{1000P(1-\eta)}{\alpha_d S} = 20°C + \dfrac{1000 \times 7.5 \times (1-0.87)}{15 \times 1.906}°C = 54.10°C$ 因为 $54.10°C < 60°C$, 满足热平衡条件	$v_s = 6.15\text{m/s}$ 取 $\eta = 0.87$ $t_1 = 54.10°C < 60°C$ 蜗杆传动的参数选择合理
7. 蜗杆结构设计及零件图绘制 略	

思 考 题

7.1 蜗杆传动具有哪些特点?蜗杆传动有哪些类型?常用于什么场合?

7.2 蜗杆传动的正确啮合条件是什么?自锁条件是什么?

7.3 蜗杆传动中,蜗杆和蜗轮所受各分力大小和方向如何确定?蜗杆和蜗轮的转动方向如何确定?

7.4 蜗杆传动的主要失效形式是什么?闭式蜗杆传动和开式蜗杆传动的失效形式有何不同?其设计准则又有何不同?

7.5 如何恰当地选择蜗杆传动的传动比 i、蜗杆头数 z_1 和蜗轮齿数 z_2?简述其理由。

7.6 为了提高蜗杆减速器输出轴的转速,而采用双头蜗杆代替原来的单头蜗杆,原来的蜗轮是否可以继续使用?为什么?

7.7 变位蜗杆传动的主要目的是什么?在传动中是蜗杆变位还是蜗轮变位?

7.8 蜗杆在进行承载能力计算时,为什么只考虑蜗轮?蜗杆的强度如何考虑?在什么情况下需要进行蜗杆的刚度计算？

7.9 影响蜗杆传动效率的主要因素有哪些？导程角 γ 的大小对效率有何影响？

7.10 蜗杆传动为什么要进行热平衡计算？若热平衡计算不合要求时应采取什么措施？

习 题

7.1 在图 7-22 中，标出未注明的蜗杆或蜗轮的螺旋线旋向及蜗杆或蜗轮的转向，并绘出蜗杆或蜗轮啮合点作用力的方向（用三个分力表示）。

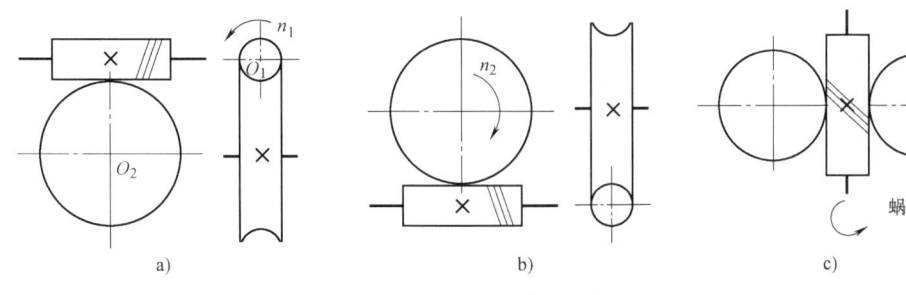

图 7-22 习题 7.1 图

7.2 图 7-23 所示为二级蜗杆减速器，蜗轮 4 为右旋，逆时针方向转动，要求作用在轴 Ⅱ 上的蜗杆 3 与蜗轮 2 的轴向力方向相反。试求：

1）蜗杆 1 的螺旋线方向与转向。

2）画出蜗轮 2 与蜗杆 3 所受三个分力的方向。

7.3 图 7-24 所示为某手动简单起重设备，按图示方向转动蜗杆，提升重物 G。试求：

1）蜗杆与蜗轮螺旋线方向。

2）在图上标出啮合点所受诸力的方向。

3）若蜗杆自锁，反转手柄使重物下降，求蜗轮上作用力方向的变化。

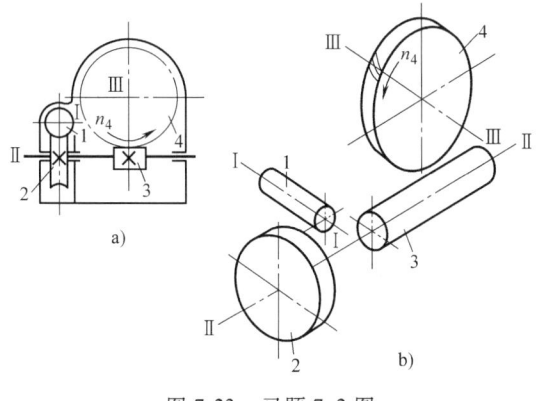

图 7-23 习题 7.2 图

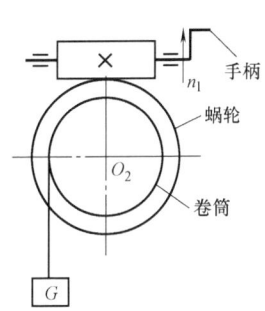

图 7-24 习题 7.3 图

7.4 在图 7-25 所示传动系统中，件 1、5 为蜗杆，件 2、6 为蜗轮，件 3、4 为斜齿圆柱齿轮，件 7、8 为直齿锥齿轮。已知蜗杆 1 为主动，要求输出齿轮 8 的回转方向如图示。试确定：

1）各轴的回转方向（画在图上）。

2）考虑轴Ⅰ～轴Ⅲ上所受轴向力能抵消一部分，定出各轮的螺旋线方向（画在图上）。

3）画出各轮轴向力的方向（画在图上）。

7.5 已知一闭式单级普通蜗杆传动，蜗杆的转速 $n_1 = 1440 \text{r/min}$，传动比 $i = 24$，$z_1 = 2$，$m = 10\text{mm}$，$q = 8$，蜗杆材料为 45 钢表面淬火，齿面硬度为 50HRC，蜗轮材料为 ZCuSn10Pb1，砂型铸造。工作条件为单向运转、载荷平稳，使用寿命为 24000h。试求：蜗杆能够传递的最大功率 P_1（提示：由接触疲劳强度计算式求出最大转矩 T_2、然后确定 η 并求出 T_1 及最大功率 P_1）。

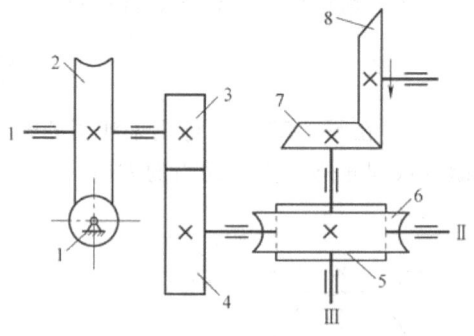

图 7-25 习题 7.4 图

7.6 设计一带式运输机用闭式蜗杆减速器传动。已知电动机功率 $P = 5.5\text{kW}$，蜗杆转速 $n_1 = 1440\text{r/min}$，传动比 $i = 20$，载荷平稳，每天工作 8h，预计使用寿命 10 年。

7.7 设计一用于链式运输机的闭式普通圆柱蜗杆传动。蜗杆轴上的输入功率 $P_1 = 9.5\text{kW}$，$n_1 = 1460\text{r/min}$，传动比 $i = 20$。单向转动，载荷基本平稳，冲击较小，要求使用寿命 5 年，每年工作 300 天，每天工作 8h。蜗杆材料为 45 钢，表面淬火 45~55HRC，蜗轮材料为 ZCuSn10Pb1 铸造锡青铜，金属型铸造，取 $z_1 = 2$。

习题参考答案

7.1 略。

7.2 略。

7.3 略。

7.4 略。

7.5 $P_{1\max} = 13.4224\text{kW}$。

7.6 $m^2 d_1 = 5120\text{mm}^3$，取 $q = 10$，$m = 8\text{mm}$，$d_1 = 80\text{mm}$，$a = 200\text{mm}$。$t_1 = 67.9°C$。

7.7 $m^2 d_1 = 5120\text{mm}^3$，取 $m = 8\text{mm}$，$d_1 = 80\text{mm}$，$a = 200\text{mm}$。热平衡略。

第八章 螺纹联接及螺旋传动

螺纹联接和螺旋传动都是利用具有螺纹的零件而工作的。螺纹联接是将两个或两个以上的零件刚性联接起来而构成的一种可拆联接；螺旋传动则是一种将回转运动转变为直线运动的传动形式，利用螺纹零件来传递运动和动力。尽管两者的功能、工作性质、技术要求和计算方法不同，但都与螺纹有关，故在本章中一并介绍。

第一节 螺纹简介

一、螺纹的形成与类型

1. 螺纹的形成

一动点沿着圆柱或圆锥表面运动并且轴向位移和相应的角位移成定比所走过的轨迹称为螺旋线，沿着螺旋线所形成的具有规定牙型的连续凸起称为螺纹。螺旋线的形成和展开如图 8-1 所示，图中将导程为 P_h 的螺旋线展开成直线，该直线与圆柱直径为 d_2 的圆周长所夹的角定义为螺纹升角 λ。

2. 螺纹的类型

1) 根据螺纹体母线的形状在圆柱上形成还是在圆锥上形成，分别称为圆柱螺纹和圆锥螺纹。

2) 根据螺纹分布在内表面还是外表面，在圆柱或圆锥的外表面上所形成的螺纹称为外螺纹，在圆柱或圆锥的内表面上所形成的螺纹称为内螺纹。内螺纹与外螺纹旋合组成螺纹副，在螺旋传动中称螺旋副。

3) 根据牙型分为三角形螺纹、矩形螺纹、梯形螺纹和锯齿形螺纹等几种，如图 8-2 所示。其中三角

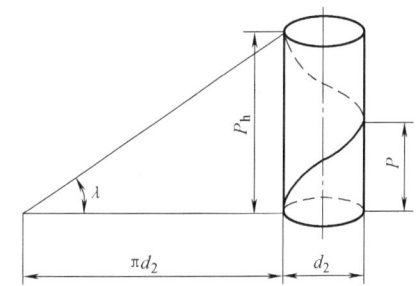

图 8-1 螺旋线的形成和展开

形螺纹又有普通螺纹和管螺纹之分，其牙型角分别为 60°和 55°，因三角形螺纹的牙侧角最大，其自锁性好、不易松脱，故常用于联接；而其余三种的牙侧角较小，但效率较高，故常用于传动。其中梯形螺纹的牙型角为 30°，其工艺性好，牙根强度高，对中性好，在螺纹传动中应用广泛。锯齿形螺纹工作面牙侧角为 3°，非工作面牙侧角为 30°，兼有矩形螺纹传动效率高和梯形螺纹牙型强度高的特点，但仅适用于单向受力的传动螺纹。而矩形螺纹牙型角为 0°，效率最高，但由于它的牙根强度低、难于加工等，目前已较少应用。上述几种牙型螺纹，除矩形螺纹尚无标准外，其他螺纹均已标准化，使用时可查有关标准。

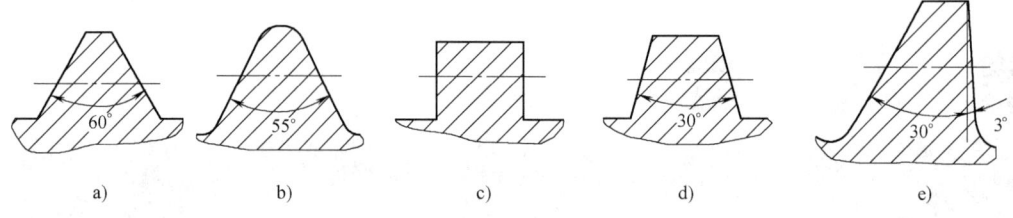

图 8-2 螺纹牙型分类

a）三角形螺纹（60°） b）三角形螺纹（55°） c）矩形螺纹 d）梯形螺纹 e）锯齿形螺纹

4）根据螺旋线绕行方向分为右旋和左旋。确定螺旋线旋向应沿螺纹所绕圆柱（锥）的轴线方向看，当螺纹柱体竖放时，螺旋线从左向右上升的为右旋螺纹，从右向左上升的为左旋螺纹（图 8-3）。特别注意当螺纹柱体横向放时，应沿螺纹柱体轴线方向来判断螺纹旋向（图 8-4）。机械中常用右旋螺纹，有特殊要求时才采用左旋螺纹。具有左旋螺纹的零件在标记中应有左旋标记，而右旋螺纹的右旋标记省略。

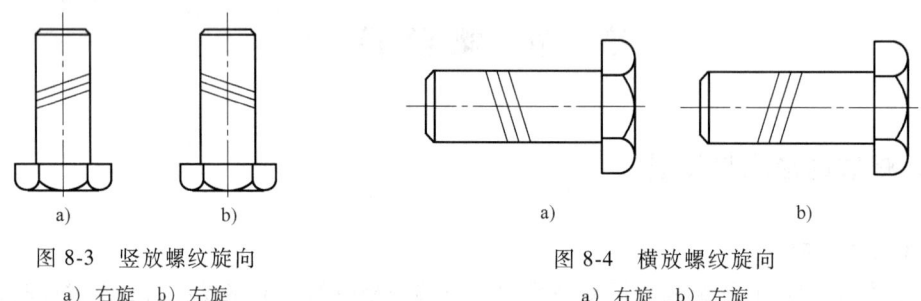

图 8-3 竖放螺纹旋向

a）右旋 b）左旋

图 8-4 横放螺纹旋向

a）右旋 b）左旋

5）根据螺旋线的数目，沿一条螺旋线形成的螺纹为单线螺纹，其自锁性好，常用于联接；沿两条或两条以上轴向等距螺旋线形成的为多线螺纹，其效率高，常用于传动。为了制造方便，螺纹一般不超过四线。

二、螺纹的主要参数

以螺纹副剖视图为例介绍螺纹的主要参数，如图 8-5 所示。

（1）大径 d、D 分别表示外、内螺纹的最大直径，在螺纹标准中称为公称直径。

（2）小径 d_1、D_1 分别表示外、内螺纹的最小直径，在强度计算中常作为危险截面的计算直径。

（3）中径 d_2、D_2 分别表示外、内螺纹牙型上牙厚与牙槽宽度相等处假想圆柱的直径，是确定螺纹几何参数与配合性质的直径。

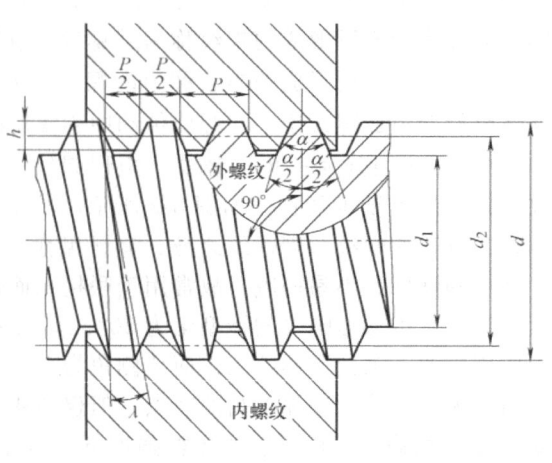

图 8-5 螺纹的主要参数

(4) 螺距 P　螺纹上相邻两牙在中径线上对应两点间的轴向距离。

(5) 线数 n　螺纹的螺旋线数目。

(6) 导程 P_h　同一条螺旋线上相邻两牙在中径线上对应两点之间的轴向距离。导程 P_h、螺距 P 和线数 n 的关系为 $P_h = nP$。

(7) 螺纹升角 λ　在中径圆柱或圆锥上螺旋线的切线与垂直于螺旋轴线平面间的夹角。由图 8-1 可得

$$\tan\lambda = \frac{P_h}{\pi d_2} = \frac{nP}{\pi d_2} \tag{8-1}$$

(8) 牙型角 α、牙侧角 β　在螺纹牙型上，两相邻牙侧间的夹角称为牙型角 α，牙侧与螺纹轴线垂线间的夹角称为牙侧角 β。对称螺纹的牙侧角 $\beta = \alpha/2$。

普通螺纹的常用尺寸见表 8-1。

表 8-1　普通螺纹的常用尺寸（摘录 GB/T 196—2003）　　（单位：mm）

公称直径 D、d		螺距 P	中径 D_2、d_2	小径 D_1、d_1	公称直径 D、d		螺距 P	中径 D_2、d_2	小径 D_1、d_1	公称直径 D、d		螺距 P	中径 D_2、d_2	小径 D_1、d_1
第一系列	第二系列				第一系列	第二系列				第一系列	第二系列			
3		0.5	2.675	2.459	18		1.5	17.026	16.376		39	2	37.701	36.835
		0.35	2.773	2.621			1	17.350	16.917			1.5	38.026	37.376
	3.5	0.35	3.273	3.121			2.5	18.376	17.294			4.5	39.077	37.129
4		0.7	3.545	3.242	20		2	18.701	17.835	42		3	40.051	38.752
		0.5	3.675	3.459			1.5	19.026	18.376			2	40.701	39.835
							1	19.350	18.917			1.5	41.026	40.376
	4.5	0.5	4.175	3.959			2.5	20.376	19.294			4.5	42.077	40.129
5		0.8	4.480	4.134	22		2	20.701	19.835		45	3	43.051	41.752
		0.5	4.675	4.459			1.5	21.026	20.376			2	43.701	42.835
							1	21.350	20.917			1.5	44.026	43.376
6		1	5.350	4.917			3	22.051	20.752			4	44.752	42.587
		0.75	5.513	5.188	24		2	22.701	21.835	48		3	46.051	44.752
							1.5	23.026	22.376			2	46.701	45.835
8		1.25	7.188	6.647			1	23.350	22.917			1.5	47.026	46.376
		1	7.350	6.917			3	25.051	23.752			5	48.752	46.587
		0.75	7.513	7.188		27	2	25.701	24.835	52		3	50.051	48.752
							1.5	26.026	25.376			2	50.701	49.835
10		1.5	9.026	8.376			1	26.350	25.917			1.5	51.026	50.376
		1.25	9.188	8.647			3.5	27.727	26.211			5.5	52.428	50.046
		1	9.350	8.917			2	28.701	27.853			4	53.402	51.670
		0.75	9.513	9.188	30		1.5	29.026	28.376		56	3	54.051	52.752
12		1.75	10.863	10.106			1	29.350	28.917			2	54.701	53.835
		1.5	11.026	10.376								1.5	55.026	54.376
		1.25	11.188	10.647			3.5	30.727	29.211					
		1	11.350	10.917		33	2	31.701	30.835			4	57.402	55.670
	14	2	12.701	11.835			1.5	32.026	31.376			3	58.051	56.752
		1.5	13.026	12.376						60		2	58.701	57.835
		1	13.350	12.917			4	33.402	31.670			1.5	59.026	58.376
16		2	14.701	13.835	36		3	34.051	32.752					
		1.5	15.026	14.376			2	34.701	33.835			6	60.103	57.505
		1	15.350	14.917			1.5	35.026	34.376	64		4	61.402	59.670
	18	2.5	16.376	15.294		39	4	36.402	34.670			3	62.051	60.752
		2	16.701	15.835			3	37.051	35.572					

注：1. "螺距 P" 栏中第一个数值为粗牙螺距，其余为细牙螺距。
　　2. 优先选用第一系列，其次第二系列。

第二节 螺纹联接的类型与螺纹联接件

一、螺纹联接的类型

螺纹联接结构简单、联接可靠、装拆方便，并且大多数联接件已标准化、成本低廉，故应用极为广泛。螺纹联接的类型很多，常用的有螺栓联接、双头螺柱联接、螺钉联接和紧定螺钉联接等。

1. 螺栓联接

在被联接件上开有通孔，插入螺栓后在螺栓的另一端上拧上螺母。因为被联接件上无需加工螺纹，所以使用时不受被联接件材料的限制，通常用于被联接件不太厚和便于加工通孔的场合。

螺栓联接又可分为两种，一种为普通螺栓联接，如图 8-6a 所示。普通螺栓联接的结构特点是被联接件上的通孔和螺栓杆间留有间隙，通孔的加工精度要求低，因工作时螺栓受轴向拉力作用，故常称为受拉螺栓联接，这种联接结构简单、装拆方便，应用最广。另一种为铰制孔用螺栓联接，如图 8-6b 所示。螺栓杆与被联接件通孔多采用基孔制过渡配合，如 H7/m6、H7/n6 等，所以螺栓杆和通孔的加工精度要求较高，这种联接能精确固定被联接件的相对位置，并能承受横向载荷，螺栓一般受剪应力作用，故常称为受剪螺栓联接。

2. 双头螺柱联接

装配时将双头螺柱的一端旋入并紧定在被联接件之一的螺纹孔中，另一端穿过另外一个被联接件的通孔，再拧紧螺母，如图 8-7 所示。拆卸时，只需旋下螺母，而不需拧下双头螺柱便可将被联接件拆开。这种联接通常适用于结构上不能采用螺栓联接的场合，如被联接件之一太厚不宜制成通孔、材料又较软，且需经常装拆时的场合。

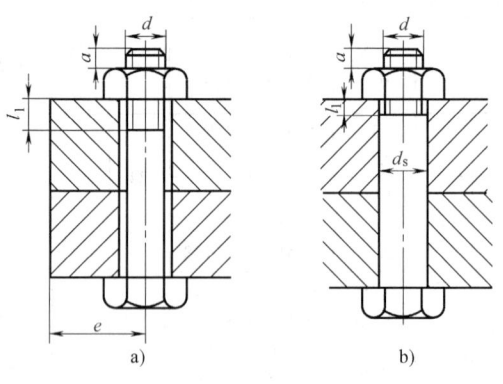

图 8-6 螺栓联接
a) 普通螺栓联接 b) 铰制孔用螺栓联接

3. 螺钉联接

联接时将螺钉穿过一个被联接件的通孔，直接拧入另一被联接件的螺纹孔中，如图 8-8 所示。这种联接不用螺母，结构简单、紧凑，与双头螺柱联接相似，常用于被联接件之一很厚、不便加工成通孔，但受力不大或不经常装拆的场合。

4. 紧定螺钉联接

联接时拧入被联接件的螺纹孔中，末端顶住另一被联接件的表面或顶入相应的凹坑中，从而固定被联接件的相对位置，如图 8-9 所示。这种联接用于传递较小的力或转矩。

除以上四种基本结构形式外，还有一些特殊结构的螺纹联接，如固定机械或设备的地脚螺栓联接（图 8-10a）、T 形槽螺栓联接（图 8-10b）和起吊设备或大型零件用的吊环螺钉联接（图 8-10c）等。

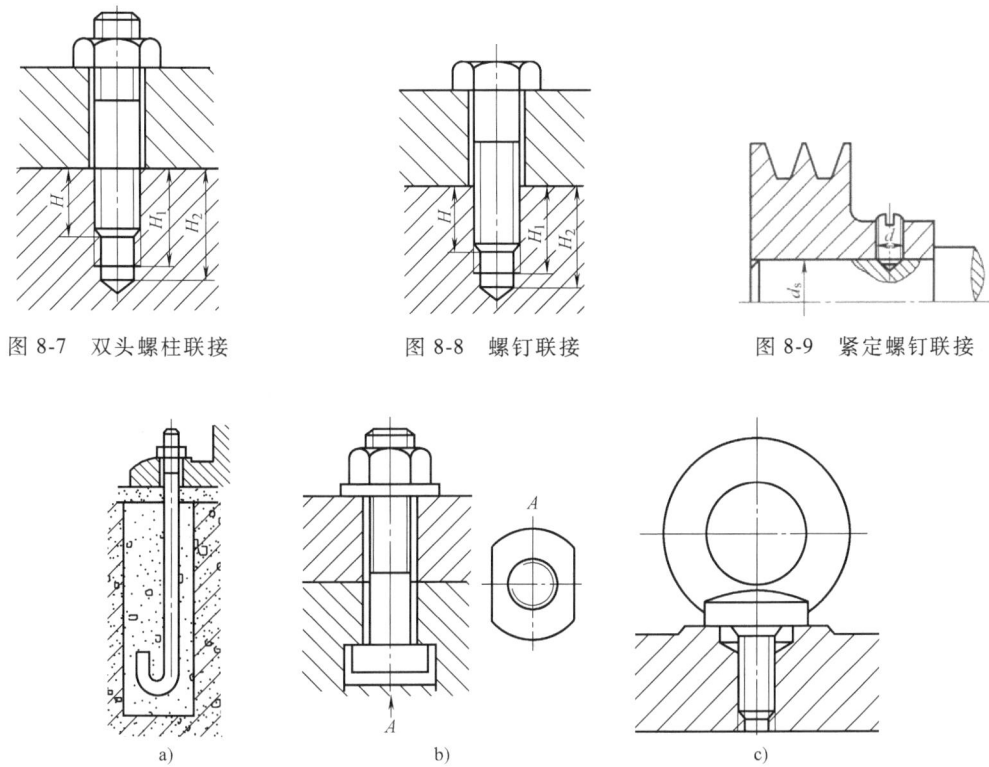

图 8-7 双头螺柱联接　　图 8-8 螺钉联接　　图 8-9 紧定螺钉联接

图 8-10 特殊结构的螺纹联接
a) 地脚螺栓联接　b) T形槽螺栓联接　c) 吊环螺钉联接

二、螺纹联接件

螺纹联接由联接件和被联接件组成。螺纹联接件包括螺栓、双头螺柱、螺钉、紧定螺钉、螺母、垫圈及防松零件等,这些零件大多已有国家标准,可查阅有关标准或手册,设计时一般都按标准选用。常用螺纹联接件的结构特点和应用见表 8-2。

表 8-2　常用螺纹联接件的结构特点和应用

类型	图 例	结 构 特 点
六角头螺栓	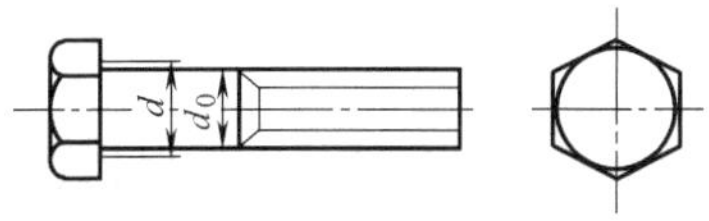	规格很多、应用最广。通用机械制造中多用 C 级。螺栓杆部可制出一段螺纹或全螺纹,螺纹可用粗牙或细牙(A、B 级)
双头螺柱	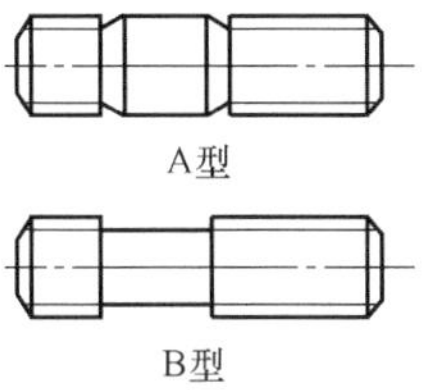 A型 B型	双头螺柱两端都制有螺纹,两端螺纹可相同或不同。双头螺柱可带退刀槽或制成腰杆,也可制成全螺纹的双头螺柱

(续)

类型	图 例	结构特点
螺钉		螺钉头部形状有圆头、扁圆头、六角头、圆柱头和沉头等。头部开槽有一字槽、十字槽及内六角圆柱头等形式。十字槽螺钉头部强度高、对中性好、便于自动装配。内六角圆柱头螺钉能承受较大的扳手力矩,联接强度高,可替代六角头螺栓,用于要求结构紧凑的场合
紧定螺钉		紧定螺钉的末端形状常用的有锥端、平端和圆柱端。锥端适用于被紧定零件的表面硬度较低或不经常拆卸的场合;平端接触面积大,不伤零件表面,常用于紧定硬度较大的平面或经常拆卸的场合;圆柱端压入轴上的凹坑中,适用于紧定空心轴上的零件位置
六角螺母		根据螺母厚度不同,分为标准和薄型两种。薄螺母常用于受剪应力的螺栓上或空间尺寸受限制的场合。螺母的制造精度和螺栓相同,分别与相同级别的螺栓配用
圆螺母与止动垫圈		圆螺母常与止动垫圈配用,装配时将垫圈内舌插入轴上的槽内,而将垫圈的外舌嵌入圆螺母的槽内,螺母即被锁紧。常用在滚动轴承的轴向固定处
垫圈		垫圈是螺纹联接中不可缺少的附件,常放置在螺母与被联接件之间,起保护支承表面等作用。平垫圈按加工精度不同,分为 A 级和 C 级两种。用于同一螺栓直径的垫圈又分为特大、大、普通和小四种规格,特大垫圈主要在铁木结构上使用。斜垫圈只用于倾斜的支承面上

根据 GB/T 3103.1—2002,螺纹联接件分为三个精度等级,其代号为 A、B、C 级。A 级精度的公差小、精度最高,用于要求配合精度、防止振动等重要零件的联接;B 级精度多用于受载较大且经常装拆、调整或承受变载荷的联接;C 级精度多用于一般的螺纹联接。

第三节 螺纹联接的预紧、防松和结构设计

一、螺纹联接的预紧

为了增加联接的可靠性、紧密性及提高防松能力,一般螺纹联接在装配时必须拧紧(或称为预紧),从而使螺栓和被联接件在承受工作载荷之前就受到力的作用,此力称为预

紧力 F_0。施加的预紧力要适当，过小，联接不可靠；过大，有可能拧断螺栓。

拧紧螺母时，螺纹联接的拧紧力矩 T 要能克服螺纹副的摩擦力矩 T_1 和螺母与支承面间的摩擦力矩 T_2，则

$$T = T_1 + T_2 = \frac{F_0 d_2}{2}\tan(\lambda + \rho_v) + f_c F_0\left(\frac{D_1 + d_0}{4}\right) \tag{8-2}$$

式中　F_0——预紧力（N）；
　　　d_2——螺纹中径（mm）；
　　λ、ρ_v——螺纹升角、当量摩擦角；
　　　f_c——螺母与被联接件支承面间的摩擦系数。

对于 M10~M68 的粗牙普通螺纹，无润滑时，若取 $f_v = \tan\rho_v = 0.15$，$f_c = 0.15$，则式（8-2）可简化为

$$T \approx 0.2 F_0 d \tag{8-3}$$

式中　d——螺纹公称直径（mm）。

F_0 值是由螺纹联接的要求来决定的，为了充分发挥螺栓的工作能力和保证预紧可靠，螺栓的预紧应力一般可达材料屈服强度的 50%~70%。

小直径的螺栓装配时应施加小的拧紧力矩，否则就容易将螺栓杆拉断。对于重要的有强度要求的螺纹联接，如无控制拧紧力矩的方法，不宜采用小于 M12~M16 的螺栓。

通常螺纹联接拧紧的程度是凭装配者经验来决定的。为了能保证装配质量，重要的螺纹联接应按计算值控制拧紧力矩。一般控制拧紧力矩的方法有：使用测力矩扳手（图 8-11a）或定力矩扳手（图 8-11b）。较精确的方法是测量拧紧时螺栓的伸长变形量。

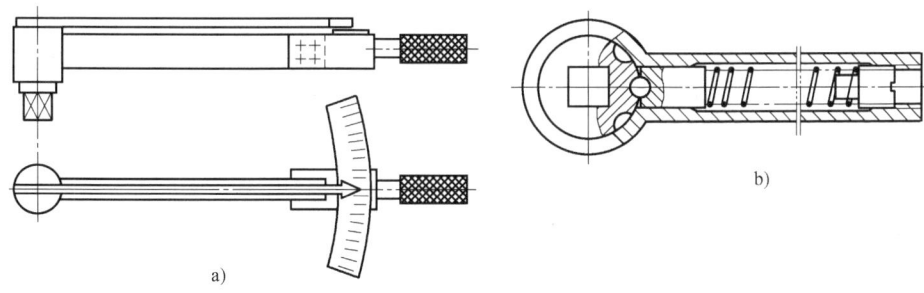

图 8-11　力矩扳手
a）测力矩扳手　b）定力矩扳手

二、螺纹联接的防松

联接用螺纹都具有自锁性，在静载荷和工作温度变化不大时一般不会自动松脱。但在冲击、振动或变载荷作用下，预紧力可能在某一瞬间消失，联接仍有可能松脱。此外，当温度变化很大时，由于温度使螺纹变形等原因，联接也有可能松脱。因此设计时必须考虑有效的防松措施。

螺纹联接防松的关键在于防止螺纹副的相对转动。常用的防松措施很多，按其工作原理不同，防松方法可分为三大类。螺纹联接常用的防松方法见表 8-3。

表 8-3 螺纹联接常用的防松方法

防松方法		结构形式	特点和应用
摩擦防松	对顶螺母	上螺母 下螺母	两螺母对顶拧紧后，使旋合螺纹间始终受到附加的压力和摩擦力的作用。工作载荷有变动时，该摩擦力仍然存在。结构简单，适用于平稳、低速和重载的固定装置上的联接
	弹簧垫圈		螺母拧紧后，靠垫圈压平而产生的弹性反力使旋合螺纹间压紧。同时垫圈斜口的尖端抵住螺母与被联接件的支承面也有防松作用。此种方法结构简单、使用方便，但由于垫圈的弹力不均，在冲击、振动的工作条件下，其防松效果较差，一般用于不太重要的联接
	自锁螺母		螺母一端制成非圆形收口或开缝后径向收口。当螺母拧紧后，收口胀开，利用收口的弹力使旋合螺纹间压紧。此种方法结构简单、防松可靠，可多次装拆而不降低防松性能
机械防松	六角开槽螺母		六角开槽螺母拧紧后将开口销穿入螺栓尾部小孔和螺母槽内，并将开口销尾部掰开与螺母侧面贴紧。也可用普通螺母代替六角开槽螺母，但需拧紧螺母后再配钻销孔。此种方法适用于较大冲击、振动的高速机械中运动部件的联接
	止动垫圈		螺母拧紧后，将单耳或双耳止动垫圈分别向螺母和被联接件的侧面折弯、贴紧，即可将螺母锁住。若两个螺栓需要双联锁紧时，可采用双联止动垫圈，使两个螺母相互制动。此种方法结构简单、使用方便、防松可靠
	串联钢丝	a) 正确 b) 不正确	用低碳钢丝穿入各螺钉头部的孔内，将各螺钉串联起来，使其相互制动。使用时必须注意钢丝的穿入方向。此种方法适用于螺钉组联接，防松可靠，但装拆不便

(续)

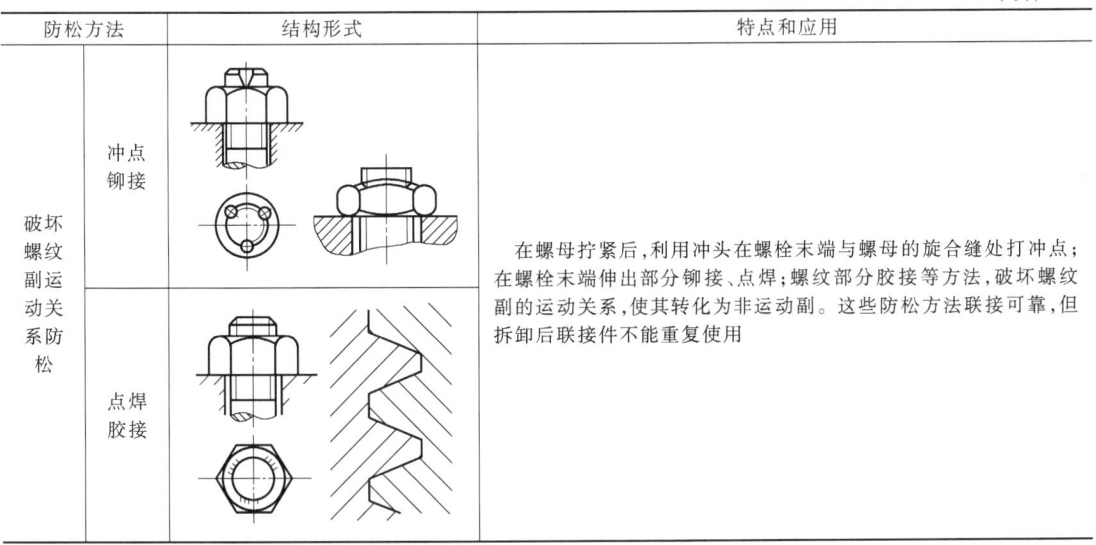

三、螺纹联接的结构设计

螺纹联接的结构设计在于合理地确定联接接合面的形状和螺栓组的布置形状，使得各个螺栓受力较为均匀，并便于制造和装配。为此，设计时应考虑以下几个问题。

1）联接接合面的几何形状应对称、简单，如图8-12所示。联接接合面的几何形状要合理，如成轴对称的形状。接合面几何形状合理，不但便于加工，而且便于对称布置螺栓，使螺栓组的对称中心与联接接合面的形心重合，可保证接合面的受力均匀。

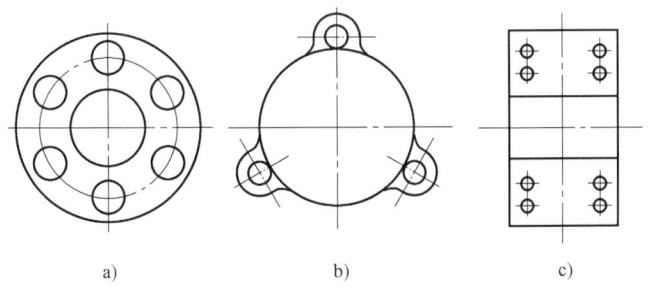

图 8-12　接合面常用形状及布置形式

2）各螺纹联接的受力应合理，应使螺栓靠近接合面边缘，以减少螺栓受力。对铰制孔用螺栓联接，在横向载荷方向上布置的螺栓数一般不应超过8个。对螺纹联接承受弯矩或扭矩时，应使螺栓尽量远距离布置，或使螺栓靠近接合面边缘（图8-13）。

3）同一组螺栓的直径和长度应尽量相同，同一产品上采用的螺纹联接的类型和尺寸规格应越少越好。分布在同一圆周上的螺栓数目应尽量取4、6、8、12、16等偶数，以便于圆周上钻孔时分度和划线。

4）各螺栓中心间的最小距离应不小于扳手空间的最小尺寸，扳手空间尺寸（图8-14）可查阅有关标准，最大距离应按联接的用途及结构尺寸大小而定。对压力容器等有紧密性要

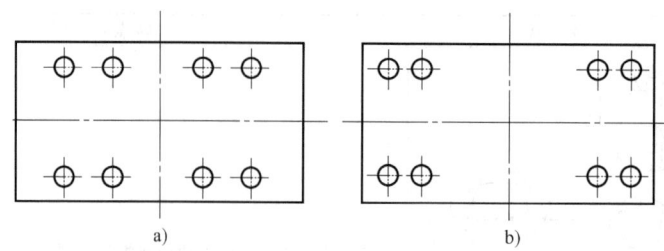

图 8-13 螺栓联接的布置
a) 不合理 b) 合理

求的重要联接，螺栓间距 t 不能大于表 8-4 中的推荐值。

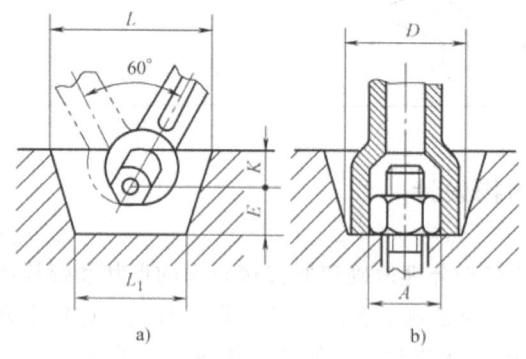

图 8-14 装拆螺栓的扳手空间

表 8-4 紧密联接的螺栓间距 t

	工作压力/MPa					
	≤1.6	>1.6~4	>4~10	>10~16	>16~20	>20~30
	t/mm					
	$7d$	$5.5d$	$4.5d$	$4d$	$3.5d$	$3d$

注：表中直径为螺纹公称直径。

第四节　螺栓联接的强度计算

如第二节所述，螺纹联接包括螺栓联接、双头螺柱联接、螺钉联接等类型，其中以螺栓联接最具有代表性。故本节主要讨论螺栓联接的强度计算方法，所讨论内容也基本适用于双头螺柱联接和螺钉联接。

螺栓联接分普通螺栓联接和铰制孔用螺栓联接。普通螺栓联接不论联接所受外载荷方向如何，螺栓总是受轴向拉力（静载荷或变载荷），联接的失效形式多为螺纹部分的塑性变形、断裂及螺杆的疲劳断裂，疲劳断裂主要发生在应力集中处。铰制孔用螺栓联接主要用来承受横向力，失效形式多为螺杆的压溃和剪断。这两种联接的螺栓与螺母的螺纹牙及其他部分尺寸是根据等强度原则及使用经验规定的,采用标准件时,这些部分都不需要进行强度计算。所以,螺栓联接计算的主要问题是根据联接的装配情况(预紧或不预紧)、外载荷的大小、方向及材料的性能等按强度条件确定螺纹小径 d_1,然后按照标准选定螺纹公称直径(大径)d 及螺距 P 等。

一、螺纹联接件的材料和许用应力

螺纹联接件的常用材料是中碳钢、低碳钢,如 Q235、10、35、45 钢。重要和特殊用途的螺纹联接件可采用合金钢,如 20Cr、40Cr、30CrMnSi 等。

国家标准规定,螺纹联接件按材料的力学性能分级。表中螺栓、螺钉和双头螺柱的性能等级用一个带点的数字表示,点前的数字表示抗拉强度 $R_m/100$,点后的数字表示 $(R_{eL}/R_m) \times 10$。螺母的性能等级用 $R_m/100$ 表示。螺纹联接件常用材料和性能等级见表 8-5。

表 8-5 螺纹联接件常用材料和性能等级 (摘自 GB/T 3098.1—2010 和 GB/T 3098.2—2015)

力学性能级别			4.6	4.8	5.6	5.8	6.8	8.8 ≤M16	8.8 >M16	9.8	10.9	12.9
螺栓、螺钉、双头螺柱	抗拉强度 R_m/MPa	公称值	400		500		600	800		900	1000	1200
	下屈服强度 R_{eL}/MPa		240	320	300	400	480	640	640	720	900	1080
	布氏硬度 HBW		114	124	147	152	181	245	250	286	316	380
	推荐材料		低碳钢或中碳钢					低碳合金钢或中碳钢			40Cr	30CrMnSi 15MnVB
相配合螺母	性能级别		5				6	8 或 9		9	10	12
	推荐材料		低碳钢					低碳合金钢或中碳钢			40Cr	30CrMnSi 15MnVB

注:1. 9.8 级仅适合于螺纹大径 $d \leq 16$mm 的螺栓、螺钉和螺柱。
2. 规定性能等级的螺纹联接件在图样中只标注力学性能等级,不应再标注材料。

螺纹联接件的许用应力与载荷性质(静、变载荷)、装配情况(松联接或紧联接)以及螺纹联接件的材料、结构尺寸等因素有关。普通螺栓联接的许用应力和许用安全系数见表 8-6。紧螺栓联接的许用安全系数(不控制预紧力时)见表 8-7。铰制孔用螺栓联接的许用应力和许用安全系数见表 8-8。

表 8-6 普通螺栓联接的许用应力和许用安全系数

联接类型	载荷性质	许用应力 $[\sigma]$/MPa	许用安全系数 $[S]$
松螺栓联接	轴向载荷	$[\sigma] = \dfrac{\sigma_s}{[S]}$	1.2~1.7
紧螺栓联接	轴向载荷	$[\sigma] = \dfrac{\sigma_s}{[S]}$	控制预紧力时 $[S]$ = 1.2~1.5 不控制预紧力时查表 8-7
	横向载荷		

表 8-7 紧螺栓联接的许用安全系数(不控制预紧力时)

材料	静载荷			变载荷		
	M6~M16	M16~M30	M30~M60	M6~M16	M16~M30	M30~M60
碳钢	4~5	2.5~4	2~2.5	8.5~12.5	8.5	8.5~12.5
合金钢	5~5.7	3.4~5	3~3.4	6.8~10	6.8	6.8~10

表 8-8 铰制孔用螺栓联接的许用应力和许用安全系数

联接的载荷性质	许用应力和许用安全系数
横向载荷	$[\tau]=\dfrac{\sigma_s}{[S]}$，$[S]=2.5$
	钢 $[\sigma_p]=\dfrac{\sigma_s}{[S]}$，$[S]=1.25$
	铸铁 $[\sigma_p]=\dfrac{R_m}{[S]}$，$[S]=2\sim2.5$

注：1. 铸铁的常用牌号为 HT150、HT200、HT250 等，牌号的数字为 R_m（MPa）值。
  2. 铸钢的常用牌号为 ZG 200-400、ZG 230-450、ZG 270-500 等，牌号中的数字前者表示 σ_s（MPa）值，后者表示 R_m（MPa）值。

二、普通螺栓联接

普通螺栓联接按其装配时是否需要预紧，分为松螺栓联接和紧螺栓联接。

（一）松螺栓联接

松螺栓联接指装配时不拧紧，在承受外载荷前，螺栓不受力。这种螺栓联接只能承受静载荷，应用范围有限。外载荷使螺栓受拉，可按抗拉强度条件确定螺栓的直径，如图 8-15 所示的起重吊钩尾部的联接是其应用实例。当起重吊钩承受轴向载荷 F（N）时，其强度条件为

$$\sigma=\frac{F}{A}=\frac{F}{\pi d_1^2/4}\leqslant[\sigma] \qquad (8\text{-}4a)$$

由式（8-4a）可得设计公式为

$$d_1\geqslant\sqrt{\frac{4F}{\pi[\sigma]}} \qquad (8\text{-}4b)$$

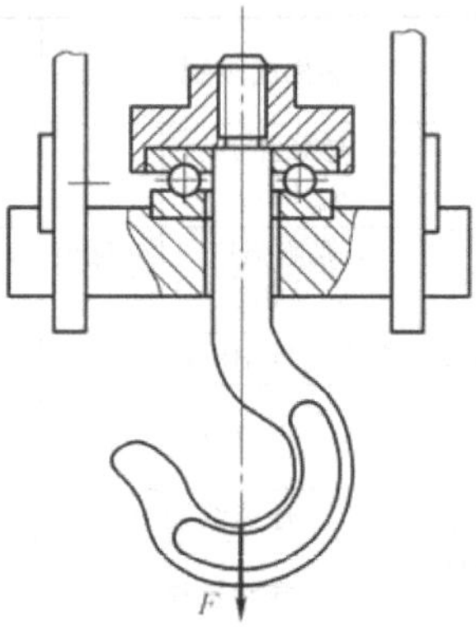

图 8-15 起重吊钩的松螺栓联接

式中　d_1——螺栓危险截面的直径（mm），即螺纹小径；

$[\sigma]$——松螺栓联接的许用应力（MPa），可查表 8-6。

计算得出 d_1 值后再从设计手册中或表 8-1 中查得螺纹的公称直径 d。

（二）紧螺栓联接

紧螺栓联接装配时螺栓必须被拧紧，因此在承受外载荷之前，螺栓已受到预紧力 F_0 的作用，这种联接应用广泛。

由于外载荷方向的不同，紧螺栓联接的强度计算可分受横向载荷和受轴向载荷两种情况来讨论。

1. 受横向载荷的紧螺栓联接

受横向载荷的紧螺栓联接，其工作时的基本要求是联接应预紧，应保证受横向载荷后，被联接件不得有相对滑动。如图 8-16 所示，螺栓与孔之间留有间隙，工作时受横向载荷，载荷 F_R 垂直于螺栓轴线，此时 F_R 靠装配时拧紧螺母后在被联接件接合面之间产生的摩擦力来传递，根据接合面不发生滑移的力平衡条件，可求得所需的预紧力 F_0。由于普通螺栓联接在装配时需拧紧螺母，所以螺栓除受预紧力 F_0 作用外，还受摩擦力矩 T_1 的作用。

螺栓杆危险截面处受预紧力 F_0 所产生的拉应力为

$$\sigma = \frac{F_0}{\pi d_1^2 / 4} \qquad (8\text{-}5)$$

摩擦力矩 T_1 所产生的扭转切应力为

$$\tau = \frac{T_1}{W_T} = \frac{F_0 \tan(\lambda + \rho_v)\dfrac{d_2}{2}}{\dfrac{\pi}{16}d_1^3} = \frac{2d_2}{d_1}\tan(\lambda + \rho_v)\frac{F_0}{\dfrac{\pi}{4}d_1^2} \qquad (8\text{-}6)$$

式中　W_T——抗扭截面系数（mm^3）。

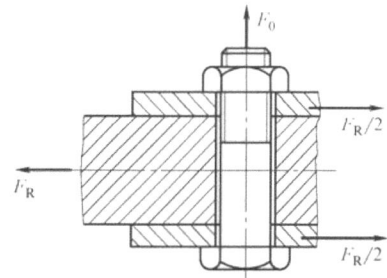

图 8-16　受横向载荷的普通螺栓联接

对于 M10～M64 的钢制普通螺纹，取 d_2、d_1 及 λ 的平均值，并取 $\tan\rho_v = f_v = 0.15$ 代入，得到 $\tau = 0.5\sigma$。因螺栓多由塑性材料制造，且螺栓杆处于拉扭组合的复合应力状态，故根据第四强度理论，螺栓所受的当量应力为

$$\sigma_v = \sqrt{\sigma^2 + 3\tau^2} = \sqrt{\sigma^2 + 3\times(0.5\sigma)^2} \approx 1.3\sigma \qquad (8\text{-}7)$$

故仅受预紧力作用的螺栓强度条件为

$$\sigma_{ca} = \frac{1.3 F_0}{\dfrac{\pi d_1^2}{4}} \leq [\sigma] \qquad (8\text{-}8a)$$

则螺栓的设计式为

$$d_1 \geq \sqrt{\frac{4\times 1.3 F_0}{\pi [\sigma]}} \qquad (8\text{-}8b)$$

式中　$[\sigma]$——紧螺栓联接的许用应力（MPa），见表 8-6。

式中的 1.3 是考虑扭转切应力的影响，将载荷增加 30% 后，按照纯拉伸载荷计算。由式 (8-8b) 可求出满足强度条件的螺纹小径 d_1，然后按表 8-1 选取螺纹公称直径 d，最后按螺纹标准和紧固件标准选出适用的标准件。

2. 受轴向载荷的紧螺栓联接

（1）受力分析　这种紧螺栓联接既受预紧力又受轴向载荷，受力形式在紧螺栓联接中较为常见，如压力容器上的螺栓组联接。

图 8-17a 所示为螺栓联接未拧紧时，螺栓及被联接件均未发生变形。图 8-17b 所示为螺栓联接已拧紧，但还未受轴向载荷 F 的作用，由于螺栓已拧紧，螺栓会受到预紧力 F_0 的拉伸，拉伸变形量为 δ_b，而被联接件之间受到了预紧力 F_0 的压缩，压缩变形量为 δ_m。图 8-17c 所示为螺栓联接拧紧后受轴向载荷 F 的作用，在 F 作用下螺栓伸长量又增加了 $\Delta\delta$，故此时螺栓实际伸长量为 $\delta_b+\Delta\delta$，螺栓所受的拉力已不再是 F_0，而是增加到 F_2，F_2 称为螺栓总拉力。与此同时，被联接件之间随着螺栓的伸长而被放松了 $\Delta\delta$，其实际压缩量为 $\delta_m-\Delta\delta$，故其所受预紧力已不再是 F_0，而是减小到 F_1，F_1 称为被联接件的残余预紧力。图 8-17d 所示为螺栓承受的轴向载荷过大，此时被联接件结合面之间出现间隙，已不符合螺栓联接的工作要求。

当螺栓和被联接件的变形都在弹性范围内时，其受力与变形关系可以用图 8-18 所示的

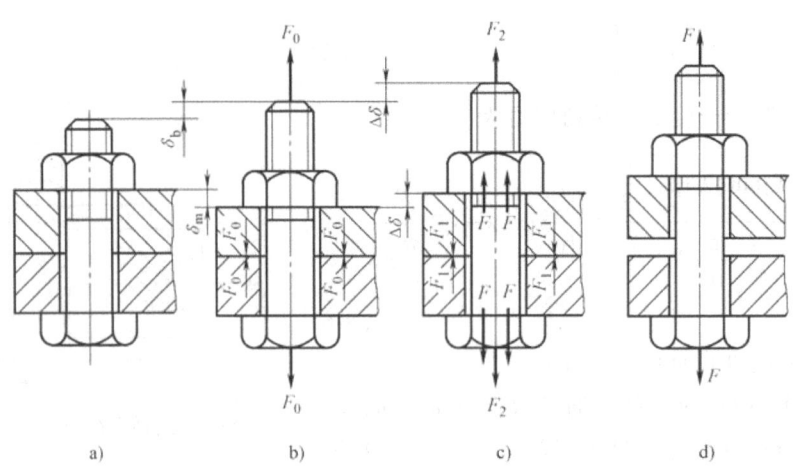

图 8-17 受轴向载荷的紧螺栓联接
a) 未拧紧 b) 拧紧后 c) 受轴向载荷时 d) 轴向载荷过大时

单个紧螺栓联接受力变形线图来表示，其中图 8-18a 与图 8-18b 分别表示螺栓与被联接件的受力与变形关系，螺栓拉伸的变形量由坐标原点 O_b 向右量起；被联接件压缩变形量由坐标原点 O_m 向左量起。在联接尚未承受工作拉力时，螺栓的拉力和被联接件的压缩力都等于预紧力 F_0。为便于分析，螺栓与被联接件的受力与变形合成为图 8-18c，由图 8-18c 可见，螺母端面对被联接件的预紧力为残余预紧力 F_1，根据作用力与反作用力的关系，被联接件作用于螺栓的反作用力应为 F_1，故螺栓同时受工作载荷 F 和残余预紧力 F_1 作用后的总拉力 F_2 应为

$$F_2 = F + F_1 \tag{8-9}$$

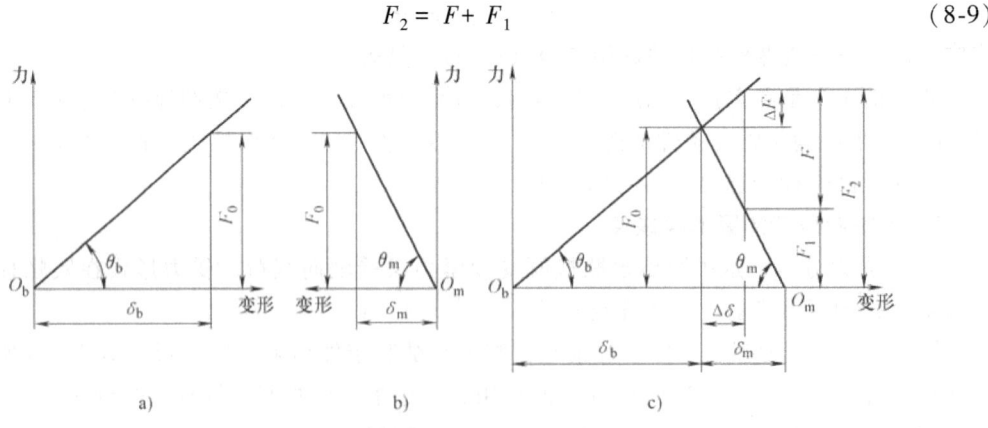

图 8-18 单个紧螺栓联接受力变形线图
a) 螺栓受力与变形 b) 被联接件受力与变形 c) 螺栓与被联接件合成受力与变形

螺栓的预紧力 F_0 与残余预紧力 F_1、总拉力 F_2 的关系，可由图 8-18c 中的几何关系得

$$\frac{F_0}{\delta_b} = \tan\theta_b = C_b \tag{8-10a}$$

$$\frac{F_0}{\delta_m} = \tan\theta_m = C_m \tag{8-10b}$$

式中的 C_b、C_m 为螺栓和被联接件的刚度,均为定值。

由图 8-18c 可知

$$F_0 = F_1 + (F - \Delta F) \tag{8-11}$$

由图中几何关系得

$$\frac{\Delta F}{F - \Delta F} = \frac{\Delta \delta \tan \theta_b}{\Delta \delta \tan \theta_m} = \frac{C_b}{C_m} \tag{8-12}$$

因而

$$\Delta F = \frac{C_b}{C_b + C_m} F \tag{8-13}$$

将式（8-13）代入式（8-11），可得到螺栓的预紧力为

$$F_0 = F_1 + \frac{C_m}{C_b + C_m} F \tag{8-14}$$

将式（8-14）代入式（8-9），可得到螺栓的总拉力为

$$F_2 = F_0 + \frac{C_b}{C_b + C_m} F \tag{8-15}$$

上式中 $\dfrac{C_b}{C_b + C_m}$ 称为螺栓的相对刚度，其大小与螺栓和被联接件的结构尺寸、材料以及垫片、工作载荷的作用位置等因素有关，其值在 0~1 之间。若被联接件的刚度很小，则工作载荷作用后，将使螺栓所受的总拉力有较大增加。为了降低螺栓的受力，提高螺栓的承载能力，应使螺栓的相对刚度值尽量小些。螺栓的相对刚度值可通过计算或试验确定。一般设计时，可根据垫片材料不同使用下列推荐数据：金属垫片（或无垫片）0.2~0.3；皮革垫片 0.7；铜皮石棉垫片 0.8；橡胶垫片 0.9。

为保证联接的紧密性和可靠性，防止联接受载后联接接合面出现缝隙而失效，其残余预紧力 F_1 应大于零。设计时残余预紧力的取值可参考以下数据：载荷 F 无变化时，可取 $F_1 = (0.2~0.6)F$；载荷 F 有变化时，可取 $F_1 = (0.6~1.0)F$；有紧密性要求的联接，如气缸、压力容器上的螺纹联接，可取 $F_1 = (1.5~1.8)F$。设计时根据工作条件选择 F_1 后，可由式（8-15）求出螺栓杆上的总拉力 F_2。

（2）受轴向静载荷时螺栓联接的强度计算　求出单个螺栓所受的总拉力 F_2 后，即可进行强度计算，考虑拧紧螺母时螺纹副中的转矩影响，同样需引入系数 1.3，即计算时将总拉力 F_2 增加 30% 来考虑扭转切应力的影响。故受预紧力和轴向载荷的紧螺栓联接的强度条件为

$$\sigma_{ca} = \frac{1.3 F_2}{\dfrac{\pi d_1^2}{4}} \leqslant [\sigma] \tag{8-16a}$$

设计条件为

$$d_1 \geqslant \sqrt{\frac{4 \times 1.3 F_2}{\pi [\sigma]}} \tag{8-16b}$$

设计时求出 d_1 后应按表 8-1 选取公称直径 d，按螺纹标准和紧固件标准选出适用的标准件。

（3）受轴向变载荷时螺栓联接的强度计算　对于受轴向变载荷的重要螺栓联接，如内

燃机气缸盖螺栓联接等,除按上述方法进行静强度计算外,还应校核其疲劳强度。承受变载荷的螺栓联接多为疲劳失效,而影响疲劳失效的主要因素是应力幅。

如图 8-19 所示,当工作拉力在 $0 \sim F$ 之间变化时,螺栓总拉力在 $F_0 \sim F_2$ 之间变化。若不考虑螺纹副间摩擦力矩的扭转作用,则危险截面的最大和最小拉应力(此时螺栓中的应力变化规律是 $\sigma_{\min}$ 为常数)分别为

$$\sigma_{\max} = \frac{F_2}{\frac{\pi}{4}d_1^2} \tag{8-17a}$$

$$\sigma_{\min} = \frac{F_0}{\frac{\pi}{4}d_1^2} \tag{8-17b}$$

故螺栓联接的疲劳强度条件为

$$\sigma_a = \frac{\sigma_{\max} - \sigma_{\min}}{2} = \frac{C_b}{C_b + C_m} \frac{2F}{\pi d_1^2} \leqslant [\sigma_a] \tag{8-18}$$

式中 $[\sigma_a]$ ——螺栓的许用应力幅(MPa),按表 8-9 计算;其他各符号的意义和单位同前。

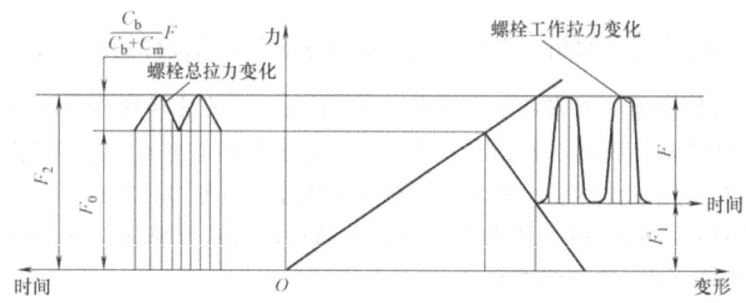

图 8-19 受轴向变载荷的紧螺栓联接

表 8-9 许用应力幅 $[\sigma_a]$ 的计算

许用应力幅计算公式$[\sigma_a] = \dfrac{\varepsilon K_t K_u \sigma_{-1t}}{K_\sigma S_a}$									
尺寸系数 ε	螺栓直径 d/mm	<12	16	20	24	30	36	42	48	56	64
	ε	1	0.87	0.8	0.74	0.65	0.64	0.60	0.57	0.54	0.53
螺纹制造工艺系数 K_t	切制螺纹 $K_t = 1$,滚制、搓制螺纹 $K_t = 1.25$
受力不均匀系数 K_u	受压螺母 $K_u = 1$,受拉螺母 $K_u = 1.5 \sim 1.6$
试件的疲劳极限 σ_{-1t}/MPa	常用材料	10	Q235A	35	45	40Cr
	σ_{-1t}	120~150	120~160	170~220	190~250	240~340
缺口应力集中系数 K_σ	螺栓材料 R_m/MPa	400	600	800	1000
	K_σ	3	3.9	4.8	5.2
安全系数 S_a	安装螺栓情况	控制预紧力	不控制预紧力
	S_a	1.5~2.5	2.5~5

三、铰制孔用螺栓联接

铰制孔用螺栓联接一般也需拧紧,但预紧力不需太大,由预紧力产生的拉应力对联接强度

的影响可以不计。如图 8-20 所示，铰制孔用螺栓受横向载荷 F_R 时，螺栓杆受到剪切，螺栓杆与孔壁接触面受到挤压。联接的摩擦力和预紧力一般忽略不计，则单个螺栓的强度条件有：

（1）剪切强度条件为

$$\tau = \frac{F_R}{m\frac{\pi}{4}d_s^2} \leqslant [\tau] \qquad (8\text{-}19)$$

（2）挤压强度条件为

$$\sigma_p = \frac{F_R}{d_s h} \leqslant [\sigma_p] \qquad (8\text{-}20)$$

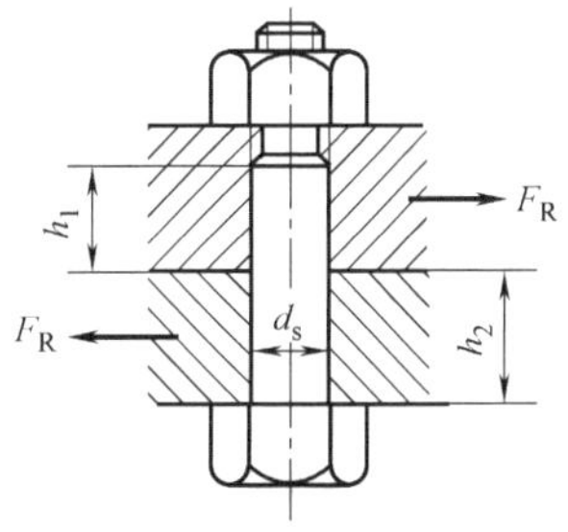

式中　d_s——螺栓受剪面直径（mm）；

　　　F_R——横向载荷（N）；

　　　m——螺栓受剪面的数目，图 8-20 中 $m=1$；

　　　h——螺栓杆与孔壁间挤压面的最小长度（mm）；

　　　$[\tau]$——螺栓的许用切应力（MPa），可查表 8-8。

　　　$[\sigma_p]$——螺栓或孔壁中较弱材料的许用挤压应力（MPa），可查表 8-8。

图 8-20　铰制孔用螺栓联接

第五节　螺栓组联接的受力分析

由两个或两个以上螺栓组成的联接称为螺栓组联接。机器上，多数情况下的螺栓联接是成组使用的。本节以螺栓组联接为例讨论其受力和强度计算问题。其结论对于其他类型的螺纹联接设计同样适用。

对螺栓组联接进行受力分析与计算的目的在于求出螺栓组中受力最大的螺栓及其所受的工作载荷或所需的预紧力，以便据此计算螺栓组中单个螺栓的强度，进而确定螺栓的直径。

在分析螺栓组受力时，为了简化受力分析时的计算，通常假设：同一螺栓组内各螺栓是相同的，而且所受的预紧力也相同；螺栓组的对称中心与联接接合面的形心重合；受载后联接接合面仍保持为平面；被联接体为刚体；螺栓的变形在弹性范围内等。

一、受轴向载荷的螺栓组联接

如图 8-21 所示的气缸盖的螺栓组联接。若螺栓组的螺栓个数为 z，螺栓的分布圆直径为 D_0（mm），拧紧后受轴向载荷 F_Q（N）的作用，此时设气缸盖内的流体压力为 p（MPa），内径为 D（mm），则

$$F_Q = p\pi D^2/4 \qquad (8\text{-}21)$$

则每个螺栓联接所受的轴向载荷 F（N）为

$$F = F_Q/z \qquad (8\text{-}22)$$

求出轴向载荷 F 后，可按式（8-9）求出螺栓总拉力 F_2，再按式（8-16）进行螺栓联接的强度计算。变载荷时，还应按应力幅，即式（8-18）进行疲劳强度校核。

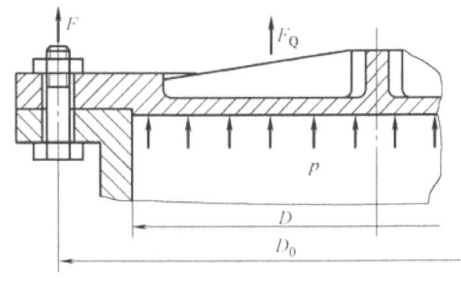

图 8-21　例 8-1 图

【例 8-1】 有一气缸盖与缸体凸缘采用普通螺栓联接,如图 8-21 所示。已知气缸中的压力 p 在 $0 \sim 2\text{MPa}$ 之间变化,气缸内径 $D = 500\text{mm}$,螺栓分布圆直径 $D_0 = 650\text{mm}$。为保证气密性要求,残余预紧力 $F_1 = 1.8F$,螺栓间距 $t \leqslant 4.5d$(d 为螺栓大径)。螺栓材料的许用应力 $[\sigma] = 120\text{MPa}$,许用应力幅 $[\sigma_a] = 20\text{MPa}$。选用铜皮石棉垫片,螺栓相对刚度 $C_b/(C_b + C_m) = 0.8$,试设计此螺栓组联接。

解:

计算与说明	主 要 结 果
1) 初选螺栓数目 z 本题是典型的仅受轴向载荷作用的螺栓组联接。但是,螺栓所受载荷是变化的,因此应先按静强度计算螺栓直径,然后校核其疲劳强度。此外,为保证联接的气密性,不仅要保证足够大的残余预紧力,而且要选择适当的螺栓数目,保证螺栓间的间距不致过大 因为螺栓分布圆直径较大,为保证螺栓间的间距不致过大,所以应选用较多的螺栓,初取 $z = 24$	$z = 24$
2) 计算螺栓的轴向载荷 F 螺栓组联接的最大轴向载荷 $F_Q = \dfrac{\pi D^2}{4} p = \dfrac{\pi \times 500^2}{4} \times 2 \text{N} = 3.927 \times 10^5 \text{N}$ 单个螺栓的最大轴向载荷 $F = \dfrac{F_Q}{z} = \dfrac{3.927 \times 10^5}{24} \text{N} = 16362.5 \text{N}$	$F = 16362.5\text{N}$
3) 计算螺栓的总拉力 F_2 $F_2 = F_1 + F = 1.8F + F = 2.8F = 2.8 \times 16362.5\text{N} = 45815\text{N}$	$F_2 = 45815\text{N}$
4) 按静强度计算螺栓直径 $d_1 \geqslant \sqrt{\dfrac{4 \times 1.3 F_2}{\pi [\sigma]}} = \sqrt{\dfrac{4 \times 1.3 \times 45815}{\pi \times 120}} \text{mm} = 25.139\text{mm}$ 查表 8-1,取 M30($d_1 = 26.211\text{mm} > 25.139\text{mm}$)。	$d_1 = 25.139\text{mm}$ 取 M30
5) 校核螺栓疲劳强度 $\sigma_a = \dfrac{C_b}{C_b + C_m} \dfrac{2F}{\pi d_1^2} = 0.8 \times \dfrac{2 \times 16362.5}{\pi \times 26.211^2} = 12.13\text{MPa} < [\sigma_a] = 20\text{MPa}$	$\sigma_a = 12.13\text{MPa}$ 满足疲劳强度
6) 校核螺栓间距 实际螺栓间距 $t = \dfrac{\pi D_0}{z} = \dfrac{\pi \times 650}{24}\text{mm} = 85.1\text{mm} < 4.5d = 4.5 \times 30\text{mm} = 135\text{mm}$	$t = 85.1\text{mm}$ 满足气密性要求
7) 结论	该螺栓组应有 24 个 M30 的普通螺栓

二、受横向载荷的螺栓组联接

如图 8-22 所示,横向载荷的作用线与螺栓轴线垂直,并通过螺栓组的对称中心。可以采用普通螺栓联接(图 8-22a),也可以采用铰制孔用螺栓联接(图 8-22b)。当采用螺栓杆与孔壁间留有间隙的普通螺栓联接时,靠联接预紧力在接合面间产生的摩擦力来抵抗横向载荷;当采用铰制孔用螺栓联接时,靠螺栓杆受剪切和挤压来抵抗横向载荷。虽然两者的传力方式不同,但计算时可近似地认为在横向载荷 F_R 的作用下,每个螺栓所承担的工作载荷是均等的。

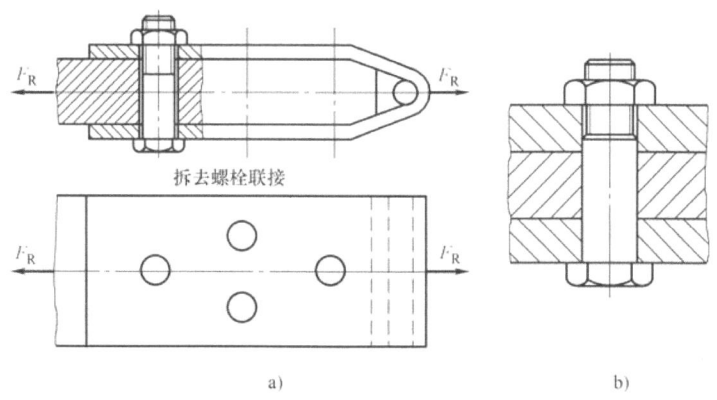

图 8-22 受横向载荷的螺栓组联接
a) 普通螺栓联接 b) 铰制孔用螺栓联接

对于普通螺栓联接，应保证联接预紧后，接合面间产生的最大摩擦力必须大于或等于横向载荷。假设每个螺栓所需的预紧力均为 F_0，螺栓数目为 z，则建立平衡式为 $zmfF_0 \geq K_f F_R$，则有

$$F_0 \geq \frac{K_f F_R}{fmz} \quad (8-23)$$

式中 K_f——可靠性系数，考虑到 F_R 不稳定性，为保证联接可靠，通常取 1.1~1.3；
  m——接合面数量，图 8-22 中 $m=2$；
  f——接合面间的摩擦系数，对钢或铸件的干燥表面可取 0.1~0.15；
  z——螺栓的个数；
  F_R——横向载荷（N）；
  F_0——预紧力（N）。

由上式求得预紧力 F_0 后，再用式（8-8）校核螺栓的强度或求出所需螺栓的直径。

用受拉螺栓构成螺栓组联接，承受横向外载荷时，具有构造简单、装配方便等优点，但它要求施加很大的预紧力，若当 $f=0.15$，$K_f=1.2$，$m=1$，$z=1$，则 $F_0 \geq 8F_R$，即预紧力应为横向载荷的 8 倍，所以普通螺栓联接仅靠摩擦力来承担横向载荷时，必致螺栓组的结构尺寸过大。为了避免上述缺点，可用套筒、键或销来承担横向载荷（图 8-23），而螺栓仅起联接作用，这样所需的预紧力小，螺栓直径也小。

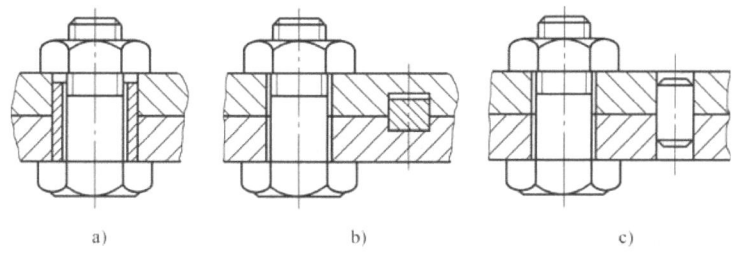

图 8-23 螺栓联接承受横向载荷时的减载装置
a) 减载套筒 b) 减载键 c) 减载销

【例 8-2】 图 8-24 所示为一凸缘联轴器，用 6 个 M10 的铰制孔用螺栓联接。两半联轴

器材料为 HT200，其许用挤压应力 $[\sigma_{p1}] = 100\text{MPa}$，螺栓材料的许用切应力 $[\tau] = 92\text{MPa}$，许用挤压应力 $[\sigma_{p2}] = 300\text{MPa}$，许用拉伸应力 $[\sigma] = 120\text{MPa}$。

1）试计算该螺栓组联接允许传递的最大转矩 T。

2）若传递的最大转矩 T 不变，改用普通螺栓联接，试计算螺栓小径 d_1 的计算值（设两半联轴器间的摩擦系数 $f = 0.16$，可靠性系数 $K_f = 1.2$）。

解：1）计算螺栓组联接允许传递的最大转矩 T。

该铰制孔用螺栓联接所能传递转矩大小受螺栓剪切强度和配合面挤压强度的制约。因此，可按螺栓剪切强度条件计算 T，然后校核配合面挤压强度。也可按螺栓剪切强度和配合面挤压强度分别求出 T，取其值小者。本解按第一种方法计算。因为 $F_R = T/(D/2)$，由式（8-19）有

$$\tau = \frac{T}{z(D/2)(\pi d_s^2/4)} \leq [\tau]$$

得

$$T = \frac{zD\pi d_s^2 [\tau]}{8} = \frac{6 \times 340 \times \pi \times 11^2 \times 92}{8} \text{N·mm} = 8917913.4 \text{N·mm}$$

校核螺栓与孔结合面间的挤压强度

$$\sigma_p = \frac{2T}{6Dd_s h} \leq [\sigma_p]$$

式中，h 为挤压面最小接触高度，所以 $h = (60-35)\text{mm} = 25\text{mm}$；$[\sigma_p]$ 为配合面材料的许用挤压应力，因螺栓材料的 $[\sigma_{p2}]$ 大于半联轴器材料的 $[\sigma_{p1}]$，故取 $[\sigma_p] = [\sigma_{p1}] = 100\text{MPa}$。

所以

$$\sigma_p = \frac{2T}{6Dd_s h} = \frac{2 \times 8917913.4}{6 \times 340 \times 11 \times 25}\text{MPa} = 31.8\text{MPa} < [\sigma_p] = 100\text{MPa}$$

满足挤压强度。

故该螺栓联接允许传递的最大转矩 $T = 8917913.4 \text{N·mm}$。

2）改为普通螺栓联接计算螺栓小径 d_1。

计算螺栓所需的预紧力 F_1。按接合面间不发生相对滑移的条件，则有

$$6fF_1 D/2 = K_f T$$

所以 $F_1 = \dfrac{K_f T}{3fD} = \dfrac{1.2 \times 8917913.4}{3 \times 0.16 \times 340}\text{N} = 65572.9\text{N}$

计算螺栓小径 d_1

$$d_1 \geq \sqrt{\frac{4 \times 1.3 F_1}{\pi[\sigma]}} = \sqrt{\frac{4 \times 1.3 \times 65572.9}{\pi \times 120}}\text{mm} = 30.074\text{mm}$$

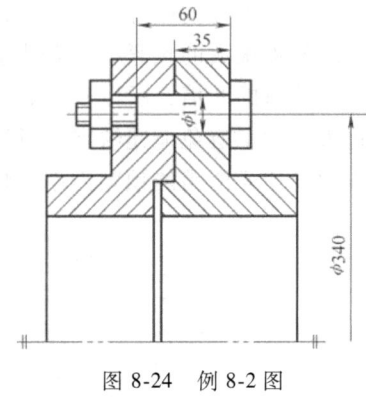

图 8-24 例 8-2 图

三、受转矩的螺栓组联接

如图 8-25 所示，在转矩 T 的作用下，被联接件的底板有绕通过螺栓组对称中心 O 并与接合面垂直的轴线转动。此时螺栓联接的传力方式与受横向载荷的螺栓组联接相似。

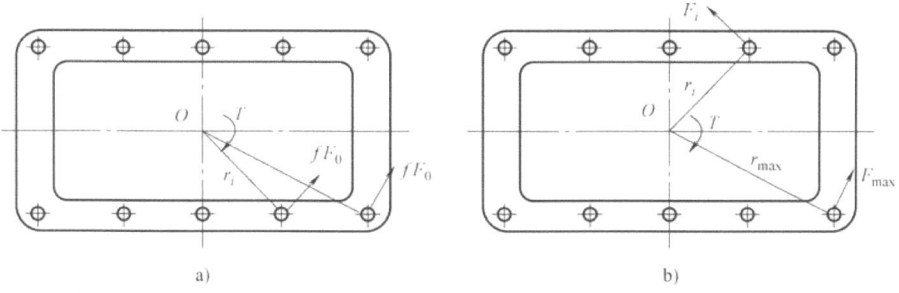

图 8-25 受转矩的螺栓组联接
a) 普通螺栓联接　b) 铰制孔用螺栓联接

当采用普通螺栓联接时，靠联接预紧后接合面间产生的摩擦力矩来抵抗转矩 T（图 8-25a）。假设各螺栓的预紧力相同且均为 F_0，则各螺栓联接处产生的摩擦力均相等，并假设此摩擦力集中在螺栓中心处。为防止接合面发生相对转动，各摩擦力应与各个螺栓的轴线到螺栓组对称中心 O 的连线（即力臂 r_i）垂直。根据作用在底板上的力矩平衡及联接强度的条件，应有

$$fF_0r_1+fF_0r_2+\cdots+fF_0r_z \geq K_fT \tag{8-24}$$

故可得各螺栓所需的预紧力为

$$F_0 \geq \frac{K_fT}{f(r_1+r_2+\cdots+r_z)}=\frac{K_fT}{f\sum_{i=1}^{z} r_i} \tag{8-25}$$

由式（8-25）求得预紧力 F_0 后，再用式（8-8）校核螺栓的强度或求出所需螺栓的直径。

当采用铰制孔用螺栓时，在转矩 T 的作用下，各螺栓受到剪切和挤压作用。同样各螺栓所受的横向载荷（工作剪力）和各个螺栓轴线到螺栓组对称中心 O 的连线（即力臂 r_i）相垂直。假设各螺栓的剪切刚度相同，则螺栓的剪切变形量越大时，其所受的工作剪力也越大。图 8-25b 中，若用 r_i、$r_{\max}$ 分别表示第 i 个螺栓和受力最大螺栓的轴线到螺栓组对称中心 O 的距离；F_i、$F_{\max}$ 分别表示第 i 个螺栓和受力最大螺栓的工作剪力，则得

$$\frac{F_{\max}}{r_{\max}}=\frac{F_i}{r_i} \text{ 或 } F_i=F_{\max}\frac{r_i}{r_{\max}}, \quad i=1,2,3\cdots z \tag{8-26}$$

由作用在底板上的力矩平衡条件得

$$\sum_{i=1}^{z} F_ir_i = T \tag{8-27}$$

联立式（8-26）和式（8-27），可求得受力最大的螺栓的工作剪力为

$$F_{\max}=\frac{Tr_{\max}}{r_1^2+r_2^2+\cdots+r_z^2}=\frac{Tr_{\max}}{\sum_{i=1}^{z} r_i^2} \tag{8-28}$$

然后按式（8-19）与式（8-20）校核螺栓联接的剪切强度和挤压强度。

四、受倾覆力矩的螺栓组联接

图 8-26a 所示为受倾覆力矩 M 的螺栓组联接。底板采用普通螺栓联接,为简化计算,假设底板为刚体,在力矩 M 作用下不变形,即接合面仍保持平面。同时,假定底板在受到倾覆力矩作用后,将绕对称轴线 $O—O$ 翻转。此时,对称轴线的左侧被拉紧,螺栓的轴向力增大,接合面上的压力减小;而对称轴线右侧的螺栓被放松,使螺栓的预紧力减小,接合面上的压力增大(图 8-26b)。设在倾覆力矩 M 的作用下,引起左、右两侧各螺栓产生工作载荷 F_i,各工作载荷对 $O—O$ 轴线的力矩之和必和此倾覆力矩 M 相平衡,则

$$F_1 L_1 + F_2 L_2 + \cdots + F_z L_z = M \tag{8-29}$$

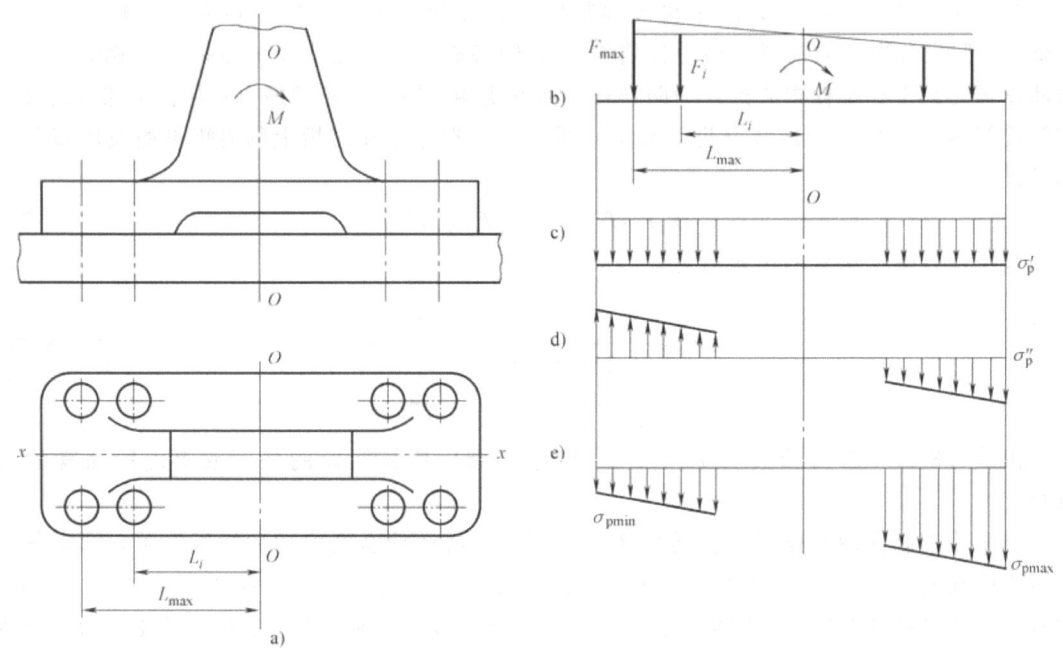

图 8-26 受倾覆力矩的螺栓组联接

根据螺栓变形协调条件,各螺栓的拉伸变形量与其轴线到螺栓组对称轴线 $O—O$ 的距离成正比。因为各螺栓的拉伸刚度相同,所以左、右两侧螺栓的工作载荷 F_i 与相应距离 L_i 成正比。于是有

$$\frac{F_1}{L_1} = \frac{F_2}{L_2} = \cdots = \frac{F_z}{L_z} = \frac{F_{\max}}{L_{\max}} \tag{8-30}$$

式中 $F_{\max}$——受力最大螺栓的工作拉力(N);

$L_{\max}$——受力最大螺栓至 $O—O$ 轴线的距离(mm)。

联立求解式(8-29)和式(8-30),可得受力最大螺栓所受的最大工作载荷为

$$F_{\max} = \frac{M L_{\max}}{L_1^2 + L_2^2 + \cdots + L_z^2} = \frac{M L_{\max}}{\sum\limits_{i=1}^{z} L_i^2} \tag{8-31}$$

求出螺栓最大工作载荷后,由式(8-9)求出螺栓总拉力 F_2,再按式(8-16)或式(8-18)进行螺栓联接的强度计算或设计计算。

对于承受倾覆力矩的螺栓组联接,不仅要进行螺栓联接的强度计算,而且还应进行接合面工作能力的计算,以保证联接接合面不因压应力过大(右侧)而被压溃,而使联接接合面压应力消失(左侧)而出现缝隙。

保证联接接合面最大受压处不被压溃(右侧,图 8-26e)的条件为

$$\sigma_{pmax} = \sigma'_p + \sigma''_p \approx \frac{zF_0}{A} + \frac{M}{W} \leq [\sigma_p] \qquad (8-32)$$

保证联接接合面最小受压处不出现缝隙(左侧,图 8-26e)的条件为

$$\sigma_{pmin} = \sigma'_p - \sigma''_p \approx \frac{zF_0}{A} - \frac{M}{W} > 0 \qquad (8-33)$$

式中 σ_{pmax}——联接接合面所受最大挤压应力(MPa);

σ_{pmin}——联接接合面所受最小挤压应力(MPa);

σ'_p——在 F_0 作用下接合面的挤压应力(MPa),其分布如图 8-26c 所示,其大小为

$\sigma'_p = \frac{zF_0}{A}$;

σ''_p——在倾覆力矩 M 作用下的挤压应力(MPa),其分布如图 8-26d 所示,对于刚性大的地基,螺栓刚度相对较小。因此其大小为 $\sigma''_p = \frac{1}{W}\left(M\frac{C_m}{C_b+C_m}\right) \approx \frac{M}{W}$;

F_0——每个螺栓所受的预紧力(N);

z——螺栓数目;

A——联接接合面面积(mm^2);

W——联接接合面抗弯截面系数(mm^3);

$[\sigma_p]$——联接接合面材料的许用挤压应力(MPa),见表 8-10。

表 8-10 联接接合面材料的许用挤压应力 $[\sigma_p]$ (单位:MPa)

材料	钢	混凝土	铸铁	砖(水泥浆缝)	木材
许用挤压应力 $[\sigma_p]$	$0.8\sigma_s$	2.0~3.0	$(0.4~0.5)R_m$	1.5~2.0	2.0~4.0

注:联接受静载荷时,取较大值;受变载荷时则取较小值。

在实际应用中,螺栓组联接所受的工作载荷常常是以上四种受力状态的不同组合。但不论受力状况如何复杂,都可利用静力分析方法将复杂的受力状态简化成上述四种受力状态。根据上述的四种受力状态,可确定每个螺栓上总的工作载荷。一般来说,对普通螺栓联接可按受轴向载荷或(和)倾覆力矩来确定螺栓的工作拉力;按受横向载荷或(和)转矩确定联接所需的预紧力,然后求出螺栓的总拉力。对铰制孔用螺栓则按受横向载荷或(和)转矩确定螺栓的工作剪力,求得受力最大的螺栓及其所受的剪力后,就可进行单个螺栓联接的强度计算。

【例 8-3】 设计图 8-27 所示的支架底

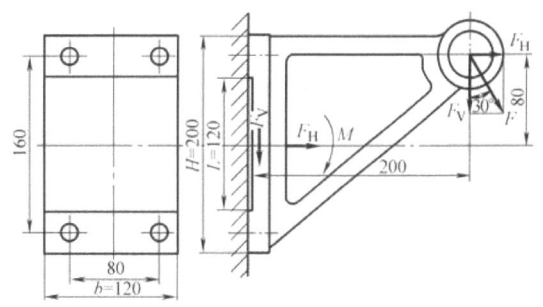

图 8-27 例 8-3 图

板螺栓组联接。支架材料为HT200，立柱为钢，外载荷$F = 2000\text{N}$。

解：

计算与说明	主 要 结 果
1）载荷分析与计算 该螺栓组联接，工作时所受外载荷只有F，但将其分解并向螺栓组形心和底板接合面平移后，F可简化为轴向载荷F_H、横向载荷F_V和倾覆力矩M三种基本受载形式的组合。采用受拉螺栓，已知螺栓数$z = 4$。外载荷F分解为 轴向载荷$F_H = F\sin30° = 2000 \times 0.5\text{N} = 1000\text{N}$ 横向载荷$F_V = F\cos30° = 2000 \times 0.866\text{N} = 1732\text{N}$ 倾覆力矩$M = F_H \times 80\text{mm} + F_V \times 200\text{mm} = (1000 \times 80 + 1732 \times 200)\text{N} \cdot \text{mm} = 4.26 \times 10^5 \text{N} \cdot \text{mm}$	$F_H = 1000\text{N}$ $F_V = 1732\text{N}$ $M = 4.26 \times 10^5 \text{N} \cdot \text{mm}$
2）计算螺栓的工作拉力 由F_H产生的工作拉力$F_{Q1} = 1000\text{N}/4 = 250\text{N}$ 由M产生的工作拉力，由式（8-31）有 $$F_{Q2} = \frac{ML_{max}}{L_1^2 + L_2^2 + \cdots + L_z^2} = \frac{4.26 \times 10^5 \times 80}{4 \times 80^2}\text{N} = 1331\text{N}$$ 受力最大螺栓的总工作拉力$F = F_{Q1} + F_{Q2} = (250 + 1331)\text{N} = 1581\text{N}$	$F = 1581\text{N}$
3）求每个螺栓所需的预紧力 横向载荷F_V将使底板下滑，采用受拉螺栓时靠摩擦力来承受；F_H将抵消一部分预紧力，所以靠残余预紧力产生摩擦力来承受F_V，M对摩擦力无影响，因为在M作用下，上边的压力减小，但下边压力将增大。所以保证底板不下滑的条件是$F_0 \geq \dfrac{K_f F_V}{zf}$ 由式（8-14）知$F_1 = F_0 - \dfrac{C_m}{C_b + C_m}\dfrac{F_H}{z}$ 则有$F_0 \geq \left(\dfrac{K_f F_V}{f} + \dfrac{C_m}{C_b + C_m}F_H\right)/z$ 取$K_f = 1.2$；$\dfrac{C_b}{C_b + C_m} = 0.3$，即$K_c = \dfrac{C_m}{C_b + C_m} = 1 - 0.3 = 0.7$，$f = 0.3$ 则$F_0 \geq \dfrac{\dfrac{K_f F_V}{f} + \dfrac{C_m}{C_b + C_m}F_H}{z} = \left[\dfrac{\dfrac{1.2 \times 1732}{0.3} + 0.7 \times 1000}{4}\right]\text{N} = 1907\text{N}$，取$F_0 = 2000\text{N}$	$F_0 = 2000\text{N}$
4）计算螺栓直径 受力最大螺栓总拉力由式（8-15）知 $F_2 = F_0 + [C_b/(C_b + C_m)]F = (2000 + 0.3 \times 1581)\text{N} = 2474\text{N}$ 选4.6级C级六角头螺栓，查表8-5，$\sigma_s = 240\text{MPa}$，不控制预紧力，初估直径$d = 12\text{mm}$，查表8-7，安全系数$S = 4.4$则$[\sigma] = 240\text{MPa}/4.4 = 54.5\text{MPa}$ 螺纹部分危险截面直径$d_1 \geq \sqrt{\dfrac{4 \times 1.3 F_2}{\pi[\sigma]}} = \sqrt{\dfrac{4 \times 1.3 \times 2474}{\pi 54.5}}\text{mm} = 8.67\text{mm}$ 查表8-1，M12螺栓，$d_1 = 10.106\text{mm} > 8.67\text{mm}$，满足要求并与初估相符	$F_2 = 2474\text{N}$ M12 C级六角头螺栓
5）校核铸铁底座下缘是否压溃 预紧时结合面上挤压应力$\sigma_{F_0} = \dfrac{ZF_0}{A} = \dfrac{4 \times 2000}{120 \times 80}\text{MPa} = 0.83\text{MPa}$ 因F_H作用使挤压应力减小 $$\sigma_{F_H} = \dfrac{\dfrac{C_m}{C_b + C_m}F_H}{A} = \dfrac{0.7 \times 1000}{120 \times 80}\text{MPa} = 0.07\text{MPa}$$ 因M作用底座上缘挤压应力减小，下缘挤压应力增大$\sigma_M = M/W$	$\sigma_F = 1.44\text{MPa}$ $[\sigma_p] = 100\text{MPa}$ 安全

(续)

计算与说明	主 要 结 果
其中 $W = \dfrac{b}{6H}(H^3 - L^3) = \dfrac{120}{6 \times 200}(200^3 - 120^3)\,\text{mm}^3 = 6.27 \times 10^5\,\text{mm}^3$ $\sigma_M = \dfrac{M}{W} = \dfrac{4.26 \times 10^5}{6.27 \times 10^5}\,\text{MPa} = 0.68\,\text{MPa}$ 下缘挤压应力 $\sigma_\text{下} = \sigma_{F_0} - \sigma_{F_H} + \sigma_M = (0.83 - 0.07 + 0.68)\,\text{MPa} = 1.44\,\text{MPa}$ 铸铁许用挤压应力查表 8-10。$[\sigma_p] = 0.5 R_m = (0.5 \times 200)\,\text{MPa} = 100\,\text{MPa} > 1.44\,\text{MPa}$	$\sigma_\text{下} = 1.44\,\text{MPa}$ $[\sigma_p] = 100\,\text{MPa}$ 安全
6）校核底座上缘是否开缝 $\sigma_\text{上} = \sigma_{F_0} - \sigma_{F_H} - \sigma_M = (0.83 - 0.07 - 0.68)\,\text{MPa} = 0.08\,\text{MPa} > 0$	$\sigma_\text{上} = 0.08\,\text{MPa}$ 不会开缝

第六节 提高螺栓联接强度的措施

螺栓联接承受轴向变载荷时，其损坏形式多为螺栓杆部分的疲劳断裂，通常发生在应力集中较严重之处，即螺栓头部、螺纹收尾和螺母支承平面所在处的螺纹。以下简要说明影响螺栓强度的因素和提高强度的措施。

一、减小应力幅

螺栓的最大应力一定时，减小应力幅，对防止螺栓的疲劳破坏是十分有利的。若减小螺栓刚度或增大被联接件刚度，均可使螺栓的应力幅减小。

为减小螺栓刚度，可减小螺栓光杆部分的直径、采用空心螺杆、适当增加螺栓的长度或者在螺母下安装弹性元件等，如图 8-28 所示。

被联接件本身的刚度较大，但被联接件的接合面因需要密封而采用软垫片时可以降低其刚度。为保持被联接件原来的刚度值，可不用垫片或采用刚性大的垫片，对有紧密性要求的联接，可采用密封环密封，如图 8-29 所示。

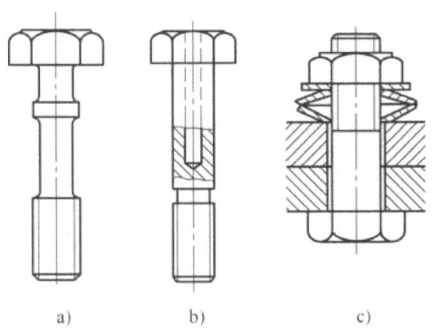

图 8-28 减小螺栓刚度的结构图
a）减小光杆直径 b）采用空心螺杆 c）安装弹性元件

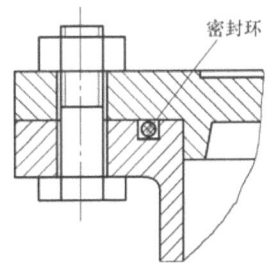

图 8-29 密封环密封
a）加大过渡圆角 b）卸荷槽

二、减小应力集中

螺杆上螺纹收尾、螺栓头部到螺杆的过渡处，都会产生应力集中，这是产生断裂的危险部位。使螺栓截面变化均匀是减小应力集中的有效方法，如图 8-30 所示，增大过渡圆角、切制卸荷槽等都是常用的措施。

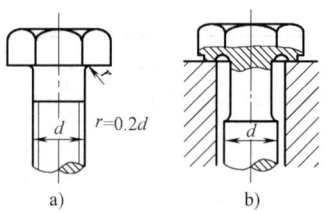

图 8-30 减小应力集中的结构

三、避免附加弯曲应力

由于设计、制造或安装上的疏忽，如被联接件上支承螺母或螺栓头部的支承面偏斜，则有可能使螺栓受到附加的弯曲应力，如图 8-31 所示，这对螺栓疲劳强度的影响很大，应设法避免。设计时应从结构和工艺上采取措施，必须注意支承面的平整。例如，在铸件或锻件等未加工表面上加工凸台或沉孔，经局部切削加工后可获得平整的支承面；或加装斜垫圈、球面垫圈等，如图 8-32 所示。

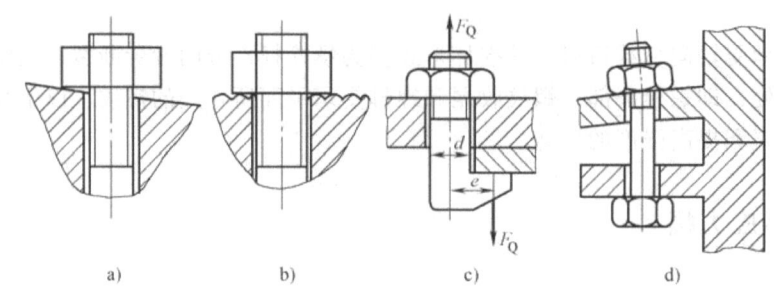

图 8-31 引起附加应力的实例

a）支承面偏斜 b）支承面不平 c）承受偏心载荷 d）被联接件变形大

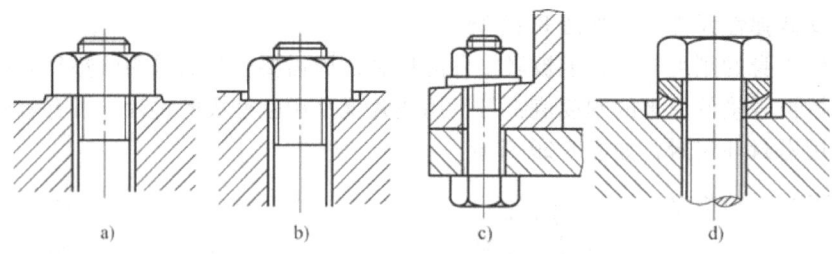

图 8-32 避免附加应力的措施

a）凸台 b）沉孔 c）斜垫圈 d）球面垫圈

四、改善螺纹牙受力不均匀

螺纹联接的载荷是通过螺纹牙传递的，若螺母和螺杆都是刚体、且制造无误差，则每圈螺纹之间的载荷分配是均匀的。但一般螺栓和螺母都是塑性材料，受力后，螺栓、螺母和螺纹牙均产生变形。螺栓受拉伸长、螺距增大；螺母受压，螺距减小。这种螺距的变化差要靠螺纹牙的变形来补偿，造成各圈螺纹牙受力不均。从螺母支承面算起，第一圈旋合螺纹牙的受力最大，其余各圈受力递减。理论分析和实验证明，旋合圈数越多，载荷分布不均匀的程度也越显著，到第 8~10 圈以后，螺纹牙几乎不受载荷。所以，采用圈数多的厚螺母，并不能提高联接强度。设计时尽可能使螺母也受拉,以便使螺母和螺杆的变形相一致,如图 8-33 所示。图 8-33a 采用悬置螺母使螺母的旋合部分与螺栓均受拉,从而减少两者的螺距变化差,使螺纹牙上的载荷分布趋于均匀。图 8-33b 采用环槽螺母,其作用与图 8-33a 类似。图 8-33c 采用内斜螺母,使螺杆上原受力大的螺纹牙的受力点外移,螺纹牙的刚度随之减小、易于变形,而把部分力转移到原受力小的螺纹牙上,使各圈螺纹牙间的载荷趋于均匀。

除上述方法外,在制造工艺上采用冷镦工艺加工螺栓头部和滚压工艺碾制螺纹,比车制螺纹的疲劳强度高。此外,对螺栓进行渗碳、氮化、碳氮共渗及喷丸等表面处理,也能有效提高疲劳强度。

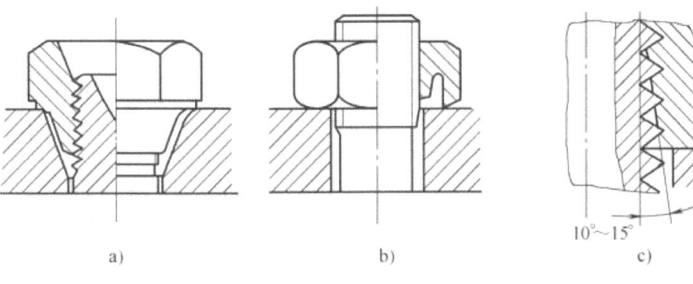

图 8-33 均载螺母的结构
a) 悬置螺母 b) 环槽螺母 c) 内斜螺母

第七节 螺旋传动

螺旋传动是利用螺杆和螺母组成的螺旋副来实现传动的要求,同时传递运动和动力,或调整零件间的相对位置。螺旋传动一般用于将回转运动变为直线运动,也可以将直线运动变为回转运动。螺旋传动广泛应用于螺旋千斤顶、螺旋压力机、机床的进给系统等。

一、螺旋传动的类型、特点和应用

1. 特点

螺旋传动通常由螺杆、螺母、机架及其他附件组成,一般情况下,螺杆为主动件,做回转运动,螺母为从动件做轴向移动。但也可以使螺母不动,而螺杆一面旋转,一面轴向移动。当导程角大于当量摩擦角时,它还可以将直线运动转换为旋转运动。即将螺母作为原动件,令其沿轴向移动,而迫使螺杆转动。

螺旋传动具有以下特点:在主动件上作用一较小的力矩时,可使从动件得到很大的轴向力;螺杆转一周,螺母只移动一个导程,可以得到大的传动比;传动均匀、准确,可以得到较高的传动精度;传动易于实现反向自锁;传动平稳、结构简单等。

2. 按螺杆与螺母的相对运动关系分类

(1) 螺杆转动,螺母做直线移动 螺杆两端或一端用轴承支承,螺母设有防转机构,其结构较复杂,但占据空间小,适用于长行程的螺旋副。车床丝杠、机用虎钳和刀架移动机构多采用这种结构。

（2）螺母转动，螺杆做直线移动 螺母要有轴承支承，螺杆设有防转机构，其结构复杂、螺杆在螺母左右移动占据空间位置大。这种结构应用较少，螺旋压力机上用该结构。

（3）螺母固定，螺杆转动并做往复移动 螺杆在螺母中运动，螺母起支承作用，其结构简单，但因螺杆在螺母左右两个极限位置时所占据的长度大于螺杆行程的两倍，因此这种结构占据空间较大，不适用于行程大的传动。常用于螺旋千斤顶和外径千分尺。

（4）螺杆固定，螺母旋转并沿直线移动 螺母在螺杆上转动并移动，其结构简单，但精度不高。常用于某些钻床工作台沿立柱的升降机构。

3. 按螺旋传动的用途不同分类

（1）传力螺旋 以传递力为主，主要是利用螺旋传动的增力特点，通过施加较小的力矩产生较大的轴向力，如各种起重或加压装置。传力螺旋将承受很大的轴向力，一般为间歇工作，每次工作时间较短，工作速度不高，并要求有反向自锁能力。如图8-34所示的传力螺旋机。

（2）传导螺旋 以传递运动为主，转换运动形式。传导螺旋要求具有较高的传动精度，有时也承受较大的轴向力。例如在机床进给丝杠传动系统中（图8-35），丝杠转动，而螺母带动刀架实现进给运动。

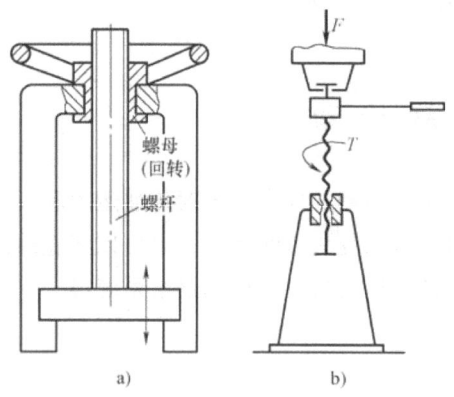

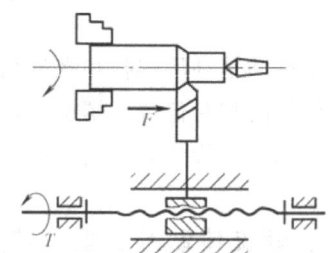

图8-34 传力螺旋机
a）螺旋压力机　b）螺旋千斤顶

图8-35 机床的进给机构

（3）调整螺旋 用以调整并固定零件或部件之间的相对位置，如千分尺中的螺旋（图8-36）。而双螺旋传动更适用于微调机构，如图8-37所示的双螺旋机构中，设 A、B 段的螺旋导程分别为 P_{hA} 和 P_{hB}，当螺杆转过 φ 角时，螺母移动的距离为 $(P_{hA} \pm P_{hB})\varphi/(2\pi)$。当两段螺旋的旋向相同时，若 P_{hA} 与 P_{hB} 相差很小，则螺母的位移可以很小，因此可以实现微调，常用于测微计、分度机构及调节机构中。若两段螺旋副的旋向相反，则螺母可实现快速移动。图8-38所示的车辆联接复式螺旋，它可以使两车钩较快地靠近或离开。

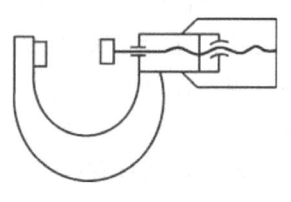

图8-36 千分尺

按螺纹间的摩擦性质不同，螺旋传动可分为滑动螺旋、滚动螺旋和静压螺旋。本节重点介绍滑动螺旋。

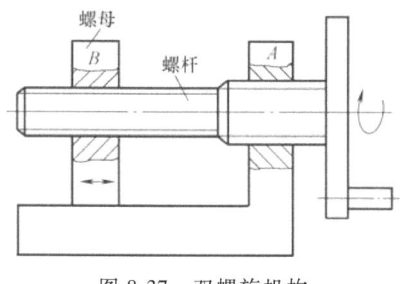

图 8-37 双螺旋机构

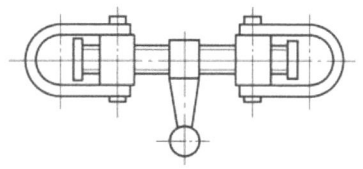

图 8-38 用于车辆联接的复式螺旋

二、滑动螺旋传动的材料和结构

滑动螺旋副中的螺杆材料应具有足够的强度、良好的耐磨性和韧性。常用 45 或 50 钢，较重要的螺杆可采用 40Cr 等合金钢。螺母则应具有良好的减摩性和耐磨性，一般可选用铸造锡青铜 ZCuSn10Pb1 或铸造黄铜 ZCuZn25Al6Fe3Mn3 等，低速且不重要的场合也可采用耐磨铸铁。滑动螺旋传动常用材料见表 8-11。

表 8-11 滑动螺旋传动常用材料

螺旋副零件	工作条件	常用材料
螺杆	一般传动	40、50
	重要丝杠	T10、T12、65Mn、40Cr、40MnB、20CrMnTi
	精密丝杠	9Mn2V、CrWMn、38CrMoAl
螺母	一般传动	ZCuSn10Pb1、ZCuSn5Pb5Zn5
	低速重载	ZCuAl10Fe3、ZCuZn25Al6Fe3Mn3
	低速轻载	耐磨铸铁、灰铸铁

滑动螺旋传动中所用的螺母按其结构不同有整体式、剖分式和组合式之分，如图 8-39 所示。整体式螺母结构简单，但不能调整螺旋副的轴向间隙，只能用于精度要求不高的螺旋

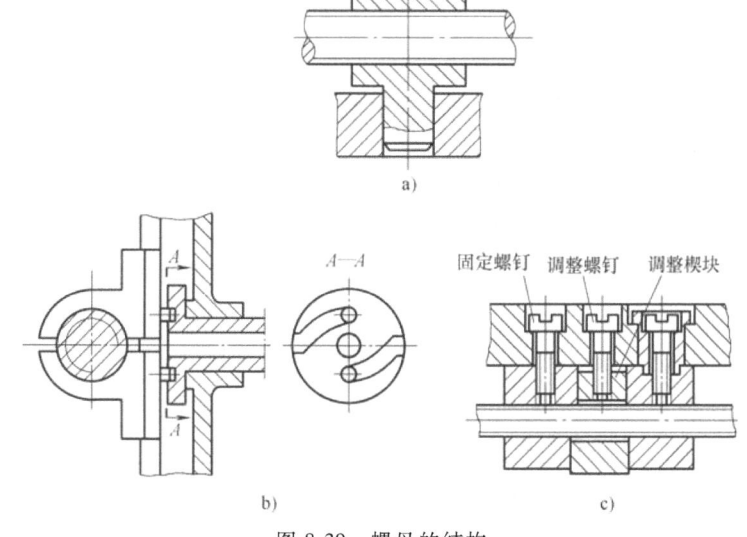

图 8-39 螺母的结构
a) 整体式螺母 b) 剖分式螺母 c) 组合式螺母

传动。剖分式螺母利用调整槽结构来消除螺旋副间的轴向误差,且操作方便,一般用于机床进给的螺旋传动中。组合式螺母可通过拧紧螺钉使调整楔块将两侧螺母拧紧,以消除螺旋副间隙。剖分式和组合式螺母结构可以补偿因磨损或制造误差而产生的螺旋副间的轴向间隙,可以避免反向传动时的空行程,广泛应用于经常正反转的螺旋传动。

三、滑动螺旋传动的设计计算

滑动螺旋传动的主要失效形式有:螺纹磨损、螺纹牙和螺杆断裂或塑性变形、螺杆失稳等。由于螺旋副间存在较大的滑动摩擦,故以螺纹磨损失效最为普遍。因此,滑动螺旋传动的设计准则是:根据耐磨性条件计算确定螺杆直径和螺母高度,再按标准确定螺旋副的其他各主要参数,最后对可能发生的其他失效形式进行必要的校核。例如对受力较大的传力螺旋,还应校核危险截面及螺母牙的强度,以防止发生塑性变形或断裂;对于要求自锁的螺杆应校核其自锁性;对长径比较大的受压螺旋,应校核其压杆稳定性;而对精度要求高的传动螺旋,还应校核螺杆的刚度等。在设计时,应根据螺旋传动的类型、工作条件及其失效形式等,选择不同的设计准则,而不必逐项进行校核。

1. 耐磨性计算

耐磨性计算主要用来确定螺纹中径 d_2 和螺母高度 H。由于滑动螺旋副的磨损与螺纹工作面上的压力、滑动速度、螺纹表面粗糙度及润滑状态等因素有关,其中以螺纹工作面上的压力影响最大。因此,耐磨性计算主要是限制螺纹工作面上的压力。

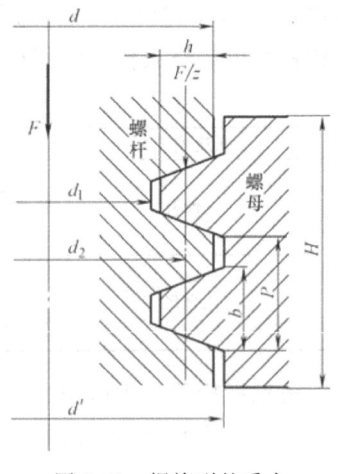

图 8-40 螺旋副的受力

如图 8-40 所示,设螺旋所承受的总轴向载荷为 F,均匀分布在螺母的 z 圈螺纹上,则螺纹工作面上的压力为

$$p = \frac{F}{\pi d_2 h z} \leq [p] \tag{8-34a}$$

式中 d_2——螺纹中径(mm);

h——螺纹工作高度(单位:mm,对矩形、梯形螺纹:$h=0.5P$。锯齿形螺纹:$h=0.75P$,P 为螺距);

z——螺纹承载圈数,$z=H/P$,H 为螺母高度;

$[p]$——许用压力(MPa),查表 8-12。

设 $\phi=H/d_2$,则 $z=\phi d_2/P$,代入式(8-34a)整理后可得螺纹中径的设计公式为

$$d_2 \geq \sqrt{\frac{FP}{\pi h \phi [p]}} \tag{8-34b}$$

ϕ 值一般取 1.2~1.5,整体螺母取 1.2~2.5,剖分螺母取 2.5~3.5。

表 8-12 滑动螺旋传动的许用压力 $[p]$

螺旋副材料		滑动速度/(m/min)	许用压力/MPa
螺杆	螺母		
钢	青铜	低速或手动	18~25
		<3	11~18

(续)

螺旋副材料		滑动速度/(m/min)	许用压力/MPa
螺杆	螺母		
钢	青铜	6~12	7~10
		>15	1~2
钢	耐磨铸铁	6~12	6~8
钢	灰铸铁	<2.4	13~18
		6~12	4~7
钢	钢	低速或手动	7.5~13
淬火钢	青铜	6~12	10~13

注：当 $\phi<2.5$ 或手动时，$[p]$ 可提高大约20%；螺母为剖分时，$[p]$ 应降低15%~20%。

根据设计公式算出螺纹中径后，查相关标准确定螺旋副螺纹的其他参数，并计算螺母高度 $H=\phi d_2$，螺纹承载圈数 $z=H/P$。为避免螺纹各圈受载不均，一般要求 $z\leqslant 10$。

2. 螺纹牙的强度校核

螺纹牙强度不足时，可能在根部发生剪切和弯曲破坏。由于螺母的材料强度低于螺杆，一般只对螺母进行强度校核。如图8-41所示，将螺母的一圈螺纹在中径 D_2 处展开，螺纹牙的受力可看作是受均布载荷 F/z 作用的悬臂梁，其根部危险截面 a-a 处受切应力和弯曲应力的作用。按材料力学相关理论可得出螺纹牙抗弯强度条件和抗剪强度条件为

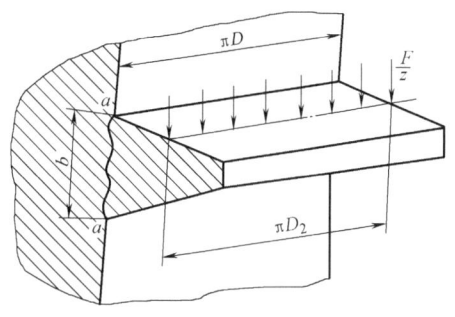

图8-41 螺纹牙的强度计算

$$\sigma_{\mathrm{b}}=\frac{M}{W}=\frac{\dfrac{F}{z}\dfrac{h}{2}}{\dfrac{\pi Db^2}{6}}=\frac{3Fh}{\pi Db^2 z}\leqslant[\sigma_{\mathrm{b}}] \tag{8-35}$$

$$\tau=\frac{F}{\pi Dbz}\leqslant[\tau] \tag{8-36}$$

式中　D——螺母的螺纹大径（mm）；
　　　b——螺纹牙根部的厚度（mm），矩形螺纹 $b=0.5P$，梯形螺纹 $b=0.65P$，锯齿形螺纹 $b=0.74P$；
$[\sigma_{\mathrm{b}}]$、$[\tau]$——许用弯曲应力（MPa）、许用剪切应力（MPa），查表8-13。

表8-13　滑动螺旋副的许用应力　　　　　　　　　　（单位：MPa）

螺旋副材料		$[\sigma_{\mathrm{b}}]$	$[\tau]$	$[\sigma]$
螺母	青铜	40~60	30~40	
	钢	$(1~1.2)[\sigma]$	$0.6[\sigma]$	
	耐磨铸铁	50~60	40	
	灰铸铁	45~55	40	
螺杆	钢			$\sigma_{\mathrm{s}}/(3~5)$

3. 螺杆强度计算

螺杆工作时，承受轴向载荷和螺纹扭矩的共同作用。因此，螺杆危险截面上是正应力与切应力的复合应力状态。按材料力学第四强度理论可求出螺杆危险截面的当量应力 σ_{v}，其

强度条件为

$$\sigma_v = \sqrt{\sigma^2 + 3\tau^2} = \sqrt{\left(\frac{4F}{\pi d_1^2}\right)^2 + 3\left(\frac{T}{0.2 d_1^3}\right)^2} \leqslant [\sigma] \tag{8-37}$$

式中　$[\sigma]$——螺杆许用应力（MPa），查表 8-13，表中 σ_s 为相应钢材料的屈服强度；

　　　T——螺纹扭矩（N·mm），$T = F\tan(\lambda + \rho_v) d_2/2$。

4. 螺杆稳定性验算

对长径比大的受压螺杆，可能会丧失其稳定性，需对其进行螺杆稳定性验算，具体见材料力学相关书籍或有关设计手册。

5. 螺旋副自锁条件校核

对于要求自锁的螺旋传动应校核其自锁性能。螺旋副自锁条件为

$$\lambda \leqslant \rho_v \tag{8-38}$$

式中　λ——螺纹升角（°）；

　　　ρ_v——当量摩擦角（°），$\rho_v = \arctan f_v$。f_v——当量摩擦系数，矩形螺纹 $f_v = f$，梯形螺纹 $f_v = 1.035f$，锯齿形螺纹 $f_v = 1.001f$。螺旋副材料的摩擦系数 f 见表 8-14。

表 8-14　螺旋副材料的摩擦系数 f

螺杆	淬火钢	钢			
螺母	青铜	青铜	钢	耐磨铸铁	灰铸铁
摩擦系数 f	0.06~0.08	0.08~0.10	0.11~0.17	0.10~0.12	0.12~0.15

四、滚动螺旋传动和静压螺旋传动

滑动螺旋传动的螺旋副间存在较大的滑动摩擦阻力，传动效率低（一般为 30%~40%）。而滚动螺旋传动和静压螺旋传动则改变了螺旋副间的摩擦状态，摩擦阻力较小。这两种螺旋传动的共同特点是：起动转矩小，传动平稳、轻便，寿命长，传动精度高，传动效率高（可达 90% 以上）；但结构复杂、制造困难、成本较高。

1. 滚动螺旋传动

滚动螺旋传动又称滚珠丝杠副，如图 8-42 所示。滚珠丝杠副是将螺杆与螺母的螺纹做成滚道的形状，而且螺杆和螺母的滚道形成回路，在回路中装有滚珠。当滚珠丝杠副运动时，滚珠可在回路中循环，使螺杆和螺母间的滑动摩擦转化为滚动摩擦。滚珠丝杠副不具有自锁性，可将直线运动变为回转运动。滚珠丝杠副目前在机床、汽车、航空、航天及兵器等制造业中应用较广。但是其制造工艺比较复杂，特别是长螺杆更难保证热处理及磨削工艺质量，刚性和抗振性能较差。滚珠丝杠副已作为标准部件由专业生产企业批量生产，价格也逐渐降低，应用日益广泛。

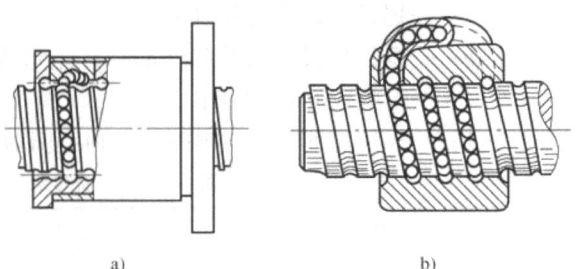

图 8-42　滚动螺旋传动
a）内循环　b）外循环

2. 静压螺旋传动

如图 8-43 所示，静压螺旋传动的螺杆仍为普通螺杆，但螺母每圈螺纹牙的两个侧面上都开有 3~4 个油腔。通过一套附加的供油系统给油腔内供油，靠油的压力来承受外载荷，从而使得静压螺旋传动在工作时，螺旋副之间的滑动摩擦转化为流体摩擦。静压螺旋传动能降低螺旋传动的摩擦，提高传动效率，增强螺旋传动的刚性和抗振性能，但是要有一套供油系统，结构较复杂，要求精度高，制造成本较高，常用于高精度、高效率的重要传动中，如数控机床、精密机床中的螺旋传动和汽车的转向机构等。

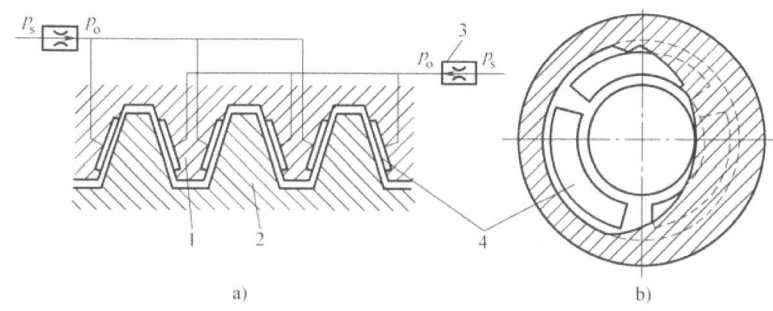

图 8-43 静压螺旋传动

1—螺母 2—螺杆 3—节流阀 4—油腔

思 考 题

8.1 常用螺纹按牙型分为哪几种？各有何特点？各适用于什么场合？

8.2 螺纹联接有哪些基本类型？各有何特点？各适用于什么场合？

8.3 为什么螺纹联接常需要防松？按防松原理，螺纹联接的防松方法可分为哪几类？

8.4 螺栓组联接受力分析的目的是什么？在进行受力分析时，通常要做哪些假设条件？

8.5 有一刚性凸缘联轴器，用材料为 Q235 的普通螺栓联接以传递转矩 T。现欲提高其传递的转矩，但限于结构不能增加螺栓的直径和数目，试提出三种能提高该联轴器传递转矩的方法。

8.6 提高螺栓联接强度的措施有哪些？这些措施中哪些主要针对静强度？哪些主要针对疲劳强度？

8.7 为了防止螺旋千斤顶发生失效，设计时应对螺杆和螺母进行哪些验算？

8.8 对于受轴向变载荷作用的螺栓，可以采取哪些措施来减小螺栓的应力幅 σ_a？

8.9 为什么对于重要的螺栓联接要控制预紧力？控制预紧力的方法有哪几种？

习 题

8.1 如图 8-15 所示的起重吊钩，已知吊钩螺栓直径 $d = 36$mm，螺纹小径 $d_1 = 31.67$mm，吊钩材料为 35 钢，$\sigma_s = 315$MPa，取安全系数 $[S] = 4$。试计算吊钩的最大起重力 F。

8.2 图 8-44 所示为一凸缘联轴器，用 6 个普通螺栓联接，安装时不控制预紧力。已知联轴器传递的转矩 $T = 300$N·m，螺栓材料为 Q235，$\sigma_s = 230$MPa，联轴器接合面间的摩擦系数 $f = 0.15$，可靠性系数 $K_f = 1.2$，螺栓分布圆直径 $D = 115$mm。试确定螺栓直径。

8.3 图 8-45 所示为一凸缘联轴器，采用 4 个铰制孔用螺栓联接。已知联轴器传递的转矩 $T=1200\mathrm{N\cdot m}$，联轴器材料为 HT250，$R_\mathrm{m}=240\mathrm{MPa}$，螺栓材料为 Q235，$\sigma_\mathrm{s}=230\mathrm{MPa}$，螺栓分布圆直径 $D=160\mathrm{mm}$，螺栓杆与联轴器孔壁的最小接触长度 $L_\mathrm{min}=10\mathrm{mm}$。试确定螺栓直径。

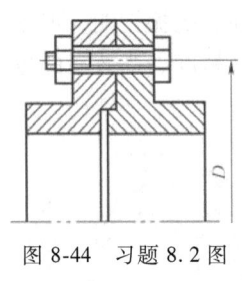
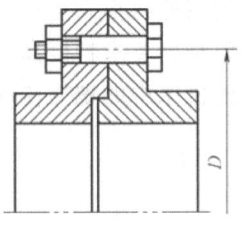

图 8-44 习题 8.2 图   图 8-45 习题 8.3 图

8.4 如图 8-21 所示，已知气缸中的压力 F_Q 在 $0\sim 0.6\mathrm{MPa}$ 之间，其 $D=420\mathrm{mm}$，$D_0=500\mathrm{mm}$。为保证气密性要求，残余预紧力 $F_1=1.5F$（F 为螺栓的轴向载荷），螺栓间距 $t\leqslant 7d$（d 为螺栓的大径）。选 A 级六角头螺栓，性能等级 8.8 级，许用拉伸应力 $[\sigma]=160\mathrm{MPa}$，许用应力幅 $[\sigma_\mathrm{a}]=16.43\mathrm{MPa}$。选用铜皮石棉垫片，螺栓相对刚度 $C_\mathrm{b}/(C_\mathrm{b}+C_\mathrm{m})=0.8$，装配时控制预紧力，试设计此螺栓组联接。

8.5 图 8-46 所示为一厚度 $t=12\mathrm{mm}$ 的钢板用 4 个螺栓固联在厚度 $t_1=30\mathrm{mm}$ 的铸铁支架上的两种方案。已知：螺栓材料为 Q235，$[\sigma]=95\mathrm{MPa}$、$[\tau]=96\mathrm{MPa}$，钢板 $[\sigma_\mathrm{p}]=320\mathrm{MPa}$，铸铁 $[\sigma_\mathrm{p1}]=180\mathrm{MPa}$，接合面间摩擦系数 $f=0.15$，可靠性系数 $K_\mathrm{f}=1.2$，载荷 $F_\Sigma=12000\mathrm{N}$，尺寸 $l=400\mathrm{mm}$，$a=100\mathrm{mm}$。试求：1）哪种螺栓布置方案合理？2）按照螺栓布置合理方案，分别确定采用普通螺栓联接和铰制孔用螺栓联接时的螺栓直径。

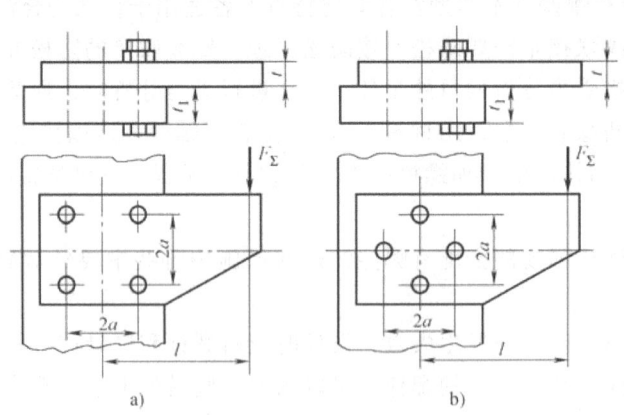

图 8-46 习题 8.5 图

8.6 如图 8-47 所示，有一轴承托架用 4 个普通螺栓固联于钢立柱上，托架材料为 HT150，许用挤压应力 $[\sigma_\mathrm{p}]=60\mathrm{MPa}$，螺栓材料强度级别为 6.8 级，许用安全系数 $[S]=3$，接合面间摩擦系数 $f=0.15$，可靠性系数 $K_\mathrm{f}=1.2$，螺栓相对刚度 $C_\mathrm{b}/(C_\mathrm{b}+C_\mathrm{m})=0.2$。试设计此螺栓组联接。

8.7 试找出图 8-48 中螺纹联接结构中的错误，说明原因、绘图改正。已知被联接件材料均为 Q235，联接件为标准件。

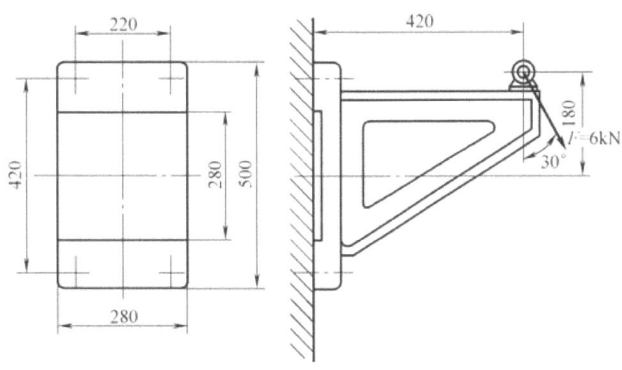

图 8-47 习题 8.6 图

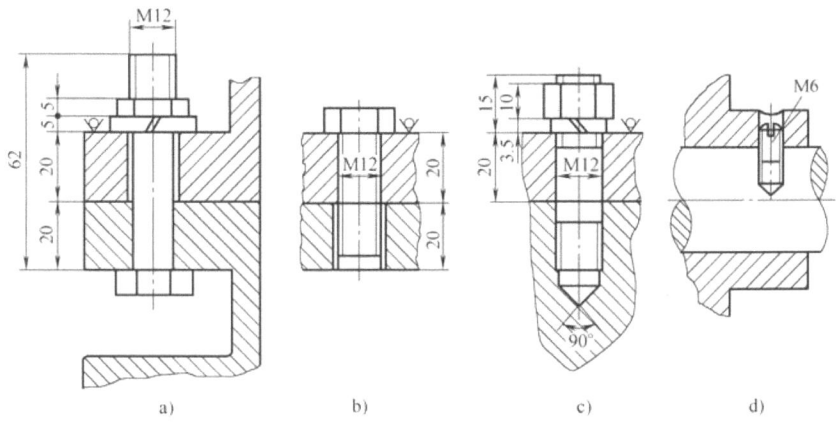

图 8-48 习题 8.7 图

8.8 图 8-49 所示弓形夹用 Tr28×5 螺杆夹紧工作，已知压力 $F=40000\text{N}$，螺杆末端直径 $d_0=20\text{mm}$，螺纹副和螺杆末端与工件间摩擦系数 $f=0.15$。

1）试分析该螺纹副能否自锁。

2）试计算拧紧力矩 T。

8.9 图 8-50 所示为一螺旋拉紧装置，旋转中间零件，可使两端螺杆 A 和 B 向中央移近，从而将被拉零件拉紧。已知：螺杆 A 和 B 的螺纹为 M16（$d_1=13.835\text{mm}$），单线；其材料的许用拉伸应力 $[\sigma]=80\text{MPa}$；螺纹副间摩擦系数 $f=0.15$。试计算允许施加于中间零件上的最大转矩 T_{max}，并计算旋紧时螺旋的效率 η。

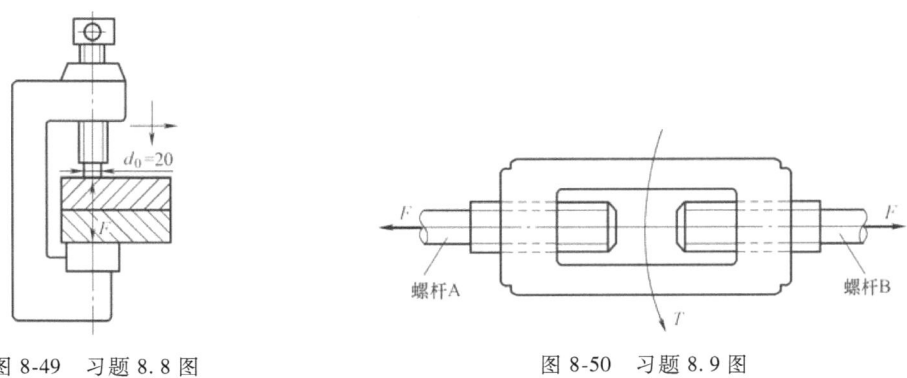

图 8-49 习题 8.8 图　　　　图 8-50 习题 8.9 图

习题参考答案

8.1 最大起重力 $F=62\text{kN}$。

8.2 螺栓公称直径为 M16。

8.3 螺栓公称直径为 M8。

8.4 静强度 $d_1 \geq 10.368\text{mm}$，$z=20$；螺栓间距 $t=78.5\text{mm}$，$\sigma_a=15.10\text{MPa}$，螺栓满足疲劳强度和气密性要求。

8.5 1）方案 a 比较合理。2）普通螺栓联接公称直径为 M45；铰制孔螺栓联接公称直径为 M12。

8.6 螺栓公称直径为 M16。

8.7 略。

8.8 $T=T_1+T_2=(112112+40000)\text{N}\cdot\text{mm}=152112\text{N}\cdot\text{mm}$（提示：螺纹副间的摩擦力矩为 T_1，螺杆末端与工件间的摩擦相当于止推轴颈的摩擦，其摩擦力矩为 T_2）。

8.9 $T_{\max}=29668\text{N}\cdot\text{mm}$；$\eta=0.199$。

第九章 铆接、焊接及胶接

本章介绍的几种联接,其结构设计、强度计算及工艺要求,均与各有关专业的技术规范或规程有密切的关联,因而本章只就它们的基本内容做概略介绍。

第一节 铆 接

一、铆接的组成、应用和材料

铆钉联接(简称铆接)是一种早就使用的简单的机械联接。铆接是利用具有钉杆和预制头的铆钉通过被联接件的预制孔(图9-1a),然后利用铆型施压再制出另一端的铆头(图9-1b)构成的不可拆联接,如图9-2所示的钢结构铆钉联接。

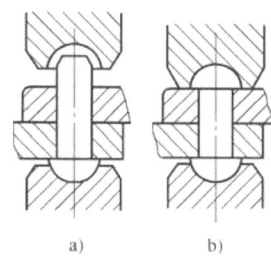

图9-1 铆型施压

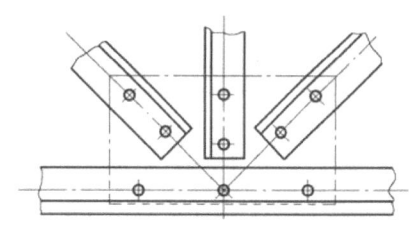

图9-2 钢结构铆钉联接

按铆接时是否加热铆钉分为热铆和冷铆。当铆钉直径大于12mm时,铆合时通常要把铆钉加热,称为热铆;直径小于12mm时,铆合时可不加热,称为冷铆。铆钉中实心铆钉用得最多,其钉头有多种形式,如图9-3所示,其中,半圆头铆钉(图9-3a、b)应用最广;而平截头铆钉(图9-1c、d、e)用于要求耐蚀处;沉头铆钉(图9-3f、g)可用于要求联接表面光滑处,如轮船甲板处。

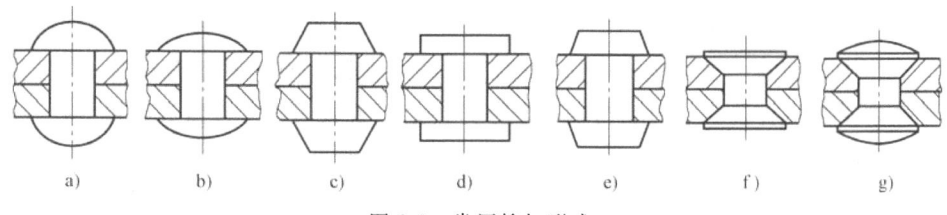

图9-3 常用铆钉形式

铆接具有工艺设备简单,抗振、耐冲击和牢固可靠等优点,但结构一般较为笨重;被联接件上由于制有钉孔,强度受到较大的削弱;铆接时一般噪声很大,劳动强度也大。近几十年来,由于焊接和高强度螺栓联接的发展,使铆接的应用逐渐减少。但在少数受严重冲击载荷或振动载荷的金属结构中,还常用铆接,如在桥梁、建筑、造船、重型机械等结构中采用,尤其是在轻金属结构,如飞机结构中(由于焊接困难,铆接至今仍是主要的联接方式)。另外,非金属零件与金属零件之间,以及不同金属的零件之间也常用铆接。

铆钉是标准件,铆钉的材料须具有高的塑性和淬透性,常用的铆钉材料为Q215、Q235、10、15等低碳钢,要求高强度时,也用低碳合金钢。

二、铆缝的种类

铆钉和被联接件一起形成铆缝。根据工作要求,铆缝分为三种:

1) 强固铆缝,是以强度为基本要求的铆缝,如飞机蒙皮与框架、起重设备的机架和建筑金属结构桁架等用的铆缝。

2) 强密铆缝,是不但要求具有足够的强度,而且要求保证良好紧密性的铆缝,如锅炉、空气压缩存储器等高压容器。

3) 紧密铆缝,仅以紧密性为基本要求的铆缝,多用于一般水箱、油罐等低压容器的铆缝。

按铆钉的排数分有单排、双排、三排或多排铆缝。按被联接件的相互位置分有搭接缝(图9-4a、b)、单盖板对接缝(图9-4c)和双盖板对接缝(图9-4d),而这三种铆缝的每一种都可制成单排、双排、三排或多排铆缝。

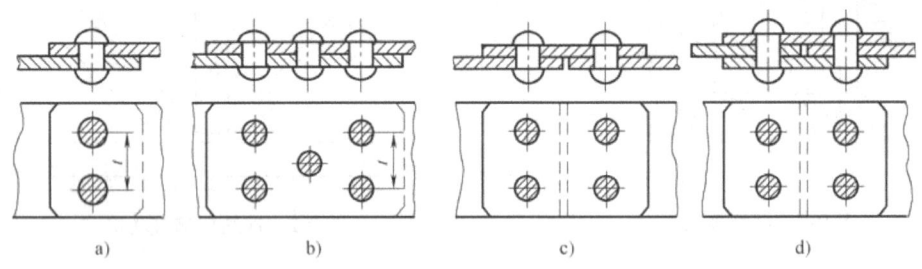

图 9-4 铆缝种类

a) b) 搭接缝 c) 单盖板对接缝 d) 双盖板对接缝

三、铆缝的破坏形式及设计要点

如图9-5a所示,热铆铆钉冷却后,由于钉杆的纵向收缩把被铆件压紧、横向收缩,在钉孔壁间产生少许间隙。当联接传递横向载荷 F 而使被铆件有相对滑移趋势时,接触面间将产生摩擦力阻止这种移动,而载荷就靠摩擦力传递。若载荷大于接触面间可能产生的最大摩擦力,则两被铆件就要发生相对滑移,钉杆两侧将分别与被铆件的孔壁接触(图9-5b),这样,有一部分载荷将通过杆孔互压时的挤压变形和钉杆的剪切变形来传递。若载荷继续增大并超过一定限度,则将产生被铆件沿着被钉孔削弱的截面拉断(图9-5c)或板孔撕裂、被铆件孔壁压溃(图 9-5d)和铆钉剪断(图 9-5e)等破坏形式。

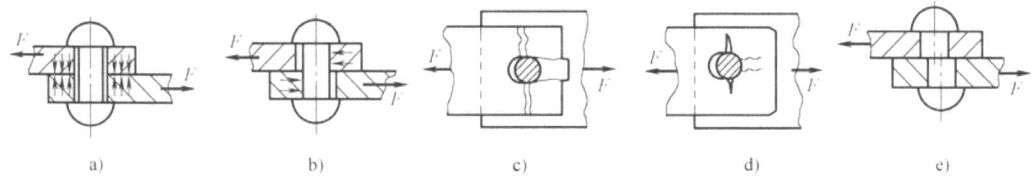

图 9-5 铆缝的受力及破坏形式
a) 铆钉纵、横向收缩 b) 加横向载荷 c) 板沿钉孔拉断 d) 被铆件孔壁压溃 e) 铆钉剪断

一般铆接的设计,是按照对联接的具体工作要求及其承载情况,依照有关专业的技术规范,先做铆缝的结构设计,即选定铆缝类型、铆钉规格并在接缝上布置铆钉,然后根据接缝受力时可能产生的破坏形式,按材料力学的基本公式进行必要的强度核算。最为理想的设计是等强度设计,即对各种破坏形式所能承受的载荷都相等。

第二节 焊　　接

一、焊接的类型、特点及应用

焊接是利用局部加热的方法,将被联接件联接成为一个整体的一种不可拆联接。焊接的方法很多,机械制造业中常用的是属于熔焊的电焊、气焊和电渣焊。电焊又分为电阻焊与电弧焊两种。电阻焊是利用大的低压电流通过焊件时,在电阻最大的接头处(被焊接部位)引起强烈发热,使金属局部熔化,同时机械加压而形成的联接。而电弧焊则是利用电焊机的低压电流,通过焊条(为一个电极)与焊件(为另一个电极)间形成的电路,在两极间引起电弧来熔融被焊接部分的金属和焊条,使熔融的金属混合并填充接缝而形成焊缝,如图 9-6 所示。两种焊接方法以电弧焊应用最广,其广泛用于造船、锅炉及压力容器、机械制造、建筑结构、化工设备等制造维修行业中,适用于上述行业中各种金属材料、各种厚度、各种结构形状的焊接。本节只概略介绍有关电弧焊的基本知识及焊缝强度计算的一般方法。

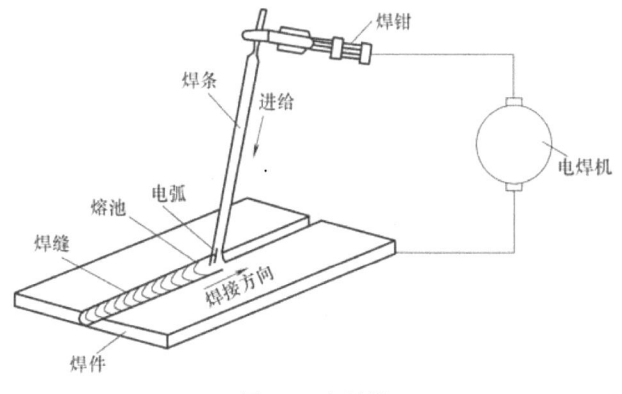

图 9-6 电弧焊

焊接时形成的接缝称为焊缝,其一般形式如图 9-7 所示。除了受力较小和避免增大质量时采用塞焊缝(图 9-7e)外,对接焊缝一般用于联接位于同一平面内的焊件(图 9-7c),角焊缝(图 9-7a、b)和卷边焊缝(图 9-7d)用于联接不同平面内的焊件。

与铆接相比,焊接具有强度高、工艺简单、增加的质量小和劳动条件较好等优点,所以

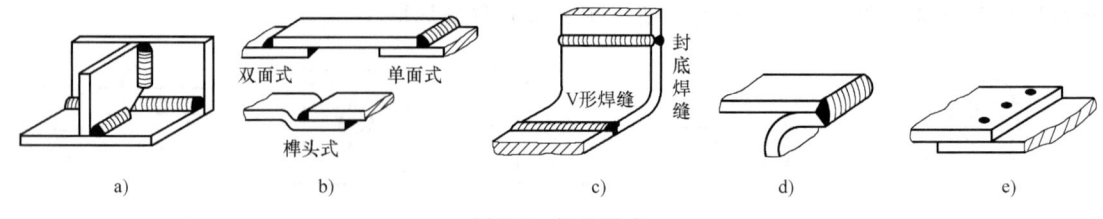

图 9-7　焊缝形式

a) 正接角焊缝　b) 搭接角焊缝　c) 对接焊缝　d) 卷边焊缝　e) 塞焊缝

其应用广泛。另外，以焊代铸可节约金属，也便于制成不同材料的组合件而节约贵或稀有金属。在技术创新、单件和小批量生产、新产品试制等情况下，采用焊接制造箱体、机架等，可以节省原材料。但由于焊接后常有残余应力与变形，使焊件不宜承受严重的冲击和振动，因此还不能完全取代铆接。

二、焊件常用材料及焊条

1. 焊件材料

焊件材料主要为低碳钢和低碳合金钢，有时也用中碳钢，但其焊接性低于低碳钢。焊接的金属结构常用材料有 Q215、Q235 等；焊接的零件常用的材料有 15～50 钢，以及 50Mn、50Mn2 等合金钢。在焊接中，广泛地使用各种型材、板材和管材。

2. 焊条

(1) 焊条的种类　焊条的种类很多，应针对具体要求从手册中选取。焊条按熔渣性质可分为：酸性焊条和碱性焊条两大类。熔渣以酸性氧化物为主的称为酸性焊条。以碱性氧化物和氟化钙为主的焊条称为碱性焊条。碱性焊条与强度级别相同的酸性焊条相比，其熔敷金属的延性和韧性高、扩散氢含量低、抗裂性能强。碱性焊条的焊接工艺性能（包括电弧稳定性、脱渣性、飞溅等）较差，对锈、水、油污的敏感性大，容易出气孔和有毒气体，焊接烟尘多，毒性也大。焊条按其用途可分为：结构钢焊条、钼和铬钼耐热钢焊条、不锈钢焊条、堆焊焊条、低温钢焊条、铸铁焊条、镍和镍合金焊条、铜和铜合金焊条、铝和铝合金焊条和特殊用途焊条等。焊条按其特殊使用性能而制造的专用焊条有：超低氢焊条、低尘低毒焊条、立向下焊条、底层焊条、铁粉高效焊条、抗潮焊条、水下焊条、重力焊条和躺焊焊条等。

(2) 焊条型号　焊条型号指的是国家标准规定的各类焊条。焊条型号以焊条国家标准为依据，是能反映焊条主要特性的一种表示方法。型号包括以下含义：焊条、焊条类别、焊条特点（如熔敷金属抗拉强度、使用温度、焊芯金属类型、熔敷金属化学组成类型等）、药皮类型及焊接电源等。不同类型的焊条，型号表示方法不同。具体的表示方法和表达的意义可参见各类焊条相对应的国家标准的规定。按国标分类的焊条种类见表 9-1。

表 9-1　焊条种类

焊条种类	国家标准	焊条种类	国家标准
非合金钢及细晶粒钢焊条	GB/T 5117—2012	铜及铜合金焊条	GB/T 3670—1995
热强钢焊条	GB/T 5118—2012	铝及铝合金焊条	GB/T 3669—2001
不锈钢焊条	GB/T 983—2012	镍及镍合金焊条	GB/T 13814—2008
堆焊焊条	GB/T 984—2001	熔化焊用钢丝	GB/T 14957—1994
铸铁焊条及焊丝	GB/T 10044—2006		

（3）焊条牌号　焊条的牌号是根据焊条的主要用途及性能特点对焊条产品的具体命名。我国焊条牌号是按照 GB 980—1976《焊条分类及型号编制方法》制定的。1995 年后，参照国际标准修订了新的相关国家标准并颁布，同时废止了相应的旧国家标准。由于当时考虑到国内各行业对原有焊条牌号及编制方法、牌号名称及标记印象深刻，多年使用、已成习惯，故在原机械工业部编制的《焊接材料产品样本》中仍保留了原牌号的名称，同时也采用了焊接材料新的国家标准。将新国家标准中的焊条型号与原牌号对照使用，并加以标注。焊条牌号及编制方法为：焊条牌号是用一个汉语拼音字母或汉字与三位数字来表示，拼音字母或汉字表示焊条各大类，后面的三位数字中，前两位数字表示各大类中的若干小类，第三位数字表示各种焊条牌号的药皮类型及焊接电源种类。此外，每种焊条产品只有一个牌号，但多种牌号的焊条可以同时对应于一种型号。

三、焊缝的受力及破坏形式

1. 对接焊缝

对接焊缝主要用来承受作用于焊件所在平面内的拉（压）力（图 9-8a）或弯矩（图 9-8b），其正常的破坏形式是沿焊缝断裂（图 9-8c）。

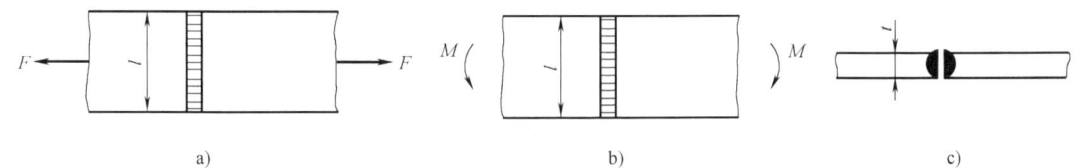

图 9-8　对接焊缝的受力及破坏形式
a）承受拉（压）力　b）承受弯矩　c）沿焊缝断裂

对接焊缝承受拉力或压力时，其平均应力及强度条件为

$$\frac{F}{tl} \leq [\sigma]'(\text{或}[\sigma_y]') \tag{9-1}$$

式中　　　　F——作用力（N）；

t——焊件厚度（mm），不考虑焊缝的余高；

l——焊缝长度（mm）；

$[\sigma]'$ 或 $[\sigma_y]'$——焊缝抗拉或抗压的许用应力（MPa）。

2. 角焊缝

角焊缝主要用来联接不同平面上的焊件，焊缝截面通常是等腰直角三角形，焊脚尺寸 K 一般等于板厚 t。角焊缝与载荷方向垂直的称为正面角焊缝（图 9-9a）；与载荷方向平行的称为侧面角焊缝（图 9-9b）；两者兼有的称为混合焊缝（图 9-9c）。正面角焊缝通常只用来承受拉力；侧面角焊缝及混合焊缝可用来承受拉力或弯矩。

角焊缝的应力情况很复杂，多半是沿着截面 a—a（图 9-9）产生剪切损坏，通常按焊缝危险截面高度 $h = K\cos 45° \approx 0.7K$ 来计算焊缝总的截面积，对焊缝强度做抗剪条件性计算，

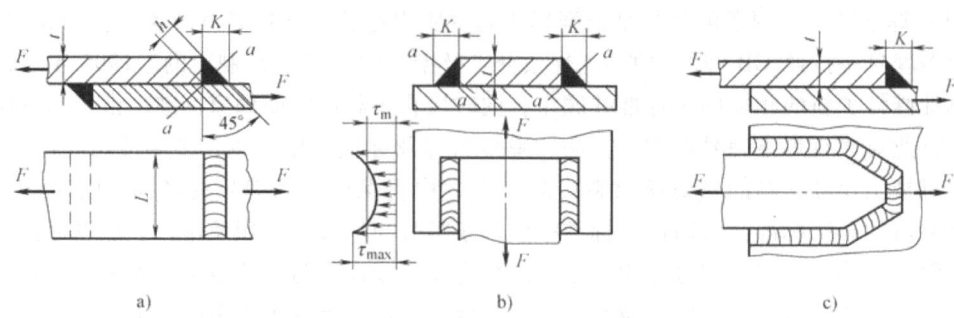

图 9-9 角焊缝的受力及破坏形式
a) 正面角焊缝 b) 侧面角焊缝 c) 混合焊缝

受拉或受压力时角焊缝的强度条件为

$$\frac{F}{0.7K\sum L} \leq [\tau]' \tag{9-2}$$

式中　F——作用力（N）；

　　　K——焊脚尺寸（mm）；

　　　$\sum L$——焊缝总长度（mm）；

　　　$[\tau]'$——焊缝许用切应力（MPa）。

焊缝的许用应力是由焊接工艺的质量、焊条和焊件材料、载荷性质等决定的，静载荷作用下焊缝的许用应力见表 9-2；对于变载荷，应将表中许用应力乘以降低系数 γ，其值可查阅有关设计手册。尚需指出，建筑结构、船舶和锅炉制造等行业都有专门的设计规范，必须按各自行业规范选取焊缝的许用应力。

表 9-2　静载荷作用下焊缝的许用应力

应力种类	焊件材料	
	Q215	Q235
压应力 $[\sigma_y]'$/MPa	200	210
拉应力 $[\sigma]'$/MPa	180(200)	180(210)
切应力 $[\tau]'$/MPa	140	140

1. 括号中数值用于精确检查焊缝质量。
2. 对于单面焊接的角钢，上述许用值均降低 25%。

【例 9-1】　如图 9-9a 所示，已知板的材料为 Q215，许用应力 $[\sigma]$ = 205MPa，板厚 t = 10mm，板宽 L = 300mm，焊脚尺寸 K = t，采用 T42 焊条，求许用静拉力。

解：板的许用静应力为 $tL[\sigma]$ = 10×300×205kN = 615kN；由表 9-2 查得焊缝许用切应力 $[\tau]'$ = 140 MPa，由式 (9-2) 可得正面角焊缝的许用静拉力为

$$0.7K\sum L[\tau]' = 0.7×10×2×300×140\text{kN} = 588\text{kN} < 615\text{kN}$$

故该焊接的许用静拉力应为 588kN。

焊缝强度与焊件强度的比值称为强度系数 φ，本例中 φ = 588kN/615kN = 95.6%。

四、焊件的工艺及设计注意要点

为了保证焊接的质量，避免未焊透或缺焊现象，焊缝应按焊件厚度制成图 9-10 所示的

相应坡口形式，或进行一般的倒棱修边工艺。在焊接前，应对坡口进行清洗整理。

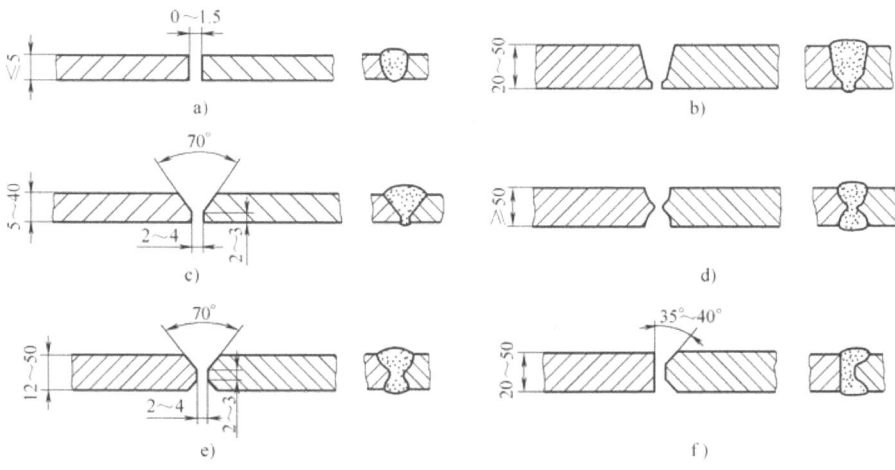

图 9-10　坡口形式及其适用的焊件厚度

熔化的金属冷却时要收缩，因此使焊缝的内部产生残余应力，导致构件翘曲。这不仅使焊件难以获得精确的尺寸，且会影响到焊缝的强度。所以在满足强度条件的情况下，焊缝的长度应按实际结构尽可能取得短些或分段进行焊接，并应避免焊缝交叉。还应在焊接工艺上采取措施，使构件在冷却时能有微小自由移动的可能。焊后应经热处理（如退火），以消除残余应力。在焊接厚度不同的对接板件时，应将较厚的板件沿对接部位平滑碾薄或削薄到较薄板的厚度，以利焊缝金属匀称熔化。

在设计焊件时，应注意恰当选择焊件材料及焊条；根据焊件厚度选择接头及坡口形式；合理布置焊缝及焊缝长度；正确安排焊接工艺，以避免施工不便及残余应力源。对于那些有强度要求的重要焊缝，必须按照有关行业的强度规范进行焊缝尺寸的校核，同时还应规定有一定技术水平的焊工进行焊接，并在焊后进行仔细质量检验。

第三节　胶　　接

一、胶接及其应用

胶接（粘合、粘接、胶结、胶粘）是利用胶粘剂在一定条件下把预制件联接在一起，并具有一定联接强度的不可拆联接。胶接具有应力分布连续、重量轻、密封和多数工艺温度低等特点。胶接特别适用于不同材质、不同厚度、超薄规格和复杂构件的联接。胶接应用实例如图 9-11 所示。

二、胶接剂

胶接剂（胶粘剂）的品种很多，基本组合成分为：环氧树脂、环氧树脂-酚醛树脂、酚醛树脂、聚酰胺-环氧树脂、丙烯酸酯树脂、聚酰亚胺等。胶粘剂的主要性能是胶接强度

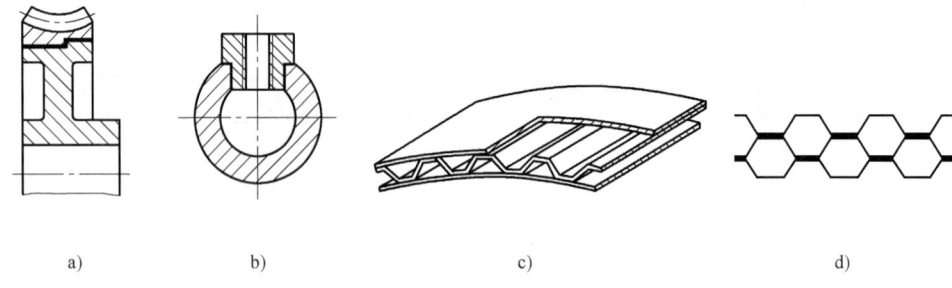

图 9-11 胶接应用实例
a) 胶接组合蜗轮　b) 胶接螺纹接套与管件　c) 蒙皮与型材胶接　d) 蜂窝结构填料

（耐热性、耐介质性、耐老化性）、固化条件（温度、压力、保持时间）、工艺性能（涂布性、流动性、有效储存期）及其他特殊性能（如防锈等）。常用胶粘剂有：

（1）结构胶粘剂　这类胶粘剂在常温下的抗剪强度一般不低于 8MPa，经受一般高、低温或化学的作用不降低其性能，胶接件能承受较大的载荷。例如碱性酚醛树脂主要用作铸造胶结剂；环氧-酚醛胶粘剂用于金属（包括铜及其合金、钛、镀锌铁和镁）、玻璃、陶瓷和酚醛复合材料的高温结构粘接；也用于粘接蜂窝夹层复合结构。

（2）非结构胶粘剂　这类胶粘剂在正常使用时有一定的胶接强度，但在受到高温或重载时，性能会下降。例如聚氨酯胶粘剂，可常温固化，固化物具有橡胶弹性体的特点，可用于钢板、铁板的焊缝密封，木材、PVC 基材及水泥、玻璃等材质的粘接和密封。

（3）其他胶粘剂　即具有特殊用途，如防锈、绝缘、导电、透明、超高温、耐酸、耐碱等胶粘剂。例如环氧导电胶粘剂可以满足电子产品组装工艺的特殊要求，在被粘贴部位之间形成牢固的良好导电层，固化后形成良好的绝缘封装体。

胶粘剂的机械性能随着胶接件的材料、环境温度、固化条件、胶层厚度、工作时间、工艺水平等的不同而异，可用于胶接各种碳钢、合金钢及铝、镁、钛等合金以及各种玻璃钢的酚醛-有机硅高温胶粘剂。胶接 30CrMnSiA 时，在常温下，剪切强度 $\tau_B \geq 22.8\text{MPa}$；200℃时，$\tau_B \geq 15.8\text{MPa}$ 等。各种胶粘剂的性能数据可查阅有关手册。

胶粘剂的选择原则，主要是针对胶接件的使用要求及环境条件，从胶接强度、工作温度、固化条件等方面选取胶粘剂的品种，并兼顾产品的工艺性及特殊要求，如防锈等。此外，如对受有一般冲击、振动的产品，宜选用弹性模量小的胶粘剂；在变应力条件下工作的胶接件，应选膨胀系数与零件材料的膨胀系数相近的胶粘剂等。

三、胶接接头

胶接接头的典型结构如图 9-12 所示。胶接接头的受力状况有拉伸、剪切、剥离和扯离等，如图 9-13 所示。实践证明，胶缝的抗剪切和抗拉伸能力强，而抗扯离及抗剥离能力弱。

设计胶接接头时应注意以下各点。

1）针对胶接件的工作要求正确选择胶粘剂。

2）合理选择接头形式，恰当选取工艺参数。

3）充分利用胶缝的承载特性，尽可能使胶缝层承受剪切或拉伸载荷，避免承受扯离，

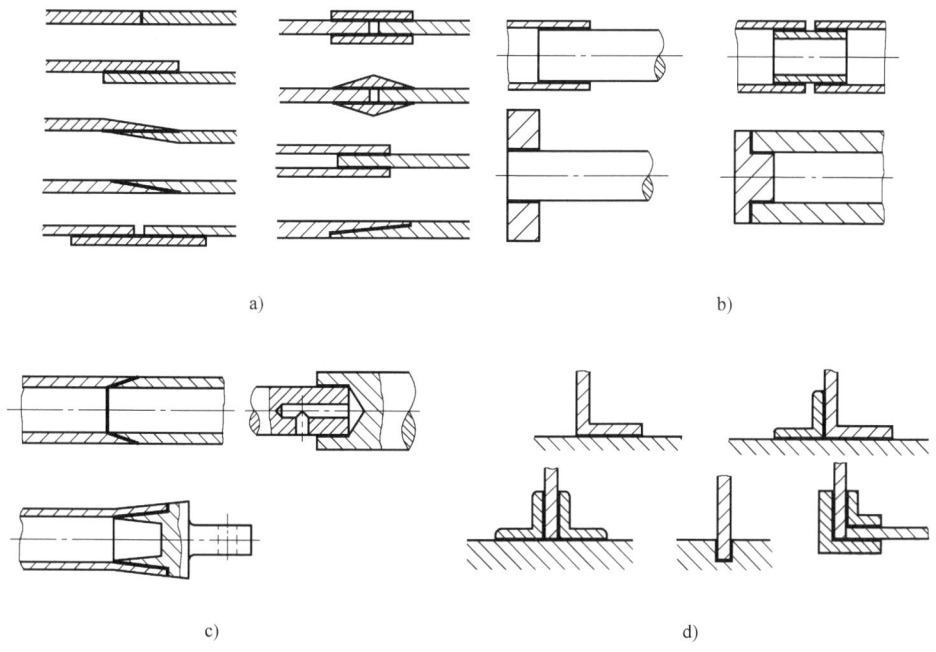

图 9-12 胶接接头的典型结构

a）板件接头 b）圆柱形接头 c）锥孔及不通孔接头 d）角接头

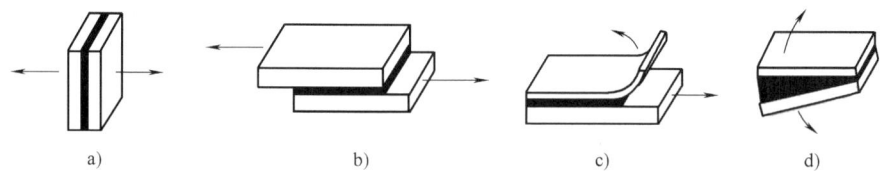

图 9-13 胶接接头的受力状况

a）拉伸 b）剪切 c）剥离 d）扯离

特别是剥离载荷不宜采用胶接接头。

4）从结构上应适当采取防止剥离的措施，如图 9-14 所示，防止从边缘或拐角处脱缝。

5）尽可能使胶层应力分布均匀，减小胶缝处的应力集中，如将胶缝处的板材端部切成斜角，或把胶粘剂和胶接件材料的膨胀系数选得接近等。

6）胶层厚度为 0.1~0.2mm 时，胶层强度最高。

7）胶接面积宜取大些，以利于充分利用金属强度。

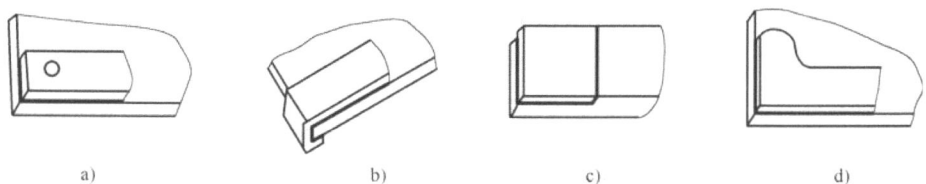

图 9-14 防止剥离的结构措施

a）加装紧固件 b）边缘卷边 c）制出镶嵌凹座 d）加大胶接面积

四、胶接的基本工艺

一般先对被粘物表面进行修配,使其配合良好,再根据材质及强度要求对被粘表面进行不同的表面处理,如有机溶剂清洗、机械处理、化学处理或电化学处理等,然后涂布胶粘剂,将被粘表面合拢装配,最后根据所用胶粘剂的要求完成固化步骤(室温固化或加热固化),就实现了胶接联接。胶接的基本工艺过程如下。

(1) 胶接表面的制备 对于一般材料,常用有机溶剂(汽油、丙酮等)清洗法或机械法(打磨、喷砂等)处理;金属表面常用化学法(碱蚀、酸蚀等)处理;重要的铝质结构件的被粘表面,需用阳极氧化法处理;氟塑料(氟树脂)等难粘材料表面,可采用化学法或等离子法处理。

(2) 胶接剂的配制 因大多数胶粘剂是"多组分"的,在使用前应按规定的程序及正确的配比妥善配制。

(3) 涂胶 采用适当的方法涂布胶粘剂,如采用喷涂、刷涂、滚涂、浸渍、贴膜等常用的刷涂法,以保证厚薄合适、均匀无缺、无气泡等。

(4) 清理和固化 在涂胶装配后,清除胶接件上多余的胶粘剂。然后根据胶接件的使用要求、接头形式、接头面积等,恰当选定固化条件(温度、压力及保持时间),使胶接域固化。

(5) 质量检验 包括目测、破坏性试验(主要是力学性能测试)和 X 光、超声波探伤等无损检验,需通过破坏性检测工艺控制试样和制品抽样,来考核粘接质量,防止胶接接头存在严重缺陷。

五、胶接与铆接、焊接的比较

胶接与铆接、焊接相比,其优点是:
1) 质量较小(一般可小 20% 左右),材料的利用率较高。
2) 不会使胶缝附近焊件材料的金相组织改变,冷却时也不会产生翘曲和变形。
3) 不需钻孔,且为面与面的贴合联接,因而应力分布较为均匀,故耐疲劳、耐蠕变性能较好。
4) 能使异形、复杂、微小或薄壁构件及非金属构件相互联接,应用范围较广。
5) 所需设备简单、操作方便、无噪声、劳动条件好、劳动生产率高、成本较低。
6) 密封性比铆接可靠,如环氧胶粘剂可耐水压达 2MPa。
7) 胶层有缓冲减振作用,可防电化学腐蚀、有电、热绝缘性,能满足防电、绝缘、透明等特殊要求。

其缺点是:
1) 工作温度过高时,胶接强度将随温度的增高而显著下降。
2) 抗剥离、抗弯曲及抗冲击振动性能差。
3) 耐老化、耐介质(如酸、碱等)性能较差,且不稳定。
4) 有的胶接剂胶接工艺较为复杂。

5）胶接件的缺陷无完善可靠的无损检验方法。

6）可靠程度和稳定性受环境因素的影响较大。

7）胶粘剂的环保问题，主要是指对环境的污染和人体健康的危害。这是由胶粘剂中的有害物质，如挥发性有机化合物、有毒的固化剂、增塑剂、稀释剂、其他助剂、有害的填料等所造成的。粘接操作时应注意人体健康和环境保护。

思 考 题

9.1 铆接、焊接和胶接各自有哪些特点？各自适用于什么场合？

9.2 铆缝和焊缝各自有哪几种结构形式？

第十章 轴毂联接及联轴器件

在机械传动装置中，多通过轮类零件，如齿轮、带轮、蜗轮、凸轮等进行运动的传递和变换。轮类零件的外缘部分称为轮缘，轮与轴相联接的部分称为轮毂，联接轮缘与轮毂的部分称为轮辐。将轴与轴上的轮类零件联接起来就称为轴毂联接。常见的轴毂联接有键、花键、销联接及过盈联接、型面联接和胀紧联接等。轴毂联接主要用来实现轴和轮毂之间的周向固定并用来传递运动和转矩。

联轴器、离合器是机械中常用的器件，在机器中使用联轴器和离合器就是为了实现两轴的联接，以便于共同回转并传递转矩。

第一节 键联接

一、键联接的类型、特点及应用

键联接是一种应用广泛的可拆联接，主要用于轴与轴上零件的周向固定，以传递运动或转矩。键是标准件，其设计的主要内容有：选择键的类型、确定键的尺寸、校核键联接的强度。键联接的主要类型有：平键联接、半圆键联接、楔键联接和切向键联接。键联接具有结构简单、装拆方便、工作可靠等特点。

（一）平键联接

普通平键联接如图 10-1 所示，平键的工作面是矩形，上、下两表面相互平行，键的顶面与轮毂槽底之间留有间隙，其两侧面是工作面，工作时靠键与键槽的侧面挤压来传递转矩。平键联接不能承受轴向力，因而对轴上的零件不能起到轴向固定作用。常用的平键有：普通平键、薄型平键、导向平键和滑键等。其中前两种用于静联接，即轴与轮毂间无相对的

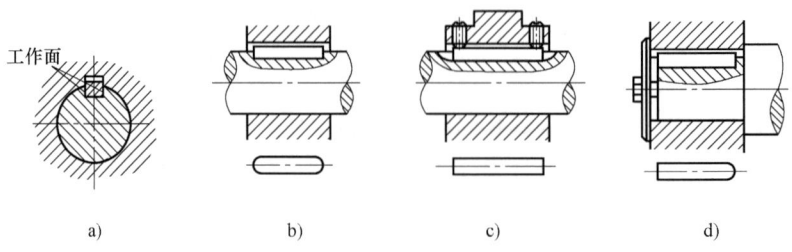

图 10-1 普通平键联接
a）键的工作面 b）圆头 c）平头 d）半圆头

轴向移动；而后两种用于动联接，即轮毂沿键槽方向与轴之间有相对的轴向移动。平键联接具有结构简单、装拆方便、对中性良好等优点，应用广泛。

1. 普通平键

普通平键按端部形状不同分为 A 型（圆头）、B 型（平头）和 C 型（半圆头）三种形式。采用 A、C 型平键时，轴上的键槽用键槽铣刀加工，键在槽中固定良好，但当轴工作时，轴上键槽端部的应力集中较大。采用 B 型平键时，轴上的键槽用盘铣刀加工，键槽两端的应力集中较小。C 型平键常用于轴端的联接。轮毂上的键槽一般用插刀或拉刀加工。

2. 薄型平键

薄型平键也分圆头、平头和半圆头三种形式。与普通平键的主要区别是键的高度是普通平键的 60%～70%，传递转矩的能力较低。常用于薄壁结构、空心轴及一些径向尺寸受限制的情况。

3. 导向平键

导向平键用于动联接，如图 10-2 所示。按端部形状分 A 型和 B 型两种形式。导向平键的特点是键较长，键与轮毂的键槽采用间隙配合，故轮毂可以沿键做轴向移动，如变速箱中滑移齿轮与轴的动联接。为了防止键松动，需要用螺钉将键固定在轴上的键槽中。为了便于拆卸，键上制有起键螺孔。导向平键适宜于轴上零件轴向移动不大的场合。

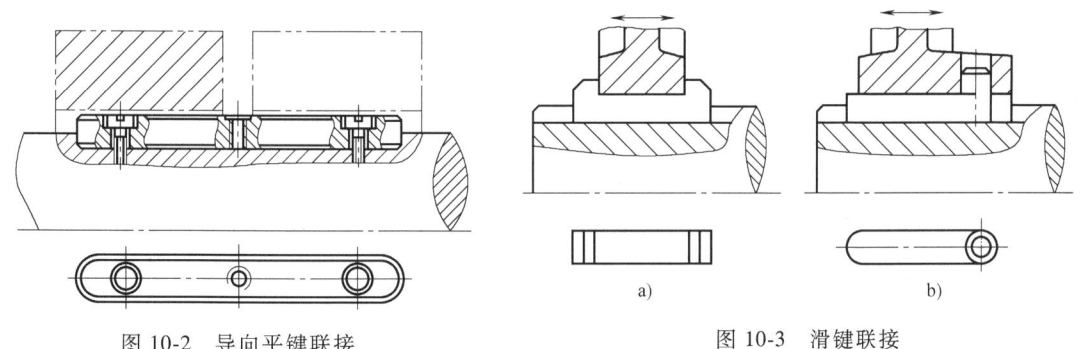

图 10-2 导向平键联接　　　　　　　　图 10-3 滑键联接

4. 滑键

当零件需要移动的距离较大时，因所需的导向平键长度过大、制造困难，一般采用滑键。滑键联接（图 10-3）是将滑键固定在轮毂上，轮毂带动滑键在轴上的键槽中做轴向移动。这样，只需在轴上加工出较长的键槽，而键则做得较短。

（二）半圆键联接

半圆键联接如图 10-4 所示，轴上键槽用尺寸与半圆键相同的半圆键铣刀加工，因而键在槽中能绕其几何中心摆动，以适应毂上键槽的斜度。半圆键用于静联接，其两侧面是工作面。其优点是工艺性好，缺点是轴上的键槽较深，对轴的强度影响较大，所以一般多用于轻载情况的锥形轴端联接。

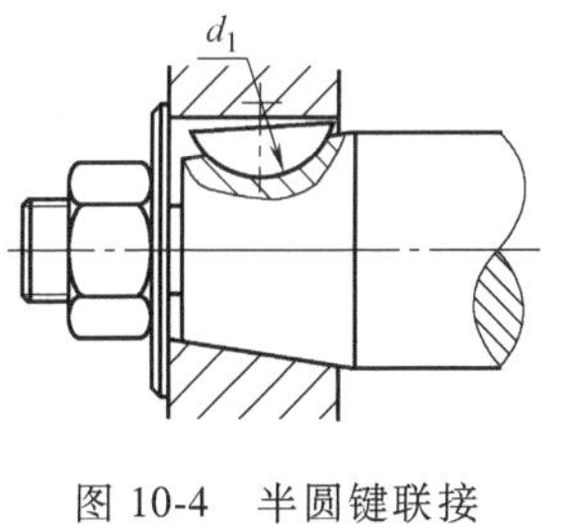

图 10-4 半圆键联接

（三）楔键联接

楔键联接如图 10-5 所示，楔键的上下两面是工作面（图 10-5a），键的上表面和轮毂键槽底部各有 1∶100 的斜度。装配时，通常是先将轮毂装好后，再把键放入并打紧，使键楔紧在轴与毂的键槽中。工作时，主要靠键、轴和毂之间的摩擦力传递转矩，同时还可以承受单向的轴向载荷，对轮毂起到单向轴向定位的作用。楔键联接的缺点是楔紧后，轴和轮毂的配合产生偏心和倾斜，因此主要用于对中性要求不高、载荷平稳的低速场合，如带轮、链轮轮毂与轴的联接。

楔键分为普通楔键和钩头型楔键两种。普通楔键也有 A 型、B 型、C 型三种形式。圆头楔键要先放入轴上键槽中，然后打紧轮毂（图 10-5b）；平头、单圆头、钩头型楔键是在轮毂装好后将键放入键槽并打入（图 10-5c）。钩头型楔键的钩头供拆卸用，如果安装在外露的轴端时，应加装防护罩。

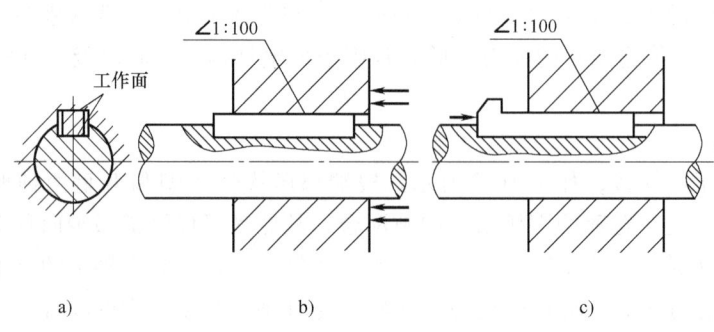

图 10-5　楔键联接

a) 工作面　b) 圆头楔键　c) 钩头型楔键

（四）切向键联接

切向键联接如图 10-6 所示。切向键由一对斜度为 1∶100 的楔键组成，装配时，先将轮毂装好，然后将两楔键从轮毂两端装入键槽并打紧，使楔键装紧在轴与毂的键槽中。切向键的上下两面为工作面，工作时，靠工作面上的挤压力及轴与轮毂间的摩擦力来传递转矩。

用一个切向键只能传递单向转矩，当要传递双向转矩时，必须使用两个切向键，两个切向键之间的夹角为 120°～130°。

由于切向键的键槽对轴的削弱较大，因而只适用于直径大于 100mm 的轴。切向键联接能传递很大的转矩，主要用于对中性要求不高的重型机械中，如大型带轮、大型飞轮、矿用大型绞车的卷筒及齿轮等与轴的联接。

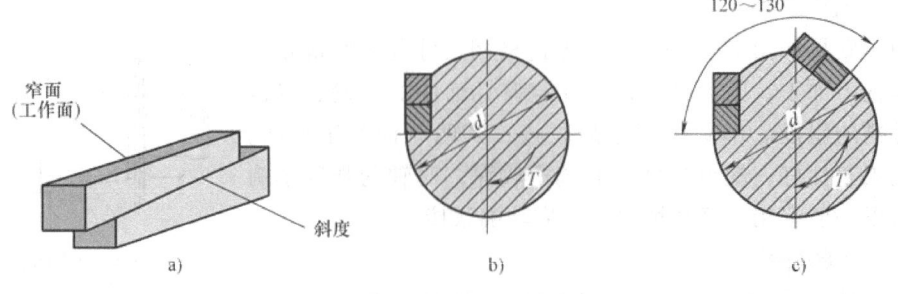

图 10-6　切向键联接

a) 切向键　b) 传递单向转矩　c) 传递双向转矩

二、键的选择与平键联接的强度计算

（一）键的选择

键的选择包括类型选用和尺寸选择两个方面。

(1) **类型选用** 键的类型应根据键联接的结构、使用特性及工作条件选择。一般考虑传递转矩的大小；联接与轴上的零件是否需要沿轴向滑动及滑动距离的长短；联接的对中性要求；是否有轴向固定作用；键安装在轴上的位置以及安装在轴的中部还是端部等。

(2) **尺寸选择** 键的主要尺寸为键宽 b、键高 h、键长 L。键的尺寸按符合标准规格和强度要求来确定。可根据轴径 d 从标准中选用键宽 b、键高 h，键长 L 应根据轮毂宽度确定，要略小于轮毂宽度，并符合标准规定的长度系列。

以普通平键为例，其主要尺寸见表10-1。重要的键联接在选出键的类型和尺寸后，还应进行强度校核计算。

表 10-1 普通平键（摘自 GB/T 1095—2003、GB/T 1096—2003）　（单位：mm）

轴颈 d	键的公称尺寸（GB/T 1096—2003）			键槽尺寸（GB/T 1095—2003）	
	键宽 b	键高 h	键长 L	轴槽深 t_1	毂槽深 t_2
>6~8	2	2	6~20	1.2	1.0
>8~10	3	3	6~36	1.8	1.4
>10~12	4	4	8~45	2.5	1.8
>12~17	5	5	10~56	3.0	2.3
>17~22	6	6	14~70	3.5	2.8
>22~30	8	7	18~90	4.0	3.3
>30~38	10	8	22~110	5.0	3.3
>38~44	12	8	28~140	5.0	3.3
>44~50	14	9	36~160	5.5	3.8
>50~58	16	10	45~180	6.0	4.3
>58~65	18	11	50~200	7.0	4.4
>65~75	20	12	56~220	7.5	4.9
>75~85	22	14	63~250	9.0	5.4
>85~95	25	14	70~280	9.0	5.4
>95~110	28	16	80~320	10.0	6.4
>110~130	32	18	90~360	11	7.4
>130~150	36	20	100~400	12	8.4
>150~170	40	22	100~400	13	9.4
>170~200	45	25	110~450	15	10.4
>200~230	50	28	125~500	17	11.4
>230~260	56	32	140~500	20	12.4
>260~290	63	32	160~500	20	12.4
>290~330	70	36	180~500	22	14.4
>330~380	80	40	200~500	25	15.4
>380~440	90	45	220~500	28	17.4
>440~500	100	50	250~500	31	19.5
L 系列	6,8,10,12,14,16,18,20,22,25,28,32,36,40,45,50,56,63,70,80,90,100,110,125,140,160,180,200,220,250,280,320,360,400,450,500				

（二）平键联接的强度计算

在各种类型的键联接中，以平键联接应用最为广泛。故只讨论平键联接的强度计算。对于半圆键、楔键、切向键的设计计算可查阅有关手册。

1. 平键联接的失效形式

平键联接的受力分析如图 10-7 所示。对于普通平键和薄型平键联接等静联接，其主要失效形式是挤压破坏，即键、轴、轮毂三者中较弱零件（通常为轮毂）的工作面被压溃，除非有严重过载，一般不会出现键的剪断。因此，通常只按工作面上的挤压应力进行挤压强度校核计算。

对于导向平键、滑键联接等动联接，其主要失效形式为工作面的过度磨损，即键、轴、轮毂三者中较弱零件（通常为轮毂）的工作面被磨损，因此通常按工作面的工作压力（平均压强）进行条件性校核计算。

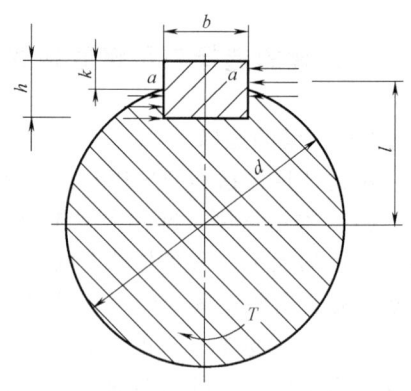

图 10-7 平键联接的受力分析

2. 平键联接的强度计算

假定载荷在键的工作面上均匀分布，普通平键和薄型平键联接等的强度条件为

$$\sigma_\text{p} = \frac{2T \times 10^3}{kld} \leqslant [\sigma_\text{p}] \tag{10-1}$$

导向平键联接的强度条件为

$$p = \frac{2T \times 10^3}{kld} \leqslant [p] \tag{10-2}$$

式中 T——传递的转矩（N·mm）；

　　　d——轴的直径（mm）；

　　　k——键与轮毂的接触高度，$k = 0.5h$，h 为键的高度（mm）；

　　　l——键的工作长度（mm），圆头平键 $l = L - b$，平头平键 $l = L$，半圆头平键 $l = L - b/2$，其中 L 是键的公称长度，b 是键的宽度（mm）；

σ_p、$[\sigma_\text{p}]$——挤压应力，键、轴、轮毂三者中最弱材料的许用挤压应力（MPa），查表 10-2；

　　p、$[p]$——压力，键、轴、轮毂三者中最弱材料的许用压力（MPa），查表 10-2。

表 10-2 键联接的许用挤压应力 $[\sigma_\text{p}]$ 和许用压力 $[p]$　　（单位：MPa）

许用挤压应力、许用压力	联接方式	联接中的最弱材料	载荷性质		
			静载荷	轻微冲击	冲击
$[\sigma_\text{p}]$	静联接	钢	120~150	100~120	60~90
		铸铁	70~80	50~60	30~45
$[p]$	动联接	钢	50	40	30

注：动联接中的联接件若表面经过淬火，则许用压力 $[p]$ 值可提高 2~3 倍。

在进行强度校核后，若平键联接的强度不够，在结构允许的情况下可适当加大键的工作长度，提高单键的承载能力，但考虑到键联接载荷分配的不均匀性，键的长度不宜过长，一般不超过 $(1.6 \sim 1.8)d$；也可采用双键联接，但应按周向 180° 布置，考虑到双键载荷分配的不均匀性，计算双键联接的强度时仅按 1.5 个键计算。若仍不能满足要求时，可考虑采用花键联接。两个半圆键联接时应布置在轴的同一母线上；两个楔键联接时，沿周向 90°~

120°布置；两个切向键传动时，沿周向 120°～130° 布置，可使其具有双向传动能力。

【例 10-1】 一齿轮装在轴上，采用 A 型普通平键联接。齿轮、轴、键均用 45 钢，轴径 $d=80$mm，轮毂宽度 $L=150$mm，传递转矩 $T=2000$N·m，工作中有轻微冲击。试确定平键尺寸和标记，并验算联接的强度。

解： 1）确定平键尺寸。

由轴径 $d=80$mm 查表 10-1 可得 A 型平键截面尺寸为 $b=22$mm，$h=14$mm。

参照轮毂宽度 $L=150$mm，按键长度系列选取键长 $L=140$mm。

2）挤压强度校核计算。

键的工作长度计算为 $l=L-b=140$mm-22mm$=118$mm

键与轮毂的接触高度计算为 $k=0.5h=0.5\times14$mm$=7$mm

则有 $$\sigma_p = \frac{2T\times10^3}{kld} = \frac{2\times2000\times10^3}{7\times118\times80}\text{MPa} = 60.53\text{MPa}$$

按照齿轮、轴、键均用 45 钢，工作中有轻微冲击，查表 10-2 得 $[\sigma_p]=100\sim120$MPa，故 $\sigma_p<[\sigma_p]$，该键联接强度满足要求。

3）平键标记为：GB/T 1096—2003 键 22×14×140。

第二节 花 键 联 接

一、花键联接的类型、特点及应用

由轴和轮毂孔周向均布的多个键齿构成的联接称为花键联接。周向均布多个键齿的轴称为花键轴，周向均布相应键齿槽的轮毂孔称为花键孔，如图 10-8 所示。与平键相类似，在工作时，齿的工作面为齿的侧面，靠工作面的挤压传递转矩。由于多齿传递载荷，所以与普通平键相比具有承载能力高、轴和轮毂受力均匀、定心性和导向性好等优点。花键联接可用磨削的方法提高加工精度和联接质量，但是齿根仍然有应力集中、大多数加工需要专用设备和工具，成本较高等缺点。所以花键联接适用于定心精度要求高、传递载荷较大的动、静联接，特别适用于经常滑移的动联接。

花键已经标准化，花键联接的齿数、尺寸、配合等均按标准选取。

花键联接按其键的齿形不同，可以分为矩形花键（图 10-9a）和渐开线花键（图 10-9b）。其中矩形花键的两侧面互相平行，加工方便、应用最广。

1. 矩形花键

矩形花键已标准化，根据 GB/T 1144—2001，按齿高的不同，矩形花键尺寸分轻系列和中系列。轻系

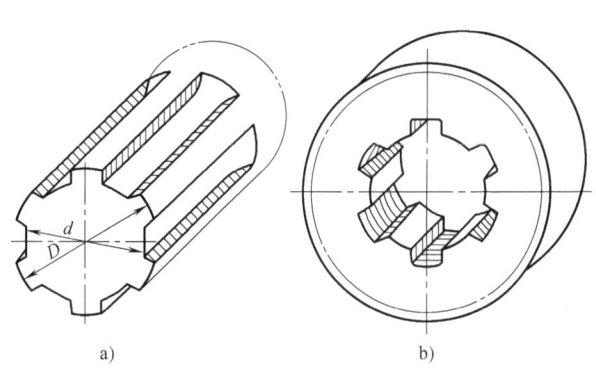

图 10-8 花键
a）花键轴 b）花键孔

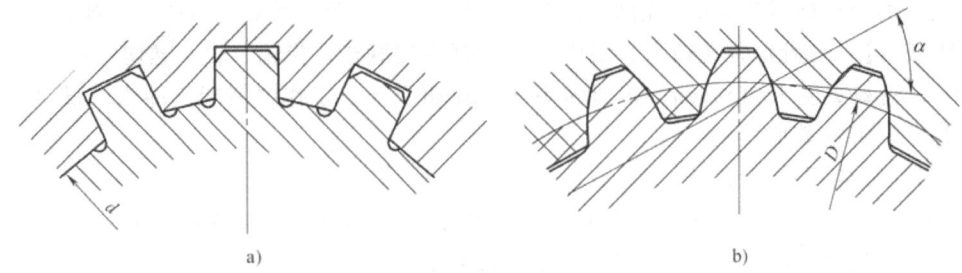

图 10-9 花键类型
a) 矩形花键 b) 渐开线花键

列的承载能力小，多用于静联接或轻载联接；中系列用于中等载荷的联接。矩形花键的各齿侧面互相平行，键齿数为偶数，并采用小径定心的方式，定心精度较高，轴与孔的花键齿均可进行磨削、加工方便。

2. 渐开线花键

渐开线花键的齿廓为渐开线，分度圆压力角有 30°、37.5° 和 45° 之分。采用齿形定心方式。渐开线花键根部强度较大、应力集中小、承载能力大、工艺性好、寿命长、定心精度高，且可获得较高制造精度和互换性，故适用于载荷较大、对中性要求较高及轴径较大的场合。压力角 45° 的渐开线花键对轴的削弱比压力角 30° 的小，但齿的工作面高度较小，承载能力较差，常用于载荷较小、直径较小的静联接，特别适用于薄壁零件的轴毂联接。

二、花键联接的强度计算

花键联接的设计方法与平键联接相似。首先根据使用要求、联接特点和工作条件等选择花键联接的类型和尺寸，再根据轴径选择花键联接的截面尺寸，根据轮毂宽度及轮毂移动的距离选择花键长度。

花键联接的主要失效形式是工作面的压溃（静联接）或磨损（动联接），个别情况也会出现齿根剪断或折断。因此，对静联接通常按工作面上的挤压强度进行校核，对动联接按工作面的工作压力（压强）进行条件性强度计算。

花键联接的受力情况如图 10-10 所示，假定载荷在齿的工作面上均匀分布，各齿面压力的合力 F 作用在平均直径 d_m 处，并引入载荷分布不均匀系数 ψ 来考虑载荷在各齿上的分配不均，则花键联接的强度条件为

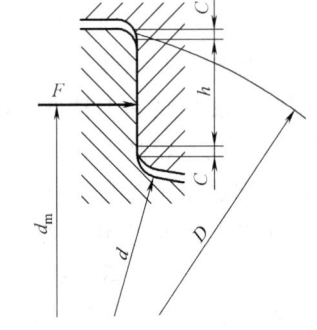

图 10-10 花键联接的受力情况

静联接 $$\sigma_p = \frac{2T \times 10^3}{\psi z h l d_m} \leq [\sigma_p] \tag{10-3}$$

动联接 $$p = \frac{2T \times 10^3}{\psi z h l d_m} \leq [p] \tag{10-4}$$

式中 T——传递的转矩（N·mm）；

ψ——载荷分配不均匀系数，按花键齿数的多少取 ψ 为 0.7~0.8，齿数多时取偏小值；

z——花键的齿数；

l——花键齿侧面的工作长度（mm）；

h——花键齿侧面的工作高度（mm），其中矩形花键 $h=(D-d)/2-2C$，D 为花键轴的大径（mm），d 为花键孔的小径（mm），C 为倒角尺寸（mm）；渐开线花键 $\alpha=30°$ 时，$h=m$、$\alpha=45°$ 时，$h=0.8m$，此处 m 为模数（mm）；

d_m——花键的平均直径（mm），矩形花键 $d_m=(D+d)/2$；渐开线花键 $d_m=D$，D 为分度圆直径（mm）；

$[\sigma_p]$——花键联接的许用挤压应力（MPa），见表 10-3；

$[p]$——花键联接的许用压力（MPa），见表 10-3。

表 10-3 花键联接的许用挤压应力 $[\sigma_p]$ 和许用压力 $[p]$ （单位：MPa）

许用挤压应力、许用压力	联接方式		使用和制造情况	齿面经热处理	齿面未经热处理
$[\sigma_p]$	静联接		不良	40~70	35~50
			中等	100~140	60~100
			良好	120~200	80~120
$[p]$	动联接	空载下移动	不良	20~35	15~20
			中等	30~60	20~30
			良好	40~70	25~40
		载荷作用下移动	不良	3~10	—
			中等	5~15	—
			良好	10~20	—

注：1. 使用和制造不良是指受变载荷、有双向冲击、振动频率高和振幅大、动联接时润滑不良、材料硬度不高及精度不高等。
2. 同一情况下，较小许用值用于工作时间长和较重要的场合。

用花键联接的零件多用抗拉强度不低于 600MPa 的钢制造，多数要经过热处理，特别是用于动联接，以获得足够的硬度和耐磨性。

第三节 销 联 接

销联接是工程中常用的一种重要联接形式。销联接除当载荷不大时可以用作传递载荷的轴毂联接外，主要还是用来固定零件之间的相对位置，销还可以作为安全装置中的过载剪断元件。因此按销联接的作用不同可分为三类：用于相对位置定位的定位销（图10-11a）；用于轴毂联接的联接销（图10-11b）；在安全装置中起过载保护作用的安全销（图10-11c）。

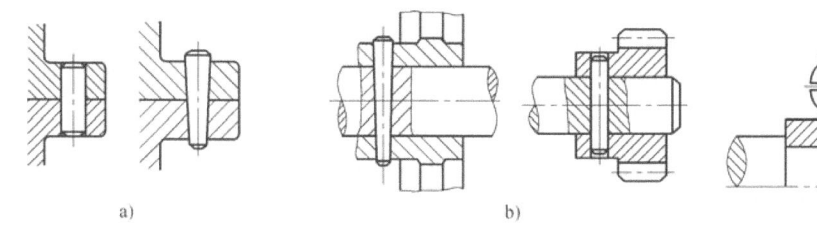

图 10-11 销联接
a）定位销 b）联接销 c）安全销

（1）定位销　一般不受载荷或只受很小的载荷，是加工、装配时的重要辅助零件。同一接合面上定位销的数目一般不少于两个，其尺寸按结构或经验确定，一般应使其相距尺寸尽量大一些，最好呈对角布置，同时应考虑在装拆时不产生永久变形。

（2）联接销　在工作时通常受到挤压和剪断，有时还会受到弯曲。设计时，先根据联接的构造和工作要求选择销的类型、材料和尺寸，必要时做挤压和剪切强度计算。

（3）安全销　在机器过载时应被剪断，因此销的直径须按过载时被剪断的条件确定。安全销的抗剪强度极限可按材料抗拉强度的 0.6~0.7 计算。

销按形状的不同，可分为圆柱销和圆锥销。用于联接的销孔一般需要经过铰制。除圆柱销和圆锥销以外，还有许多特殊形式的销，如开口销、销轴、槽销和弹性圆柱销等，如图 10-12 所示，这些销都已标准化。

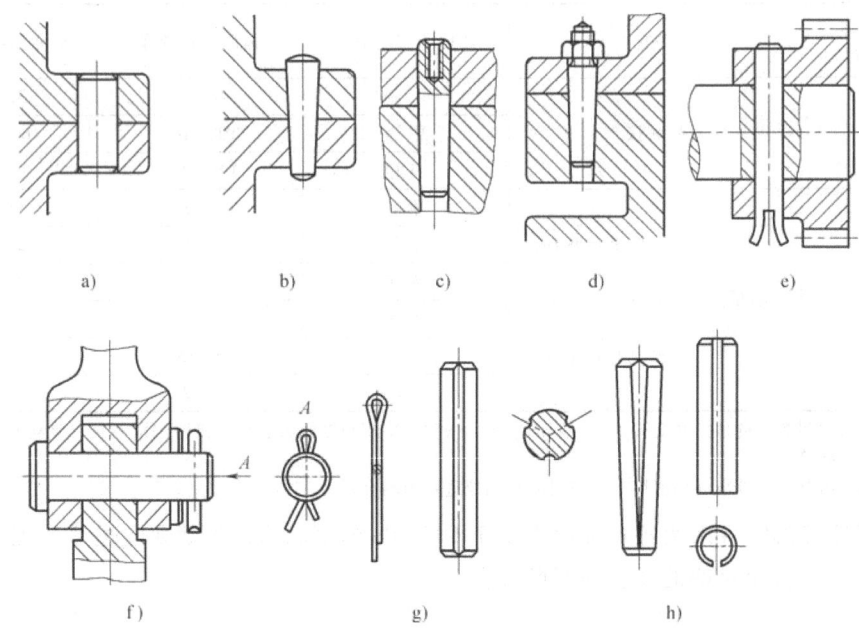

图 10-12　各种形状的销
a）圆柱销　b）圆锥销　c）内螺纹圆锥销　d）螺尾圆锥销
e）开尾圆锥销　f）销轴和开口销　g）槽销　h）弹性圆柱销

（1）圆柱销（图 10-12a）　靠过盈配合固定在销孔中，这种销加工方便，但经过多次装拆会损坏联接的紧固性和定位的精确性。

（2）圆锥销（图 10-12b）　具有 1∶50 的锥度，与有锥度的铰制孔配作，在受横向力时能自锁，拆装方便，可多次拆装，定位精度比圆柱销高。内螺纹圆锥销（图 10-12c）和螺尾圆锥销（图 10-12d）可用于不通孔或装拆困难的场合。开尾圆锥销（图 10-12e）打入销孔后末端可以稍张开，避免松脱，用于有冲击、振动或受变载荷的场合。

（3）销轴（图 10-12f）　用于两零件的铰接处，构成铰链联接，用开口销锁紧，其装拆方便，是一种较可靠的锁紧方法，应用广泛。开口销除与销轴配用外，还常用于螺纹联接的防松，具有结构简单、装拆方便的特点。

（4）槽销（图 10-12g）　沿销体母线碾压或模锻三条（相隔 120°）不同形状和深度的

沟槽，打入销孔与孔壁压紧，不易松脱，能承受振动和变载荷。其销孔无需铰制，加工方便，可多次装拆。

（5）弹性圆柱销（图 10-12h） 其中间空心、侧面开口、具有弹性。因为其具有收缩性，同时收缩之后的反作用力可以让销和销孔紧紧配合，所以装入销孔后不易松脱，对销孔精度要求不高，方便装配，可多次使用，适用于有冲击、振动的场合。

销的主要材料为 35、45 钢，许用剪切应力为 80MPa，许用挤压应力可以查阅相关标准。

第四节　无键联接

不用键或花键联接来实现轴与轮毂的联接统称为无键联接。常用的有过盈联接、型面联接和胀紧联接等。

一、过盈联接

过盈联接是利用轴与轮毂的过盈配合实现的联接。例如滚动轴承内孔与轴的过盈联接以及蜗轮的轮缘与齿圈的过盈联接等，如图 10-13 所示。组成过盈联接的零件，一个是包容件（轮毂），另一个是被包容件（轴）。组成过盈联接后，由于结合处的径向弹性变形和装配过盈量，使包容件和被包容件在配合面间产生很大的径向压力，工作载荷靠此压力产生的摩擦力来传递。过盈联接结构简单、对中性好、承载能力高，在冲击、振动载荷下能可靠工作，但加工精度高，且装配不便。

过盈联接零件的配合面通常为圆柱面，有时也为圆锥面，如图 10-14 所示。圆柱面过盈联接的过盈量是由所选择的配合来确定的。尺寸小时，可采用常温下直接压入法装配；过盈及配合尺寸较大时，常用温差法（胀缩法）装配。圆锥面过盈联接利用包容件和被包容件相对

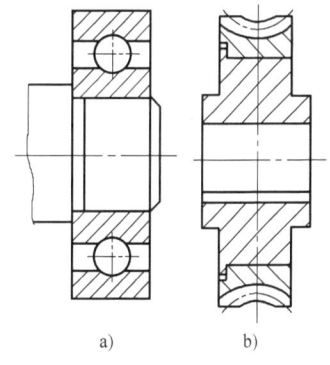

图 10-13　过盈联接应用
a）轴承内孔与轴　b）蜗轮轮缘与齿圈

轴向位移压紧而获得过盈配合。利用螺纹联接件实现轴向相对位移和压紧；利用液压装拆。

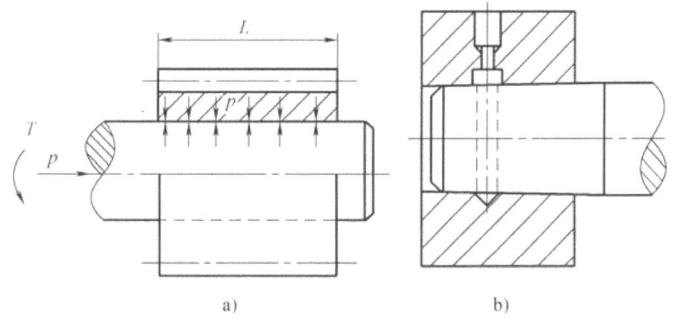

图 10-14　过盈联接种类
a）圆柱面过盈联接　b）圆锥面过盈联接

过盈联接的装配方法通常有压入法和胀缩法两种。压入法是在常温下利用压力机将被包容件直接压入包容件中。这种方法比较简单，但由于过盈量的存在，配合表面会产生擦伤等，会降低联接的紧固性。所以，压入法一般用于过盈量不大或对联接质量要求不高的场合。过盈量较大，或对联接质量要求较高时，应采用胀缩法装配，即加热包容件或冷却被包容件，形成装配间隙，装配后在常温下形成牢固的联接。

为了便于装配，从结构上需要采用合理的结构。例如在包容件的孔端和被包容件的轴端应该制有倒角、或有一段间隙配合段等。过盈联接的过盈量不大时，允许拆卸，但是多次拆卸将影响联接的工作能力。当过盈量较大时，一般不能拆卸，否则将损坏被联接件。当过盈量较大而又需要拆卸时，多采用液压拆卸，即向配合面间注入高压油（压力可达200MPa以上），从而使包容件的内径胀大，被包容件的外径缩小，从而使联接便于拆开。如图10-15所示，拆卸过盈联接的轴端锥齿轮采用了注油孔和油沟结构。

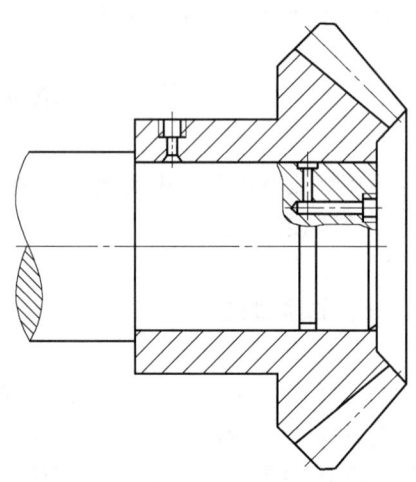

图 10-15　拆卸过盈联接用的结构

过盈联接的承载能力取决于联接的固持力和联接中各零件的强度，选择配合时，既要保证联接具有足够的固持力，又要保证零件在装配时不致损坏。

二、型面联接

利用非圆截面的轴与相应的轮毂孔的零件而构成的轴毂联接，称为型面联接，如图10-16所示。

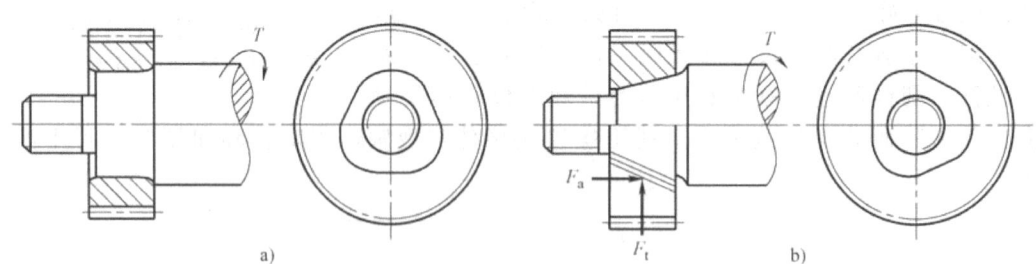

图 10-16　型面联接
a）柱形型面联接　b）锥形型面联接

轴与毂孔可以是柱形的，也可以是锥形的。前者只能传递转矩，可用于不在载荷下移动的动联接；后者除传递转矩外，还能传递单向轴向力。当不允许有间隙和可靠性要求较高时，常采用锥形非圆截面。

型面联接件轮毂与轴的非圆截面可以为方形、六边形、等距曲线和带切口圆形等形状，如图10-17所示。

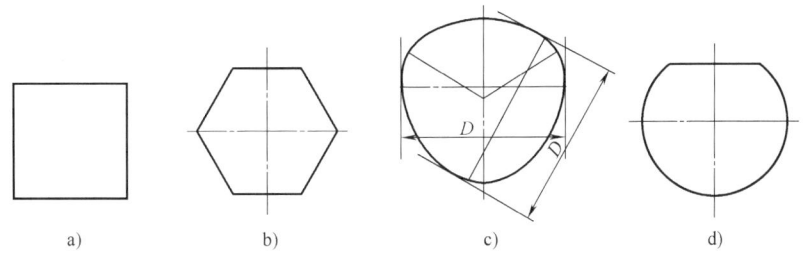

图 10-17 非圆截面形状
a) 方形 b) 六边形 c) 等距曲线 d) 带切口圆形

型面联接的优点在于装拆方便、对中性好，且没有键槽或尖角引起的应力集中，故可以传递较大载荷，但缺点是加工复杂，特别是为了保证配合精度，最后工序多要用专用机床进行磨削加工，所以实际应用较少。

三、胀套联接

胀套联接，也称弹性环联接，是利用以锥面贴合并挤紧在轴毂之间的内、外弹性钢环构成的联接，如图 10-18 所示。胀套联接在轴向力作用下，内套缩小、外套胀大，形成过盈配合，靠摩擦力传递转矩亦或轴向力亦或两者的复合作用。胀套联接是无键联接的一种，无键槽，减少了应力集中，定心性良好，安装方便，且能精确制造，传递较大的转矩和轴向力。但是，胀套联接的轴向和径向尺寸较大，其应用有时受到结构上的限制。

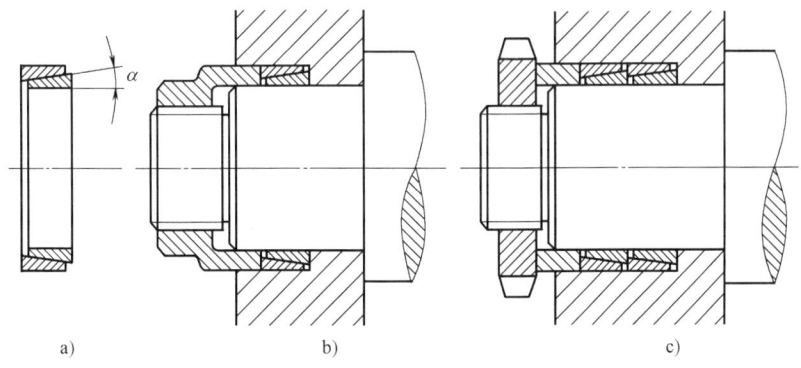

图 10-18 胀套联接
a) 胀套 b) 一对胀套 c) 两对胀套

第五节 联轴器和离合器

联轴器、离合器是机械中常用的部件，在机器中使用联轴器和离合器实现两轴的联接，并共同回转、传递动力。用联轴器联接的两轴，必须在机器停止运转后才能拆卸分离；而离合器联接的两轴，则在机器运转过程中即可随时结合或分开，从而达到操纵机器传动系统的断续，以便进行变速和换向等。联轴器和离合器在卷筒机械系统中的应用如图 10-19 所示。

联轴器和离合器的类型很多,其中有些已经标准化。在选择时可根据工作要求,选定合适的类型,再按被联接轴的直径、转矩和转速从有关手册中查取适用的型号和尺寸,必要时再做进一步的校核验算。

联轴器和离合器的种类繁多,本节仅对少数典型结构及有关知识做简要介绍。

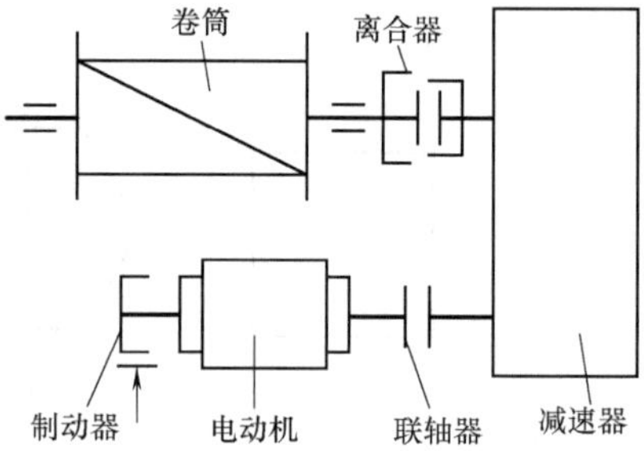

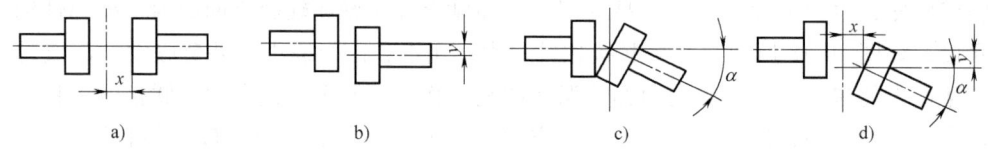

图 10-19 卷筒机械系统示意图

一、联轴器的种类和特性

联轴器所联接的两轴,由于制造及安装误差、承载后的变形以及受温度变化的影响等,往往不能保证严格的对中,而是存在着某种程度的相对位移。这些相对位移有:轴向位移、径向位移、角位移以及三种位移同时出现的综合位移,如图 10-20 所示。两轴若出现相对位移,会在轴、轴承和联轴器上引起附加载荷,甚至出现剧烈振动。这就要求所设计的联轴器,要从结构上采取各种措施,使其具有适应一定的补偿两轴位移的能力,以消除或降低相对位移所引起的附加载荷,改善传动性能,延长机器的寿命。

图 10-20 两轴相对位移形式

a) 轴向位移 x b) 径向位移 y c) 角位移 α d) 综合位移 x、y、α

根据对各种相对位移有无补偿能力,联轴器可分为刚性联轴器和挠性联轴器。刚性联轴器由刚性零件组成,无相对位移补偿能力,无缓冲减振能力,适用于无冲击、被联接的两轴轴线严格对中,而且机器运转过程中不发生相对位移的场合。挠性联轴器有补偿相对位移的能力,分为三种类型:无弹性元件的、金属弹性元件的和非金属弹性元件的,后两种统称为挠性联轴器。挠性联轴器不仅能在一定范围内补偿两轴线间的位移,还具有缓冲减振的作用。联轴器的分类见表 10-4。

表 10-4 联轴器的分类(摘自 GB/T 12458—2017)

刚性联轴器	凸缘联轴器	
	套筒联轴器	
挠性联轴器	无弹性元件	鼓形齿式联轴器(JB/T 8854.1—2001) 滚子链联轴器(GB/T 6069—2017) 十字轴万向联轴器(JB/T 5901—1991) 滑块联轴器(SJ 2125—1982)
	金属弹性元件	簧片联轴器 蛇形弹簧联轴器 叠片弹簧联轴器
	非金属弹性元件	弹性套柱销联轴器(GB/T 4323—2017) 弹性柱销联轴器(GB/T 5014—2017) 梅花形弹性联轴器(GB/T 5272—2017) 轮胎式联轴器(GB/T 5844—2002)
安全联轴器		
特殊联轴器		

（一）刚性联轴器

刚性联轴器有套筒式、凸缘式等。它们的特点是结构简单、成本低，但对两轴的对中要求较高。这里主要介绍套筒联轴器和凸缘联轴器，而凸缘联轴器是应用最多的一种。

1. 套筒联轴器

套筒联轴器是一种最简单的联轴器，如图 10-21 所示。这种联轴器的结构是一个圆柱形套筒，用两个圆锥销或螺钉与轴相联接并传递转矩。这种联轴器没有标准化，用时需要自行设计，如机床上就经常采用这种联轴器。

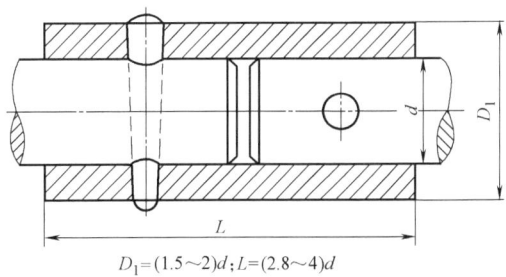

$D_1=(1.5\sim2)d; L=(2.8\sim4)d$

图 10-21　套筒联轴器

2. 凸缘联轴器

凸缘联轴器由两个带凸缘的半联轴器组成，两个半联轴器通过键分别与两根轴相联接，并用螺栓将两个半联轴器联成一体。凸缘联轴器的结构形式分为 GY、GYS 和 GYH 三种形式，如图 10-22 所示，这三种形式的凸缘联轴器，其基本参数和主要尺寸按照 GB/T 5843—2003。

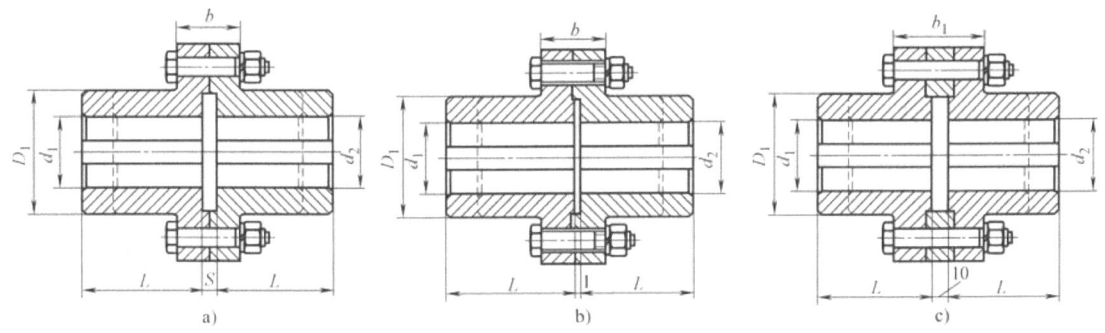

图 10-22　凸缘联轴器

a）GY 型　b）GYS 型（有对中榫）　c）GYH 型（有对中环）

（二）挠性联轴器

1. 无弹性元件的挠性联轴器

无弹性元件的挠性联轴器是利用它的组件间构成的动联接具有某一方向或几个方向的自由度来补偿两轴相对位移。因无弹性元件，这类联轴器虽能补偿相对位移，但不能缓冲减振。无弹性元件挠性联轴器常用的有以下几种。

（1）齿式联轴器　齿式联轴器由两个具有外齿圈的半联轴器和两个具有内齿圈的外壳所组成，如图 10-23 所示。

齿式联轴器有较好的补偿两轴相对位移的能力。为了补偿两轴的相对位移，在相啮合的齿间留有较大的齿侧间隙，并将外齿圈的齿顶制成弧面，齿面制成鼓形（图 10-24）。齿式联轴器可补偿被联接两轴的角度位移 α 和径向位移 y。

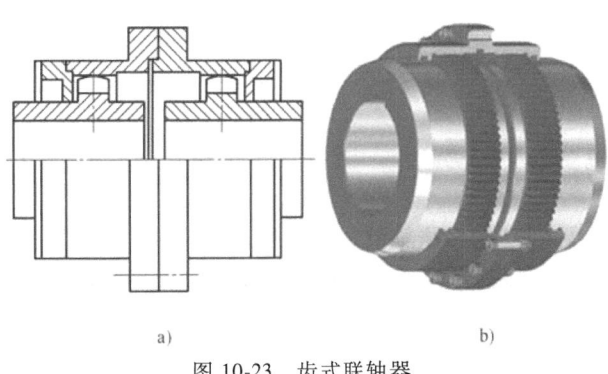

图 10-23　齿式联轴器

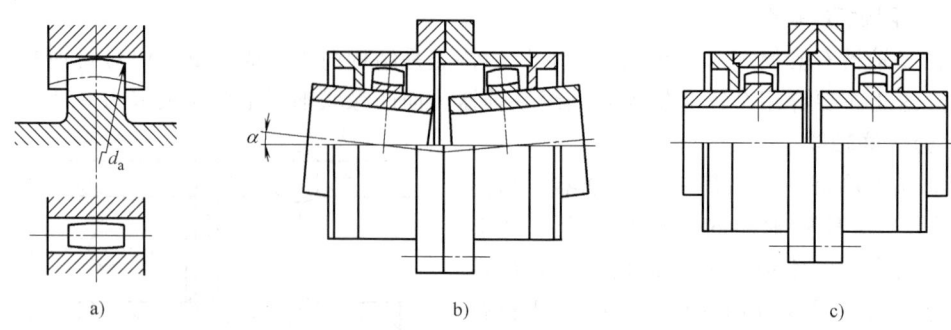

图 10-24　齿式联轴器补偿两轴的相对位移情况

齿式联轴器由于有较多的齿同时工作，所以与尺寸相近的其他联轴器相比，承载能力大、结构较紧凑，可在高速重载下可靠地工作，常用于正反转变化多、启动频繁的场合。但其质量较大、制造成本较高。

（2）滚子链联轴器　这种联轴器利用一条滚子链（单排或双排）同时与两个齿数相同的并列链轮啮合，以实现两半联轴器的联接。链条可用滚子链、齿形链或套筒链。其中双排滚子链联轴器如图 10-25 所示。为了改善润滑条件并防止污染，一般将联轴器密封在罩壳内。

滚子链联轴器结构简单，采用了标准件，所以容易制造，装拆、维护方便，工作可靠，使用寿命长，质量小，转动惯量小，效率高，具有一定的补偿性能和缓冲性能，能适应高温、潮湿、多尘的恶劣工作环境。缺点是反转时有空行程，不适用于启动频繁、正反转变化多的轴或立轴的联接。

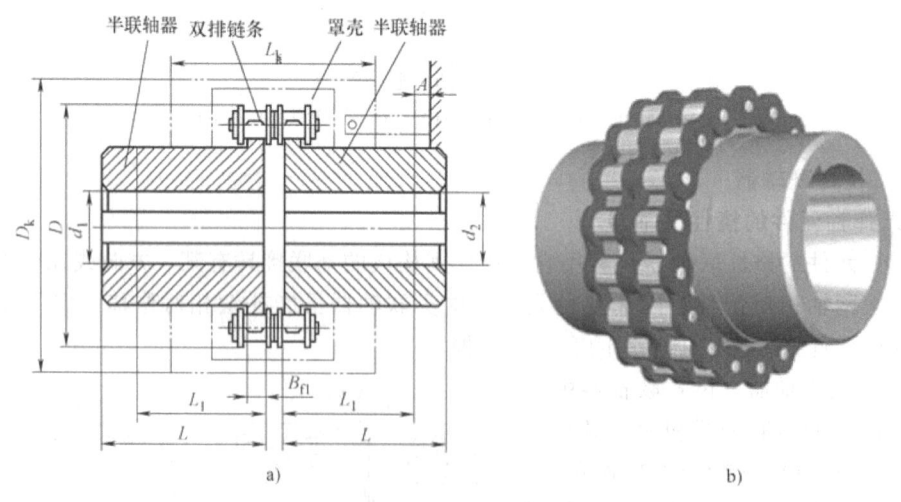

图 10-25　双排滚子链联轴器

（3）滑块联轴器　这种联轴器有两种类型。一种是由两个端面开有凹槽的半联轴器和一个两面都有榫的中间圆盘所组成，如图 10-26 所示。其径向尺寸较小，主要用于轴线间相对径向位移较大、传递转矩大、无冲击、低速传动的两轴联接。滑块联轴器不如齿式联轴器可靠，因此使用较少，但它有结构简单、加工方便的优点，适用于要求不高的场合。

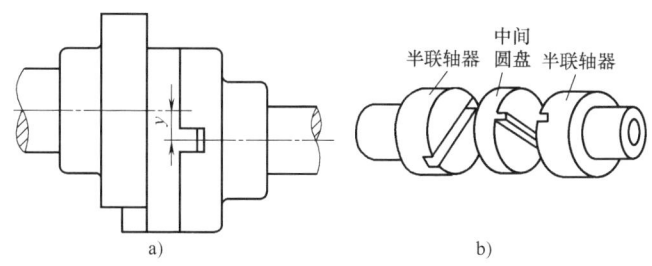

图 10-26　十字滑块联轴器

另一种与上述联轴器相似，只是两边半联轴器上的沟槽很宽，并把原来的中间圆盘改为不带凸牙的方形滑块，且通常用夹布胶木制成，如图 10-27 所示。由于中间滑块的质量减小、又有弹性，故具有较高的极限转速。中间滑块也可以用尼龙制成，并在装配时加入少量的石墨或二硫化钼，以便在使用时可以自行润滑。这种联轴器结构简单、尺寸紧凑，适用于小功率、中等转速且无剧烈冲击的场合。

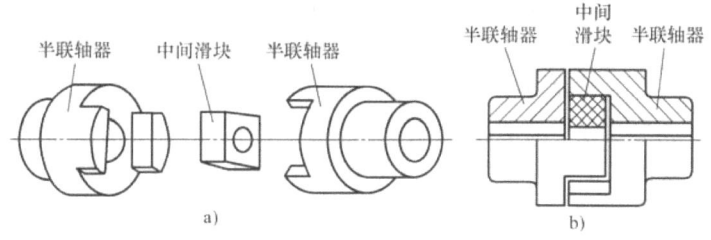

图 10-27　滑块联轴器

（4）万向联轴器　这种联轴器主要用于两轴间有较大的夹角（最大可达 35°～45°）或在工作中有较大角度位移的地方。它在汽车、拖拉机、轧钢机和金属切削机床中已获得广泛应用。常用的十字轴万向联轴器（单万向联轴器）如图 10-28a 所示。万向联轴器之所以能补偿偏斜是由于叉形接头与十字轴之间构成了可动的铰链联接。

这种联轴器的缺点是：当两轴不在一轴线时，即使主动轴的角速度 ω_1 为常数，从动轴的角速度 ω_3 并不是常数，而是在一定范围内（$\omega_1 \cos\alpha \leq \omega_3 \leq \omega_1/\cos\alpha$）做周期性变化，因而在传动中将产生附加动载荷。为了完全消除上述万向联轴器中从动轴变速传动，以及为了改善产生附加动载荷的这种情况，常将两个万向联轴器成对串联使用，这时就称为双万向联轴器，如图 10-28b 所示。

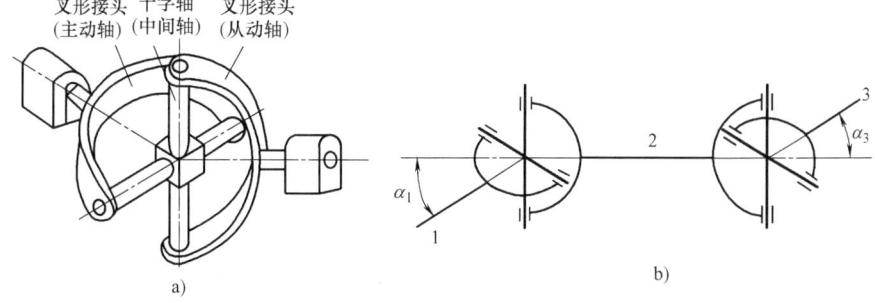

图 10-28　十字轴万向联轴器
a）单万向联轴器　b）双万向联轴器

为了使双万向联轴器联接的两个轴能获得恒定的传动比，应满足以下三个条件。

1) 主动轴、从动轴、中间轴的三根轴线应位于同一平面内。
2) 主动轴、从动轴与中间轴的轴间夹角应相等，即 $\alpha_1 = \alpha_2$。
3) 中间轴两端的叉面应位于同一平面内。这样，传动比 i_{12} 与 i_{23} 将始终互为倒数，故 $i_{13} = i_{12} i_{23} = 1$。

图 10-29 所示为 WS 型双十字轴万向联轴器，它已经标准化，设计时可按 JB/T 5901—1991 选用。

2. 有弹性元件的挠性联轴器

在挠性联轴器中，由于安装有弹性元件，它不仅可以补偿两轴间的相对位移，而且有缓冲和吸振的能力。故此，适用于频繁启动、经常正反转、变载荷及高速运转的场合。制造弹性元件的材料有金属和非金属两种。非

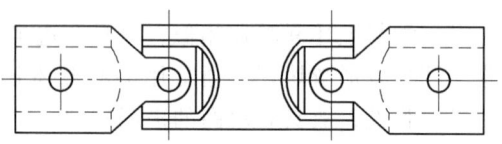

图 10-29　WS 型双十字轴万向联轴器

金属材料有橡胶、尼龙和塑料等。其特点为重量轻、价格便宜，有良好的弹性滞后性能，因而减振能力强，但橡胶寿命较短。金属材料制造的弹性元件，主要是各种弹簧，其强度高、尺寸小、寿命长，主要用于大功率场合。这些联轴器可参考有关设计手册选用。

(1) 弹性套柱销联轴器　弹性套柱销联轴器的结构与凸缘联轴器相似，只是用带有非金属弹性套的柱销取代联接螺栓，如图 10-30 所示。它靠弹性套的弹性变形来缓冲、减振和补偿被联接两轴的相对位移。这种联轴器制造容易、装拆方便、成本较低，但弹性套易磨损、寿命较短，主要用于起动频繁、需正反转的中、小功率场合，工作环境温度应在 -20～+70℃ 的范围内。

(2) 弹性柱销联轴器　与弹性套柱销联轴器很相似，其结构更为简单，柱销由尼龙制成，如图 10-31 所示。这种联轴器允许被联接的两轴间有一定的轴向位移以及少量的径向位移和角位移，适用于轴向窜动较大、起动频繁、正反转多变的场合，使用温度限制在 -20～+70℃ 的范围内。

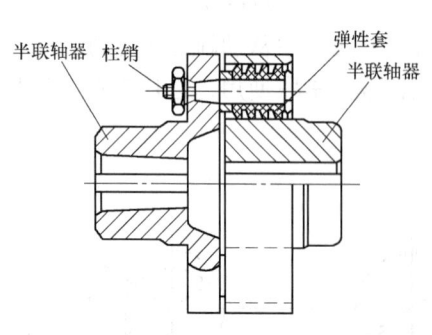

图 10-30　弹性套柱销联轴器

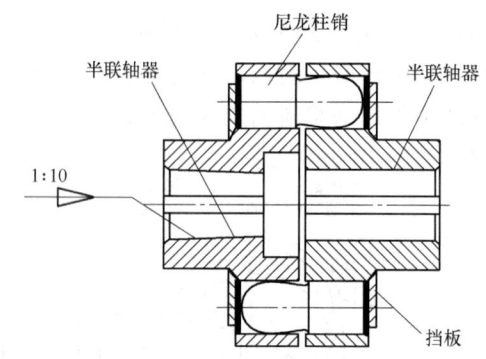

图 10-31　弹性柱销联轴器

(3) 梅花形弹性联轴器　利用梅花形弹性元件置于两半联轴器凸爪之间实现联接，如图 10-32 所示。其特点是结构简单、费用便宜，具有良好的补偿位移和减振能力。

(4) 轮胎联轴器　通过紧固螺栓和内压板（或外压板）把轮胎环与两个半联轴器联接

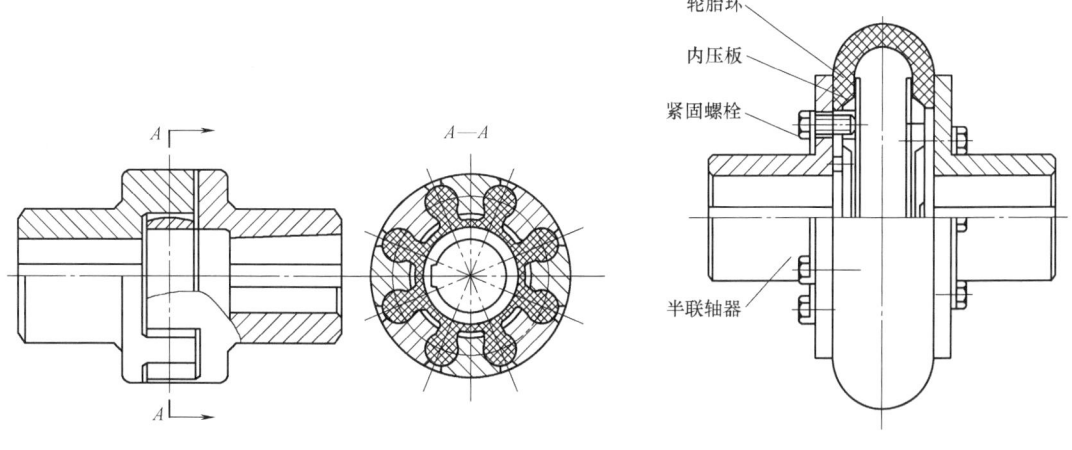

| 图 10-32　梅花形弹性联轴器 | 图 10-33　轮胎联轴器 |

在一起。其中，轮胎环是由橡胶及帘线制成轮胎形的弹性元件，如图10-33所示。轮胎联轴器具有良好的消振、缓冲和补偿同轴度偏差的能力，并且具有结构简单，不需要润滑，使用、安装、拆卸和维修都比较方便及运转无噪声等优点。其缺点是径向尺寸较大。这种联轴器一般较适用于潮湿、多尘、启动频繁、正反转多变、冲击载荷大及同轴度偏差较大的场合。

（5）蛇形弹簧联轴器　该联轴器的弹性元件是蛇形弹簧，如图10-34所示。在半联轴器上有50~100个齿，在齿间嵌装蛇形弹簧，弹簧被外壳罩住，既可防止弹簧脱出，又可储存润滑油。蛇形弹簧联轴器工作时，转矩通过半联轴器上的齿和蛇形弹簧传递。蛇形弹簧联轴器工作可靠、外形尺寸小，且具有良好的补偿偏斜和位移的能力。

（6）膜片联轴器　该联轴器的弹性元件是金属膜片，如图10-35所示。半联轴器1通过螺栓与金属膜片组的两个孔联接，半联轴器4通过螺栓与金属膜片组的另外两个孔联接，于是扭矩通过金属膜片组的弹性变形来补偿被联两轴的相对位移。这种联轴器结构简单、质量小、具有良好的缓冲减振性能，且不需润滑、耐高温和低温，金属膜片经特殊处理和表面涂层，具有良好的耐磨性和很高的疲劳强度，适用于冶金、矿山、航空等机械的传动系统。

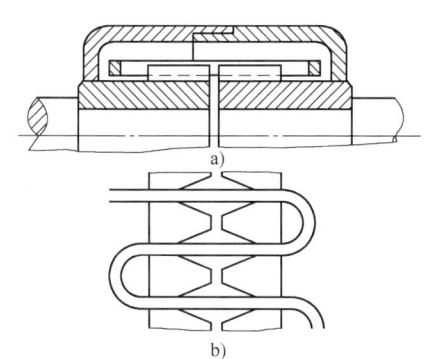

图 10-34　蛇形弹簧联轴器

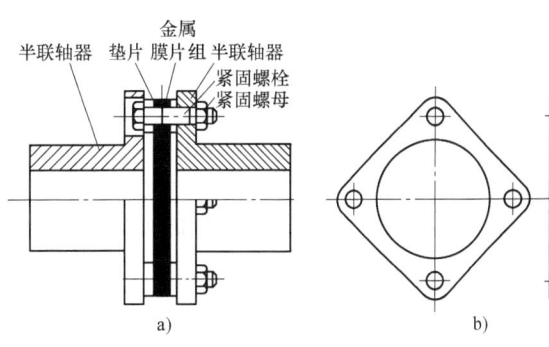

图 10-35　膜片联轴器

二、联轴器的选择及应用实例

(一) 联轴器类型的选择

绝大多数联轴器已经标准化或规格化,一般设计联轴器的任务就是根据实际情况合理选用,具体选择时可参考以下几点。

(1) 所需传递转矩的大小和性质以及对缓冲减振功能的要求 例如,对大功率的重载传动,可选用齿式联轴器;对受严重冲击载荷或要求消除轴系扭转振动的传动,可选用轮胎式联轴器等具有较高弹性的联轴器。

(2) 联轴器的工作转速高低和引起的离心力大小 对于高转速传动轴,应选用平衡精度高的联轴器,如膜片联轴器等,而不宜选用存在偏心的滑块联轴器等。

(3) 两轴相对位移的大小和方向 当安装调整后,难以保持两轴严格精确对中,或者工作过程中两轴将产生较大的附加相对位移时,应选用有补偿作用的联轴器。例如当径向位移较大时,可选用滑块联轴器,角位移较大或相交两轴的联接可用万向联轴器等。

(4) 联轴器的可靠性和工作环境 通常由金属元件制成的且需要润滑的联轴器比较可靠;但需要润滑的联轴器,其性能易受润滑完善程度的影响,且可能污染环境。含有橡胶等非金属元件的联轴器对温度、腐蚀性介质及强光等比较敏感,而且容易老化。

(5) 联轴器的制造、安装、维护和成本 在满足使用性能的前提下,应选用拆装方便、维护简单、成本低的联轴器。例如,刚性联轴器不但简单,而且拆装方便,可用于低速、刚性大的传动轴。一般的非金属弹性元件联轴器,由于具有良好的综合性能,广泛用于一般中小功率传动。

(二) 联轴器型号、尺寸的确定

由于机器启动时的动载荷和运转中可能出现过载现象,所以应当按轴上的最大转矩作为计算转矩 T_{ca},计算转矩按下式计算:

$$T_{ca} = KT \tag{10-5}$$

式中 T——联轴器所需传递的名义转矩(N·m);

K——工况系数,其值见表 10-5。

表 10-5 联轴器工况系数

原动机特性	工作机特性			
	载荷均匀或载荷变化较小	载荷变化并有中等冲击载荷	载荷变化并有严重冲击载荷	载荷变化并有特严重冲击载荷
电动机、汽轮机	1.3	1.7	2.3	3.1
多缸内燃机	1.5	1.9	2.5	3.3
双缸内燃机	1.8	2.2	2.8	3.6
单缸内燃机	2.2	2.6	3.2	4.0

根据计算转矩、转速及所选的联轴器类型,由有关设计手册选取联轴器的型号和结构尺寸,并满足

$$T_{ca} \leq [T] \tag{10-6}$$

且被联接轴的转速不应超过所选联轴器允许的最高转速

$$n \leq n_{max} \tag{10-7}$$

式中 T_{ca}——计算转矩（N·m）；

　　　$[T]$——所选联轴器型号的公称转矩（N·m）；

　　　n——被联接轴的转速（r/min）；

　　　n_{max}——所选联轴器型号允许的最高转速（r/min）。

每一种型号的联轴器适用的轴径均有一个范围。标准中会给出轴径的最大和最小值，或者给出适用直径的尺寸系列，设计时被联接两轴的直径都应在此范围内。一般情况下被联接两轴的直径是不同的，两个轴端的形状也可能是不同的，如主动轴的轴端是圆柱形，而联接从动轴的轴端是圆锥形。此外，还要根据所选联轴器允许轴的相对位移偏差，规定部件相应的安装精度。通常标准中只给出单项位移偏差的允许值。若有多项位移偏差存在，则必须根据联轴器的尺寸计算出相互影响的关系，依此作为规定部件安装精度的依据。如有必要，应对联轴器的主要传动零件进行强度校核。使用非金属弹性元件的联轴器时，还应注意联轴器所在部位的工作温度不要超过该弹性元件材料允许的最高温度。

【例 10-2】 图 10-36 所示为带式输送机传动系统，试分别选择实用的联轴器类型。

解：该传动系统用了两个联轴器。其中联轴器 1 用于电动机与减速器的输入轴联接，联轴器 2 用于减速器输出轴与滚筒轴联接。由于联轴器 1 在高速轴上，转速较高，且电动机与减速箱不在同一基础上，其两轴必有同轴度偏差，因而选用有非金属弹性元件的挠性联轴器，如弹性柱销联轴器或弹性套柱销联轴器。而联轴器 2 在低速轴上，转速较低，但载荷较大，同样其两轴必有同轴度偏差，因而选用无弹性元件的挠性联轴器，如齿式联轴器或滚子链联轴器。

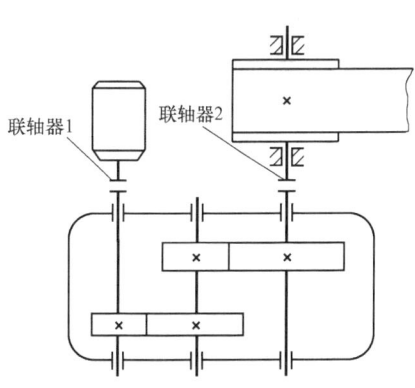

图 10-36 带式输送机传动系统简图

【例 10-3】 在电动机与增压泵间用联轴器相联。已知电动机的功率 $P=7.5\mathrm{kW}$，转速 $n=960\mathrm{r/min}$，电动机直径 $d_1=38\mathrm{mm}$，增压泵轴直径 $d_2=42\mathrm{mm}$，试选择联轴器型号。

解：因为轴的转速较高，启动频繁，载荷有变化，宜选用缓冲性较好的挠性联轴器，所以选用具有非金属弹性元件的弹性套柱销联轴器。

计算转矩 $T_{ca}=KT$，查表 10-1 得工况系数 $K=1.7$，

$$T=9550\frac{P}{n}=9550\times\frac{7.5}{960}\mathrm{N\cdot m}=74.6\mathrm{N\cdot m}, T_{ca}=KT=1.7\times74.6\mathrm{N\cdot m}=126.8\mathrm{N\cdot m}$$

查手册可知，可以选用弹性套柱销联轴器：$LT6$ 联轴器 $\frac{YA38\times82}{JB42\times82}$ GB/T 4323—2002，其公称转矩为 $250\mathrm{N\cdot m}$。

三、离合器

在机器运转过程中，把原动机的回转运动和动力传给工作机，并可随时分离或接合工作机，如汽车临时驻车而不熄火。离合器除了用于机械的启动、停止、换向和变速外，还可用

于对机械零件的过载保护。离合器的基本要求有：接合平稳，分离迅速而彻底；结构轻便、外廓尺寸小、质量轻；耐磨性好和有足够的散热能力；操纵方便省力等。

常用离合器的分类见表 10-6，其中机械操纵离合器和自控离合器的应用较广泛。下面仅介绍几种常用离合器的结构与设计情况。

表 10-6　常用离合器的分类

操纵离合器	机械离合器	啮合式	牙嵌离合器、齿形离合器等
		摩擦式	圆盘离合器、圆锥离合器等
	电磁离合器	啮合式	牙嵌电磁离合器等
		摩擦式	磁粉离合器、磁滞转差电磁离合器等
	液压离合器		
	气压离合器		
自控离合器	超越离合器	啮合式	牙嵌超越离合器等
		摩擦式	滚柱离合器、楔块离合器等
	离心离合器	摩擦式	钢球离合器、闸块离合器等
	安全离合器	啮合式	牙嵌安全离合器等
		摩擦式	钢球安全离合器、圆盘离合器等

（一）牙嵌离合器

牙嵌离合器由两个端面带牙的半离合器所组成，如图 10-37 所示。其中半离合器 1 固联在主动轴上，半离合器 3 用导向键（或花键）与从动轴联接。通过操纵机构可使半离合器沿导向键做轴向运动，两轴靠两个半离合器端面上的牙嵌合来联接。为了使两轴对中，在半离合器 1 固定有对中环，而从动轴可以在对中环中自由地转动。

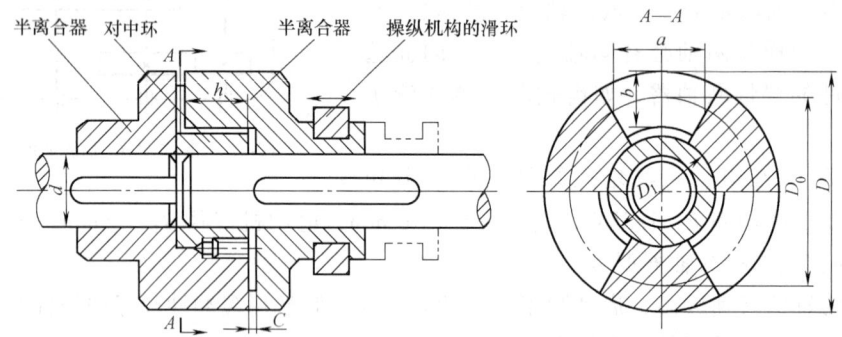

图 10-37　牙嵌离合器

牙嵌离合器常用的牙型有三角形、梯形、锯齿形和矩形等，如图 10-38 所示。三角形牙

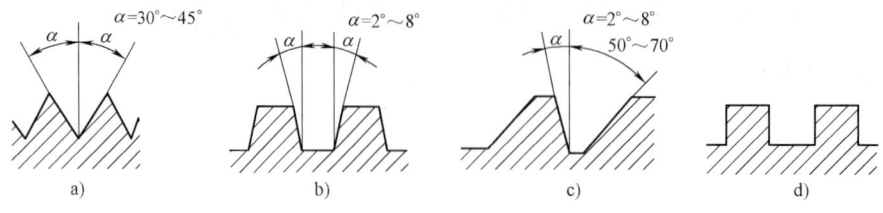

图 10-38　各种牙型图

a）三角形　b）梯形　c）锯齿形　d）矩形

多用于轻载的情况，容易接合和分离，但牙根强度较低。矩形牙不便于接合，分离也困难，仅用于静止时手动接合。梯形牙的侧面制成 $\alpha = 2° \sim 8°$ 的斜角，牙根强度较高，能传递较大的转矩，并可补偿磨损而产生的齿侧间隙，接合与分离比较容易，因此梯形牙应用较广。三角形、矩形、梯形牙都可以双向工作，而锯齿形牙只能单向工作，但它的牙根强度很高，传递转矩能力最大，多在重载情况下使用。

牙嵌离合器的牙数一般为 3～60 个不等。材料常用低碳钢表面渗碳，硬度为 56～62HRC，或采用中碳钢表面淬火，硬度为 48～54HRC，不重要的和静止状态接合的离合器，也允许用 HT200 制造。牙嵌离合器结构简单、外廓尺寸小，接合后所联接的两轴不会发生相对转动，适用于主、从动轴要求完全同步的轴系。

牙嵌离合器的尺寸已经系列化，通常根据轴径及传递的转矩选定，必要时应校核齿的抗拉强度 R_m 和接触齿面上的压强 p，强度条件为

$$R_m = \frac{KTH}{z D_0 W} \leqslant [R_m] \tag{10-8}$$

$$p = \frac{2KT}{z D_0 A} \leqslant [p] \tag{10-9}$$

式中　K——工况系数，见表 10-7；

　　　H——牙的高度（mm）；

　　　D_0——牙所在圆环的平均直径（mm）；

　　　z——半离合器的牙数；

　　　A——每个牙的接触面积（mm^2）；

　　　W——牙根部的抗弯截面系数（mm^3），$W = a^2 b/6$，a、b 如图 10-37 所示。

　　$[R_m]$——许用弯曲应力（MPa），当静止状态下接合时，$[R_m] = \sigma_s/1.5$，运转状态下接合时，$[R_m] = \sigma_s/(3 \sim 5)$，$\sigma_s$ 为材料的屈服强度。

　　$[p]$——许用压强（MPa），当静止状态下接合时，$[p] \leqslant 90 \sim 120$ MPa，低速状态下接合时 $[p] \leqslant 50 \sim 70$ MPa，较高速状态下接合时，$[p] \leqslant 35 \sim 45$ MPa。

表 10-7　离合器工况系数

机械类型		K	机械类型	K
金属切削机床		1.3～1.5	轻纺机械	1.2～2
曲柄压力机		1.1～1.3	农业机械	2～3.5
汽车、车辆		1.2～1.3	挖掘机械	1.2～2.5
拖拉机		1.5～3	钻探机械	2～4
船舶		1.3～2.5	活塞泵、通风机、压力机	1.3～1.7
起重运输机械	在最大载荷下接合	1.35～1.5	木材加工机床	1.7
	在空载下接合	1.25～1.5	冶金矿山机械	1.8～3.2

（二）圆盘摩擦离合器

圆盘摩擦离合器是在主动摩擦盘转动时，由主、从动盘的接触面间产生的摩擦力矩来传递转矩的，它是能在高速下离合的机械式摩擦离合器。圆盘摩擦离合器在机床、汽车、摩托车和其他机械中得到广泛应用。单盘摩擦离合器如图 10-39 所示。其主动盘固定在主动轴上，从动盘用导向键与从动轴联接，它可以沿轴向滑动。为了增加摩擦系数，在一个盘的表面上装有摩擦片。工作时利用操纵机构的操纵环，在可移动的从动盘上施加轴向力 F_A（可

由弹簧、液压缸或电磁吸力等产生），使两盘压紧，产生摩擦力来传递转矩。只有一对接合面的称为单盘摩擦离合器，它能传递的最大转矩为

$$T_{\max} = \frac{F_A f r_f}{1000} \quad (10\text{-}10)$$

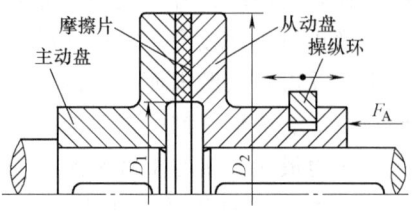

图 10-39 单盘摩擦离合器

式中 F_A——轴向力（N）；

f——摩擦系数，见表 10-8；

r_f——摩擦半径（mm），通常可取：$r_f = (D_1 + D_2)/4$，D_1、D_2 为摩擦盘接合面的内径和外径（mm）。

表 10-8 摩擦片常用材料及其性能

摩擦副的材料及工作条件		摩擦系数 f	圆盘摩擦离合器 $[p_0]$/MPa
在油中工作	淬火钢-淬火钢	0.06	0.6~0.8
	淬火钢-青铜	0.08	0.4~0.5
	铸铁-铸铁或淬火钢	0.08	0.6~0.8
	钢-夹布胶木	0.12	0.4~0.6
	淬火钢-陶瓷金属	0.10	0.8
不在油中工作	压制石棉-钢或铸铁	0.3	0.2~0.3
	淬火钢-陶瓷金属	0.4	0.3
	铸铁-铸铁或淬火钢	0.15	0.2~0.3

在传递大转矩的情况下，因受摩擦盘尺寸的限制不宜应用单盘摩擦离合器，这时要采用多片离合器，用增加结合面对数的方法来增大传动能力。图 10-40 所示为多片离合器，主动轴与外壳相联接，从动轴与套筒相联接，其内、外摩擦片分别带有凹槽和外齿。外壳通过花键与一组外摩擦片联接在一起；套筒也通过花键与另一组内摩擦片联接在一起。工作时向左移动滑环，通过杠杆、压板使两组摩擦片压紧，离合器处于接合状态。当向右移动滑环时，摩擦片被松开，离合器实现分离。多片离合器可传递较大转矩，径向尺寸较小，但轴向尺寸较大，常用于车床主轴箱内。

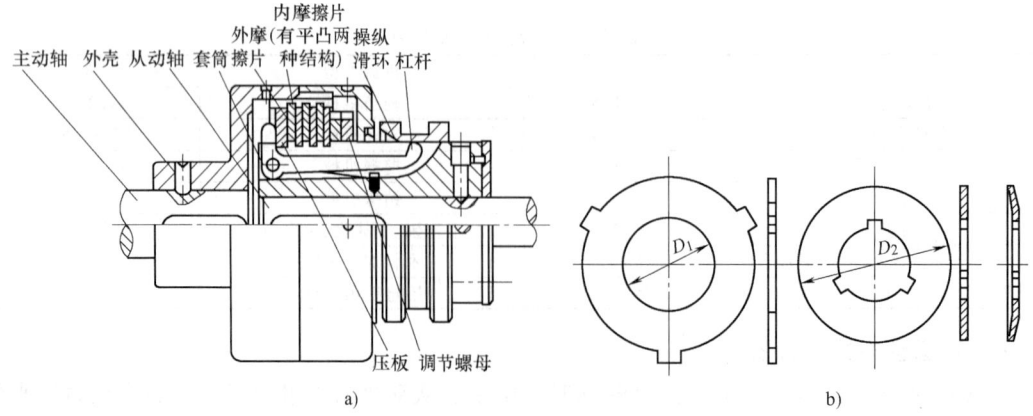

图 10-40 多片离合器

多片离合器能传递的最大转矩 $T_{\max}$ 和作用在单位摩擦接合面上的压强 p 为

$$T_{\max} = z F f r_f \geq KT \quad (10\text{-}11)$$

$$p = \frac{4F}{\pi(D_2^2 - D_1^2)} \leq [p] \tag{10-12}$$

式中 z——摩擦接合面的数目；

K——工况系数，见表 10-7；

D_1、D_2——摩擦片接合面的内径和外径（mm）；

F——操作轴向力（N）；

$[p]$——许用压强（MPa），$[p] = [p_0] K_v K_z K_n$，$[p_0]$ 是基本许用压强，见表 10-8；

K_v、K_z、K_n——根据离合器平均圆周速度、主动摩擦片的数目、每小时的接合次数等不同而引入的修正系数，其值见表 10-9。

表 10-9 修正系数

平均圆周速度/（m/s）	1	2	2.5	3	4	6	8	10	15
K_v	1.35	1.08	1	0.94	0.68	0.75	0.68	0.63	0.55
主动摩擦盘数目	3	4	5	6	7	8	9	10	11
K_z	1	0.97	0.94	0.91	0.88	0.85	0.82	0.79	0.76
每小时接合次数	90	120	180	240	300	≥360			
K_n	1	0.95	0.8	0.7	0.6	0.5			

设计多片离合器时，可先选定摩擦面的材料，再根据结构要求初定摩擦片尺寸 D_1、D_2。对油式摩擦离合器，取 $D_1 = (1.5 \sim 2)d$，$D_2 = (1.5 \sim 2)D_1$；对于干式摩擦离合器，取 $D_1 = (2 \sim 3)d$，$D_2 = (1.5 \sim 2.5)D_1$。然后根据式（10-12）求出轴向力 F，最后按式（10-11）确定摩擦片数目 z。多片离合器传递的转矩随 z 的增加成正比增加。但若 z 取得过大，所传递的转矩并不随之增加很大，而且还会影响离合器的灵活性。故对油式取 $z = 5 \sim 15$；对于干式取 $z = 1 \sim 6$。并常限制内外片的总片数不大于 $25 \sim 30$。

多片离合器与牙嵌离合器比较，其优点是：两轴能在不同速度下接合；接合和分离过程比较平稳、冲击振动小；从动轴的加速时间和所传递的最大转矩可以调节；过载时将发生打滑，避免使其他零件受到损坏。故摩擦离合器的应用较广。缺点是结构复杂、成本高；当产生滑动时不能保证被联接两轴间的精确同步转动；摩擦会产生发热，当温度过高时会引起摩擦系数的改变，严重的可能导致摩擦片胶合和塑性变形。所以，一般对钢制摩擦片应限制其表面最高温度不超过 300℃，整个离合器的平均温度不超过 100℃。

（三）超越离合器

超越离合器是一种随速度的变化或回转方向的变换而能自动接合或分离的离合器，它只能传递单向转矩。例如锯齿形牙嵌离合器，只能传递单向转矩，反向时自动分离。棘轮机构也可用于超越离合器。

图 10-41 所示为一种滚柱式超越离合器，它

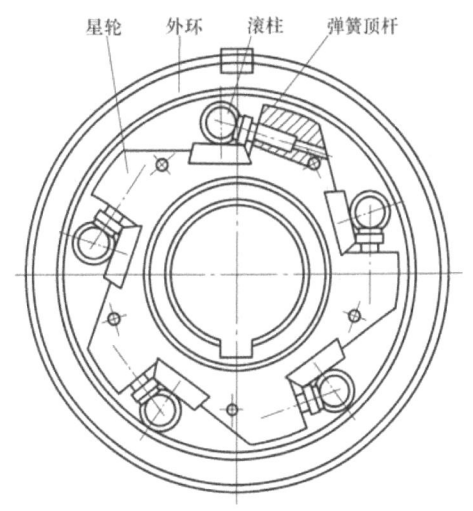

图 10-41 滚柱式超越离合器

由星轮、外环、滚柱和弹簧顶杆等组成。弹簧顶杆的推力使滚柱与星轮和外环接触。如果星轮为主动件并按图示方向顺时针回转，滚柱受摩擦力的作用被楔紧在槽内，从而带动外环回转，这时离合器处于接合状态。当星轮反向回转时，滚柱则被推到槽中宽敞部分，离合器处于分离状态。因而它只能传递单向转矩，可在机械中用来防止逆转及完成单向传动。

此外，当外环随星轮做顺时针方向的同向回转时，同时外环又从另一运动系统获得旋向相同但转速较大的运动，离合器也将处于分离状态，即从动件的角速度超过主动件时，不能带动主动件回转。反之，若外环的转速小于星轮的转速，则离合器处于接合状态。由于这种离合器的联接和分离与外环的相对转速差有关，故又称为超越离合器，也称差速离合器，常用于汽车、拖拉机和机床等的传动装置中（自行车后轴上也安装有超越离合器）。其工作时没有噪声，适用于高速传动，但制造精度要求较高。

（四）滚珠安全离合器

安全离合器的作用是：当工作转矩超过机器允许的极限转矩时，联接件发生折断、脱开或打滑，离合器自动停止工作，从而有效保护机器中的零件不致损坏。

滚珠安全离合器的结构形式很多，如图10-42所示为弹簧-滚珠安全离合器。该离合器的套筒与主动轴联接，外套筒通过键与从动轴（或从动件）联接。用弹簧和滚珠与压盘相联，而压盘用导向键与套筒相联，螺母用来调节弹簧的压力，也即调节滚珠与外套筒之间的摩擦力。当传递的转矩超过滚珠与外套筒之间形成的摩擦力矩时，离合器就脱开。由于脱开后滚珠与外套筒均会磨损，故这种离合器只用于传递转矩较小的场合。

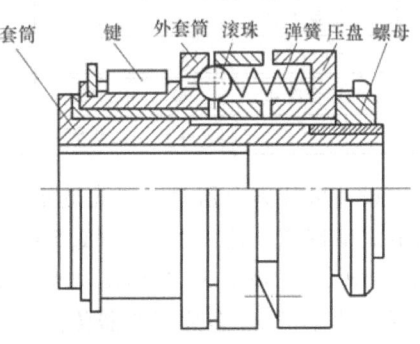

图10-42 弹簧-滚珠安全离合器

思 考 题

10.1 普通平键、半圆键、楔键和花键联接分别有哪些特点？

10.2 各种键联接的工作面是什么？

10.3 不同类型的键联接键槽的加工方法是什么？

10.4 平键和花键联接有哪些失效形式？

10.5 如何选择普通平键的尺寸？其公称长度与工作长度有什么区别？

10.6 销联接通常用于什么场合？当销用作定位元件时有哪些要求？

10.7 无键联接有哪几种类型？其联接方式有何特点？

10.8 刚性凸缘联轴器有哪几种对中方法？各种对中方法的特点是什么？

10.9 联轴器与离合器的功用有何相同点和不同点？

10.10 常用离合器有哪些类型？主要特点是什么？分别应用在哪些场合？

10.11 离合器应满足哪些要求？

习 题

10.1 已知轴和带轮的材料分别为钢和铸铁，带轮与轴配合直径 $d=40$mm，轮毂宽度

$L=80\text{mm}$,传递的功率 $P=10\text{kW}$,转速 $n=1000\text{r/min}$,载荷性质为轻微冲击。1)试选择带轮与轴联接用的普通平键联接。2)试选择带轮与轴联接用的矩形花键联接。

10.2 有一公称尺寸 $N\times d\times D\times B=8\times36\times40\times7$ 的 45 钢矩形花键,$L=80\text{mm}$,经调质处理硬度为 235HBW,使用条件中等,能否用来传递 $T=1600\text{N}\cdot\text{m}$ 的转矩?

10.3 已知图 10-43 中的轴伸长量为 72 mm,直径 $d=40\text{mm}$,配合公差为 H7/k6,采用 A 型普通平键联接。试确定图中各结构尺寸、尺寸公差、表面粗糙度和几何公差(一般联接)。

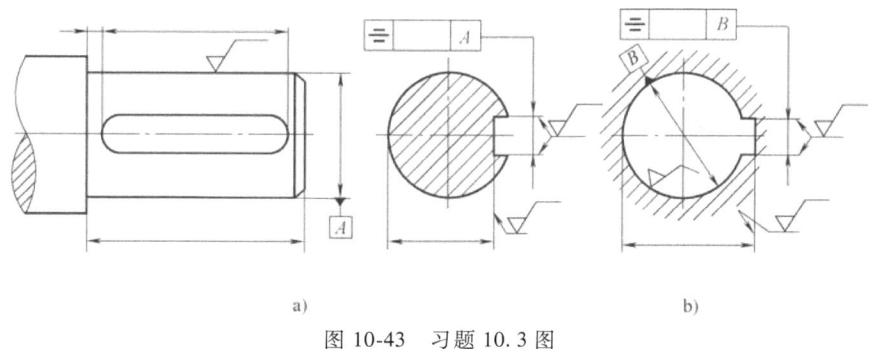

图 10-43 习题 10.3 图
a)轴 b)毂孔

10.4 已知一电动机用联轴器与带式运输机减速器联接,电动机型号 Y160M-4,功率 $P=11\text{kW}$,转速 $n=1460\text{r/min}$,电动机输出轴直径 $d=42\text{mm}$,减速器输入轴轴端直径 $d=45\text{mm}$。试选择电动机与减速器之间的联轴器型号(载荷有中等冲击)。

10.5 已知一单盘摩擦离合器,圆盘内径 $D_1=50\text{mm}$,外径 $D_2=90\text{mm}$,摩擦面间的摩擦系数 $f=0.06$,许用压力 $[p]=0.6\text{MPa}$。求离合器的允许最大压紧力 F 及传递的最大转矩 $T_{\max}$。

10.6 某机床主传动换向机构中采用多片离合器。已知主传动片 5 片,从动片 4 片,接合面内径 $D_1=60\text{mm}$,外径 $D_2=110\text{mm}$,功率 $P=4.4\text{kW}$,转速 $n=1214\text{r/min}$,摩擦片材料为淬火钢-淬火钢,试求离合器工作时(处于接合状态)需要多大的轴向力 F。

习题参考答案

10.1 普通平键联接:键 12×8×70 GB/T 1096—2003。矩形花键联接:略。

10.2 可传递的转矩 $T=1634\text{N}\cdot\text{m}$。

10.3 略。

10.4 可选用弹性套柱销联轴器:LT7 联轴器 $\dfrac{Y42}{Y45}$GB/T 4323—2002。

10.5 $F=2637.6\text{N}$,$T_{\max}=5538.96\text{N}\cdot\text{m}$。

10.6 $F>2544.11\text{N}$(取 $K=1.5$)。

第十一章 轴

第一节 概述

轴是机器中最重要的机械零件之一。例如机床主轴、自行车轴和计算机软盘中心轴等，都是其中关键的零件。轴的主要作用是用来支承做旋转运动的零件，如用轴来支承齿轮、带轮等，使轴上的零件具有确定的工作位置，在传动零件之间传递运动和动力。轴一般是横截面为圆形的回转体，其自身通过轴承支承在机架或机座上。

一、轴的分类及应用

1. 按轴线形状分类

根据轴线几何形状不同，可以将轴分为直轴（图 11-1）和曲轴（图 11-2）两大类。直轴一般为实心，若轴中需要装设其他零件或减轻轴的重量、转动惯量等，也将轴制成空心轴。直轴按其外形不同又可分为光轴（图 11-1a）和阶梯轴（图 11-1b）。光轴结构简单、便于加工、应力集中小、成本低，但是轴上零件不易定位和装配。阶梯轴的各段轴径不同，便于轴上零件的拆装和定位，其应用广泛。由于轴上应力分布通常是中间大、两端小，所以阶梯轴受力比较合理。光轴主要用于心轴和传动轴，阶梯轴则常用于转轴。

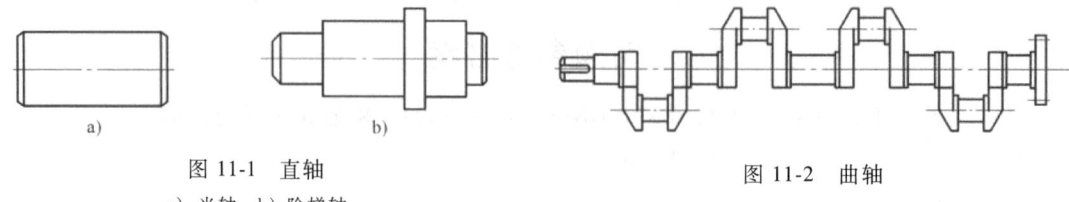

图 11-1 直轴
a）光轴 b）阶梯轴

图 11-2 曲轴

曲轴是往复式机械的专用零件，如用于内燃机、曲柄压力机等，用于实现往复运动和旋转运动的变换。

除直轴和曲轴外，还有一些有特殊用途的轴，如钢丝软轴（图 11-3）。钢丝软轴又称为钢丝挠性轴，它是由多组钢丝分层卷绕而成的，具有良好的挠性，可以把回转运动灵活地传递到不敞开的位置。

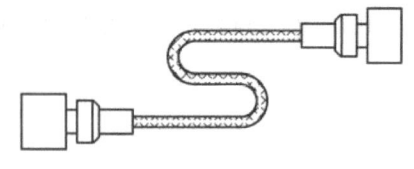

图 11-3 钢丝软轴

2. 按承载情况分类

根据承载情况不同，可以将轴分为心轴、传动轴和转轴等三类。

（1）心轴（图 11-4） 只承受弯矩不承受扭矩的轴。心轴又可分为固定心轴和转动心轴。心轴只起支承作用，承受弯矩但不承受转矩。工作时固定不动的心轴称为固定心轴（图 11-4a），如自行车前轴。与轴上零件一起转动的心轴称为转动心轴（图 11-4b），如火车车轴。

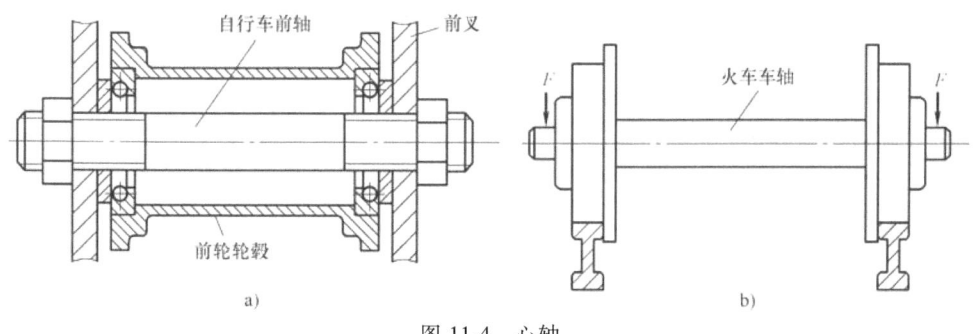

图 11-4 心轴
a) 固定心轴 b) 转动心轴

（2）传动轴（图 11-5） 只承受扭矩而不承受弯矩或承受弯矩较小的轴，如联接汽车变速器输出轴和后桥的轴就是传动轴（图 11-5）。

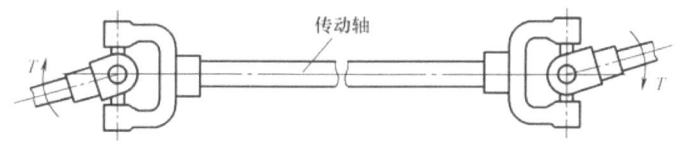

图 11-5 传动轴

（3）转轴（图 11-6） 转轴工作时本身旋转，既要承受弯矩又要承受转矩。图 11-7 所示带式运输机的二级齿轮减速器中安装的三根轴都是转轴。转轴在各种机器中最为常见。

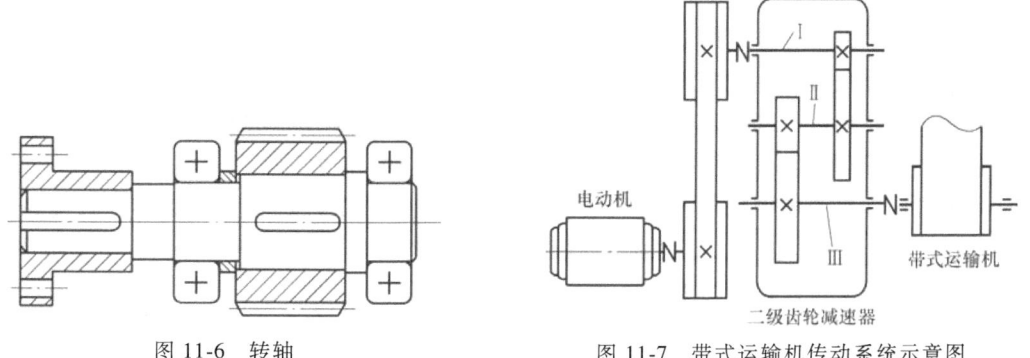

图 11-6 转轴　　　　　　　　图 11-7 带式运输机传动系统示意图

二、轴设计的主要内容

轴的设计和其他零件的设计相似，包括轴的工作能力计算和轴的结构设计。

轴工作时可能会因疲劳强度不足而疲劳断裂，因静强度不足而产生塑性变形或脆性断裂，超过允许范围的变形、磨损及振动等。因此，轴的工作能力计算是指轴的强度、刚度和振动稳定性等的计算。在一般情况下，轴的工作能力主要取决于它的强度，只要满足强度条件即可以正常工作，因此为避免轴的断裂或塑性变形，只需对轴进行强度计算。而对机床主轴这类受力大的细长轴，为了避免轴产生过大的弹性变形而失效，就还要进行刚度计算。对于高速运转的轴，为了避免发生共振而失效，需要对轴的振动稳定性进行计算。

轴与轴上零件组成轴系零部件。轴的设计必须从轴系零部件整体结构考虑，即要做轴的结构设计。轴的结构设计就是根据轴上零件的安装、定位、调整以及轴的制造工艺等方面的要求，合理地确定轴的结构和各个轴段的尺寸。

轴的设计过程大体为：

1）选择材料。
2）初估直径。
3）结构设计。
4）校核强度、刚度及振动稳定性。

三、轴的材料

轴的材料首先应有足够的强度，并对应力集中敏感性低，同时还应满足刚度、耐磨性、耐蚀性及可加工性要求。轴常用材料主要是碳钢和合金钢。钢轴的毛坯多数用轧制圆钢和锻件。

碳钢比合金钢价格低廉，对应力集中的敏感性较低，且具有较高的综合力学性能，便于进行各种热处理及机械加工，故应用较广。一般机器中的轴常用优质中碳钢制造，其中最常用的是45钢。为了提高材料的力学性能，通常进行正火或调质处理。对于受力较小或不重要的轴，可采用Q235等普通碳钢制造。

合金钢比碳钢具有更高的机械强度和更好的淬火性能，但其价格较贵，且对应力集中较敏感。对于重要的轴，大功率机器中要求尺寸小、重量轻、耐磨性高的轴以及处于高温或低温工作的轴，常采用合金钢制造，如20Cr、20CrMnTi、40Cr、40MnB等。设计合金钢轴时，更应从结构上避免或减小应力集中，并减小其表面粗糙度值。

在一般工作温度（200℃）下，各种碳钢和合金钢的弹性模量 E 的数值相差不多，因此用合金钢代替碳钢不能提高轴的刚度，只能提高轴的强度和耐磨性。

球墨铸铁和高强度铸铁的强度比碳钢低，但具有铸造工艺性好、易于得到较复杂的外形、吸振性好、对应力集中敏感性低等优点。因此，球墨铸铁和高强度铸铁适用于制造形状复杂的轴，但品质不易控制，如QT600-3。

轴的常用材料及其主要力学性能见表11-1。

表11-1 轴的常用材料及其主要力学性能

材料牌号	热处理	毛坯直径/mm	硬度（HBW）	抗拉强度 R_m	屈服强度 σ_s	弯曲疲劳极限 σ_{-1}	扭转疲劳极限 τ_{-1}	许用疲劳应力 $[\sigma_{-1}]$	备注
				\multicolumn{4}{c}{MPa 不小于}	MPa	
Q235 Q235F				440	240	180	105	120~138	用于不重要或载荷不大的轴

（续）

材料牌号	热处理	毛坯直径/mm	硬度（HBW）	抗拉强度 R_m	屈服强度 σ_s	弯曲疲劳极限 σ_{-1}	扭转疲劳极限 τ_{-1}	许用疲劳应力 $[\sigma_{-1}]$	备注
				MPa 不小于				MPa	
45	正火	≤100	170~217	600	300	240	140	160~184	应用最广泛
	回火	>100~300	162~217	580	290	235	135	156~180	
		>300~500	162~217	560	280	225	130	150~173	
		>500~750	156~217	540	270	215	125	143~165	
	调质	≤200	217~255	650	360	270	155	180~207	
40Cr	调质	≤100	241~286	750	550	350	200	194~233	用于载荷较大，而无很大冲击的重要轴
		>100~300	229~269	700	500	320	185	177~213	
40CrNi	调质	25	—	1000	800	485	280	269~323	用于很重要的轴
38SiMnMo	调质	≤100	229~286	750	600	360	210	200~240	性能接近于40CrNi
		>100~300	217~269	700	550	335	195	186~223	
38CrMoAlA	调质	30	229	1000	850	495	285	198~275	用于要求高耐磨、高强度且渗氮变形很小的轴
20Cr	渗碳	15	表面56~62HRC	850	550	375	215	208~250	用于要求强度和韧性均较高的轴（如某些齿轮轴、蜗杆等）
	淬火	30		650	400	280	160	155~186	
	回火	≤60		650	400	280	160	155~186	
20Cr13	调质	≤100	197~248	660	450	295	170	163~196	用于在腐蚀条件下工作的轴
1Cr18Ni9Ti	淬火	≤60	≤192	550	220	205	120	136~157	用于在高、低温及强腐蚀条件下工作的轴
		>60~100		540	200	195	115	130~150	
		>100~200		500	200	185	105	123~142	
QT500-7	—	—	187~255	500	380	180	155	—	用于结构形状复杂的轴，如曲轴
QT600-3			197~269	600	420	215	185	—	

注：1. 表中所列疲劳极限数值，均按下式计算：$\sigma_{-1} \approx 0.27(R_m + \sigma_s)$，$\tau_{-1} \approx 0.156(R_m + \sigma_s)$。
   2. 其他性能，一般可取 $\tau_s \approx (0.55 \sim 0.62)\sigma_s$，$\sigma_0 \approx 1.4\sigma_{-1}$，$\tau_0 \approx 1.5\tau_{-1}$。
   3. 球墨铸铁 $\sigma_{-1} \approx 0.36 R_m$，$\tau_{-1} \approx 0.31 R_m$。
   4. 选用 $[\sigma_{-1}]$ 值时，重要零件取较小值，一般零件取较大值。

第二节 轴的结构设计

轴的结构设计就是确定轴的合理形状和全部结构尺寸，即决定各轴段的长度、直径以及其他细部尺寸在内的全部结构尺寸。影响轴的结构因素很多，如轴在机器中的安装位置和形式；轴上零件的类型、尺寸和数量；轴上零件的联接方式；轴上零件的定位和固定方法；轴上零件的载荷性质、大小和方向；轴的加工工艺和装配工艺等。所以，轴没有标准的结构形式，其结构设计也比较灵活，没有固定的设计模式。通常轴的结构设计应该从以下几方面考虑。

1）轴应该便于加工，轴上零件装拆容易，轴的受力合理。
2）轴上零件和轴要有准确的相对位置，即定位要准确。
3）轴和轴上零件在受力后，由定位确定的相对位置不应改变，即需要固定。
4）尽可能地减小应力集中，提高轴的强度。

下面结合图11-8所示的单级圆柱齿轮减速器的高速轴，讨论轴的结构设计中需要考虑的几个主要问题。

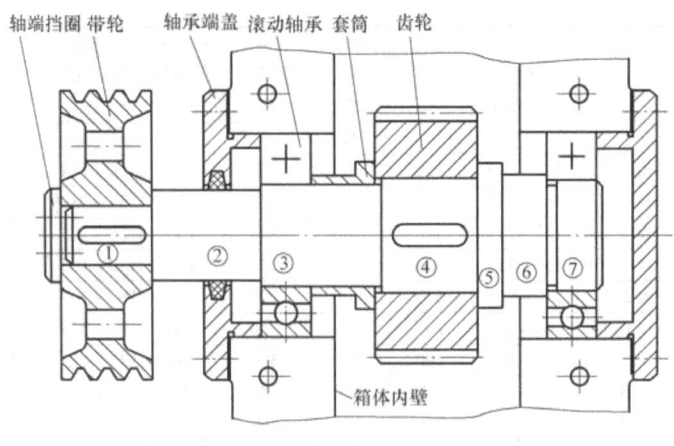

图 11-8 轴的结构示例

一、轴段的组成

轴主要由轴颈、轴头和轴身三部分组成：③和⑦轴段为与轴承配合的部分称为轴颈；①和④轴段为与传动件（带轮、齿轮等）轮毂相配合的部分称为轴头；联接轴颈和轴头的非配合部分称为轴身。相邻两轴段间的阶梯称为轴肩，轴肩分为定位轴肩和非定位轴肩，前者主要是为了确定轴上零件的位置，如①和②、④和⑤、⑥和⑦之间的轴肩；后者主要是为了便于轴上零件的装拆，如②和③、③和④、⑤和⑥之间的轴肩。直径比左右相邻轴段都大的短轴段⑤称为轴环。

二、确定轴上零件的布置方案

在进行结构设计时，首先应按传动简图上所给出的各主要零件的相互位置关系拟订轴上零件的装配方案。

轴上零件的装配方案不同，轴的结构形状也就不同。在实际设计过程中，往往拟订几种不同的装配方案进行比较，从中选出一种最佳方案。

如图 11-8 所示，高速轴上装有齿轮、带轮和滚动轴承等零件。可以采用如下的装配方案：将齿轮、套筒、左端滚动轴承、轴承端盖和带轮依次从轴的左端向右装配，右端只装轴承和轴承端盖。这样就形成了各轴段的直径和结构形式的初步布置方案，也是对轴进行结构设计的前提，它决定着轴的基本形式。

三、轴上零件的定位和固定

轴上零件的定位和固定是为了保证零件在轴上安装时位置准确可靠，同时防止轴上零件受力时发生沿轴向和周向的相对运动。这里的定位是针对装配而言的，是为了轴上零件保证准确的安装位置，而固定是针对工作而言的，是为了轴上零件运转中保持原位不变。为了传递运动和动力，保证机械的工作精度和使用可靠，零件必须可靠地安装在轴上，不允许零件沿轴向或周向发生相对运动。因此，轴上零件都必须有可靠的轴向和周向定位和固定措施。

1. 零件在轴上的轴向定位和固定

轴上零件的轴向定位方法取决于零件所承受的轴向载荷大小。常用的轴向定位方法有以下几种。

（1）轴肩与轴环定位　其方便可靠、不需要附加零件，能承受的轴向力大。但该方法会使轴径增大，阶梯处形成应力集中，阶梯过多将不利于加工。这种方法广泛用于轴上零件的定位。为了保证零件与定位面靠紧，轴上过渡圆角半径应小于零件圆角半径或倒角，一般定位高度取为 $(0.07 \sim 0.1)d$，轴环宽度 $b = 1.4h$，如图 11-9 所示。

（2）套筒定位　其可简化轴的结构，减小应力集中，结构简单、定位可靠。多用于轴上零件间距离较小的场合。它的两个端面为定位面，因此要有较高的平行度和垂直度。为使轴上零件定位可靠，应使轴段长度比零件轮毂宽度短 2~3mm，如图 11-10 所示。但由于套筒与轴之间存在间隙，两者难以同心，故高速情况下不宜使用。另外，若两零件之间的距离较大时也不宜采用套筒定位，以免增大套筒的质量和体积，高速时，动载荷更大。又因为套筒内径与轴的配合较松，套筒结构、尺寸可以根据需要灵活设计。

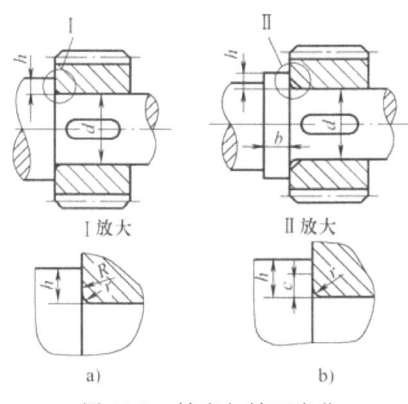

图 11-9　轴肩与轴环定位

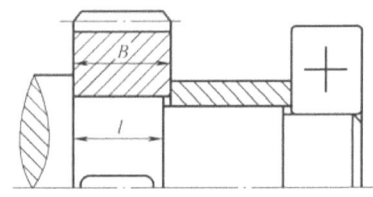

图 11-10　套筒定位

（3）轴端挡圈定位　其工作可靠，能够承受较大的轴向力，但只适用于轴端零件的轴向定位。轴端挡圈用螺钉紧固在轴端并压紧被固定零件的端面。该方法简单可靠、装拆方便、应用广泛。为了防止轴端挡圈转动造成螺钉松脱，可以加圆柱销锁住轴端挡圈，也可以用双螺钉加止动垫片防松，如图 11-11 所示。

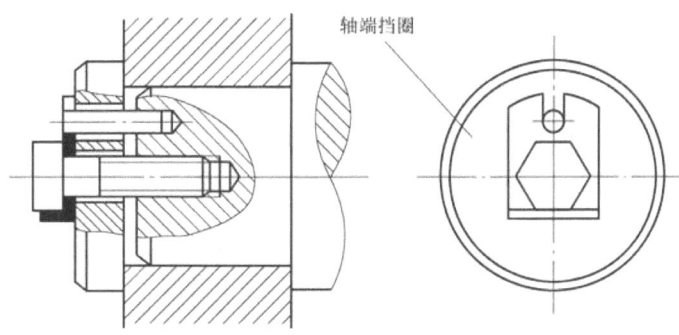

图 11-11　轴端挡圈定位

(4) 圆锥面定位　其装拆方便，兼作周向定位。适用于高速、冲击以及对中性要求较高的场合。一般用于轴端零件的轴向定位。常与轴端挡圈联合使用，实现零件的双向定位，如图 11-12 所示。

(5) 圆螺母定位　其固定可靠，可以承受较大的轴向力，能实现轴上零件的间隙调整。但轴上螺纹处会有较大的应力集中，降低轴的疲劳强度，因此多用于固定装在轴端的零件（图 11-13a）。为了减小对轴强度的削弱，常采用细牙螺纹。为了防松，需加止动垫圈（图 11-13b）或者使用双螺母。

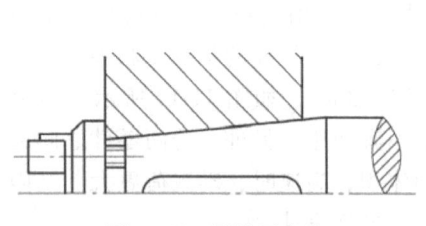

图 11-12　圆锥面定位

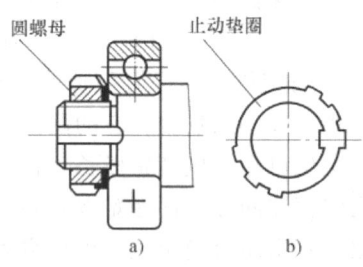

图 11-13　圆螺母定位

(6) 弹性挡圈和锁紧挡圈定位　弹性挡圈常用于轴向力小的轴，如图 11-14 所示。将弹性挡圈嵌入轴上切出的环形槽内，利用它的侧面压紧被定位零件的端面。这种定位方法工艺性好、装拆方便，但因轴上切槽会引起应力集中，对轴的强度削弱较大。

锁紧挡圈用紧定螺钉固定在轴上，装拆方便，通常用于光轴上零件的定位，但不能承受大的轴向力，如图 11-15 所示。

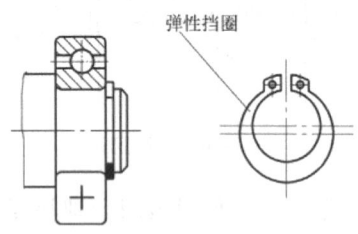

图 11-14　弹性挡圈定位

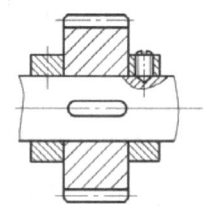

图 11-15　锁紧挡圈定位

(7) 轴承端盖的定位　轴承端盖通常用螺钉或榫槽与箱体联接，如图 11-8 所示。它可以使滚动轴承的外圈得到轴向固定，同时，它又使整根轴的轴向位置得到确定。

2. 零件在轴上的周向定位和固定

周向定位和固定的目的是限制轴上零件与轴发生相对转动。根据轴所传递转矩的大小和性质、零件对中精度的高低、加工难易等，常用的周向定位方法有键联接、花键联接、型面联接、销联接和过盈联接等，通称轴毂联接（详细内容见本书第十章）。紧定螺钉也可做周向定位，但仅用于转矩不大的场合。

由于工作条件不同，对零件在轴上的定位方式和配合性质也不相同，而轴上零件的定位方法又直接影响到轴的结构形状。因此，在进行轴的结构设计时，必须综合考虑轴上载荷的大小及性质、轴的转速、轴上零件的类型及其使用要求等，合理做出定位选择。

四、各轴段的直径和长度的确定

零件在轴上的定位和装拆方案确定后，轴的形状也就大体确定。但由于这时轴的具体结构还未设计出来，轴上各支点作用力的确切位置是不知道的，因此不能决定轴上弯矩的大小和分布情况，这时就不能按照轴上的实际作用载荷确定各轴段的直径。但是，通常这时轴所受的转矩是可以求得的。因此，可以按照轴所承受的转矩初步估算出轴所需要的直径。将由此求出的直径作为承受转矩的最小直径 d_{min}，再按照轴上安装零件的要求，包括其尺寸、定位和固定及装拆等要求，从 d_{min} 处起逐个确定各个轴段的直径，即逐步扩大轴径成阶梯轴。有配合要求的轴段，应尽量采用标准直径。安装标准件，如滚动轴承、螺母、联轴器和密封圈等部位的轴径，应取为相应的标准值以及所选的配合公差。对非配合轴段的轴径，可以不取标准值，但应取为整数。安装紧配合零件通过处的直径，应小于紧配合零件的直径。各轴段直径确定步骤为：

1) 按扭矩估算轴段直径 d_{min}。
2) 按轴上零件安装、定位要求确定各轴段直径。
3) 与标准零件相配合轴径应取标准值。

各轴段长度的确定，应尽可能使轴的结构紧凑，同时还要保证零件所需的装配和调整宽度要求。各轴段的长度主要根据轴上各零件与轴配合部分的轴向尺寸以及相邻零件间必要的间隙来确定。为了保证零件轴向定位可靠，与齿轮、联轴器等零件相配合的轴段的长度通常应比其轮毂宽度短 2~3mm。

五、轴的结构工艺性

轴的结构工艺性是指轴的结构形式应该具有良好的加工和装配性能，以利于减少劳动量，提高劳动生产率，减少轴的应力集中，提高轴的疲劳强度。一般来说，轴的结构应尽量简单。

轴的形状，从满足强度和节省材料考虑，最好是等强度的抛物线回转体。但是这种形状的轴既不便于加工，也不便于轴上零件的固定；从加工考虑，最好是直径不变的光轴，但光轴不利于零件的拆装和定位。由于阶梯轴接近于等强度，而且便于加工以及轴上零件的定位和拆装，所以实际上的轴多为阶梯形。为了能选用合适的圆钢和减少切削用量，阶梯轴各轴段的直径不宜相差过大，一般取为 5~10mm。

为了便于切削加工，一根轴上的圆角应尽可能取相同的半径、退刀槽取相同的宽度、倒角尺寸相同；一根轴上各键槽应开在同一母线上，如图 11-16 所示，若开设键槽的轴段直径相差不大时，应尽可能采用相同宽度的键槽，以减少换刀次数。

需要磨削的轴段，应该留有砂轮越程槽（图 11-17a），以便磨削时砂轮可以磨削到轴肩的端部；需要切制螺纹的轴段，应留有退刀槽（图 11-17b），以保证螺纹牙均能达到与其期望的高度。为了便于装配，轴端应加工出倒角（图 11-17c），以免装配时

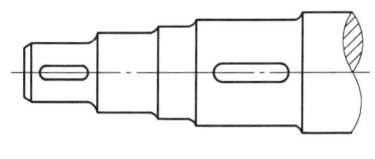

图 11-16 键槽位置

擦伤轴上零件的孔壁；过盈配合零件的装入端应加工出导向锥面（图 11-17d），以便零件能顺利地压入。

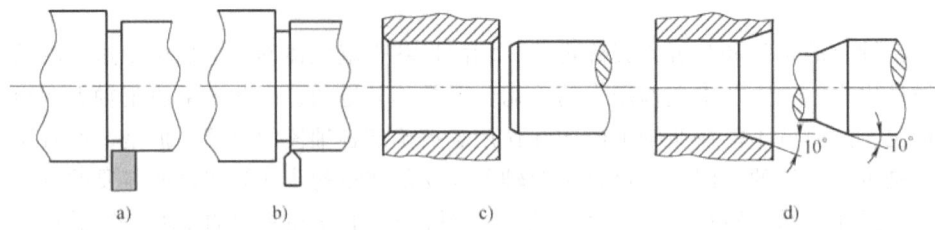

图 11-17 轴的工艺结构
a) 砂轮越程槽　b) 退刀槽　c) 倒角　d) 导向锥面

为了便于加工和检验，轴径应取为圆整值；与滚动轴承相配合的轴颈直径应符合滚动轴承内径标准；有螺纹的轴段直径应符合螺纹公称直径。

六、提高轴的强度的措施

轴和轴上零件的结构、工艺及轴上零件的安装布置等都对轴的强度有很大影响。因此，应从如下方面进行充分考虑，以提高轴的承载能力，减小轴的尺寸和质量。

1. 改进轴的结构以减小应力集中的影响

轴通常是在变应力条件下工作的，轴的截面尺寸发生突变处会产生应力集中，轴的疲劳破坏往往在此发生。为了提高轴的疲劳强度，应尽量减少应力集中源和降低应力集中程度。为此，轴肩处应采用较大的过渡圆角半径 r 来降低应力集中。但对定位轴肩，还必须保证零件得到可靠的定位。当靠轴肩定位的零件的圆角半径较小时，为了增大轴肩处的圆角半径，可采用内凹圆角（图 11-18a）或加装隔离环（图 11-18b）。

当轴与轮毂为过盈配合时，配合边缘处会产生较大的应力集中（图 11-19a）。为了减小应力集中，可在轮毂上或轴上开卸荷槽（图 11-19b、c）；或者加大配合部分的直径（图 11-19d）。由于配合的过盈量越

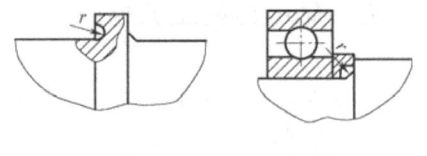

图 11-18 内凹圆角和隔离环
a) 采用内凹圆角　b) 加装隔离环

大，引起的应力集中也越严重，因而在设计中应合理选择零件与轴的配合。

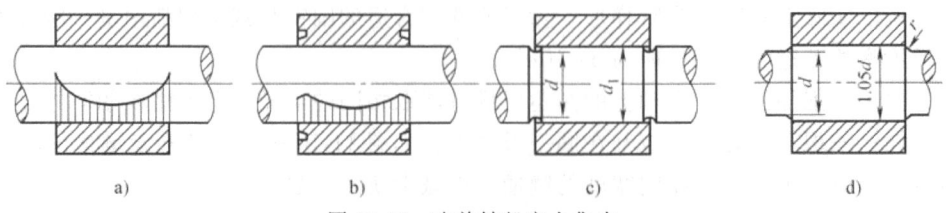

图 11-19 改善轴毂应力集中
a) 过盈配合处的应力集中　b) 轮毂上开卸荷槽　c) 轴上开卸荷槽　d) 增大配合处直径

采用盘状铣刀加工的键槽比用面铣刀加工的键槽应力集中小；采用渐开线花键比矩形花键在齿根处的应力集中小，在做轴的结构设计时应予以考虑；此外，应尽量避免在轴上开横孔、切口或凹槽，避免在受载较大的轴段设计螺纹结构等。

2. 合理布置轴上零件以减小轴的载荷

为了减小轴所承受的弯矩，传动件应尽量靠近轴承，并尽可能不采用悬臂的支承形式，力求缩短支承跨距及悬臂长度等。如图 11-20 和图 11-21 所示，图 a 方案较图 b 方案合理。

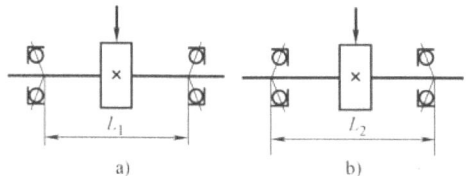

图 11-20　轴上传动件在中部
a）合理　b）不合理

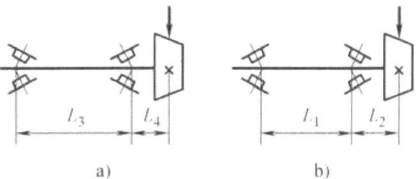

图 11-21　轴上传动件在端部
a）合理　b）不合理

当转矩由一个传动件输入，再由几个传动件输出时，为了减小轴上扭矩，应将输入件放在中间，而不要置于一端。按图 11-22a 布置时，轴所受的最大扭矩为 $T_2+T_3+T_4$，若按图 11-22b 布置时，轴所受的最大扭矩减小为 T_3+T_4。

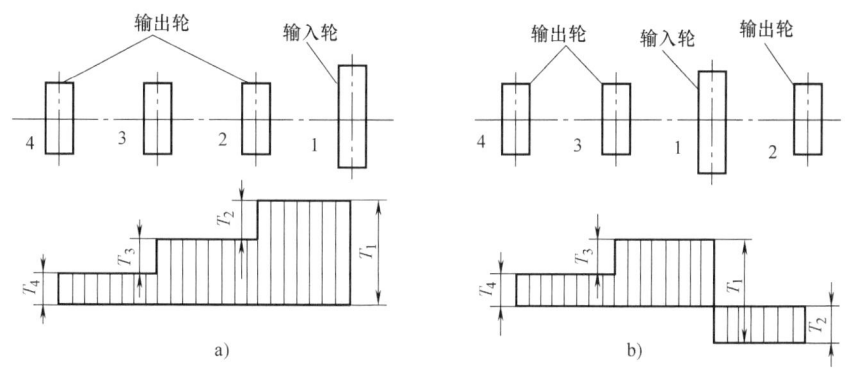

图 11-22　输入输出布置
a）不合理　b）合理

3. 改进轴上零件的结构以减小轴的载荷

通过改进轴上零件的结构也可减小轴上的载荷。图 11-23 所示的卷筒结构方案中，图 11-23a 所示方案 1 是大齿轮和卷筒连在一起，转矩经大齿轮直接传给卷筒，这样卷筒轴只受弯矩而不受转矩（转动心轴）；而图 11-23b 所示方案 2 是大齿轮将转矩通过轴传给卷筒，则卷筒轴既要受弯矩又要受转矩（转轴）。在起重同样载荷 F 时，方案 1 轴径就显然小于方案 2 轴径，即方案 1 优于方案 2。而图 11-24 所示的双联齿轮结构方案 1 是双联齿轮结构，方案 2 是双联齿轮分装结构，因为图 11-24a 方案中轴只受扭矩，而图 11-24b 方案中轴既受弯矩又受扭矩，故方案 1 优于方案 2。

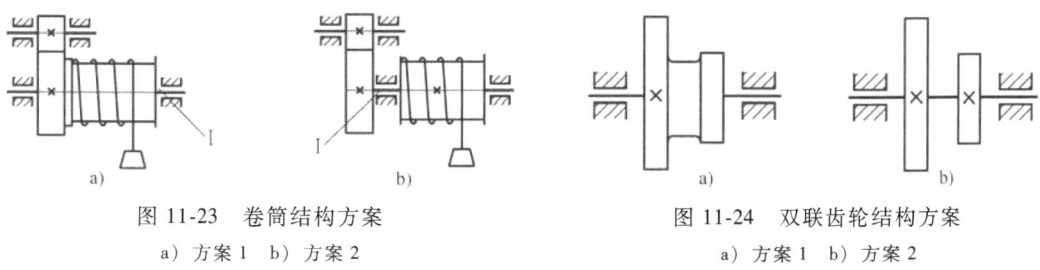

图 11-23　卷筒结构方案
a）方案 1　b）方案 2

图 11-24　双联齿轮结构方案
a）方案 1　b）方案 2

4. 改进轴的表面质量以提高轴的疲劳强度

轴的表面粗糙度和表面强化处理方法也会对轴的疲劳强度产生影响。轴的表面越粗糙，疲劳强度也越低。因此，应合理减小轴的表面及圆角处的表面粗糙度值。当采用对应力集中甚为敏感的高强度材料制作轴时，表面质量尤应注意。

表面强化处理的方法有：高频感应淬火等热处理；表面渗碳、碳氮共渗、氮化等化学热处理；碾压、喷丸等强化处理。通过碾压、喷丸进行表面强化处理时可使轴的表层产生预压应力，从而提高轴的疲劳强度。

第三节 轴的设计计算

轴的计算通常是在轴的结构设计初步完成后进行的校核计算。按照轴的失效形式，在一般情况下其计算准则是满足轴的强度要求，但对某些旋转精度要求较高的轴，还需满足刚度要求，对高速旋转的轴，需进行振动稳定性方面的计算，即计算轴的临界转速。

一、轴的强度计算

轴的强度计算是设计轴的重要内容之一，其目的就是根据轴的承载能力、应力情况及相关的强度条件来确定轴径。轴的强度计算方法主要有四种：按扭转强度条件计算、按弯扭合成强度计算（当量弯矩法）、按疲劳强度条件计算（安全系数校核）及按静强度条件计算（按静强度条件进行安全系数校核）。

（一）按扭转强度条件计算

按扭转强度条件计算主要用在：

① 承受转矩或以转矩为主的传动轴的强度校核或设计计算。

② 在转轴的结构设计之前，初步估算轴的最小直径。

③ 不重要的轴的最终计算。若存在不大的弯矩时，则可以通过降低许用切应力来考虑弯矩的影响。

根据材料力学知识，在转矩 T 作用下，轴的抗扭强度条件为

$$\tau_T = \frac{T}{W_T} = \frac{9.55 \times 10^6 \frac{P}{n}}{0.2 d^3} \leqslant [\tau_T] \tag{11-1}$$

式中 τ_T——扭转切应力（MPa）；

T——轴所传递的转矩（N·mm）；

W_T——轴的抗扭截面系数（mm³），按表11-2的公式计算；

P——轴所传递的功率（kW）；

n——轴的转速（r/min）；

d——轴计算截面处的直径（mm）；

$[\tau_T]$——轴材料的许用切应力（MPa）。

由式（11-1）可得到轴径的设计公式为

表 11-2 抗弯截面系数 W_b 和抗扭截面系数 W_T 的计算公式

截面形状	W_b	W_T
	$\dfrac{\pi d^3}{32} \approx 0.1 d^3$	$\dfrac{\pi d^3}{16} \approx 0.2 d^3$
	$\dfrac{\pi d^3}{32}(1-\gamma^4) \approx 0.1 d^3(1-\gamma^4)$ $\gamma = \dfrac{d_0}{d}$	$\dfrac{\pi d^3}{16}(1-\gamma^4) \approx 0.2 d^3(1-\gamma^4)$
	$\dfrac{\pi d^3}{32} - \dfrac{bt(d-t)^2}{2d}$	$\dfrac{\pi d^3}{16} - \dfrac{bt(d-t)^2}{2d}$
	$\dfrac{\pi d^3}{32} - \dfrac{bt(d-t)^2}{d}$	$\dfrac{\pi d^3}{16} - \dfrac{bt(d-t)^2}{d}$
	$\dfrac{\pi d^3}{32}\left(1 - 1.54 \dfrac{d_0}{d}\right)$	$\dfrac{\pi d^3}{16}\left(1 - \dfrac{d_0}{d}\right)$
	$\dfrac{\pi d^4 + b z(D-d)(D+d)^2}{32D}$ （z 为花键齿数）	$\dfrac{\pi d^4 + b z(D-d)(D+d)^2}{16D}$
	$\dfrac{\pi d^3}{32} \approx 0.1 d^3$	$\dfrac{\pi d^3}{16} \approx 0.2 d^3$

$$d \geqslant \sqrt[3]{\dfrac{9.5 \times 10^6 P}{0.2[\tau_T] n}} = A_0 \sqrt[3]{\dfrac{P}{n}} \qquad (11\text{-}2)$$

式中 A_0——计算常数，与轴的材料和 $[\tau_T]$ 值有关，可按表 11-3 确定。

当轴的截面上有键槽时，可按圆轴计算，但应考虑它对轴的削弱程度而可适当增大轴径。对于直径 $d \leqslant 100\text{mm}$（而 $d > 100\text{mm}$）时，有一个键槽直径增加 5% ~ 7%（增大 3%），两个键槽直径增大 10% ~ 15%（增大 7%），最后需要将轴径圆整为标准值。

对于一般减速器中的轴，一般可以用经验公式来估算轴的最小直径。对于高速级输入轴的最小轴径可按与其相联的电动机轴径 D 估算，即 $d=(0.8\sim1.2)D$；相应各级低速轴的最小直径可按同级齿轮中心距 a 估算，即 $d=(0.3\sim0.4)a$。

表 11-3 常用材料的 $[\tau_T]$ 值及 A_0 值

轴的材料	Q235、20	35	45	1Cr18Ni9Ti	40Cr、35SiMn、20Cr13、42SiMn、20CrMnTi
$[\tau_T]$/MPa	12~20	20~30	30~40	15~25	40~52
A_0	135~160	118~135	107~118	125~148	98~107

注：1. 当弯矩相对于转矩很小或只受转矩时，$[\tau_T]$ 取较大值，A_0 取较小值；反之 $[\tau]$ 取较小值，A_0 取较大值。
2. 当用 Q235 及 35SiMn 时，$[\tau_T]$ 取较小值，A_0 取较大值。

（二）按弯扭合成强度计算（当量弯矩法）

轴的结构设计初步完成后，轴上载荷的大小、方向及作用点和轴的支点位置均已确定。此时，即可以求得轴的支点反力，绘制弯矩图和转矩图，根据弯矩 M 和转矩 T 初步判断出轴的危险截面，按弯扭合成强度计算危险截面的直径。对于一般的转轴，用这种方法计算足够安全。

对于一般钢制的轴，根据第三强度理论确定其危险截面的强度条件为

$$\sigma_{ca}=\sqrt{\sigma_b^2+4\tau^2}\leqslant[\sigma_{-1}] \tag{11-3}$$

式中　$[\sigma_{-1}]$——对称循环变应力状态下轴的许用弯曲应力（MPa），查表 11-1，重要零件取较小值，一般零件取较大值；

　　　σ_b——轴危险截面上的弯矩 M 所产生的弯曲应力（MPa）；

　　　τ——转矩 T 产生的扭转切应力（MPa）。

通常由弯矩所产生的弯曲应力 σ_b 是对称循环变应力，而由转矩所产生的扭转切应力，则往往不是对称循环变应力。为了考虑两者循环特性不同的影响，引入折合系数 α，则强度条件式修正为

$$\sigma_{ca}=\sqrt{\sigma_b^2+4(\alpha\tau)^2}\leqslant[\sigma_{-1}] \tag{11-4}$$

式中　α——根据转矩性质而定的折合系数。当扭转切应力为静应力时，取 $\alpha\approx0.3$，当扭转切应力为脉动循环变应力时，取 $\alpha\approx0.6$，若扭转切应力也为对称循环变应力时，则取 $\alpha=1$。

对于直径为 d 的圆轴，弯曲应力 $\sigma_b=M/W_b$，扭转切应力 $\tau=T/W_T$。因 $W_T=2W_b$，将 σ_b 和 τ 代入式（11-4），则轴的弯扭合成强度条件为

$$\sigma_{ca}=\sqrt{\sigma_b^2+4(\alpha\tau)^2}=\sqrt{\left(\frac{M}{W_b}\right)^2+4\left(\frac{\alpha T}{W_T}\right)^2}=\frac{\sqrt{M^2+(\alpha T)^2}}{W_b}\leqslant[\sigma_{-1}] \tag{11-5}$$

式中　W_b——轴的抗弯截面系数（mm^3），按表 11-2 中公式计算；

　　　W_T——轴的抗扭截面系数（mm^3），按表 11-2 中公式计算。

按弯扭合成强度条件计算方法也称为当量弯矩法，计算的主要顺序为：

1）在完成轴的结构设计之后，画出轴的受力计算结构简图。当画轴的受力计算结构简图时，首先要确定轴承支反力的作用点。可以把轴视作一简支梁，作用在轴上的载荷，一般按集中载荷考虑，其作用点取零件轮缘宽度的中点。轴上支反力的作用点（滚动轴承和滑动轴承）按有关手册选定。

2）画轴的空间受力简图。由于外载荷通常不是作用在同一个平面内，因此可将这些力分解到两个相互垂直的平面内，即水平面和垂直面，然后分别画出水平面（H 面）和垂直面（V 面）的受力简图，并求出支反力。

3）绘制力矩图。绘出水平面弯矩图 M_H；绘出垂直面弯矩图 M_V；绘出合成弯矩图 M（$M = \sqrt{M_H^2 + M_V^2}$）；绘出转矩图 T、αT；绘出当量弯矩图 M_e（$M_e = \sqrt{M^2 + (\alpha T)^2}$）。

4）确定轴的危险截面，按弯扭合成强度校核轴的强度 $\sigma_{ca} = \dfrac{M_e}{W_b} \approx \dfrac{M_e}{0.1 d^3} \leq [\sigma_{-1}]$。若校核危险截面的直径，则上式可改写为 $d \geq \sqrt[3]{\dfrac{M_e}{0.1[\sigma_{-1}]}}$。

若初定的轴径小于计算出的轴径，说明强度不够，需要修改结构设计；若计算出的轴径较小，除非相差很大，一般不做修改。

对于一般用途的轴，按上述方法计算即可。对于重要的轴，则还需要做进一步的安全系数校核。

（三）按疲劳强度条件计算（安全系数法）

由于上述按弯扭合成强度条件计算没有考虑应力集中、绝对尺寸和表面质量等因素对轴的疲劳强度的影响，因此对于重要的轴，还需要对在变应力作用下轴的危险截面进行疲劳强度安全系数校核。

这项计算是根据轴上作用的循环应力对轴的各危险截面进行的疲劳强度安全系数的校核计算。其计算顺序为：

1）做出轴的合成弯矩图 M 和转矩图 T（同当量弯矩法）。

2）确定危险截面，计算危险截面的平均应力 σ_m、τ_m 和应力幅 σ_a、τ_a。

对于一般转轴，弯曲应力按对称循环变化，故 $\sigma_a = M/W$，$\sigma_m = 0$；通常转矩的变化规律不易确定，故对一般单向运动的轴，常把扭转切应力当作脉动循环变化来考虑，即 $\tau_a = \tau_m = T/2W_T$；当轴经常正反转时，则看作对称循环变化，故 $\tau_a = T/W_T$，$\tau_m = 0$。

3）分别计算弯矩作用下的安全系数 S_σ 和转矩作用下的安全系数 S_τ，再求出总的计算安全系数 S_{ca}，并满足强度条件

$$S_\sigma = \dfrac{\sigma_{-1}}{K_\sigma \sigma_a + \Psi_\sigma \sigma_m} = \dfrac{\sigma_{-1}}{\dfrac{k_\sigma}{\varepsilon_{\sigma}\beta}\sigma_a + \Psi_\sigma \sigma_m} \tag{11-6}$$

$$S_\tau = \dfrac{\tau_{-1}}{K_\tau \tau_a + \Psi_\tau \tau_m} = \dfrac{\tau_{-1}}{\dfrac{k_\tau}{\varepsilon_{\tau}\beta}\tau_a + \Psi_\tau \tau_m} \tag{11-7}$$

$$S_{ca} = \dfrac{S_\sigma S_\tau}{\sqrt{S_\sigma^2 + S_\tau^2}} \geq [S] \tag{11-8}$$

式中 σ_{-1}、τ_{-1}——分别为对称循环下的弯曲疲劳极限和扭转疲劳极限（MPa），见表 11-1；

Ψ_σ、Ψ_τ——分别为弯曲等效系数和扭转等效系数，碳素钢 $\Psi_\sigma = 0.1 \sim 0.2$，合金钢 $\Psi_\sigma = 0.2 \sim 0.3$，碳素钢 $\Psi_\tau = 0.05 \sim 0.1$，合金钢 $\Psi_\tau = 0.1 \sim 0.15$；

K_σ、K_τ——分别为弯曲综合影响系数和扭转综合影响系数，见第二章；

k_σ、k_τ——分别为弯曲有效应力集中系数和扭转有效应力集中系数，见第二章；

ε_σ、ε_τ——分别为弯曲时的尺寸系数和扭转时的尺寸系数，见第二章；

β——表面状态系数，见第二章；

$[S]$——疲劳强度的许用安全系数，见表 11-4。对于重要的轴，破坏后会引起重大事故时，还应适当增大 S 值。

表 11-4 疲劳强度的许用安全系数值

材质	载荷计算	$[S]$
均匀	精确	1.3~1.5
不够均匀	不够精确	1.5~1.8
均匀性较差	精确性较差	1.8~2.5

安全系数校核计算包括疲劳强度和静强度两项校核计算。

（四）按静强度条件进行安全系数校核

轴若在应力循环严重不对称或短时过载严重的条件下工作，在尖锋载荷作用下，轴可能会产生塑性变形。为防止在疲劳破坏前发生大的塑性变形，这时还应按尖锋载荷校核轴的静强度安全系数。其静强度安全系数条件为

$$S_{sca} = \frac{S_{s\sigma} S_{s\tau}}{\sqrt{S_{s\sigma}^2 + S_{s\tau}^2}} \geqslant [S_s] \tag{11-9}$$

$$S_{s\sigma} = \frac{\sigma_s}{\left(\dfrac{M_{max}}{W_b} + \dfrac{F_{amax}}{A}\right)} \tag{11-10}$$

$$S_{s\tau} = \frac{\tau_s}{\dfrac{T_{max}}{W_T}} \tag{11-11}$$

式中 S_{sca}——静强度安全系数；

$S_{s\sigma}$——考虑弯矩和轴向力作用的静强度安全系数；

$S_{s\tau}$——只考虑转矩作用的静强度安全系数；

$[S_s]$——按屈服强度极限的设计安全系数（对于高塑性材料（$\sigma_s/\sigma_b \leqslant 0.6$）的钢轴，$[S_s] = 1.2 \sim 1.4$；中等塑性材料（$\sigma_s/\sigma_b = 0.6 \sim 0.8$）的钢轴，$[S_s] = 1.4 \sim 1.8$；低塑性材料的钢轴，$[S_s] = 1.8 \sim 2$；铸造轴，$[S_s] = 2 \sim 3$）；

σ_s、τ_s——材料的抗弯屈服强度极限和抗扭屈服强度极限（MPa），其中 $\tau_s = (0.55 \sim 0.62)\sigma_s$；

M_{max}、T_{max}——轴的危险截面所受的最大弯矩和最大转矩（N·mm）；

F_{amax}——轴的危险截面所受的最大轴向力（N）；

A——轴的危险截面的面积（mm^2）；

W_b、W_T——轴的危险截面的抗弯和抗扭截面系数（mm^3）。

【例 11-1】 图 11-25 所示为一带式输送机的传动方案。其中齿轮减速器的斜齿圆柱齿轮传动功率 $P = 4kW$，小齿轮轴转速 $n = 450r/min$。齿数 $z_1 = 18$，$z_2 = 80$，模数 $m_n = 3mm$，中心距 $a = 150mm$。小齿轮轮毂宽度 $b = 60mm$，大带轮轮毂宽度 $B = 50mm$。带轮作用在轴上的力 $F_Q = 1100N$，水平方向。小齿轮轴的结构如图 11-26a 所示。试校核：

1) 按弯扭合成强度校核小齿轮轴的强度。
2) 按疲劳强度条件校核小齿轮轴的强度。

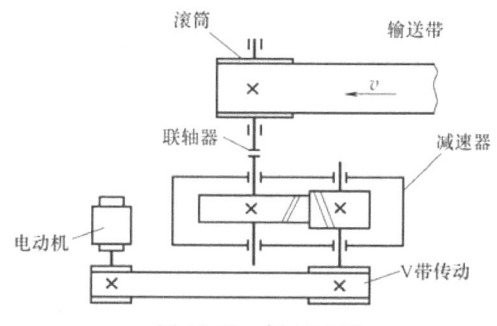

图 11-25 例 11-1 图

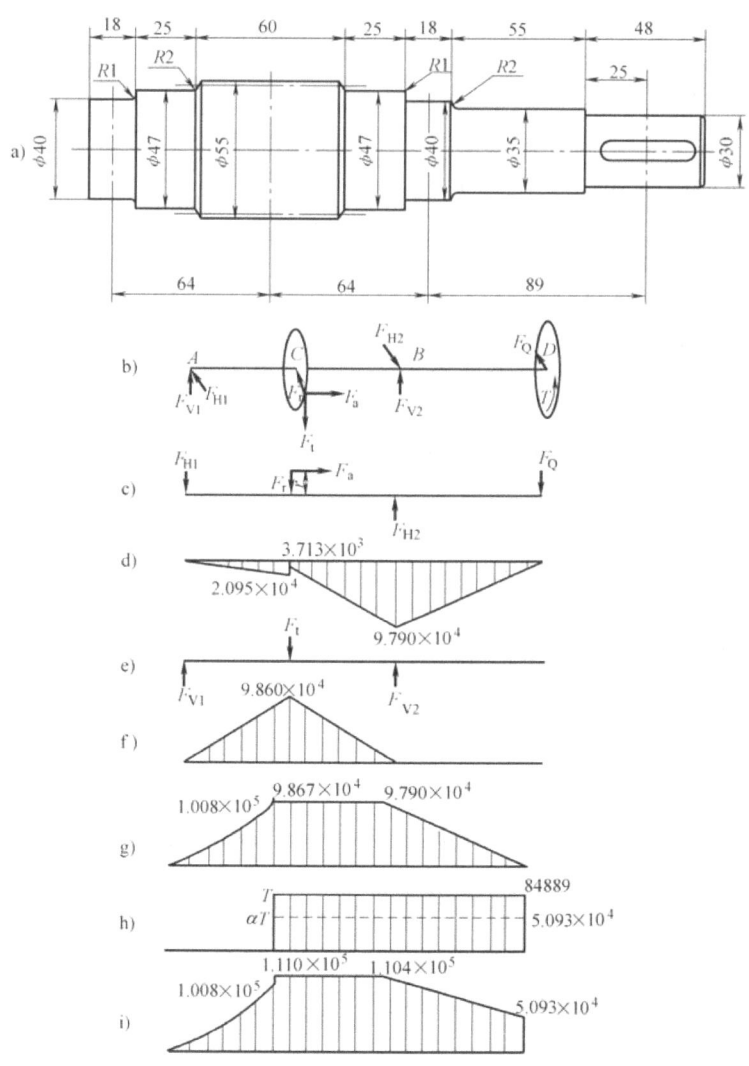

图 11-26 轴的载荷分析

a) 轴结构图　b) 轴的空间受力图　c) 轴水平面受力图　d) 轴水平面弯矩图
e) 轴垂直面受力图　f) 轴垂直面弯矩图　g) 轴合成弯矩图　h) 轴转矩图　i) 轴当量弯矩图

解：（1）按弯扭合成强度校核小齿轮轴的强度

计算与说明	主要结果
1）画轴的空间受力图	如图 11-26b 所示
2）计算齿轮受力 斜齿圆柱齿轮螺旋角 $\beta = \arccos\dfrac{m_n(z_1+z_2)}{2a} = \arccos\dfrac{3\times(18+80)}{2\times150} = 11.478° = 11°28'41''$ 小齿轮直径 $d_1 = \dfrac{m_n z_1}{\cos\beta} = \dfrac{3\times18}{\cos 11.478°}\text{mm} = 55.102\text{mm}$ 大齿轮直径 $d_2 = \dfrac{m_n z_2}{\cos\beta} = \dfrac{3\times80}{\cos 11.478°}\text{mm} = 244.898\text{mm}$ 小齿轮受力 转矩 $T_1 = 9.55\times10^6\dfrac{P}{n} = 9.55\times10^6\dfrac{4}{450}\text{N·mm} = 84889\text{N·mm}$ 圆周力 $F_t = \dfrac{2T_1}{d_1} = \dfrac{2\times84889}{55.102}\text{N} = 3081.2\text{N}$ 径向力 $F_r = \dfrac{F_t\tan\alpha_n}{\cos\beta} = \dfrac{3081.2\times\tan20°}{\cos 11.478°}\text{N} = 1144.4\text{N}$ 轴向力 $F_a = F_t\tan\beta = 3081.2\text{N}\times\tan 11.478° = 625.6\text{N}$ 画出小齿轮轴的受力图	$\beta = 11°28'41''$ $T_1 = 84889\text{N·mm}$ $F_t = 3081.2\text{N}$ $F_r = 1144.4\text{N}$ $F_a = 625.6\text{N}$
3）计算轴承支反力（图 11-26c、e） 水平面 $R_{AH} = \dfrac{F_Q\times89 + F_a\times\dfrac{d_1}{2} - F_r\times64}{64+64} = \dfrac{1100\times89 + 625.6\times\dfrac{55.102}{2} - 1144.4\times64}{128}\text{N} = 327.3\text{N}$ 垂直面 $R_{BH} = F_Q + F_r + R_{AH} = (1100+1144.4+327.3)\text{N} = 2571.7\text{N}$	$R_{AH} = 327.3\text{N}$ $R_{BH} = 2571.7\text{N}$
4）画出水平面弯矩图 M_H（图 11-26d）和垂直面弯矩图 M_V（图 11-26f） 小齿轮中间截面左侧水平弯矩为 $M_{CHL} = R_{AH}\times64 = 327.3\times64\text{N·mm} = 2.095\times10^4\text{N·mm}$ 小齿轮中间截面右侧水平弯矩 $M_{CHR} = R_{AH}\times64 - F_a\dfrac{d_1}{2} = (327.3\times64)\text{N·mm} - \left(625.6\times\dfrac{55.102}{2}\right)\text{N·mm} = 3.713\times10^3\text{N·mm}$ 右轴颈中间截面处水平弯矩为 $M_{BH} = F_Q\times89 = 1100\times89\text{N·mm} = 9.790\times10^4\text{N·mm}$ 小齿轮中间截面处的垂直弯矩 $M_{CV} = R_{AV}\times64 = 1540.6\times64\text{N·mm} = 9.860\times10^4\text{N·mm}$	$M_{CHL} = 2.095\times10^4\text{N·mm}$ $M_{CHR} = 3.713\times10^3\text{N·mm}$ $M_{BH} = 9.790\times10^4\text{N·mm}$ $M_{CV} = 9.860\times10^4\text{N·mm}$
5）按式 $M = \sqrt{M_H^2 + M_V^2}$ 合成弯矩图（图 11-26g） 小齿轮中间截面左侧弯矩为 $M_{CL} = \sqrt{M_{CHL}^2 + M_{CV}^2} = \sqrt{(2.095\times10^4)^2 + (9.860\times10^4)^2}\text{N·mm} = 1.008\times10^5\text{N·mm}$ 小齿轮中间截面右侧弯矩为 $M_{CR} = \sqrt{M_{CHR}^2 + M_{CV}^2} = \sqrt{(3.713\times10^3)^2 + (9.860\times10^4)^2}\text{N·mm} = 9.867\times10^4\text{N·mm}$	$M_{CL} = 1.008\times10^5\text{N·mm}$ $M_{CR} = 9.867\times10^4\text{N·mm}$
6）画出轴的转矩图 T（图 11-26h），$T = 84889\text{N·mm}$	$T = 84889\text{N·mm}$ $\alpha T = 50930\text{N·mm}$
7）按式 $M_e = \sqrt{M^2 + (\alpha T)^2}$，求当量弯矩并画出当量弯矩图（图 11-26i）。这里，取 $\alpha = 0.6$，则 $\alpha T = 0.6\times 84889\text{N·mm} = 50930\text{N·mm}$ 由图 11-26i 可知，小齿轮中间截面右侧 C 处和右轴颈中间截面 B 处的当量弯矩最大，分别为 $M_C = \sqrt{M_{CR}^2 + (\alpha T)^2} = \sqrt{(9.867\times10^4)^2 + (5.093\times10^4)^2}\text{N·mm} = 1.110\times10^5\text{N·mm}$ $M_B = \sqrt{M_{BH}^2 + (\alpha T)^2} = \sqrt{(9.790\times10^4)^2 + (5.093\times10^4)^2}\text{N·mm} = 1.104\times10^5\text{N·mm}$	 $M_C = 1.110\times10^5\text{N·mm}$ $M_B = 1.104\times10^5\text{N·mm}$

(续)

计算与说明	主要结果
8) 选择轴的材料,确定许用应力。轴材料选用 45 钢调质,查表 11-1 得$[\sigma_{-1}] = 207$MPa 9) 校核轴的强度。取 B 和 C 两截面作为危险截面。按弯扭合成强度校核轴的强度式 $$\sigma_{ca} = \frac{M_e}{W_b} \approx \frac{M_e}{0.1d^3} \leq [\sigma_{-1}] \text{ 得}$$ B 截面处的强度条件 $$\sigma = \frac{M_B}{W_b} = \frac{M_B}{0.1d^3} = \frac{1.104 \times 10^5}{0.1 \times 40^3}\text{MPa} = 17.24\text{MPa} \leq [\sigma_{-1}]$$ C 截面处的强度条件 $$\sigma = \frac{M_C}{W_b} = \frac{M_C}{0.1d_f^3} = \frac{1.110 \times 10^5}{0.1 \times 47.602^3}\text{MPa} = 10.29\text{MPa} \leq [\sigma_{-1}]$$ 式中,d_f 为小齿轮齿根圆直径,即 $d_f = d_1 - 2(h_a^* + c^*)m_n = 55.102\text{mm} - 2 \times (1.0 + 0.25) \times 3\text{mm} = 47.602\text{mm}$ 结论:按弯扭合成强度校核小齿轮轴的强度足够安全	$[\sigma_{-1}] = 207$MPa B 处:$\sigma = 17.24$MPa $\leq [\sigma_{-1}]$ C 处:$\sigma = 10.29$MPa $\leq [\sigma_{-1}]$

(2) 按疲劳强度条件校核小齿轮轴的强度 如果单纯使用疲劳强度条件中安全系数校核法,上面步骤中的 1)~6) 各步仍需进行。此后要计算的项目如下。

计算与说明	主要结果
1) 判断和确定危险截面 初步分析 B、A、C、D 四个截面,将有较大的应力和应力集中的截面定为危险截面。下面以截面 I 为例进行安全系数校核	
2) 选择轴的材料,确定许用应力 轴材料仍选用 45 钢调质,查表 11-1 得 $\sigma_b = 650$MPa,$\sigma_s = 360$MPa,$\sigma_{-1} = 270$MPa,$\tau_{-1} = 155$MPa 查本书第二章第二节得碳钢的材料常数 $\Psi_\sigma = 0.1 \sim 0.2$,取 $\Psi_\sigma = 0.1$;$\Psi_\tau = 0.05 \sim 0.1$,取 $\Psi_\tau = 0.05$	$\Psi_\sigma = 0.1$ $\Psi_\tau = 0.05$
3) 求截面 B 的应力 弯矩 $M_B = 1100 \times (25+55)$N·mm $= 88000$N·mm 弯曲应力 $$\sigma_a = \frac{M_B}{W_b} = \frac{88000}{0.1 \times 35^3}\text{MPa} = 20.53\text{MPa}$$ 切应力 $$\tau = \frac{T}{W_T} = \frac{84889}{0.2 \times 35^3}\text{MPa} = 9.9\text{MPa}$$ 由于弯曲应力属于对称循环变应力,所以 $\sigma_a = \sigma = 20.53$MPa,$\sigma_m = 0$ 由于扭转切应力属于脉动循环变应力,所以 $\tau_a = \tau_m = \tau/2 = 4.95$MPa	$M_B = 88000$N·mm $\sigma_a = 20.53$MPa $\tau = 9.9$MPa
4) 求截面 B 的有效应力集中系数。因为在此截面处,轴径有变化,过渡圆角半径 $r = 2$mm,有效应力集中系数可以根据 $\sigma_b = 650$MPa,以及查附表 1,并且利用插值法得到 $k_\sigma = 1.74$、$k_\tau = 1.32$ 若一个截面上有多种产生应力集中的结构,则分别求出其有效应力集中系数,从中取最大值	$k_\sigma = 1.74$ $k_\tau = 1.32$
5) 绝对尺寸系数 ε_σ 和 ε_τ 及表面质量系数 β 由附表 3 查得 $\varepsilon_\sigma = 0.88$,$\varepsilon_\tau = 0.81$(按靠近应力集中处的最小直径查得)。由附表 5 查得 $\beta = 0.92$(Ra 为 3.2μm)	$\varepsilon_\sigma = 0.88$ $\varepsilon_\tau = 0.81$ $\beta = 0.92$
6) 求安全系数 按应力循环特性 $r = C$ 的情形计算安全系数。由式(11-6)和式(11-7)得出轴仅受弯曲应力或切应力时的安全系数 $$S_\sigma = \frac{\sigma_{-1}}{\frac{k_\sigma}{\varepsilon_\sigma \beta}\sigma_a + \Psi_\sigma \sigma_m} = \frac{270}{\frac{1.74}{0.88 \times 0.92} \times 20.53 + 0.1 \times 0} = 6.12$$	$S_\sigma = 6.12$

计算与说明	主要结果
$S_\tau = \dfrac{\tau_{-1}}{\dfrac{k_\tau}{\varepsilon_\tau \beta}\tau_a + \Psi_\tau \tau_m} = \dfrac{155}{\dfrac{1.32}{0.81 \times 0.92} \times 4.95 + 0.05 \times 4.95} = 17.19$ 由式(11-8)得计算安全系数 $S_{ca} = \dfrac{S_\sigma S_\tau}{\sqrt{S_\sigma^2 + S_\tau^2}} = \dfrac{6.12 \times 17.19}{\sqrt{6.12^2 + 17.19^2}} = 5.73 \geqslant [S]$ 在这里,设计安全系数取为 $S = 1.5$ 结论:根据校核,截面 B 足够安全,其他截面仍需做进一步分析与校核	$S_\tau = 17.19$ $S_{ca} = 5.73 \geqslant [S]$ 取 $S = 1.5$

应当注意的是,当轴的强度有较大的裕量或计算安全系数较大时,应对轴做全面分析,考虑有无可能减小轴径。当轴的强度不能满足要求时,应修改轴的结构或重新选择轴的材料。校核和修改常常相互配合、交叉进行。校核时还经常会有这种情况:仅仅从强度的角度来看,轴的结构尺寸似乎可以缩小,然而考虑到轴的刚度、振动稳定性、加工和装配工艺条件以及与轴有关联的其他零件和结构的限制,往往又不再缩小轴的结构尺寸。

二、轴的刚度计算

轴的刚度不足会影响轴上零件和有关部分的正常工作。例如,安装齿轮的轴,若弯曲刚度(或扭转刚度)不足而导致挠度(或扭转角)过大时,将影响齿轮的正常啮合,使齿轮沿齿宽和齿高方向接触不良,造成载荷在齿面上严重分布不均。又如车床主轴刚度不足会产生较大变形,从而影响车床精度。再如电动机轴的弯曲变形会改变转子与定子之间的间隙等。因此,在设计有刚度要求的轴时,必须进行刚度的校核计算。

轴的刚度分为弯曲刚度和扭转刚度,弯曲刚度用挠度 y 或偏转角 θ 度量;扭转刚度用单位长度转角(扭转角)φ 度量。轴的刚度计算就是计算出轴受载时的变形量,并使其控制在允许的范围内。

(一) 轴的弯曲刚度校核计算

如图 11-27 所示,轴的弯曲刚度条件为

$$y \leqslant [y] \tag{11-12a}$$

$$\theta \leqslant [\theta] \tag{11-12b}$$

式中 y、$[y]$——轴的挠度、许用挠度 (mm),许用挠度见表 11-5;

θ、$[\theta]$——轴的偏转角、许用偏转角 (°),许用偏转角见表 11-5。

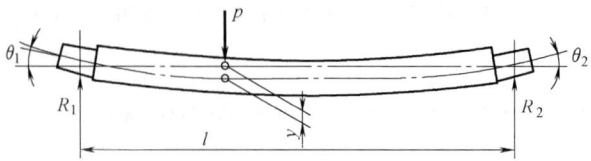

图 11-27 轴的弯曲变形

表 11-5 轴的许用挠度 $[y]$、许用偏转角 $[\theta]$ 和许用扭转角 $[\varphi]$

应用范围	轴的许用挠度 $[y]$/mm	应用范围	轴的许用偏转角 $[\theta]/(°)$	应用范围	轴的许用扭转角 $[\varphi]/[(°)/m]$
一般用途的轴	$(0.0003 \sim 0.0004)l$	滑动轴承	0.06	要求不高的传动	>1
车床主轴	$0.0002l$	深沟球轴承	0.3	一般传动	$0.5 \sim 1$
感应电动机轴	0.1Δ	调心球轴承	3	精密传动	$0.25 \sim 0.5$
安装齿轮的轴	$(0.01 \sim 0.03)m_n$	圆柱滚子轴承	0.15	重要传动	0.25
安装蜗轮的轴	$(0.02 \sim 0.05)m_t$	圆锥滚子轴承	0.09		
		安装齿轮处	$0.06 \sim 0.12$		

注：l 为支承间跨距；Δ 为定子与转子间隙；m_n 为齿轮法向模数；m_t 为蜗轮端面模数。

常见的轴大多可认为是简支梁。若是光轴，可以直接按材料力学中简支梁公式计算其挠度和偏转角；若是阶梯轴，并且对计算精度要求不高时，则可用当量直径法做近似计算，即先以当量直径为 d_v 的光轴代替阶梯轴，再利用材料力学公式进行计算。当量直径 d_v 的计算公式为

$$d_v = \sqrt[4]{\frac{L}{\sum_{i=1}^{z}\frac{l_i}{d_i^4}}} \tag{11-13}$$

式中　l_i——阶梯轴第 i 段的长度（mm）；

　　　d_i——阶梯轴第 i 段的直径（mm）；

　　　L——阶梯轴的计算长度（mm）。当载荷作用于两支承之间时，$L=l$（l 为支承间跨距）；当载荷作用于悬臂端时，$L=l+K$（K 为轴的悬臂长度）；

　　　z——阶梯轴计算长度内的轴段数。

（二）轴的扭转刚度校核计算

如图 11-28 所示，轴的扭转刚度条件为

$$\varphi \leq [\varphi] \tag{11-14}$$

式中　φ——轴每米长产生的扭转角 $[(°)/m]$；

　　　$[\varphi]$——许用扭转角 $[(°)/m]$，$[\varphi]$ 见表 11-5。

圆轴扭转角 φ 的计算公式为

对于光轴　　$\varphi = 5.73 \times 10^4 \dfrac{T}{G I_p}$ (11-15)

对于阶梯轴　$\varphi = 5.73 \times 10^4 \dfrac{1}{LG} \sum_{i=1}^{z} \dfrac{T_i l_i}{I_{pi}}$ (11-16)

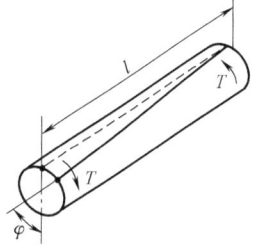

图 11-28 轴的扭转变形

式中　T——轴所受转矩（N·mm）；

　　　G——轴材料的切变模量（MPa），对于钢 $G=8.1 \times 10^4$ MPa；

　　　I_p——轴截面的极惯性矩（mm⁴）；

　　　L——阶梯轴受转矩作用的长度（mm）；

T_i、l_i、I_{pi}——分别表示阶梯轴第 i 段上所受的转矩（N·mm）、长度（mm）和极惯性矩 mm⁴。

三、轴的振动稳定性简述

轴的转速达到一定值时，运转便不稳定而发生显著反复变形，这种现象称为轴的振动。轴的振动主要是由轴的质量分布不均，制造、安装误差及轴的变形等因素所引起的。这些因素引起以离心力为表征的周期性激振力，当激振力频率与轴的固有频率相同或接近时，轴将出现共振现象。产生共振时轴的转速称为临界转速，当轴的工作转速和其临界转速重合或接近时，就会发生共振现象而使轴或整个机器破坏。计算临界转速的目的就在于使工作转速避开轴的临界转速。

轴的振动分为弯曲振动、扭转振动和纵向振动等。一般来说，轴的弯曲振动较为多见。在一般的通用机械中，轴的振动问题并不是很突出，因此常常可以忽略不计。但是对于高速运转的轴，轴的稳定性问题就必须给予重视，必须进行计算分析。高转速的轴，其临界转速有许多个，由低到高分别称为一阶临界转速、二阶临界转速、……当转速到达一个临界转速时轴发生振动，如果继续提高转速，振动就会衰减，振动又趋于平稳，但是当转速达到另一较高的定值时，振动又出现。各阶临界转速的共振都会加剧轴的振动，但在一阶临界转速时，轴的振动最激烈、最为危险，所以通常主要计算一阶临界转速。轴的工作转速应避开相应的共振区，这样的轴才具有振动稳定性。

思 考 题

11.1 如何区别心轴（转动心轴、固定心轴）、传动轴和转轴？各举出一个实例。

11.2 轴受载荷的情况可分哪三类？试分析自行车的前轴、中轴、后轴的受载情况，说明它们各属于哪类轴？

11.3 轴的材料为什么常用钢？铸铁轴一般用于什么场合？

11.4 为提高轴的刚度，把轴的材料由 45 钢改为合金钢是否有效？为什么？

11.5 轴上零件的轴向及周向固定各有哪些方法？各有何特点？各应用于什么场合？

11.6 轴的强度计算有四种方法，其主要区别是什么？各有什么特点？用于什么场合？

11.7 轴的计算当量弯矩公式 $M_e = \sqrt{M^2 + (\alpha T)^2}$ 中，应力校正系数 α 的含义是什么？如何取值？

11.8 影响轴的疲劳强度的因素有哪些？在设计轴的过程中，当疲劳强度不够时，应采取哪些措施使其满足强度要求？

习 题

11.1 如图 11-29 所示，试分析卷扬机中各轴所受的载荷，并由此判定各轴的类型（不计轴的自重、轴承中的摩擦）。

11.2 已知一传动轴的传递功率 $P = 24 \text{kW}$，转速 $n = 860 \text{r/min}$，如果轴的扭转切应力不允许超过 40MPa，试求该轴径。

11.3 如图 11-30 所示的锥齿轮减速器主动轴。已知锥齿轮的平均分度圆直径 $d_m = 56.25 \text{mm}$，所受圆周力 $F_t = 1130 \text{N}$，径向力 $F_r = 380 \text{N}$，轴向力 $F_a = 146 \text{N}$。试：

1）画出轴的受力简图。

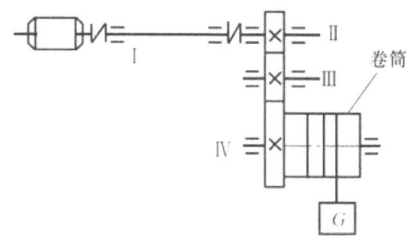

图 11-29 习题 11.1 图

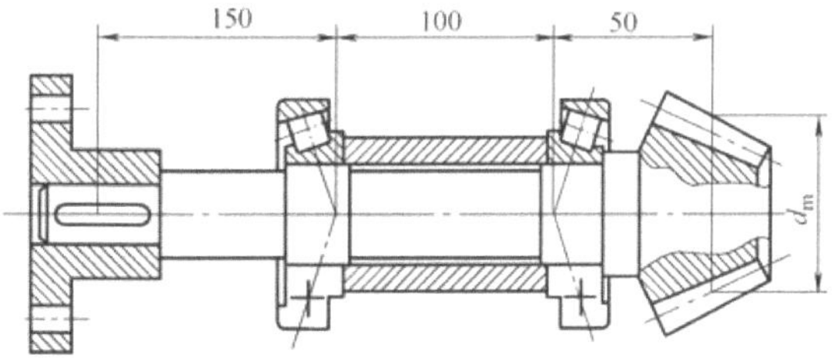

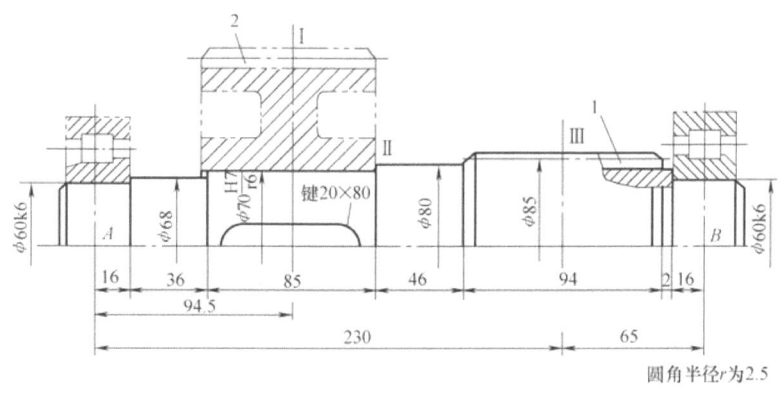

图 11-30 习题 11.3 图

2）计算支承反力。

3）画出轴的弯矩图、合成弯矩图及转矩图。

11.4 试分别用当量弯矩法和安全系数法校核图 11-31 所示的减速器中间轴的强度。已知轴的转矩 $T=850\text{N}\cdot\text{m}$，齿轮 1 的分度圆直径 $d_1=85\text{mm}$，齿轮 2 的分度圆直径 $d_2=280\text{mm}$，两对齿轮的压力角均为 20°，轴的材料为 45 钢调质。

图 11-31 习题 11.4 图

11.5 图 11-32 所示为二级斜齿圆柱齿轮减速器。已知中间轴 Ⅱ 传递功率 $P=40\text{kW}$，转速 $n=200\text{r/min}$，齿轮 1 的齿宽 $b_1=116\text{mm}$，齿轮 2 的分度圆直径 $d_2=688\text{mm}$，齿宽 $b_2=110\text{mm}$，螺旋角 $\beta_2=12°50'$，齿轮 3 的分度圆直径 $d_3=170\text{mm}$，齿宽 $b_3=76\text{mm}$，螺旋角 $\beta_3=10°29'$，齿轮 4 的齿宽 $b_4=68\text{mm}$，轴的材料用 45 钢调质，试按弯扭合成强度计算方法求轴 Ⅱ 的直径，并画出轴的零件图。

11.6 试指出图 11-33 所示的轴系零部件结构中的错误，并说明错误原因（说明：1）轴承部件采用两端固定式支承，轴承采用油脂润滑；2）同类错误按 1 处计；3）将错误处圈出并引出编号，并在图下做简单说明）。

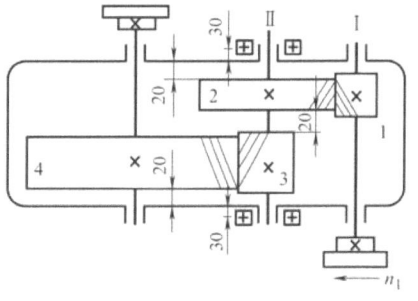

图 11-32 习题 11.5 图

11.7 图 11-34 所示为斜齿圆柱齿轮、轴、轴承组合结构图。斜齿圆柱齿轮用油润滑，

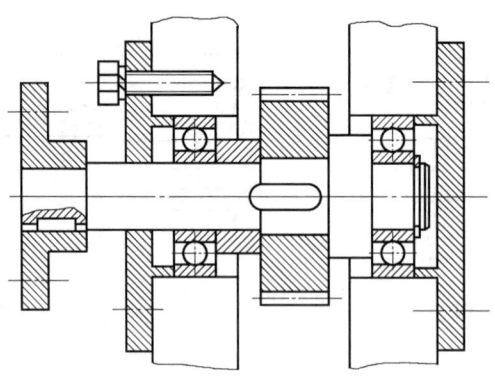

图 11-33 习题 11.6 图

轴承用脂润滑。试指出该图中的错误并改正（在中心线下方画出正确的结构图）。

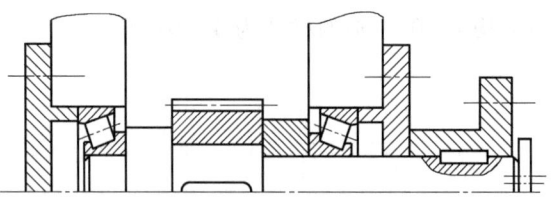

图 11-34 习题 11.7 图

习题参考答案

11.1 略。

11.2 $d \geqslant 32.18\text{mm}$。

11.3 略。

11.4 $d_{\text{I}} = 56.37\text{mm} < 70\text{mm}$；$d_{\text{II}} = 55.9\text{mm} < 70\text{mm}$；$d_{\text{III}} = 59.9\text{mm} < 85\text{mm}$。

11.5 $d_{\text{II}} \geqslant 69.7\text{mm}$。

11.6 略。

11.7 略。

第十二章 滚动轴承

第一节 概　　述

滚动轴承是支承轴颈的部件，主要依靠元件间点、线接触支承轴与轴上零件的转动。滚动轴承具有摩擦阻力小、启动灵敏、效率高、旋转精度高、润滑简便和装拆方便等优点，广泛应用于各种机器和机构中。

常用的滚动轴承绝大多数已经标准化，各种常用规格的轴承由专业工厂采用大批量标准化生产。滚动轴承的基本结构，一般由内圈、外圈、滚动体和保持架四部分组成，如图 12-1 所示。通常其内圈用来与轴颈配合装配，外圈的外径用来与轴承座或机架座孔相配合装配。有时也用于轴承内圈与轴固定不动、外圈转动的应用场合。

作为转轴支承的滚动轴承，显然其中的滚动体是必不可少的元件；有时为了简化结构，降低成本造价，可根据需要而省去内圈、外圈、甚至保持架等，这时滚动体直接与轴颈和座孔滚动接触，如自行车上的滚动轴承就是这样的简易结构。

当内、外圈相对转动时，滚动体即在内、外圈的滚道中滚动。

常见的滚动体形状如图 12-2 所示，有球、圆柱、滚针、圆锥、球面滚子、非对称球面滚子等形状。

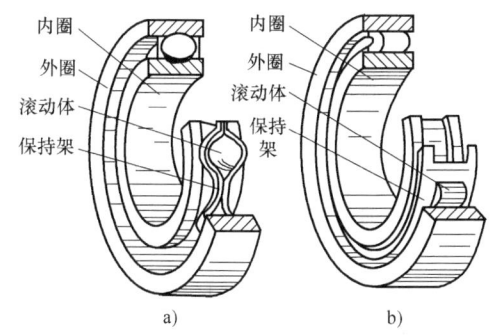

图 12-1　滚动轴承的基本结构
a) 球轴承　b) 圆柱滚子轴承

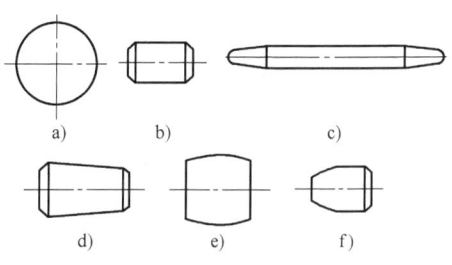

图 12-2　滚动体形状

滚动轴承的内、外圈和滚动体应具有较高的硬度、接触疲劳强度、良好的耐磨性和冲击韧性。一般用特殊轴承钢制造，常用材料有 GCr15、GCr15SiMn、GCr6、GCr9 等，经热处理

后硬度可达 60~65HRC。滚动轴承的工作表面必须经磨削抛光，以提高其接触疲劳强度。

保持架使滚动体均匀分布在圆周上，其作用是避免相邻滚动体之间的接触。保持架有冲压式和实体式两种。冲压式保持架多用低碳钢板通过冲压成形方法制造；实体式保持架采用铜、铝等有色金属或工程塑料，具有较好的定心精度，适用于较高速的轴承。

为适应某些特殊要求，有些滚动轴承还要附加其他特殊元件或采用特殊结构，如轴承无内圈或外圈、带有防尘密封结构或在外圈上加止动环等。

第二节　滚动轴承的主要类型及代号

一、滚动轴承的类型特点

滚动轴承的分类依据主要是其所能承受的载荷方向（或接触角）和滚动体的种类。按滚动体的形状可分为球轴承和滚子轴承；按滚动体的列数可分为单列、双列和多列等。

滚动轴承的滚动体与外圈滚道接触点的法线与径向平面之间的夹角 α 称为接触角。α 越大，轴承承受轴向载荷的能力越大。滚动轴承按接触角不同可分为三类。

1. 向心轴承（径向接触轴承）

向心轴承指主要或只能承受径向载荷的滚动轴承，其接触角 α=0°，如深沟球轴承、圆柱滚子轴承和滚针轴承等。其中深沟球轴承除了主要承受径向载荷外，同时还可以承受一定的轴向载荷（双向），在高转速时甚至可以代替推力轴承来承受纯轴向载荷，因此有时也把它看作向心推力轴承。它的设计计算也与后述的向心推力轴承（角接触球轴承、圆锥滚子轴承）类似。与尺寸相同的其他轴承相比，深沟球轴承具有摩擦系数小、极限转速高的优点，并且价格低廉，故应用最为广泛。

其中调心轴承在主要承受径向载荷的同时，也可以承受不大的轴向载荷。其主要特点在于：允许内、外圈轴线有较大的偏斜（2°~3°），因而具有自动调心的功能，可以适应轴的挠曲和两轴承孔的同轴度误差较大的情况。

2. 推力轴承

推力轴承指主要用于承受轴向载荷的滚动轴承，其接触角 α=90°。按照承受单向轴向力和双向轴向力可以分为单列和双列推力轴承。

3. 向心推力（角接触）**轴承**

角接触轴承指可以同时承受径向载荷和较大的轴向载荷的滚动轴承，其接触角为 0°~90°。这类轴承包括角接触球轴承和圆锥滚子轴承。

滚动轴承的类型很多，常用滚动轴承类型的主要性能和特点见表 12-1。

表 12-1　常用滚动轴承类型的主要性能和特点

轴承名称	简图及受力方向	类型代号	典型结构代号	极限转速	主要性能和特点
调心球轴承		1	10000	高	因为调心球轴承外圈滚道表面是以调心球轴承中点为中心的球面，故能自动调心。调心球轴承主要承受径向载荷，同时能承受少量的轴向载荷

(续)

轴承名称	简图及受力方向	类型代号	典型结构代号	极限转速	主要性能和特点
调心滚子轴承		2	20000	低	与调心球轴承性能相似。承受能力较高,调心能力及允许的角偏斜较调心球轴承小
圆锥滚子轴承		3	30000	中	能同时承受径向和单向轴向载荷,承载能力高。内、外圈可分离,安装时可调整轴承的游隙。由于一个轴承只能承受单向的轴向载荷,因此需成对使用
推力球轴承		5	51000	低	只能承受轴向载荷,内孔较小的是紧圈,与轴配合;内孔较大的是松圈,与机座固定在一起。极限转速较低。51000 只能承受单向轴向载荷;52000 可以承受双向轴向载荷
			52000		
深沟球轴承		6	60000	高	摩擦力小,极限转速高,结构简单,使用方便,应用最为广泛。但轴承本身刚性差,承受冲击载荷能力较差。主要承受径向载荷,也能承受少量的轴向载荷,适用于高速场合。内、外圈的轴线相对倾斜 $2'\sim10'$
角接触球轴承		7	70000	高	能同时承受径向载荷和单向轴向载荷,接触角 α 有 $15°$、$25°$ 和 $40°$ 三种。轴向承载能力随接触角的增大而提高。由于一个轴承只能承受单向的轴向载荷,因此需成对使用(背对背配置、面对面配置)
圆柱滚子轴承		N	N0000	高	外圈或内圈是可以分离的,故不能承受轴向载荷(NJ 类可承受少量单向轴向载荷)。滚子与套圈间呈线接触状态,因此只能允许很小的角位移。这一类轴承还可以不带外圈或内圈
		NU	NU0000		
		NJ	NJ0000		

(续)

轴承名称	简图及受力方向	类型代号	典型结构代号	极限转速	主要性能和特点
滚针轴承		NA	NA0000	低	在相同的内径下,其外径最小,用于承受纯径向载荷和径向尺寸受限制的场合。对轴的变形和安装误差非常敏感,一般不带保持架

二、滚动轴承代号

滚动轴承的种类很多,而各类轴承又有不同结构、尺寸和公差等级等,为了表示各类轴承的不同特点,便于组织生产、管理、选择和使用,国家标准中规定了滚动轴承代号的表示方法,其代号由数字和字母组成。

滚动轴承的代号由三个部分所组成,即前置代号、基本代号和后置代号(组),见表12-2。

表 12-2 滚动轴承代号组成

前置代号	基本代号				后置代号(组)						
成套轴承分部件	类型代号	尺寸系列代号		内径代号	内部结构	密封与防尘套圈变型	保持架及其材料	轴承材料	公差等级	游隙	配置	其他
		宽度系列代号	直径系列代号									

1. 基本代号

基本代号是表示轴承主要特征的基础部分,是应着重掌握的内容。基本代号由轴承内径代号、尺寸系列代号和类型代号组成。

(1) 内径代号 用基本代号右起第一、二位数字表示。对常用轴承内径 $d = 20 \sim 480\text{mm}$ 的轴承,内径一般为 5 的倍数,因此可用内径尺寸被 5 除得的商数表示轴承内径代号。例如数字 08 表示轴承的内径 $d = 08 \times 5\text{mm} = 40\text{mm}$,数字 12 表示轴承内径 d 为 60mm 等。特殊的轴承,如内径为 10mm、12mm、15mm 和 17mm 的轴承,其内径代号依次用 00、01、02 和 03 表示;内径大于或等于 500mm 以及 22mm、28mm、32mm 的轴承,用公称内径毫米数直接表示,但在与尺寸系列之间用"/"分开。例如深沟球轴承 62/22,表示 $d = 22\text{mm}$;调心滚子轴承 230/500,表示 $d = 500\text{mm}$。

(2) 尺寸系列代号 由轴承的直径系列代号和宽度系列代号组合而成,用两位数字表示。

直径系列表示同一类型、相同内径的轴承在外径和宽度上的变化系列,用基本代号右起第三位数字表示。对于内径相同的轴承,其滚动体直径可以不同,因而会使轴承在外径和宽度方向上尺寸有变化,并且随滚动体直径的增加,轴承的外径和宽度也增加,轴承的承载能力也相应地提高。60000 系列轴承的直径系列尺寸如图 12-3 所示。

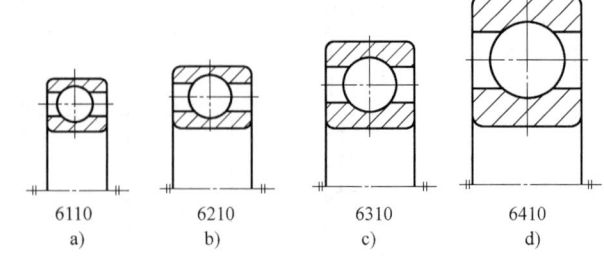

图 12-3 60000 系列轴承的直径系列尺寸

宽度系列是指径向轴承或向心推力轴承的结构、内径和直径都相同，由于滚动体的长度或座圈结构的特殊需要引起轴承宽度方面变化的系列。用基本代号右起第四位数字表示。图12-4 所示为宽度系列的对比。当宽度系列为 0 系列，即正常系列时，除了调心滚子轴承和圆锥滚子轴承外，其余类型的轴承可省略不标。

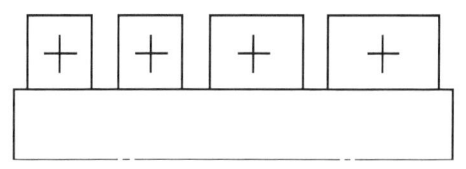

图 12-4　宽度系列的对比

（3）类型代号　由基本代号右起第五位数字或大写拉丁字母表示，见表12-1。此外，标准对一些常用轴承的代号做了简化，用组合代号表示，见表12-3。

表 12-3　滚动轴承的部分组合代号

深沟球轴承			角接触球轴承		
类型代号	尺寸系列代号	组合代号	类型代号	尺寸系列代号	组合代号
6	(1)0	60	7	(1)0	70
	(0)2	62		(0)2	72
	(0)3	63		(0)3	73
	(0)4	64		(0)4	74

2. 前置代号和后置代号

前置代号和后置代号是轴承在结构形状、尺寸、公差、技术要求等有改变时，在基本代号左右添加的补充代号。实际应用的滚动轴承的类型和结构很多，相应的轴承代号也是比较复杂的。下面介绍的只是轴承代号中最基本、最常用的部分代号，是应该熟悉的代号，以便在设计和工作中识别、查取和选用一些常用的轴承。

1) 前置代号用字母表示，用以说明成套轴承部件的特点。例如用 L 表示可分离轴承的可分离套圈，K 表示轴承的滚动体与保持架组件。

2) 后置代号的内部结构代号（表12-4）表示同一类型轴承的不同内部结构，用紧跟在基本代号后的字母表示。例如角接触球轴承，分别用 C、AC 和 B 表示其接触角为 15°、25° 和 40° 的不同内部结构。

表 12-4　内部结构代号

代号	含义及示例
C	角接触球轴承　接触角 $\alpha = 15°$　　7210C 调心滚子轴承　C 型　23122C
AC	角接触球轴承　接触角　$\alpha = 25°$　　7210AC
B	角接触球轴承　接触角　$\alpha = 40°$　　7210B 圆锥滚子轴承　B 型　32310B
E	加强型（即内部结构设计改进，增大轴承承载能力）NU207E

3) 后置代号的轴承公差等级分为 2 级、4 级、5 级、6x 级、6 级和 0 级，共 6 个级别，精度依次由高级到低级，其代号分别表示为/P2、/P4、/P5、/P6x、/P6 和/P0，其中 0 级为普通级，在轴承代号中可省略不标，6x 级仅适用于圆锥滚子轴承。如轴承 6203 的公差等级为 0 级，公差等级代号省略不标；6203/P2 的公差等级为 2 级。

4) 后置代号的游隙代号以/C+数字或者字母表示。常用的轴承径向游隙系列分为 1 组、2 组、0 组、3 组、4 组和 5 组共 6 个组别，依次由小到大，其中 0 组游隙为常用游隙组别，在轴承代号中不标注，其余组别的游隙代号分别用/C1、/C2、/C3、/C4 和/C5 表示。如 6210/C2 表示径向游隙为 2 组的深沟球轴承。

【例 12-1】 试说明轴承代号 6206、6021、7312C 及 51410/P6 的含义。

解：

（1）6206 （从左至右）6 深沟球轴承；2 尺寸系列代号，直径系列为 2，宽度系列为 0（省略）；06 为轴承内径 6×5mm=30mm；公差等级为 0 级。

（2）6021 （从左至右）6 深沟球轴承；（1）0 尺寸系列代号，为 60 组合代号；21 为轴承内径 21×5mm=105mm；公差等级为 0 级。

（3）7312C （从左至右）7 为角接触球轴承；（0）3 为尺寸系列代号，直径系列为 3、宽度系列为 0（省略）；12 为轴承内径 12×5mm=60mm；C 接触角 $\alpha=15°$；公差等级为 0 级。

（4）51410/P6 （从左至右）5 为双向推力轴承；14 为尺寸系列代号，直径系列为 4、宽度系列为 1；10 为轴承内径 10×5mm=50mm；/P6 为轴承公差等级 6 级。

三、滚动轴承类型的选择

应根据轴承的工作载荷（大小、方向和性质）、转速高低、支承刚性、安装精度、结合各类轴承的特性和应用经验进行综合分析，确定合适的轴承。

一般遵循以下几条基本原则。

1）转速高、载荷小，要求旋转精度高，采用球轴承；转速低、载荷大，或有冲击载荷时，采用滚子轴承。但滚子轴承对轴线偏斜较敏感。

2）主要受径向载荷 F_r 时，用向心轴承；主要受轴向载荷 F_a，转速不高时用推力轴承；径向载荷 F_r 和轴向载荷 F_a 均较大时，可采用角接触球轴承（转速较高时）或圆锥滚子轴承（转速较低时）；F_r 较大，F_a 较小时采用深沟球轴承；F_a 较大，F_r 较小时采用深沟球轴承与推力球轴承的组合形式，或采用推力角接触轴承。

3）要求转速 $n<n_{\lim}$（$n_{\lim}$ 为极限转速）。6、7、N 类轴承适用于极限转速较高场合，推力轴承用于极限转速较低场合。

4）当轴的刚性较差或轴承孔不同心时宜用调心轴承。

5）为便于装拆和调整间隙，可选用内、外圈不分离的轴承。

6）角接触球轴承和圆锥滚子轴承一般应成对使用、对称安装。

7）旋转精度较高时，应选用较高的公差等级和较小的游隙。转速较高时，应选用较高的公差等级和较大的游隙。公差等级越高，轴承价格越贵。滚子轴承价格高于球轴承，深沟球轴承价格最低。

8）优先用普通公差等级的深沟球轴承。

第三节 滚动轴承的载荷及应力

一、滚动轴承的载荷

1. 滚动轴承内部载荷分布

滚动轴承在运转过程中，承受不偏心的轴向载荷 F_a 时，各滚动体受力相等；而在承受

径向载荷 F_r 时受力不等。一个径向游隙为零的向心径向接触轴承在承受径向载荷 F_r 时，内圈下沉，下半圈范围内滚动体与内、外圈滚道接触点处发生弹性变形，而上半圈范围内滚动体与内、外圈滚道间出现微小间隙。因此，下半圈为承载区，上半圈为非承载区。在承载区内，处于不同位置的滚动体与内、外圈滚道间法向接触弹性变形量是不同的，其受力也不同。处于 F_r 作用线上的接触点法向变形量最大，受力也最大。由此点向两边各接触点法向变形量逐渐减小，受力也逐渐减小。各滚动体从开始受力到受力终止所经过的区域称为承载区。如图12-5所示，与径向载荷相反方向上有一个径向载荷为零的非承载区。

根据力的平衡原理，所有滚动体作用在内圈上的接触载荷的向量和等于径向载荷 F_r。承载最大点的作用力为

球轴承 $$F_{Q_{max}} \approx \frac{5}{Z} F_r \qquad (12\text{-}1)$$

滚子轴承 $$F_{Q_{max}} \approx \frac{4.6}{Z} F_r \qquad (12\text{-}2)$$

式中　Z——滚动体总数。

2. 轴承的派生轴向力

对于角接触球轴承和圆锥滚子轴承，由于它们在制造及受载后接触角 $\alpha \neq 0$，因此上述分析只适合于它们径向平面的情况。实际上每个滚动体的受力 F_i 均与径向平面呈一个接触角 α，如图12-6所示，因此每个滚动体上还受有一个轴向分力 S_i 的作用，并且有如下关系：

$$S_i = Q_i \tan\alpha \qquad (12\text{-}3)$$
$$Q_i = F_i \cos\alpha \qquad (12\text{-}4)$$

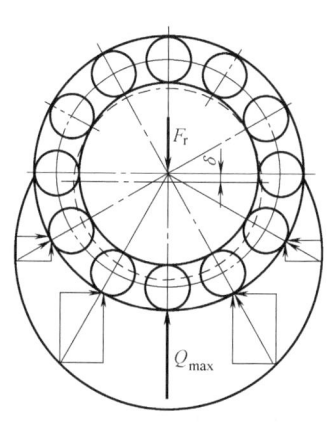

图12-5　滚动轴承内部径向载荷分布

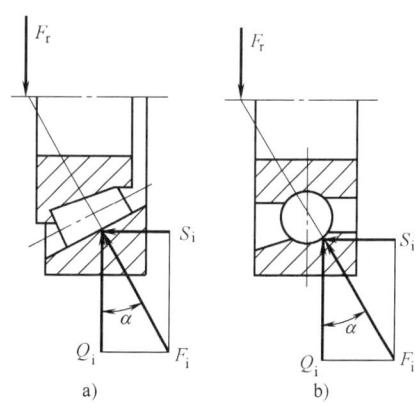

图12-6　角接触轴承的受力

因此对这类轴承来说，它在受到一个纯径向力 F_r 作用时，就会受到一个由于轴承自身内部结构引起的附加轴向力 S 的作用，S 称为轴承内部派生轴向力，其值为各滚动体受到的 S_i 的代数和，即

$$S = \sum_{i=1}^{z} S_i = \sum_{i=1}^{z} Q_i \tan\alpha \qquad (12\text{-}5)$$

至少有半圈滚动体受载的角接触轴承的派生轴向力 S 的计算公式见表12-5。

表 12-5　至少有半圈滚动体受载的角接触轴承的派生轴向力 S 的计算公式

轴承类型	角接触球轴承			圆锥滚子轴承 30000
	70000C	70000AC	70000B	
S	eF_r	$0.68F_r$	$1.14F_r$	$F_r/(2Y)$

注：1. 角接触球轴承的 e 值查表 12-6 确定。
　　2. 圆锥滚子轴承的 Y 值为表 12-6 中相应于其 $F_a/F_r > e$ 时的 Y 值。

在角接触球轴承和圆锥滚子轴承的受力分析中，一定要考虑轴承的派生轴向力，然后才能进行该类轴承的寿命设计计算。

二、滚动轴承的应力

轴承工作时，各轴承元件所受的载荷及产生的应力是变化的。当滚动体进入承载区后，所受载荷由零逐渐增大，直到最大值，然后再逐渐降低到零，退出承载区，如图 12-7a 所示。就滚动体上某一点而言，它的载荷及应力是周期性不稳定变化的。

滚动轴承工作时，可以是外圈固定、内圈转动，也可以是内圈固定、外圈转动。对于固定套圈，按其处在承载区内位置的不同，将受到不同的载荷。处于径向载荷 F_r 作用线上的点将受到最大的接触载荷。对于每一个具体的点，每当一个滚动体滚过时，便承受一次载荷，其大小是不变的，也即承受稳定的脉动循环变载荷的作用，如图 12-7b 所示。载荷变动的快慢取决于滚动体中心的圆周速度。

转动套圈上各点的受载情况，类似于滚动体的受载情况，仍可用图 12-7 描述。

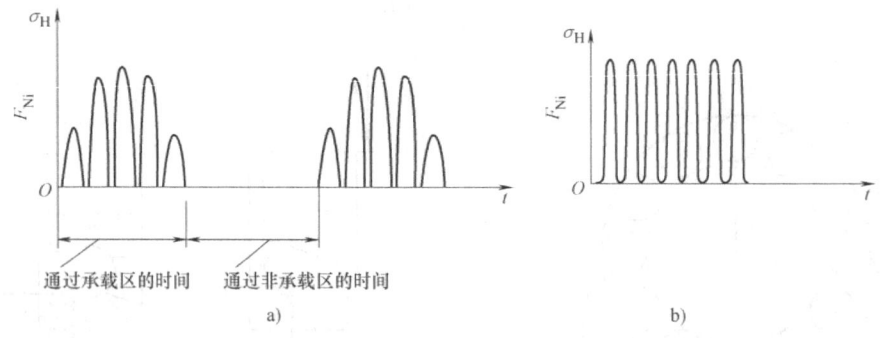

图 12-7　滚动轴承的应力
a）滚动体及转动的套圈上的载荷及应力的变化　b）固定的套圈上的载荷及应力变化

第四节　滚动轴承的寿命设计计算

一、滚动轴承的失效形式和设计准则

1. 滚动轴承的失效形式

（1）疲劳点蚀　滚动体与套圈滚道的接触传力点随时都在变化，所以滚动体和套圈滚道的表面受脉动循环变化的接触应力。在这种接触变应力的长期作用下，金属表层会出现麻点状剥落现象，这就是疲劳点蚀。

发生疲劳点蚀后，在运转中将会产生较强烈的振动、噪声和发热现象，最后导致失效而不能正常工作，轴承的设计就是针对这种失效而展开的。

（2）塑性变形　在特殊情况下也会发生其他形式的破坏，如压凹、烧伤、磨损、断裂等。

当轴承不回转、缓慢摆动或低速转动（$n<10\text{r/min}$）时，一般不会产生疲劳损坏。但过大的静载荷或冲击载荷会使套圈滚道与滚动体接触处产生较大的局部应力，在局部应力超过材料的屈服极限时将产生较大的塑性变形，从而导致轴承失效。因此，对于这种工况下的轴承需做静强度计算。

虽然滚动轴承的其他失效形式（如套圈断裂、滚动体破碎、保持架磨损、锈蚀等）在正常运转时时有发生，但只要制造合格、设计合理、安装维护正常，都是可以防止的。所以在工程上，主要以疲劳点蚀和塑性变形两类失效形式进行计算。

2. 滚动轴承设计准则

由于滚动轴承的正常失效形式是疲劳点蚀，所以对于一般转速的轴承，轴承的设计准则是以防止点蚀引起的过早失效而进行疲劳点蚀计算，在轴承计算中称为寿命计算。

对于不转动、摆动或转速低的轴承，要求控制塑性变形，应做静强度计算；而以磨损、胶合为主要失效形式的轴承，由于影响因素复杂，目前还没有相应的计算方法，只能采取适当的预防措施。

二、滚动轴承的基本额定寿命和基本额定动载荷

1. 寿命

一个轴承的寿命是指该轴承的一个套圈或滚动体的材料首次出现疲劳点蚀前，一个套圈相对于另一个套圈所能经历的总的转数，也可以用恒定转速下轴承运转的小时数表示。由于材料、加工精度、热处理与装配质量原因，各轴承的寿命不可能相同，同一批轴承在同样的工作条件下，各个轴承的寿命有很大的离散性，所以用数理统计的办法来处理。

经过大量的轴承寿命试验统计，表明轴承在同样工作条件下的可靠性与寿命之间有图 12-8 所示的关系。可靠性用可靠度 R 度量，可靠度是指一批相同规格的轴承能达到或超过某个规定寿命的百分率。机械设计选择轴承时常以基本额定寿命为依据。

2. 基本额定寿命 L_{10}

基本额定寿命 L_{10} 是指同一批轴承在相同工作条件下工作，其中 90% 的轴承在产生疲劳点蚀前所能运转的总转数以 L_{10}（单位为 10^6 转）或一定转速下的工作时数 L_{h10}（单位为 h）表示，即具有 90% 可靠度时的寿命，其失效概率为 10%。

对单个轴承来说，能够达到或超过此寿命的概率为 90%。实际轴承的寿命有 10% 是小于此基本额定寿命的，而有 90% 的轴承却大于或等于此基本额定寿命。

3. 基本额定动载荷 C

轴承的基本额定寿命 $L_{10} = 10^6$ 转时，轴承所能承

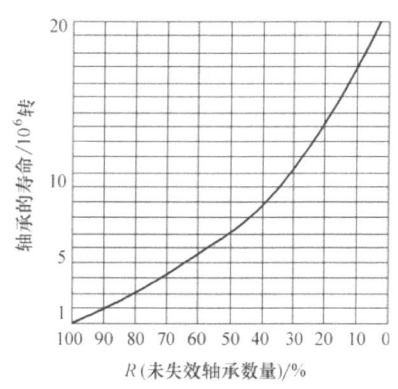

图 12-8　滚动轴承寿命分布

受的载荷称基本额定动载荷。在基本额定动载荷作用下,轴承可以转 10^6 转而不发生疲劳点蚀失效的可靠度为 90%。

对向心轴承,其基本额定动载荷反映的是纯径向载荷,称为径向基本额定动载荷,用 C_r 表示;对推力轴承,指的是纯轴向载荷,称为轴向基本额定动载荷,用 C_a 表示;而对于角接触球轴承和圆锥滚子轴承,则指的是使其套圈间产生纯径向位移载荷的径向分量。

不同类型和型号的轴承有不同的基本额定动载荷值,它表征了不同类型和型号轴承的承载特性。在轴承样本中,对每个型号的轴承都给出了它的基本额定动载荷值。需要时可以直接从轴承样本手册中查取。

三、当量动载荷 P

轴承在许多应用场合下,往往是同时受径向载荷和轴向载荷的联合作用。因此,在计算轴承寿命时,首先必须把实际载荷 F_r、F_a 转换为与确定相应基本额定动载荷疲劳破坏效果相一致的载荷,这个换算后的载荷是一种假定的载荷,称为当量动载荷,用 P 表示。即在当量动载荷 P 的作用下,轴承寿命与在实际载荷作用下的寿命相等。

根据实际载荷的不同性质,当量动载荷 P 可用公式表示为

$$P = f_p(XF_r + YF_a) \tag{12-6}$$

式中 X——径向载荷系数(表 12-6);

Y——轴向载荷系数(表 12-6)。

表 12-6 径向载荷系数 X 与轴向载荷系数 Y

轴承类型		相对轴向载荷 F_a/C_0	$F_a/F_r \leq e$		$F_a/F_r > e$		判断系数 e
名称	代号		X	Y	X	Y	
圆锥滚子轴承	30000	—	1	0	0.4	$0.40\cot\alpha$	$1.5\tan\alpha$
深沟球轴承	60000	0.025	1	0	0.56	2.0	0.22
		0.040				1.8	0.24
		0.070				1.6	0.27
		0.130				1.4	0.31
		0.250				1.2	0.37
		0.50				1.0	0.44
角接触球轴承	7000C ($\alpha=15°$)	0.015	1	0	0.44	1.47	0.38
		0.029				1.40	0.40
		0.058				1.30	0.43
		0.087				1.23	0.46
		0.120				1.19	0.47
		0.170				1.12	0.50
		0.290				1.02	0.55
		0.440				1.00	0.56
		0.580				1.00	0.56
	7000AC ($\alpha=25°$)	—	1	0	0.41	0.87	0.68
	7000B ($\alpha=40°$)	—	1	0	0.35	0.57	1.14
调心滚子轴承	20000	—	1	0	0.40	$0.40\cot\alpha$	$1.5\tan\alpha$
调心球轴承	10000	—	1	0	0.40	$0.40\cot\alpha$	$1.5\tan\alpha$

| | 只承受径向载荷 F_r 的向心轴承 | $P = F_r$ | （12-7） |
| | 只承受轴向载荷 F_a 的推力轴承 | $P = F_a$ | （12-8） |

f_p 为考虑冲击、振动等动载荷的影响，使轴承寿命降低而引入的载荷系数，见表 12-7。

表 12-7 载荷系数 f_p

载荷性质	举例	f_p
无冲击或轻微冲击	电动机、汽轮机、通风机、水泵	1.0~1.2
中等冲击	机床、车辆、内燃机、冶金机械、减速器、起重机	1.2~1.8
强大冲击	轧钢机、破碎机、石油钻机、剪板机	1.8~3.0

四、滚动轴承的寿命计算

轴承的寿命计算主要解决两个问题：第一，当轴承的当量动载荷 P 不等于基本额定动载荷 C 时，轴承的寿命是多少？第二，已知轴承的当量动载荷 P，并且要求轴承的预期寿命为 L' 时，应该选用具有基本额定动载荷值是多少的轴承？这两个问题其实就是解决在轴承设计中的寿命校核和选型设计。

具有基本额定动载荷 C 的轴承，当它承受的 P（当量动载荷）恰好是 C 时，其基本额定寿命 L_{10} 就是 10^6 转。但是实际轴承的载荷 P 往往不一定等于 C，当载荷增大时，其基本额定寿命 L_{10} 就减少；而载荷减小时，基本额定寿命 L_{10} 就提高。

经过大量的试验研究，得到轴承的载荷-寿命曲线，如图 12-9 所示。该曲线可以用公式表示为

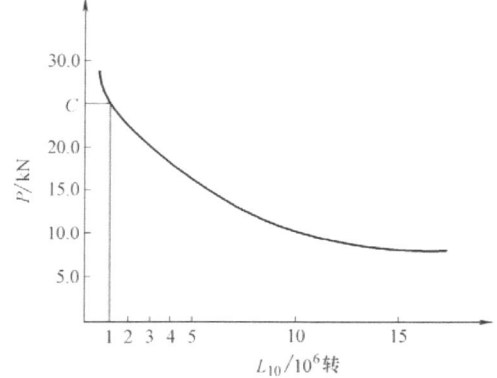

图 12-9 轴承的载荷-寿命曲线

$$L_{10} = \left(\frac{C}{P}\right)^\varepsilon \quad （12-9）$$

式中 L_{10}——轴承的寿命（10^6 转），以轴承 10^6 转为一个计算单位；

C——轴承的基本额定动载荷（N）；

P——轴承受到的当量动载荷（N）；

ε——寿命指数，对球轴承 $\varepsilon = 3$，滚子轴承 $\varepsilon = 10/3$。

实际计算时，用小时数表示轴承的寿命比较方便。可将式（12-9）改写为

$$L_{h10} = \frac{10^6}{60n}\left(\frac{C}{P}\right)^\varepsilon \quad （12-10）$$

式中 L_{h10}——轴承的寿命（h）；

n——轴承的转速（r/min）。

考虑当工作温度 $t>120$℃时，因金属组织硬度和润滑条件等的变化，轴承的基本额定动载荷 C 会有所下降，因此引入温度系数 f_t（表 12-8）对基本额定动载荷 C 进行修正，修正后的轴承寿命计算式为

$$L_{10} = \left(\frac{f_t C}{P}\right)^{\varepsilon} \quad (12-11)$$

$$L_{h10} = \frac{10^6}{60n}\left(\frac{f_t C}{P}\right)^{\varepsilon} \quad (12-12)$$

表 12-8 温度系数 f_t

轴承工作温度/℃	≤120	125	150	175	200	225	250	300	350
温度系数 f_t	1.00	0.95	0.90	0.85	0.80	0.75	0.70	0.60	0.50

当 P、n 已知，预期寿命为 L'_h，将上述两个公式做适当变形，可以得出轴承的基本额定动载荷值的公式为

$$C = \frac{P}{f_t}\sqrt[\varepsilon]{\frac{60nL'_h}{10^6}} \quad (12-13)$$

推荐的轴承预期寿命值见表 12-9。

表 12-9 推荐的轴承预期寿命值

机器类型	预期寿命/h
不经常使用的仪器和设备，如闸门开闭装置等	300~3000
短期或间断使用的机械，中断时不致引起严重后果，如手动机械等	3000~8000
间断使用的机械，中断会引起严重后果，如发动机辅助设备、流水线自动传送装置、升降机、车间起重设备、不常使用的机床等	8000~12000
利用率不高、每日 8h 工作的机械，如一般齿轮传动、某些固定电动机等	10000~25000
利用率较高、每日 8h 工作的机械，如金属切削机床、印刷机械等	20000~30000
24h 连续工作的机械，如矿山升降机、纺织机械、泵、电动机等	40000~50000
24h 连续工作的机械，中断使用后果严重，如造纸设备、发电站主发电机、矿井水泵、船舶螺旋桨轴等	100000~200000

在设计选择滚动轴承的尺寸或校核其承载能力和寿命时，可参阅国家标准中的滚动轴承尺寸及性能参数标准。

五、角接触球轴承和圆锥滚子轴承的轴向载荷 F_A 的计算

1. 安装方式

该类轴承受径向载荷 F_r 将产生内部派生轴向力 S（表 12-5），因此这类轴承在工作时总存在轴向力。为了使这类轴承的轴向力得到平衡，保证轴承正常工作，这两种轴承必须成对使用、对称安装，且它们有两种不同的安装方式，如图 12-10 所示。

正装（面对面）方式：两轴承外圈窄边相对，派生轴向力 S 的方向为面对面，其结构如图 12-10a 所示。其支距小，适合于传动零件位于两支承之间。

反装（背靠背）方式：两轴承外圈宽边相对，派生轴向力 S 的方向为背靠背，其结构如图 12-10b 所示。其支距变大，适合于传动零件处于外伸端。

2. 轴承径向载荷 F_{r1} 和 F_{r2} 的确定

首先求出轴承支承处的支反力，可用力平衡、力矩平衡方程式求出 R_{V1}、R_{V2} 和 R_{H1}、

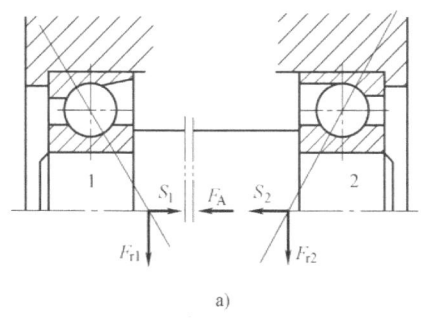
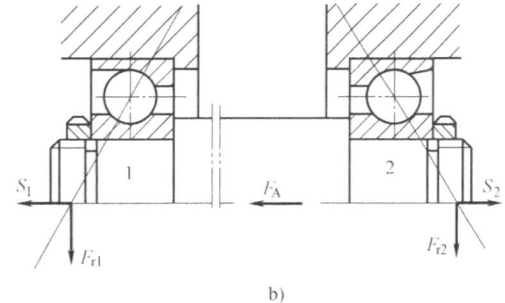

图 12-10 角接触球轴承的安装方式
a）正装 b）反装

R_{H2}，如图 12-11 所示。然后再确定两个轴承支承点处的 F_{r1} 和 F_{r2}（参考第十一章中轴的设计计算）。由轴系受力分析可知，径向载荷 F_{r1} 和 F_{r2} 为

$$F_{r1(2)} = \sqrt{R_{H1(2)}^2 + R_{V1(2)}^2} \qquad (12\text{-}14)$$

3. 轴承的轴向力 F_{a1} 和 F_{a2} 的确定

计算角接触球轴承和圆锥滚子轴承的轴向力时，除了要考虑轴向外载荷 F_A 的作用，还必须将轴承的内部派生轴向力 S 考虑进来，即必须同时考虑轴承受到的轴向外载荷和内部载荷。

一对轴承的内部派生轴向力 S_1 和 S_2 的大小可以根据轴承的类型和该对轴承受到的径向力 F_{r1} 和 F_{r2} 的大小计算得到。由于角接触球轴承受轴向力 F_a 作用后会产生弹性变形，使实际

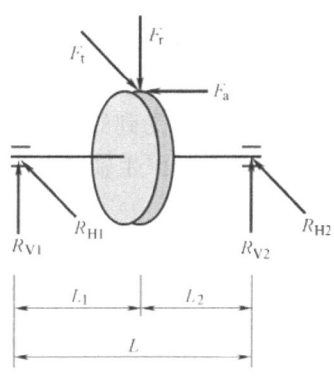

图 12-11 轴系受力图

的接触角发生变化，因此计算是比较复杂的。为了简化计算，角接触轴承计算派生轴向力 S 的近似公式见表 12-5。

一对内部派生轴向力 S_1 和 S_2 的方向，则可根据轴承的正、反装判定。轴承正装时，S_1 和 S_2 的方向朝内指向（图 12-12a），而反装时 S_1 和 S_2 的方向朝外指向（图 12-12b）。

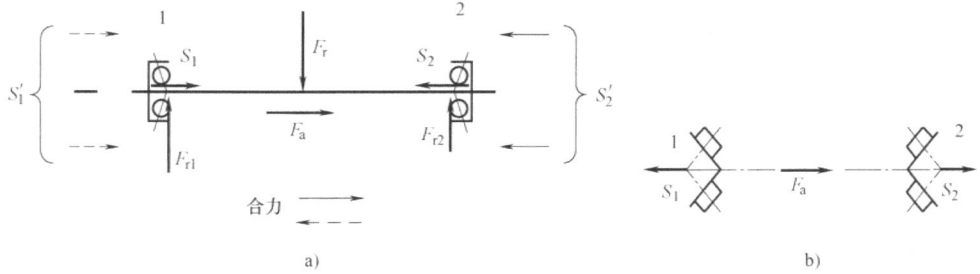

图 12-12 轴承受力简图
a）正装 b）反装

一对轴承受到的轴向力 F_{a1} 和 F_{a2} 的大小，要根据轴上的载荷 F_a 及该对轴承的内部派生轴向力 S_1 和 S_2 的大小和方向确定。以图 12-12a 所示的正装轴承为例，计算步骤和结论如下。

1）画轴承结构安装和受力简图，判断 F_a、S_1 和 S_2 的方向。由图知 F_a 和 S_1 方向相同，S_2 与其方向相反。

2) 计算 F_a 与 S_1 的和，并比较其与 S_2 的大小。有三种情况，即：

第一种情况，若 $F_a+S_1=S_2$，则轴系平衡，轴承受到的轴向力为

$$F_{a1}=S_1 \tag{12-15a}$$

$$F_{a2}=S_2 \tag{12-15b}$$

第二种情况，若 $F_a+S_1>S_2$，则轴与其配合的轴承 1 的内圈有向右移动的趋势，相当于轴承 1 的内、外圈"被放松"，轴承 2 的内、外圈"被压紧"，而实际上轴承必须是平衡的，即轴承 2 被压紧，会产生反力 S_2'，由轴向力平衡可得 $F_a+S_1=S_2+S_2'$，S_2 和 S_2' 都是轴承 2 所受的力，故被"压紧"的轴承 2 受到的总轴向力 F_{a2} 必与 F_a+S_1 相平衡；而被"放松"的轴承 1 受到的总轴向力 F_{a1} 即为其自身的派生轴向力 S_1，即

$$F_{a1}=S_1 \tag{12-16a}$$

$$F_{a2}=F_a+S_1 \tag{12-16b}$$

第三种情况，若 $F_a+S_1<S_2$，则轴承 1 的内、外圈"被压紧"，轴承 2 的内、外圈"被放松"，同上述分析，由轴向力平衡可得 $F_a+S_1+S_1'=S_2$，S_1 和 S_1' 都是轴承 1 所受的力，被"压紧"的轴承 1 受到的总轴向力 F_{a1} 必与 S_2-F_a 相平衡，被放松的轴承 2 受到的总轴向力 F_{a2} 即为其自身的派生轴向力 S_2，即

$$F_{a2}=S_2 \tag{12-17a}$$

$$F_{a1}=S_2-F_a \tag{12-17b}$$

3) 结论：一对角接触轴承（或一对圆锥滚子轴承）正装或反装，受载后，"被放松"的轴承受到的总轴向力即为其自身派生轴向力，"被压紧"的轴承受到的总轴向力为除了其自身派生轴向力以外各轴向力的代数和。

实际轴向力 F_a 的计算方法为：

1) 根据安装方式判明轴向力 S_1、S_2 的方向并计算其大小。

2) 计算派生轴向力和外加轴向载荷的合力大小和方向，判定被"压紧"和被"放松"轴承，正装时，轴向合力所指的轴承被"压紧"；反装时，轴向合力所指的轴承被"放松"。

3) "放松"端轴承的轴向力等于其自身派生轴向力；"压紧"端轴承的轴向力等于除了其自身派生轴向力以外，轴上各轴向力的代数和。

【例 12-2】 一水泵选用深沟球轴承，已知轴径 $d=35\text{mm}$，转速 $n=2900\text{r/min}$，轴承所受径向载荷 $F_r=2300\text{N}$，轴向载荷 $F_a=540\text{N}$，工作温度正常，要求轴承预期寿命 $L_h=5000\text{h}$，试选择轴承型号。

解：

计算与说明	主要结果
1) 求当量动载荷 P 查表 12-7 取 $f_p=1.1$，径向载荷系数 X 和轴向载荷系数 Y 要根据 F_a/C_0 值查取未选轴承的型号前暂不知道，故用试算法计算 根据表 12-6 暂取 $F_a/C_0=0.025$，则 $e=0.22$。由 $F_a/F_r=540\text{N}/2300\text{N}=0.235>e$ 查表 12-6，得 $X=0.56$，$Y=2$，则 $P=f_p(XF_r+YF_a)=1.1\times(0.56\times2300+2\times540)\text{N}=2604.8\text{N}$	$f_p=1.1$ $X=0.56$ $Y=2$
2) 计算所需的径向额定动载荷值 由式(12-13)可得 $C=\dfrac{P}{f_t}\left(\dfrac{60nL_h'}{10^6}\right)^{\frac{1}{\varepsilon}}=\dfrac{2604.8}{1}\times\left(\dfrac{60\times2900}{10^6}\times5000\right)^{\frac{1}{3}}\text{N}=24866\text{N}$	$C=24866\text{N}$

（续）

计算与说明	主要结果
3）选择轴承型号 查有关轴承的手册，根据 $d=35\text{mm}$ 选得 6307 轴承 其 $C_{0r}=33200\text{N}>24866\text{N}$，$C_r=19200\text{N}$ 6307 轴承的 $F_a/C_r=540/19200=0.0281$，与初值相近 结论：选用深沟球轴承 6307 合适	选 6307 $F_a/C_r=0.0281$ $C_{0r}=33200\text{N}$ $C_r=19200\text{N}$

【例 12-3】 如图 12-13a 所示，某单级齿轮减速器的输入轴由一对深沟球轴承支承。已知齿轮所受圆周力 $F_T=3000\text{N}$，径向力 $F_R=1200\text{N}$，轴向力 $F_A=650\text{N}$（由轴承 2 承受），方向如图所示。齿轮分度圆直径 $d=40\text{mm}$，轴颈直径为 30mm，$l=50\text{mm}$。轴的转速 $n=960\text{r/min}$，载荷平稳、常温工作，要求轴承寿命不低于 9000h，试选择轴承型号。

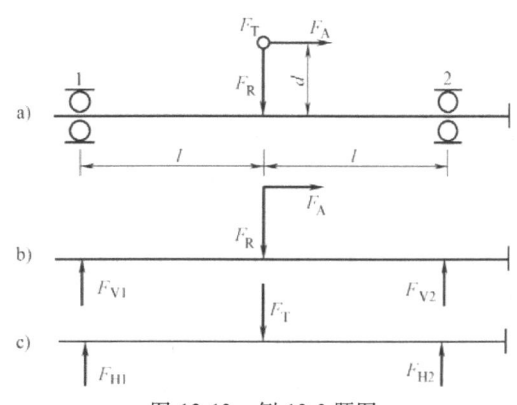

图 12-13 例 12-3 题图

解：

计算与说明	主要结果
1）求轴承所受径向载荷 F_{r1}、F_{r2} 对轴承支承结构进行分析，将空间力系分解为铅垂面（图 12-13b）和水平面（图 12-13c）两个平面力系 铅垂面支反力 $F_{V1}=\dfrac{F_R l-F_A\times\dfrac{d}{2}}{2l}=\dfrac{1200\times50-650\times\dfrac{40}{2}}{2\times50}\text{N}=470\text{N}$ $F_{V2}=F_R-F_{V1}=(1200-470)\text{N}=730\text{N}$ 水平面支反力 $F_{H1}=F_{H2}=\dfrac{F_T}{2}=\dfrac{3000}{2}\text{N}=1500\text{N}$ 其总支反力 $F_{r1}=\sqrt{F_{V1}^2+F_{H1}^2}=\sqrt{470^2+1500^2}\text{N}=1572\text{N}$ $F_{r2}=\sqrt{F_{V2}^2+F_{H2}^2}=\sqrt{730^2+1500^2}\text{N}=1668\text{N}$	$F_{V1}=470\text{N}$ $F_{V2}=730\text{N}$ $F_{H1}=F_{H2}=1500\text{N}$ $F_{r1}=1572\text{N}$ $F_{r2}=1668\text{N}$
2）求轴承所受轴向载荷 F_{a1}、F_{a2} 由于深沟球轴承接触角 $\alpha=0°$，不存在内部派生轴向力，故 轴承 1 所受轴向载荷 $F_{a1}=0$ 轴承 2 所受轴向载荷 $F_{a2}=F_A=650\text{N}$	$F_{a1}=0$ $F_{a2}=650\text{N}$
3）计算轴承的当量动载荷 P_1、P_2 初选轴承型号：根据题意，试选 6206 轴承。由标准查得性能参数为 $C=19500\text{N}$，$C_0=11500\text{N}$，$n_{\lim}=9600\text{r/min}$，脂润滑。取载荷系数 f_p 为 1.1 轴承 1：$P_1=F_{r1}=1572\text{N}$ 轴承 2：$\dfrac{iF_{a2}}{C_0}=\dfrac{1\times650\text{N}}{11500\text{N}}=0.056$，由手册查得 $e=0.26$ $\dfrac{F_{a2}}{F_{r2}}=\dfrac{650\text{N}}{1668\text{N}}=0.39>e$，由手册查得 $X_2=0.56$，$Y_2=1.71$ $P_2=f_p(X_2F_{r2}+Y_2F_{a2})=1.1(0.56\times1668+1.71\times650)\text{N}=2250.6\text{N}$	$P_1=1572\text{N}$ $P_2=2250.6\text{N}$

259

(续)

计算与说明	主要结果
4)轴承的寿命计算 两端轴承选择相同型号,由于 $P_2>P_1$,故按 P_2 进行计算 球轴承 $\varepsilon=3$,选温度系数 $f_t=1.0$。 $L_{h10}=\dfrac{10^6}{60n}\left(\dfrac{f_tC}{P_2}\right)^\varepsilon=\dfrac{10^6}{60\times 960}\times\left(\dfrac{1\times 19500}{2250.6}\right)^3 \text{h}=11299\text{h}>9000\text{h}$ 所选 6206 轴承满足寿命要求。由于载荷平稳,转速不是很高,不必校正静强度。该轴承转速远低于极限转速 $n_{\lim}=9600\text{r/min}$,也不必验算极限转速	$L_{h10}=11299\text{h}$ 选轴承 6206,脂润滑

【例 12-4】 如图 12-14 所示,已知轴承 1 径向载荷 $F_{r1}=2100\text{N}$,轴承 2 径向载荷 $F_{r2}=1200\text{N}$,轴向外载荷 $F_A=900\text{N}$,轴承转速 $n=1500\text{r/min}$,运转中有中等冲击 ($f_p=1.2$),室温工作,预期寿命 $L_h'\geqslant 5000\text{h}$,选用轴承型号 7307AC,已查得 $C=33400\text{N}$,$S=0.68F_R$。当 $e=0.68$,$F_A/F_R\leqslant e$ 时,$X=1$,$Y=0$,$F_A/F_R>e$ 时,$X=0.41$,$Y=0.87$,试计算轴承寿命是否满足要求。

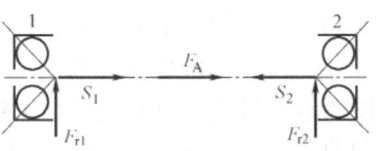

图 12-14 例 12-4、例 12-5 题图

解:

计算与说明	主要结果
1)计算轴承的轴向力 派生轴向力为 $S_1=0.68F_{r1}=0.68\times 2100\text{N}=1428\text{N}$,$S_2=0.68F_{r2}=0.68\times 1200\text{N}=816\text{N}$ 设 S_1 和 F_A 同向,$S_1+F_A=1428\text{N}+900\text{N}=2328\text{N}>S_2$,轴承 2 被压紧。有 $F_{a1}=S_1=1428\text{N}$,$F_{a2}=S_1+F_A=1428\text{N}+900\text{N}=2328\text{N}$	$S_1=1428\text{N}$ $S_2=816\text{N}$ $F_{a1}=1428\text{N}$ $F_{a2}=2328\text{N}$
2)计算当量动载荷 $\dfrac{F_{a1}}{F_{r1}}=\dfrac{1428\text{N}}{2100\text{N}}=0.68=e$,故 $X_1=1$,$Y_1=0$ $\dfrac{F_{a2}}{F_{r2}}=\dfrac{2328\text{N}}{1200\text{N}}=1.94>e$,故 $X_2=0.411$,$Y_2=0.87$ $P_1=f_p(X_1F_{r1}+Y_1F_{a1})=1.2F_{r1}=1.2\times 2100\text{N}=2520\text{N}$ $P_2=f_p(X_2F_{r2}+Y_2F_{a2})=1.2(0.41\times 1200+0.87\times 2328)\text{N}=3021\text{N}$ 故危险轴承为轴承 2	$P_1=2520\text{N}$ $P_2=3021\text{N}$
3)验算轴承寿命 $L_{h10}=\dfrac{10^6}{60n}\left(\dfrac{C}{P_2}\right)^\varepsilon=\dfrac{10^6}{60\times 1500}\left(\dfrac{33400}{3021}\right)^3\text{h}=15016\text{h}>5000\text{h}$ 结论:7307AC 轴承满足要求	$L_{h10}=15016\text{h}$

【例 12-5】 一转轴上正装一对角接触球轴承,如图 12-14 所示。已知两个轴承所受的径向力分别为 $F_{r1}=1580\text{N}$,$F_{r2}=1980\text{N}$,轴向外载荷 $F_A=880\text{N}$,轴径 $d=45\text{mm}$,转速 $n=2900\text{r/min}$,有轻微冲击,常温下工作,预期寿命 $L_h'=5000\text{h}$,试选出轴承型号。

解:

计算与说明	主要结果
1)预选轴承型号 考虑轴承的载荷、速度及工作条件,预选角接触球轴承 7209AC。查轴承标准有:$C=36.8\text{kN}$	预选轴承 7209AC $C=36.8\text{kN}$

(续)

计算与说明	主要结果
2）计算轴承的轴向力 7209AC 的内部派生轴向力 $S=0.68F_R$，所以 $S_1 = 0.68F_{r1} = 0.68 \times 1580\text{N} = 1074.4\text{N}$，$S_2 = 0.68F_{r2} = 0.68 \times 1980\text{N} = 1346.4\text{N}$ 因为这对轴承正装，则 S_1 与 F_A 同向，有 $S_1 + F_A = (1074.4 + 880)\text{N} = 1954.4\text{N} > S_2 = 1346.4\text{N}$ 因此，轴承 1 被"放松"，轴承 2 被"压紧"，有 $F_{a1} = S_1 = 1074.4\text{N}$；$F_{a2} = S_1 + F_A = 1954.4\text{N}$	$S_1 = 1074.4\text{N}$ $S_2 = 1346.4\text{N}$ $F_{a1} = 1074.4\text{N}$ $F_{a2} = 1954.4\text{N}$
3）计算轴承的当量动载荷 P_1 和 P_2 查表 12-6 得 $e = 0.68$，查表 12-7 得 $f_p = 1.0$ 轴承 1：$F_{a1}/F_{r1} = 1074.4\text{N}/1580\text{N} = 0.68 = e$，查表 12-6 得 $X_1 = 1, Y_1 = 0$ 故 $P_1 = f_p(X_1F_{r1} + Y_1F_{a1}) = F_{r1} = 1580\text{N}$ 轴承 2：$F_{a2}/F_{r2} = 1954.4\text{N}/1980\text{N} = 0.98 > e$，查表 12-6 得 $X_2 = 0.41, Y_2 = 0.87$ 故 $P_2 = f_p(X_2F_{r2} + Y_2F_{a2}) = (0.41 \times 1980 + 0.87 \times 1954.4)\text{N} = 2512\text{N}$	$P_1 = 1580\text{N}$ $P_2 = 2512\text{N}$
4）计算轴承 7209AC 在给定条件下能承受的载荷 P $P = \dfrac{C}{\sqrt[\varepsilon]{\dfrac{60nL'_h}{10^6}}} = \dfrac{36800}{\sqrt[3]{\dfrac{60 \times 2900 \times 5000}{10^6}}}\text{N} = 3854.8\text{N}$ 因为 $P > P_1$，$P > P_2$，所以预选的轴承 7209AC 能用	$P = 3854.8\text{N}$ 轴承 7209AC 能用

【例 12-6】 已知某转轴由两个反装的角接触球轴承支承，如图 12-15 所示，支点处的径向力 $F_{r1} = 875\text{N}$，$F_{r2} = 1520\text{N}$，齿轮上的轴向力 $F_A = 400\text{N}$，轴的转速 $n = 520\text{r/min}$，运转中有中等冲击，预期寿命 $L'_h = 3000\text{h}$。若初选轴承型号为 7207C，试验算其寿命。

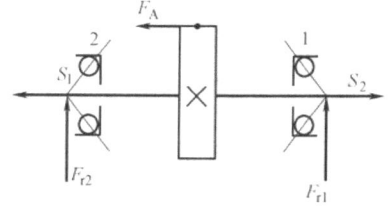

图 12-15 例 12-6 题图

解：

计算与说明	主要结果
1）计算轴承的内部派生轴向力 S 对于所选轴承，$S = eF_R$，而 e 值决定于 F_A/C_0，但 F_A 待求，故用试算法。先试取 $e = 0.4$，则 $S_1 = eF_{r1} = 0.4 \times 875\text{N} = 350\text{N}$；$S_2 = eF_{r2} = 0.4 \times 1520\text{N} = 608\text{N}$	$S_1 = 350\text{N}$ $S_2 = 608\text{N}$
2）计算轴承的轴向力 由标准知 7207C 轴承，$C = 30500\text{N}$，$C_0 = 20000\text{N}$ 因为这对轴承反装，S_1 与 F_A 同向，故 $S_1 + F_A = (350 + 400)\text{N} = 750\text{N} > S_2 = 608\text{N}$ 此时轴承 1 为压紧端，轴承 2 为放松端，即有 $F_{a1} = S_2 + F_A = 608\text{N} + 400\text{N} = 1008\text{N}$；$F_{a2} = S_2 = 608\text{N}$ 相对轴向载荷为 $\dfrac{F_{a1}}{C_0} = \dfrac{1008\text{N}}{20000\text{N}} = 0.0504$，$\dfrac{F_{a2}}{C_0} = \dfrac{608\text{N}}{20000\text{N}} = 0.0304$ 由表 12-6，X、Y 系数经插值计算得 $e_1 = 0.422$，$e_2 = 0.401$。再计算 $S_1 = eF_{r1} = 0.422 \times 875 = 369\text{N}$，$S_2 = eF_{r2} = 0.401 \times 1520 = 610\text{N}$ $F_{a1} = 610\text{N} + 400\text{N} = 1010\text{N}$，$F_{a2} = 610\text{N}$ $F_{a1}/C_0 = 1010\text{N}/20000\text{N} = 0.0505$，$F_{a2}/C_0 = 610\text{N}/20000\text{N} = 0.0305$ 两次计算的 F_a/C_0 值相差不大，故可取 $e_1 = 0.422$，$e_2 = 0.401$ $F_{a1} = 1010\text{N}$，$F_{a2} = 610\text{N}$	$C = 30500\text{N}$ $C_0 = 20000\text{N}$ $F_{a1} = 1010\text{N}$ $F_{a2} = 610\text{N}$

计算与说明	主要结果
3）计算当量动载荷 $F_{a1}/F_{r1} = 1010\text{N}/875\text{N} = 1.15 > e_1$，故查表得 $X = 0.44, Y = 1.326$。则 $P_1 = f_p(XF_{r1} + YF_{a1}) = 1.5 \times (0.44 \times 875 + 1.326 \times 1010)\text{N} = 2586\text{N}$ $F_{a2}/F_{r2} = 610\text{N}/1520\text{N} = 0.401 = e_2$，查表得 $X = 1, Y = 0$。故 $P_2 = f_p(XF_{r2} + YF_{a2}) = 1.5 \times 1520\text{N} = 2280\text{N}$ 因 $P_2 < P_1$，故按 P_1 计算轴承寿命	$P_1 = 2586\text{N}$ $P_2 = 2280\text{N}$
4）验算轴承寿命 $L_{h10} = \dfrac{10^6}{60n}\left(\dfrac{C}{P}\right)^\varepsilon = \dfrac{10^6}{60 \times 520} \times \left(\dfrac{30500}{2586}\right)^3 \text{h} = 52584\text{h} > L'_h = 30000\text{h}$ 结论：7207C 轴承满足使用要求	$L_{h10} = 52584\text{h}$

六、静载荷及极限转速计算

1. 静载荷计算

在下列工况下，为保证轴承良好地工作，应进行额定静载荷计算。

1）轴承静止或缓慢转动（转速小于 10r/min），且承受连续或间断（冲击）载荷。

2）轴承在载荷作用下缓慢摆动。

3）轴承在正常载荷作用下做转速大于 10r/min 的旋转运动，且承受间断的、较大冲击载荷。

额定静载荷的计算公式为

$$C_0 \geqslant S_0 P_0 \tag{12-18}$$

式中　C_0——额定静载荷（N）；

P_0——当量静载荷（N），是 $P_0 = X_0 F_r + Y_0 F_a$、$P_0 = F_r$ 两式中的较大值，X_0、Y_0 分别为径向和轴向载荷系数，其数值可由表 12-10 查取；

S_0——安全因数，分静止轴承、缓慢摆动或转速极低的轴承以及旋转轴承，其安全因数分别可参考表 12-11 选取。对载荷变化较大、冲击载荷较大的旋转轴承，除按额定动载荷进行疲劳寿命计算外，还必须进行额定静载荷计算。若轴承转速较低，对运转精度和摩擦力矩要求不高，可取 $S_0 < 1$。

表 12-10　径向载荷系数 X_0 和轴向载荷系数 Y_0

轴承类型		X_0	Y_0
深沟球轴承（60000 型）		0.6	0.5
角接触球轴承	$\alpha = 15°$（70000C 型）		0.46
	$\alpha = 25°$（70000AC 型）		0.38
	$\alpha = 40°$（70000B 型）		0.26
圆锥滚子轴承（30000 型）		0.5	$0.22\cot\alpha$

注：均为单列轴承下的 X_0、Y_0。

2. 极限转速计算

滚动轴承的极限转速是指在一定的载荷、润滑条件下轴承允许的最高转速。它与轴承类型、尺寸、载荷的大小与方向、润滑剂种类与数量、润滑方法、轴承精度、保持架材质、游隙及冷却条件等多种因素有关。在轴承样本和手册中，列出了特定条件下的极限转速 $n_{\lim}$，但其只适用于当量动载荷 $P \leqslant 0.1C$、润滑与冷却条件正常等条件的轴承。

表 12-11 轴承的安全因数

静止轴承的安全因数		旋转轴承的安全因数		
轴承使用场合	S_0	使用要求/载荷性质	S_0	
			球轴承	滚子轴承
飞机变螺距螺旋桨叶片	≥0.5	旋转精度及平稳性要求高/受冲击载荷	1.5~2	2.5~4
水坝闸门装置	≥1			
吊桥	≥1.5			
附加动载荷较小的大型起重机吊钩	≥1	正常使用	0.5~2	1~3.5
附加动载荷很大的小型起重机吊钩	≥1.6	旋转精度及平稳性要求较低/没有冲击	0.5~2	1~3

当轴承在重载荷下运转时，滚动体及滚道的接触应力增大、温度升高、润滑条件变差；径向接触轴承和角接触轴承，既受径向载荷，又受轴向载荷时，受载滚动体的数目增加、摩擦发热增大、润滑条件变差。上述两种情况都会影响轴承的极限转速。计算时引入载荷系数和载荷分布系数考虑对极限转速的影响，则在实际工作条件下轴承允许的最高转速 n_{max} 计算公式为

$$n_{max} = f_1 f_2 n_{lim} \tag{12-19}$$

式中 f_1——载荷系数（图12-16），考虑载荷大小对极限转速的影响；

f_2——载荷分布系数（图12-17），考虑轴承中载荷分布情况对极限转速的影响。

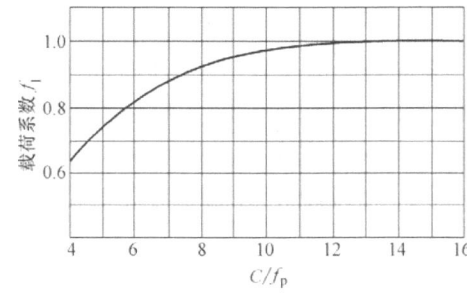

图 12-16 载荷系数 f_1

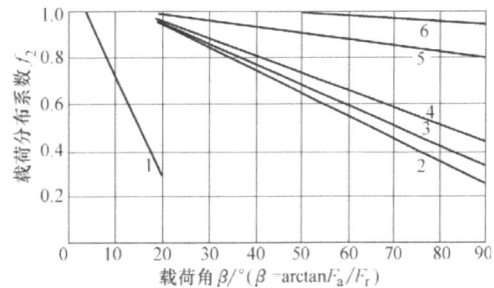

图 12-17 载荷分布系数 f_2

1—圆柱滚子轴承 2—调心滚子轴承 3—调心球轴承
4—圆锥滚子轴承 5—深沟球轴承 6—角接触球轴承

选择轴承时，若其工作转速超过最高转速，则需另选轴承或采取必要措施来提高轴承的极限转速，如提高轴承的公差等级，适当加大游隙，改用特殊材料和特殊结构的保持架，采用循环润滑、油雾润滑，增设循环冷却系统等。

第五节 滚动轴承装置的组合结构设计

为了保证轴承的正常工作，除了合理地选择轴承的类型和尺寸外，还必须正确设计轴承装置（即轴承组合），正确地解决轴承安装、配合、紧固、调整、润滑和密封等问题。

一、滚动轴承的轴向固定和调整

1. 滚动轴承的轴向固定方式

机器中轴的位置是靠轴承来定位的。当轴工作时，既要防止轴的轴向窜动，又要保证轴

承不致受热膨胀而卡死，所以轴承必须有适当的轴向固定措施，常见的有以下三种方式。

（1）两端固定式　这种方式是利用轴肩和端盖的挡肩单向固定内、外圈的，每一个支承只能限制单方向移动，两个支承共同防止轴的双向移动（图 12-18）。这种安装主要用在两个成对布置的深沟球轴承、角接触球轴承或圆锥滚子轴承的情况。考虑温度升高后轴的伸长，为使轴的伸长不致引起附加应力，在轴承盖与外圈端面之间留出热补偿间隙 c，一般为 0.2~0.4mm，称为游隙。游隙的大小是靠增减端盖和外壳之间的调整垫片来实现的。这种支承方式结构简单、便于安装，适用于工作温度变化不大的短轴。

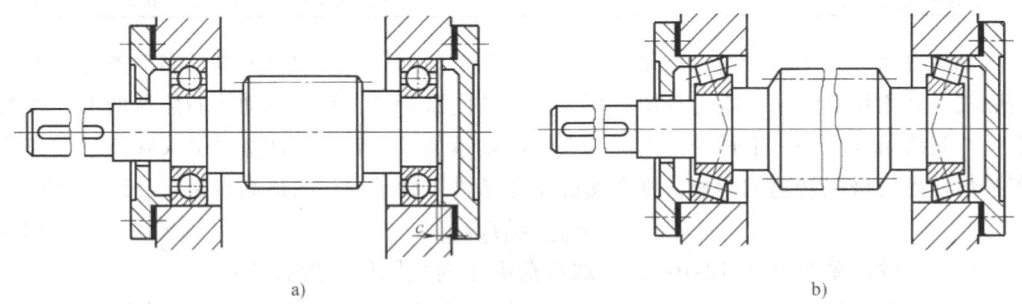

图 12-18　两端固定式
a）一对深沟球轴承　b）一对圆锥滚子轴承

（2）固游式（一端固定、一端游动）　对于工作温度较高的长轴，受热后伸长量比较大，应该采用一端固定，另一端游动的支承结构（图 12-19a）。作为固定支承的轴承，应能承受双向载荷，故此内、外圈都要固定。作为游动支承的轴承，若使用的是可分离型的圆柱滚子轴承等，则其内、外圈都应固定（图 12-19b）；若使用的是内、外圈不可分离的轴承，则固定其内圈后，其外圈在轴承座孔中应可以游动。

（3）游动式　这种方式常用于人字齿轮高速主动轴，如图 12-20 所示。这种方式能使轴左、右双向游动，以自动补偿轮齿左、右两侧螺旋角的制造误差，使轮齿受力均匀。可采用圆柱滚子轴承，靠滚子与外圈间的游动来实现。而低速齿轮轴则须两端固定，以保证两轴的轴向定位。

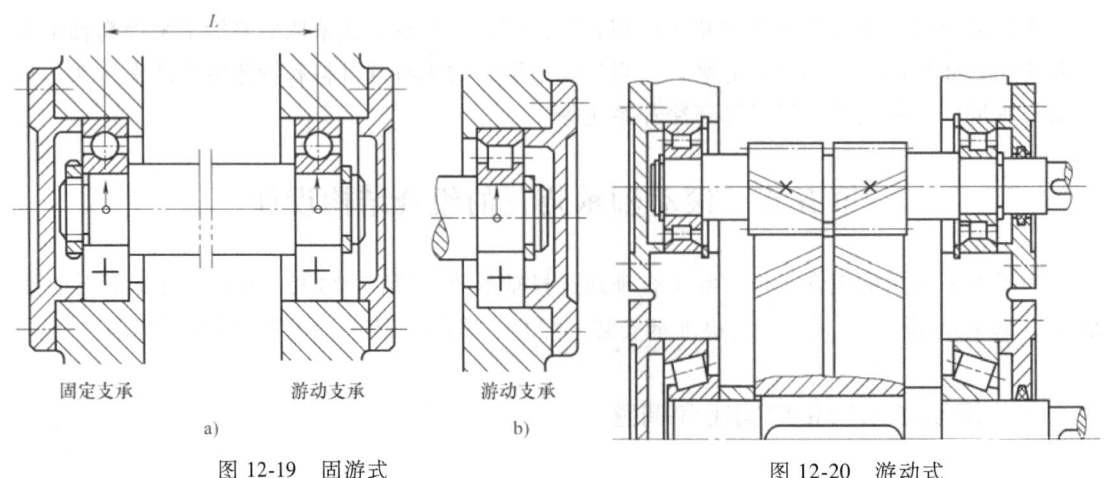

图 12-19　固游式
a）游动端为内、外圈不可分离的轴承
b）游动端为可分离的圆柱滚子轴承

图 12-20　游动式

2. 滚动轴承的轴向固定

滚动轴承内、外圈的轴向固定可根据载荷大小选用不同结构，其主要方式有：轴肩、轴用弹性挡圈、轴端挡圈、紧固螺钉、圆螺母、止动垫圈、孔用弹性挡圈和端盖等方式。滚动轴承的轴向固定结构如图 12-21 所示。

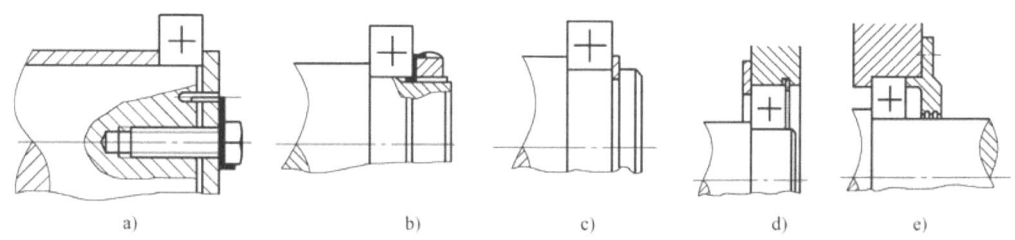

图 12-21 滚动轴承的轴向固定结构
a)、b)、c) 轴承内圈固定结构　d)、e) 轴承外圈固定结构

二、支承的刚度和座孔的同轴度

支承部分必须有适当的刚性和安装精度。刚性不足或安装精度不够，都会导致变形过大，从而影响滚动体的滚动而导致轴承提前失效。增大轴承装置刚性的措施很多，如机壳上轴承装置部分及轴承座孔壁应有足够的厚度；轴承座的悬臂应尽可能缩短，并采用加强筋提高刚性；对于轻合金和非金属机壳应采用钢或铸铁衬套；对于采用剖分式结构的，应该采用组合加工方法；一组轴承的支承应该一次加工出来。

三、轴承间隙调整

轴承在装配时，一般要留有适当间隙，以利轴承正常运转。常用的调整方法有以下几种。

1. 调整垫片

如图 12-22 所示结构，调整时靠加减轴承盖与机座之间的垫片厚度来调整轴承间隙。如图 12-22a 所示为轴承组合位置调整的方法。该结构中采用了两组调整垫片，调整垫片 1 用

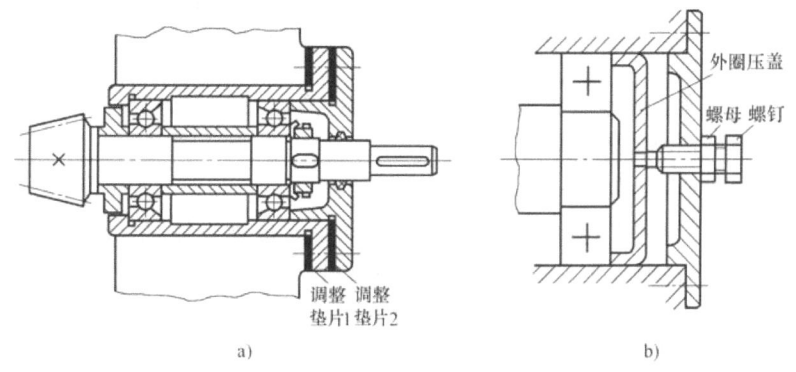

图 12-22 轴承间隙调整方法
a) 锥齿轮轴轴承组合　b) 调节螺钉调整间隙

于调整锥齿轮的轴向位置；而调整垫片 2 用于调整轴承外圈与轴之间的距离，使轴承具有合理的轴向游隙或所要求的预紧程度。

2. 调节螺钉

如图 12-22b 所示的结构，是用螺钉通过外圈压盖移动外圈的位置来进行间隙调整的。调整后，用螺母锁紧、防松。

四、滚动轴承的配合与装拆

1. 滚动轴承的配合

滚动轴承是标准件，轴承内圈与轴的配合采取基孔制，轴承外圈与机座孔的配合采取基轴制。配合过紧、游隙过小或消失，会影响轴承正常运转；配合过松、游隙增大，会影响旋转精度，且受载滚动体数减少，承载能力下降。

国家标准规定，滚动轴承内、外圈的尺寸公差均采用上极限偏差为零、下极限偏差为负的分布。图 12-23 所示为滚动轴承以及与其配合的零件公差带位置。由于轴承内圈与外圈都具有公差带较小的负公差带，而圆柱基准孔公差带为正，基准轴的公差带为负，所以轴承内圈与轴的配合比圆柱公差规定的标准基孔制同类配合要紧，而外圈公差带虽与圆柱基准轴的公差带方向一致（为负），但轴承外圈公差带较小，因此轴承外圈与座孔的配合，也比标准的基孔制同类配合要紧。

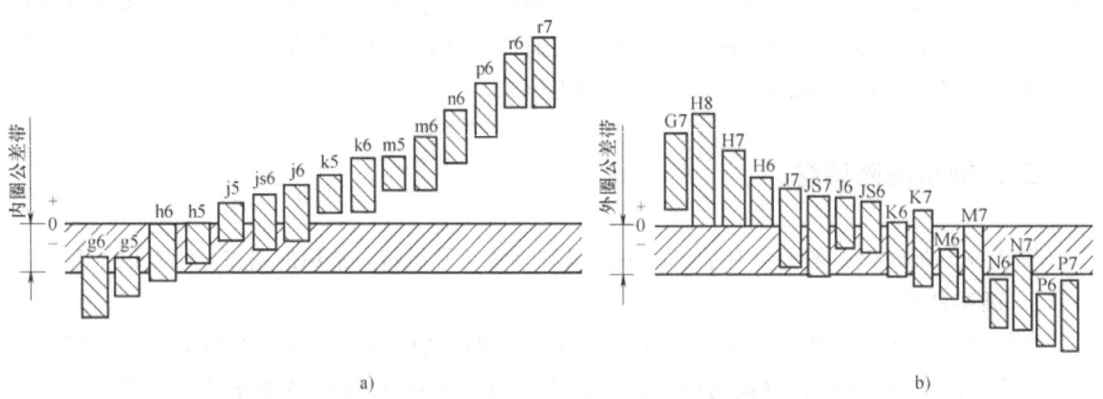

图 12-23 滚动轴承以及与其配合的零件公差带位置
a) 滚动轴承内圈与轴的配合 b) 滚动轴承外圈与孔的配合

选择配合时，应考虑轴承载荷的大小、方向、性质以及轴承类型、转速和使用条件等因素。滚动轴承配合的选择原则为：

1）转动圈比不动圈配合紧一些。
2）高速、重载、有冲击、振动时，配合应紧一些；载荷平稳时，配合应松一些。
3）旋转精度要求高时，配合应紧一些（减小游隙）。
4）常拆卸的轴承或游动套圈应取较松的配合。
5）与空心轴配合的轴承应取较紧的配合。

在具体选取时，要根据轴承的类型和尺寸、载荷的大小、方向以及载荷的性质等来确定：工作载荷不变时，转动圈（一般为内圈）要紧。转速越高、载荷越大、振动越大、工作温度变化越大，配合应该越紧。常用的配合有 n6、m6、k6、js6；固定套圈（通常为外圈）、游动套圈或经常拆卸的轴承应该选择较松的配合。常用的配合有 J7、J6、H7、G7。使用时可以参考相关手册或资料。

2. 滚动轴承的装拆

在设计任何一部机器时都必须考虑零件能够装得上、拆得下。在轴承结构设计中也是如此，必须考虑轴承的装拆问题，而且要保证不因装拆而损坏轴承或其他零件。装配轴承的长度，在满足配合长度的情况下，应尽可能设计得短一些。轴承内圈与轴颈的配合通常较紧，可以采用压力机在内圈上施加压力将轴承压套在轴颈上。有时为了便于安装，尤其是大尺寸轴承，可用热油（不超过 80℃）加热轴承，或用干冰冷却轴颈。中小型轴承可以使用软锤直接敲入或用一段管子压住内圈敲入。

装拆滚动轴承时，不能通过滚动体来传力，以免造成滚道或滚动体的损伤。由于轴承的配合较紧，装拆时以使用专门的工具为宜（图 12-24a、b），以免在装拆的过程中损坏轴承和其他零件。为了便于拆卸轴承，内圈在轴肩上应露出足够的高度（图 12-24c），或在轴肩上开槽，以便放入拆卸工具的钩头。也可以采用其他结构，如在轴颈预留出油道，需要时利用高压油进行拆卸。

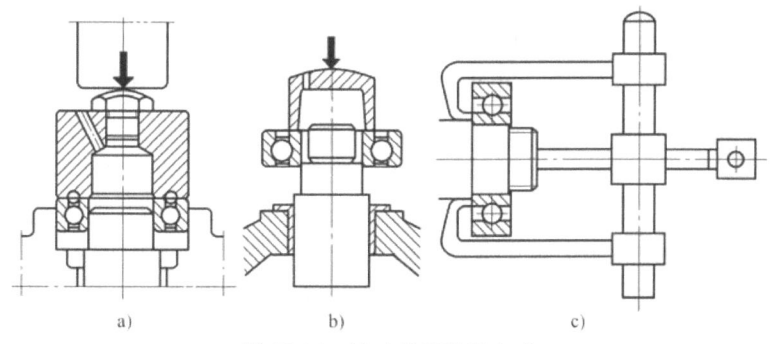

图 12-24 滚动轴承装拆方式

五、滚动轴承的预紧

预紧就是在轴承安装时，用各种方法预先使滚动体与内、外圈滚道相互压紧，让轴承在负游隙下工作，这样可以提高旋转精度，增加支承刚性，减小振动和噪声，延长轴承寿命。常用的预紧方法有：用垫片和长、短隔套预紧，如图 12-25a 所示；夹紧一对磨窄的内（外）圈，如图 12-25b 所示。

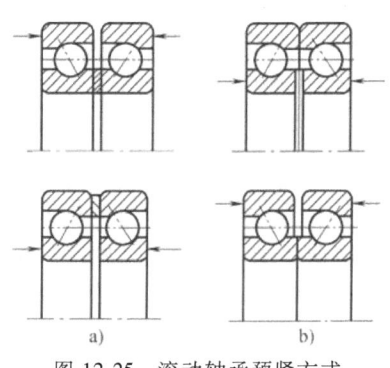

图 12-25 滚动轴承预紧方式

六、滚动轴承的润滑和密封

1. 润滑

保证良好的润滑是维护保养轴承的主要手段。润滑可以降低摩擦阻力，减轻磨损。同时,还具有降低接触应力、缓冲吸振及防腐蚀等作用。

常用滚动轴承的润滑剂有润滑脂和润滑油两种。具体可按速度因数 dn 值来决定,d 为滚动轴承内径(mm);n 为轴承的转速(r/min)。滚动轴承 dn 值与润滑方法见表 12-12。

表 12-12 滚动轴承 dn 值与润滑方法 （单位:mm·r/min）

轴承类型	脂润滑	油润滑			
		浸油润滑	滴油润滑	压力供油润滑	油雾润滑
深沟球轴承	16	25	40	60	>60
调心球轴承					
角接触球轴承					
圆柱滚子轴承	12				
圆锥滚子轴承	10	16	23	30	
调心滚子轴承	8	12	20	25	
推力球轴承	4	6	12	15	

注:表值×10^4。

一般情况下,滚动轴承使用的润滑剂是润滑脂。它可以形成强度较高的油膜,承受较大的载荷,缓冲和吸振能力好,黏附力强,可以防水,不需要经常更换和补充,密封结构简单。但是脂润滑发热量大,因此只用于较低 dn 值的场合。滚动轴承的装脂量为轴承内部空间的 1/3~2/3。

润滑油的内摩擦力小,便于散热冷却,适用于高速机械。转速越高,油的黏度应该越小。当转速不超过 10000r/min 时,可以采用简单的浸油法。高于 10000r/min 时,搅油损失增大,引起油液和轴承严重发热,应该采用滴油、喷油或喷雾法。

2. 密封

轴承密封装置是为了防止灰尘、水等其他杂质进入轴承,并防止润滑剂流出而设置的。常见的密封装置有接触式和非接触式密封两类。

(1) 接触式密封 在轴承盖内放置软材料(毛毡、橡胶圈或皮碗等),与转轴直接接触而起密封作用。这种密封多用于转速不高的情况,同时要求与密封接触的轴表面硬度大于 40HRC,表面粗糙度小于 0.8μm。

1) 毡圈密封(图 12-26a)。在轴承盖上开出梯形槽,将矩形截面的细毛毡放置在梯形槽中与轴接触。这种密封结构简单,但摩擦较严重,主要用于轴颈圆周速度小于 5m/s 的油脂润滑结构。

2) 皮碗密封(图 12-26b)。在轴承盖中放置一个皮碗,它是用耐油橡胶等材料制成的,并装在一个钢壳之中(有的没有钢壳)的整体部件,皮碗与轴紧密接触而起密封作用。为增强封油效果,用一个螺旋弹簧压在皮碗的唇部。唇的方向朝向密封部位,主要目的是防止漏油;唇朝外,主要目的是防尘。当采用两个皮碗相背放置时,既可以防尘又可以起密封作用。这种结构安装方便、使用可靠,适用于轴颈圆周速度小于 7m/s 的场合。

3) 挡油环与毡圈组合密封(图 12-26c)。这种密封用挡油环挡住润滑齿轮的润滑油进入轴承内部,可防止轴承内的润滑脂被稀释以致润滑失效。

(2) 非接触式密封 非接触式密封不与轴直接接触,多用于速度较高的场合。

1) 油沟式密封(图 12-27a)。在轴与轴承盖的通孔壁之间留有 0.1~0.3mm 的间隙,并在轴承盖上车出沟槽,并在槽内填满油脂,以起密封作用。这种形式结构简单,轴颈圆周速度小于 6m/s,适用于润滑脂润滑。

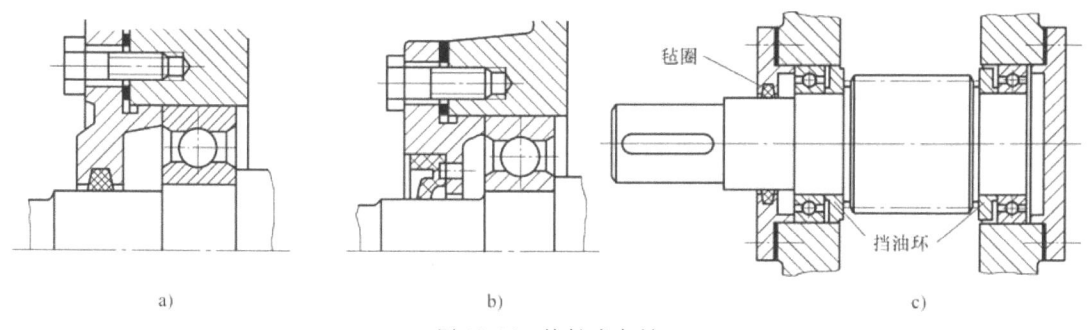

图 12-26 接触式密封
a）毡圈密封 b）皮碗密封 c）挡油环与毡圈组合密封

2）迷宫式密封（图 12-27b）。将旋转的和固定的密封件间的间隙制成迷宫（曲路）形式，缝隙间填满润滑脂，以加强密封效果。这种方式对润滑脂和润滑油都很有效，环境比较脏时采用这种形式，轴颈圆周速度可达 30m/s。

3）组合密封（图 12-27c）。可在油沟密封区内的轴上安装一个甩油环，当向外流失的润滑油落在甩油环上时，由于离心力的作用而甩落，然后通过导油槽流回油箱。这种组合密封形式在高速时密封效果较好。

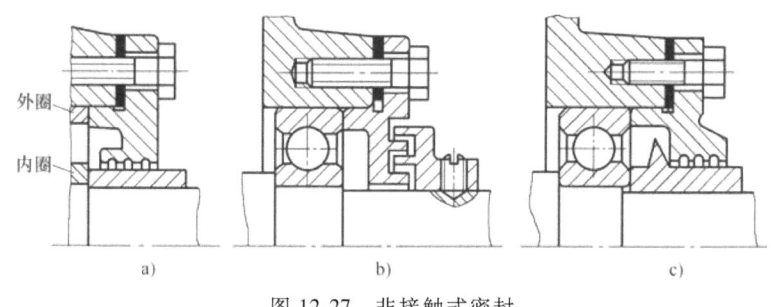

图 12-27 非接触式密封
a）油沟式密封 b）迷宫式密封 c）组合密封

【例 12-7】 如图 12-28 所示，试分析图示轴系结构，指出错误并加以改正。齿轮用油润滑、轴承用脂润滑。

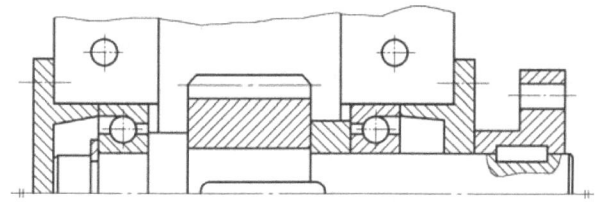

图 12-28 例 12-7 题图

解：

1. 支点轴向固定结构错误

1）该例为两端固定结构，但应将两轴承由图示的反装改为正装，否则轴向力无法传到机座上。

2）左轴端的轴用弹性挡圈多余，应去掉。

3）无法调整轴承间隙，端盖与机座间应加调整垫片。

2. 转动件与静止件接触错误

1）左轴端不应顶住端盖。
2）联轴器不应与端盖接触。
3）右端盖不应与轴接触，孔径应大于轴径。

3. 轴上零件固定错误

1）套筒作用不确定，且轴上有键，无法顶住齿轮；套筒不能同时顶住轴承的内、外圈；齿轮的轴向固定不可靠（过定位）。
2）联轴器轴向位置不确定。

4. 加工工艺不合理

1）轴上两处键槽不在同一母线上。
2）联轴器键槽未开通，深度不符标准。
3）箱体外端面的加工面与非加工面未分开（未设圆角）。

5. 装配工艺错误

1）轴肩、套筒直径过大，两轴承均无法拆下。
2）齿轮处键过长，轴颈右侧长度应减小 2~3mm。

6. 润滑与密封错误

1）轴承处未加挡油盘。
2）右端盖未考虑密封。

改正后的结构如图 12-29 所示。

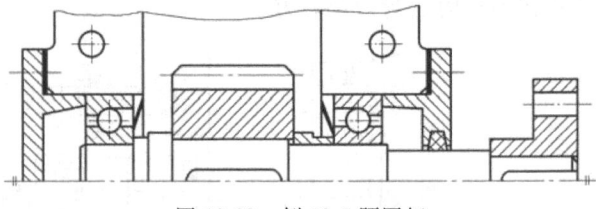

图 12-29　例 12-7 题图解

思 考 题

12.1　选择滚动轴承的类型时应考虑哪些因素？

12.2　说明下列滚动轴承代号的含义，如指出这些轴承的类型、内径尺寸、尺寸系列、公差、游隙组别和结构特点等。轴承代号为：6310、7210AC、N2212、32312/P5。

12.3　角接触球轴承和圆锥滚子轴承为什么要成对使用？

12.4　以径向接触轴承为例，说明轴承内、外圈为何采用松紧不同的配合。

12.5　滚动轴承常见的失效形式是什么？计算准则是什么？

12.6　什么是滚动轴承的基本额定寿命？在基本额定寿命内，一个轴承是否会发生失效？为什么？

12.7　什么是滚动轴承的基本额定动载荷和当量动载荷？为什么要按当量动载荷来计算滚动轴承的寿命？

12.8　为什么轴承采用脂润滑时，润滑脂不能充满整个轴承空间？为什么采用浸油润滑时，油面不能超过最低滚动体的中心？

12.9　图 12-30 所示的简支梁与悬

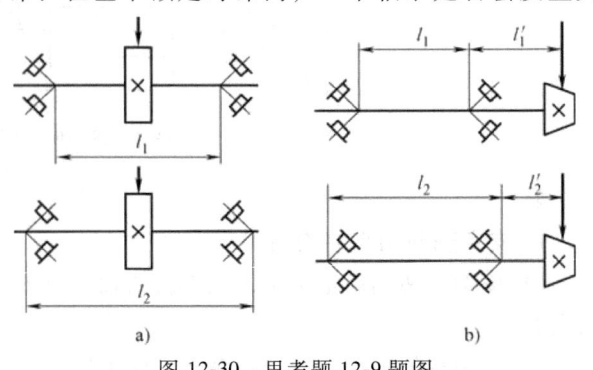

图 12-30　思考题 12-9 题图

臂梁用圆锥滚子轴承支承，试分析正装和反装对轴系刚度的影响。

习　　题

12.1 图 12-31 所示为深沟球轴承的载荷 P 与寿命 L 的关系曲线，试求：

1) 轴承的基本额定动载荷 C。

2) 当 $P = 0.1C$，$n = 1000 \text{r/min}$ 时的 L_h。

12.2 某深沟球轴承 6306 的工作条件是：径向载荷 $F_r = 2600\text{N}$，有中等冲击，内圈转动，转速 $n = 2000 \text{r/min}$，工作温度在 100℃ 以下，预期寿命 $L'_h > 10000\text{h}$，试校核其承载能力。

12.3 一农用水泵，决定选用深沟球轴承，轴径 $d = 35\text{mm}$，转速 $n = 2900 \text{r/min}$，已知径向载荷 $F_r = 1810\text{N}$，轴向载荷 $F_a = 740\text{N}$，$L'_h = 6000\text{h}$，试选择轴承的型号。

12.4 如图 12-32 所示，某转轴由一对代号为 30312 的圆锥滚子轴承支承，轴上斜齿轮的轴向分力 $F_A = 5000\text{N}$，方向如图。已知两轴承处的径向力 $F_{r1} = 13600\text{N}$，$F_{r2} = 22100\text{N}$。求轴承所受的轴向力 F_a。

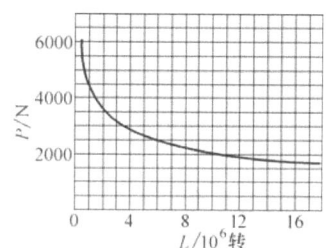

图 12-31　习题 12.1 题图

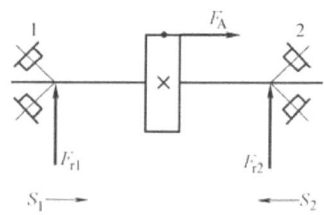

图 12-32　习题 12.4 题图

12.5 某轴上正装一对单列角接触球轴承，已知两轴承的径向载荷分别为 $F_{r1} = 1580\text{N}$、$F_{r2} = 1980\text{N}$，外载荷轴向力 $F_A = 880\text{N}$，轴径 $d = 40\text{mm}$，转速 $n = 2900 \text{r/min}$，有轻微冲击，常温下工作，预期寿命 $L'_h = 5000\text{h}$，用脂润滑，试选择轴承型号。

12.6 锥齿轮减速器输入轴由一对代号为 30206 的圆锥滚子轴承支承，已知两轴承外圈间距为 72mm，锥齿轮平均分度圆直径 $d_m = 56.25\text{mm}$，齿面上的切向力 $F_t = 1240\text{N}$，径向力 $F_r = 400\text{N}$，轴向力 $F_x = 240\text{N}$，各力方向如图 12-33 所示。求轴承的当量动载荷 P。

12.7 如图 12-34 所示，安装有两个斜齿圆柱齿轮的转轴由一对代号为 7210AC 的轴承支承。已知两齿轮上的轴向力分别为 $F_{x1} = 3000\text{N}$，$F_{x2} = 5000\text{N}$，方向如图。轴承所受径向载荷 $F_{r1} = 8600\text{N}$，$F_{r2} = 12500\text{N}$。求两轴承的轴向力 F_{a1}、F_{a2}。

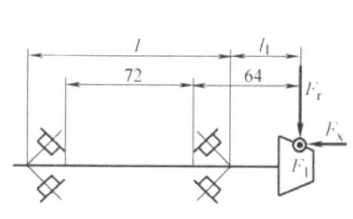

图 12-33　习题 12.6 题图

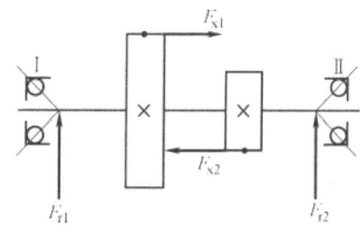

图 12-34　习题 12.7 题图

12.8 如图 12-35 所示，分析轴系结构的错误，说明错误原因，并画出正确结构。

12.9 如图 12-36 所示，分析轴系结构的错误，说明错误原因，并画出正确结构。

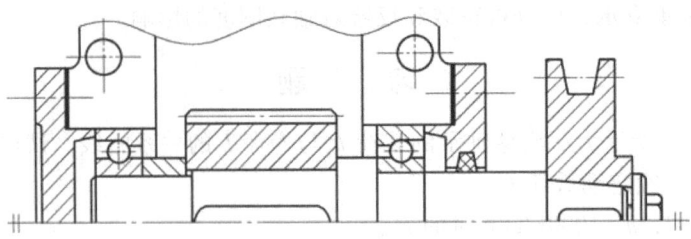

图 12-35 习题 12.8 题图

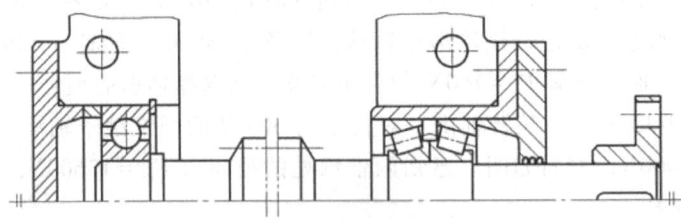

图 12-36 习题 12.9 题图

习题参考答案

12.1　$C = 4500\text{N}$；$L_h = 16667\text{h}$。

12.2　$L_h = 2765.1\text{h} < 10000\text{h}$（取 $f_p = 1.5$），故该轴承不满足寿命要求。

12.3　选 6307 轴承。

12.4　$F_{a1} = 4000\text{N}$，$F_{a2} = 9000\text{N}$。

12.5　选 7208AC 轴承。

12.6　$P_1 = 1256\text{N}$，$P_2 = 2903\text{N}$。

12.7　$F_{a1} = 10500\text{N}$，$F_{a2} = 8500\text{N}$。

12.8　略。

12.9　略。

第十三章 滑动轴承

第一节 概述

滑动轴承是由轴颈和轴瓦或轴颈止推面和推力瓦组成的面接触滑动摩擦副,用来支承回转件。

滑动轴承由于自身的一些独特优势,使其在某些特殊场合仍占有重要的地位。例如在高速、重载、高精度、腐蚀介质中、径向结构小等场合下,滑动轴承显示出比滚动轴承更为优越的性能,甚至有些场合只有滑动轴承才能胜任。滑动轴承的优点有以下几方面。

1) 面接触,因而承载能力较大。
2) 轴承工作面上的油膜有减振、缓冲和降噪声的作用。
3) 处于液体摩擦状态下摩擦系数小、磨损轻微、寿命长。
4) 回转精度高。
5) 重型轴承可单件生产,成本较低。
6) 可做成剖分式,便于装配。
7) 径向尺寸小,适用于轴密集排列或轴上回转件径向尺寸小的场合。
8) 能在特殊工作条件下工作,如在水、腐蚀介质或无润滑介质等条件下工作。

因此,滑动轴承在内燃机、汽轮机、铁路机车车辆、轧钢机、金属切削机床、雷达、卫星通信地球站和天文望远镜等方面广泛应用。

第二节 滑动轴承的类型与结构

一、滑动轴承的类型

滑动轴承的运动形式是以轴颈与轴瓦相对滑动为主要特征,也即摩擦性质为滑动摩擦。实践表明,由于滑动轴承的润滑条件不同,会出现不同的摩擦状态。轴承工作面的摩擦状态分为干摩擦状态、流体摩擦状态、边界摩擦状态和混合摩擦状态四类,如图3-1所示。

两摩擦表面直接接触、相对滑动,又不加入任何润滑剂,称为干摩擦状态;两摩擦表面被流体(液体或气体)层完全隔开,摩擦性质仅取决于流体内部分子之间黏性阻力称为流体摩擦状态;两摩擦表面被吸附在表面的边界膜隔开,摩擦性质取决于边界膜和表面吸附性质的称为边界摩擦状态;实际上,干摩擦状态和边界摩擦状态很难精确区分,所以这两种摩擦状态也常常归并为边界摩擦状态。在实际应用中,轴承工作表面有时是边界摩擦状态和流体摩擦状态并存的混合状态,称为混合摩擦状态。边界摩擦状态和混合摩擦状态又常称为非液体摩擦状态。所以,滑动轴承按其摩擦性质可以分为液体滑动摩擦轴承和非液体滑动摩擦轴承两类。

(1) 液体滑动摩擦轴承　由于在液体滑动轴承中,轴颈和轴承的工作表面被一层润滑油膜隔开,两零件之间没有直接接触,轴承的阻力只是润滑油分子之间的摩擦,所以摩擦系数很小,一般仅为 0.001~0.008。这种轴承的寿命长、效率高,但是制造精度要求也高,并需要在一定的条件下才能实现液体摩擦。

(2) 非液体滑动摩擦轴承　非液体滑动摩擦轴承的轴颈与轴承工作表面之间虽有润滑油的存在,但在表面局部凸起部分仍发生金属的直接接触。因此摩擦系数较大,一般为 0.1~0.3,容易磨损,但结构简单,对制造精度和工作条件的要求不高,故此在机械中得到广泛使用。

干摩擦的摩擦系数大、磨损严重、轴承工作寿命短,所以在滑动轴承中应力求避免。

由于高速长期运行的轴承要求在液体摩擦状态下工作,一般工作条件下轴承则在边界摩擦或混合摩擦状态下工作。因此,本章主要讨论非液体滑动摩擦轴承。

按照轴承承受的载荷分类可以分为:

(1) 径向滑动轴承　主要承受径向载荷 F_R,如图 13-1 所示。

(2) 止推滑动轴承　主要承受轴向载荷 F_A,如图 13-2 所示。

图 13-1　径向滑动轴承

图 13-2　止推滑动轴承

二、滑动轴承的结构

1. 径向滑动轴承

常用的径向滑动轴承,我国已制定标准,通常情况下可以根据工作条件进行选用。径向滑动轴承可以分为整体式和剖分式(对开式)两大类。

(1) 整体式径向滑动轴承　整体有衬正滑动轴承座(JB/T 2560—2007)如图 13-3 所示。它由轴承座和轴套组成。轴套压装在轴承座孔中,一般配合为 H8/s7。轴承座用螺栓与机座联接,顶部设有安装注油油杯的螺纹孔。轴套上开有油孔,并在其内表面开油槽以输送润滑油。这种轴承结构简单、制造成本低,但当滑动表面磨损后无法修整,而且装拆轴时只能做轴向移动,有时很不方便,有些粗重的轴和中间具有轴颈的轴(如内燃机的曲轴)就不便或无法安装。所以,整体有衬正滑动轴承座多用于低速、轻载和间歇工作的场合,如手动机械、农业机械等。

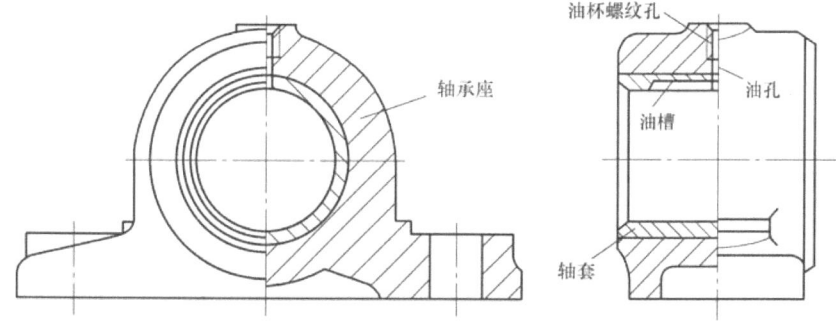

图 13-3　整体有衬正滑动轴承座

（2）剖分式滑动轴承　剖分式滑动轴承由轴承盖、轴承座、轴瓦和双头螺柱组成。对开式二螺柱正滑动轴承座（JB/T 2561—2007）如图 13-4 所示。

轴承座水平剖分为轴承座和轴承盖两部分，并用两个双头螺柱联接。为了防止轴承盖和轴承座横向错动和便于装配时对中，轴承盖和轴承座的剖分面做成阶梯状。该类轴承在装拆轴时，轴颈不需要轴向移动，装拆方便。另外，适当增减轴瓦剖分面间的调整垫片，可以调节轴颈与轴承之间的间隙。这种轴承所受的径向载荷方向一般不超过剖分面垂线左右 35°的范围，否则应该使用斜剖分面轴承。为使润滑油能均匀地分布在整个工作表面上，一般在不承受载荷的轴瓦表面开出油槽和油孔。这类轴承轴瓦与座孔之间的配合为 H8/m7。

对开式四螺柱斜滑动轴承座（JB/T 2563—2007）如图 13-5 所示。轴承剖分面与水平面成 45°角，轴承载荷的方向应位于垂直剖分面的轴承中心线左右 35°的范围内，其特点与对开式正滑动轴承相同。

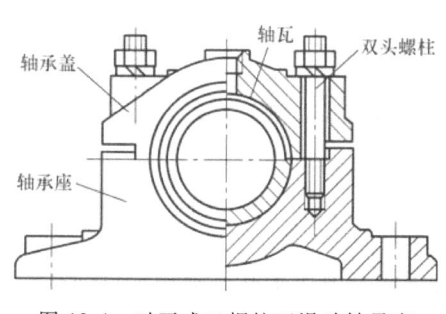

图 13-4　对开式二螺柱正滑动轴承座

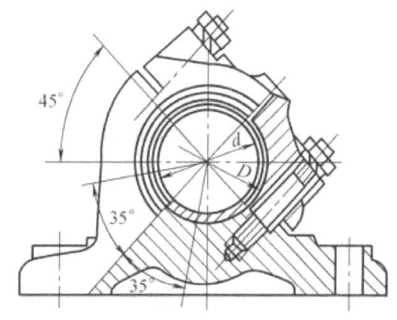

图 13-5　对开式四螺柱斜滑动轴承座

当轴颈较长（宽径比大于 1.5），轴的刚度较小，或由于两轴承不是安装在同一刚性机架上、同轴度较难保证时，都会造成轴瓦端部的局部接触，使轴瓦局部严重磨损（图 13-6a），为此可采用能相对轴承自行调节轴线位置的滑动轴承，称为调心式滑动轴承，如图 13-6b 所示。这种滑动轴承的结构特点是轴瓦的外表面做成凸形球面，与轴承盖及轴承座上的凹形球面相配合，当轴变形时，轴瓦可随轴线自动调节位置，从而保证轴颈和轴瓦为球面接触。

（3）轴承与轴瓦结构　整体有衬正滑动轴承座中与轴颈配合的零件称为轴套，如图 13-7 所示，分为不带挡边和带挡边的两种结构，其公称尺寸、公差参见 GB/T 18324—2001。

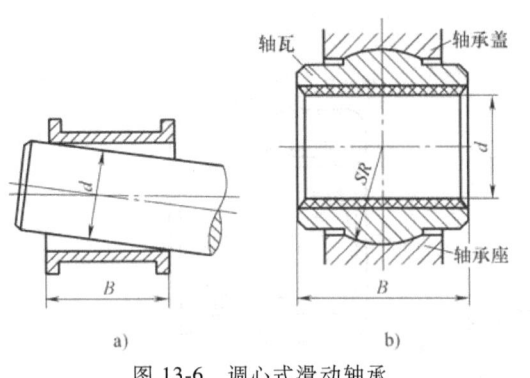 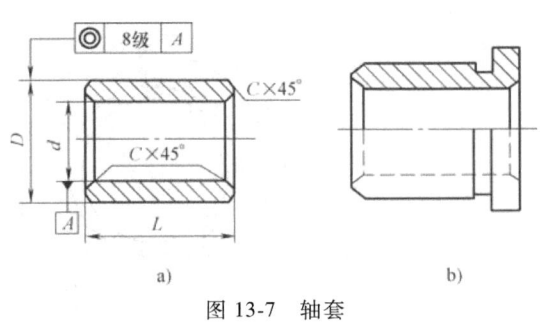

图 13-6 调心式滑动轴承　　　　　　　　　图 13-7 轴套
a) 轴径偏斜引起局部接触　b) 调心式滑动轴承结构　　a) 不带挡边　b) 带挡边

对开式轴承的轴瓦由上下两半组成，如图 13-8 所示。为使轴瓦既有一定的强度，又有良好的减摩性，常在轴瓦内表面浇注一层减摩性好的材料（如轴承合金），称为轴承衬。轴承衬应可靠地贴合在轴瓦表面上，可在轴瓦基体内表面或侧面制出油槽，为此可以采用图 13-9 所示的结合形式（图中涂黑层表示轴承衬）。

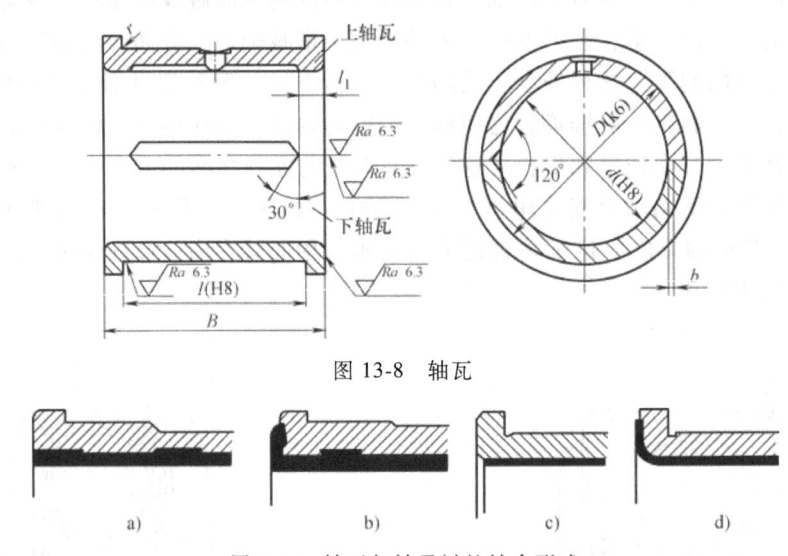

图 13-8 轴瓦

图 13-9 轴瓦与轴承衬的结合形式

为了将润滑油引入轴承，并布满工作表面，常在其上开有供油孔和油槽；供油孔和油槽应开在轴瓦的非承载区，否则会降低油膜的承载能力，如图 13-10 所示。轴向油槽也不应在轴瓦全长上开通，以免润滑油自油槽端部大量泄漏。常见的油槽形式如图 13-11 所示。

2. 止推滑动轴承

止推滑动轴承用于承受轴向载荷。图 13-12 所示为一简单的止推滑动轴承结构，它由轴承座、套筒、径向轴瓦、止推轴瓦等组成。

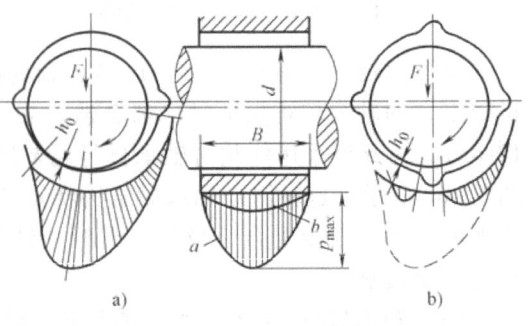

图 13-10 油槽对承载能力的影响

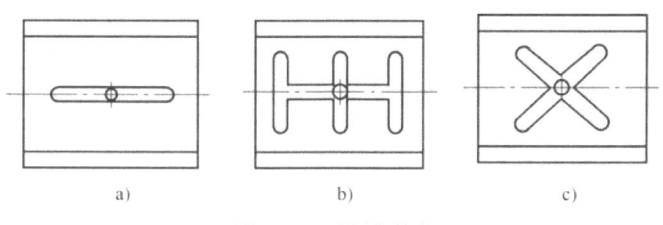

图 13-11 油槽形式

由于工作面上相对滑动速度不等,越靠近边缘处相对滑动速度越大,磨损越严重,会造成工作面上压强分布不均匀,相对滑动端面通常采用环状端面。当载荷较大时,止推滑动轴承可采用多环轴颈,如图 13-13 所示,这种结构能够承受双向轴向载荷。

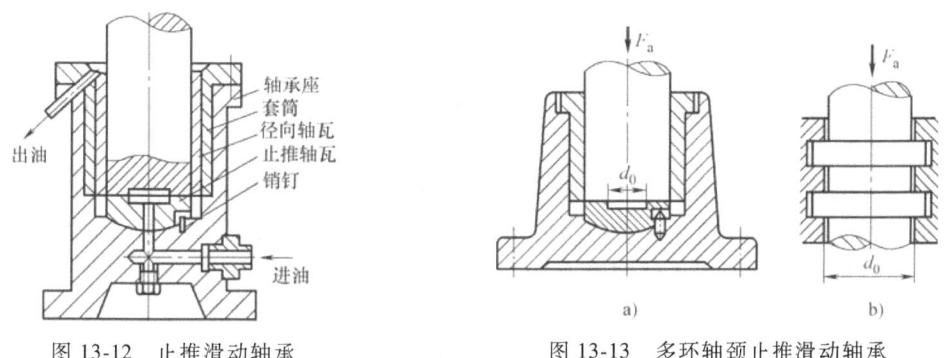

图 13-12 止推滑动轴承　　　　　图 13-13 多环轴颈止推滑动轴承

第三节　滑动轴承的失效形式与材料

一、滑动轴承的失效形式

滑动轴承的失效通常由多种原因引起,失效的形式有很多种,有时几种失效形式并存、相互影响。

(1) 磨粒磨损　进入轴承间隙的硬颗粒物(如灰尘、砂砾等)有的嵌入轴承表面,有的游离于间隙中并随轴一起转动,它们将对轴颈和轴承表面起研磨作用。在机器起动、停止或轴颈与轴承发生边缘接触时,其将加剧轴承磨损,导致几何形状改变、精度丧失,轴承间隙加大,轴承性能在预期寿命前急剧恶化。

(2) 刮伤　进入轴承间隙的硬颗粒或轴颈表面粗糙的轮廓峰顶,在轴承伤划出线状伤痕,导致轴承因刮伤而失效。

(3) 胶合(也称为烧瓦)　当轴承温升过高、载荷过大、油膜破裂时,或在润滑油供应不足的条件下,轴颈和轴承的相对运动表面材料发生黏附和迁移,从而造成轴承损坏,甚至可能导致相对运动的中止。

(4) 疲劳剥落　在载荷反复作用下,轴承表面出现与滑动方向垂直的疲劳裂纹,当裂纹向轴承衬与衬背结合面扩展后,造成轴承衬材料的剥落。它与轴承衬和衬背因结合不良或结合力不足造成轴承衬的剥离有些相似,但疲劳剥落周边不规则,结合不良造成的剥离周边比较光滑。

（5）腐蚀　润滑剂在使用中不断氧化，所生成的酸性氧化物对轴承材料有腐蚀性，特别对制造铜铝合金中的铅，易受腐蚀而形成点状剥落。氧对锡基巴氏合金的腐蚀，会使轴承表面形成一层由 SnO_2 和 SnO 混合组成的黑色硬质覆盖层，它能擦伤轴颈表面，并使轴承间隙变小。此外，硫对含银或铜的轴承材料的腐蚀，润滑油中水分对铜铅合金的腐蚀，都应予以注意。

以上列举了常见的几种失效形式，由于工作条件不同，滑动轴承还可出现气蚀、流体侵蚀、电侵蚀和微动磨损等损伤。

二、轴承材料

1. 轴承材料的性能要求

轴瓦与轴承衬的材料通称为轴承材料。针对以上所述的失效形式，轴承材料性能应着重满足以下主要要求。

（1）良好的减摩性、耐磨性和抗胶合性　减摩性是指材料副具有低的摩擦系数。耐磨性是指材料的抗磨性能（通常以磨损率表示）。抗胶合性是指材料的耐热性和抗黏附性。

（2）良好的顺应性、嵌入性和磨合性　顺应性是指材料通过表层弹塑性变形来补偿轴承滑动表面初始配合不良的能力。嵌入性是指材料容纳硬质颗粒嵌入，从而减轻轴承滑动表面发生刮伤或磨粒磨损的性能。磨合性是指轴瓦与轴颈表面经过短期轻载运转后，易于形成相互吻合的表面粗糙度。

（3）足够的强度和耐蚀性。

（4）良好的导热性、工艺性、经济性等。

应该指出的是：没有一种轴承材料全面具备上述性能，因而必须针对具体的情况，进行仔细分析后合理选用。

2. 常用材料的分类

常用材料可以分为三大类：金属材料类，如轴承合金、铜合金、铝基合金和铸铁等；多孔质金属材料类；非金属材料类，如工程塑料、碳—石墨等。

（1）轴承合金（俗称巴氏合金或白合金）　轴承合金是锡、铅、锑、铜的合金，它以锡或铅作为基体，其内含有锑锡（Sb-Sn）或铜锡（Cu-Sn）的硬晶粒。硬晶粒起抗磨作用，软基体则增加材料的塑性。轴承合金的弹性模量和弹性极限都很低，在所有轴承材料中，它的嵌入性及顺应性最好，很容易和轴颈磨合，也不易与轴颈发生胶合。但轴承合金的强度很低，不能单独制作轴瓦，只能黏附在青铜、钢或铸铁轴瓦上作为轴承衬。轴承合金适用于重载、中高速场合，价格较贵。

（2）铜合金　铜合金具有较高的强度，较好的减摩性和耐磨性。由于青铜的减摩性和耐磨性比黄铜好，故青铜是最常用的材料。青铜有锡青铜和铝青铜等几种，其中锡青铜的减摩性和耐磨性最好，应用广泛。但锡青铜比轴承合金硬度高，磨合性及嵌入性差，适用于重载及中速场合。铝青铜的强度及硬度较高，抗胶合能力较差，适用于低速重载轴承。在一般机械中有50%的滑动轴承采用青铜材料。

（3）铝基轴承合金　铝基轴承合金获得了广泛应用。它有相当好的耐蚀性和较高的疲劳强度，摩擦性也较好。这些品质使铝基轴承合金在部分领域取代了较贵的轴承合金和青铜。铝基轴承合金可以制成单金属零件（如轴套、轴承等），也可以制成双金属零件，如金属轴瓦以铝基轴承合金为轴承衬，以钢做衬背。

（4）灰铸铁和耐磨铸铁　普通灰铸铁或加有镍、铬、钛等合金成分的耐磨灰铸铁，或者球墨铸铁，都可以用作轴承材料。这类材料中的片状或球状石墨在材料表面上覆盖后，可以形成一层起润滑作用的石墨层，故具有一定的减摩性和耐磨性。此外石墨能吸附碳氢化合物，有助于提高边界润滑性能，故采用灰铸铁做轴承材料时应加润滑油。由于铸铁性脆、磨合性能差，故只用于轻载低速和不受冲击载荷的场合。

（5）多孔质金属材料　这是不同于金属粉末经压制、烧结而成的轴承材料。这种材料是多孔结构的，孔隙占体积的10%~35%。使用前先把轴瓦在加热的油中浸渍数小时，使孔隙中充满润滑油，因而通常把这种材料制成的轴承称为含油轴承。它具有自润滑性：工作时，由于轴颈转动的抽吸作用及轴承发热时油的膨胀作用，油便进入摩擦表面间起润滑作用；不工作时，因毛细作用，油便被吸回到轴承内部，故在相当长的时间内，即使不加油仍能很好工作。若定期供油，则使用效果更好。但由于其韧性较小，故宜用于平稳无冲击载荷及中低速情况。常用的有多孔铁和多孔质青铜。多孔铁常用来制作磨粉机轴套、机床油泵衬套、内燃机凸轮轴衬套等，多孔质青铜常用来制作唱机、电风扇、纺织机械及汽车发电机的轴承。我国也有专门制造含油轴承的生产厂家，需用时可根据设计手册选用。

（6）非金属材料　非金属材料中应用最广的是各种塑料，如酚醛树脂、尼龙、聚四氟乙烯等。聚合物的特性是：与许多化学物质不起反应，耐蚀性好（如聚四氟乙烯（PTEE）能抗强酸和弱碱）；具有一定的自润滑性，可以在无润滑（干摩擦）条件下工作，在高温条件下具有一定的润滑能力；具有包容异物的能力（嵌入性好），不宜擦伤配合件表面；减摩性及耐磨性比较好。

选择聚合物做轴承材料时，必须注意以下问题：由于聚合物的热导率低，只有钢的百分之几，因此必须考虑摩擦热的消散问题，它严格限制着聚合物轴承的工作转速及压力值；又因为聚合物的线胀系数比钢大得多，因此聚合物轴承与钢制轴颈的间隙比金属轴承的间隙大；此外聚合物材料的强度和屈服极限较低，因而在装配和工作时能承受的载荷有限；另外聚合物在常温下会产生蠕变现象，因而不宜用来制作间隙要求严格的轴承。

碳-石墨是电刷的常用材料，也是不良环境中的轴承材料。碳-石墨是由不同质量分数的碳和石墨构成的人造材料，石墨的质量分数越多，材料越软，摩擦系数越小。可在碳-石墨材料中加入金属、聚四氟乙烯或二硫化钼组分，也可以浸渍液体润滑剂。碳-石墨轴承具有自润滑性，它的自润滑性和减摩性取决于吸附的水蒸气量。碳-石墨和含有碳氢化合物的润滑剂有亲和力，加入润滑剂有助于提高其边界润滑性能。此外，它还可以作流体润滑的轴承材料。

橡胶主要用于以水作为润滑剂或环境较脏污之处。橡胶轴承内壁上带有纵向沟槽，便于润滑剂的流通、加强冷却效果并冲走污物。

木材具有多孔质结构，可用填充剂来改善其性能。填充聚合物能提高木材的尺寸稳定性和减少吸湿量，并能提高强度。采用木材（以溶于润滑油的聚乙烯作为填充剂）制成的轴承，可在灰尘极多的条件下工作，如用作建筑、农业中使用的带式输送机支承滚子的滑动轴承。

常用轴承材料力学性能见表13-1。

表 13-1 常用轴承材料力学性能

轴承材料	牌号	最大许用值			最高工作温度/℃	轴颈硬度（HBW）	性能比较[①]			
		$[p]$/MPa	$[v]$/(m/s)	$[pv]$/(MPa·m/s)			抗咬黏性	顺应性、嵌入性	耐蚀性	疲劳强度
锡锑轴承合金	ZSnSb11Cu6	平稳载荷			150	27	1	1	1	5
		25	80	20						
	ZSnSb8Cu4	冲击载荷				24				
		20	60	15						
铅锑轴承合金	ZPbSb16Sn16Cu2	15	12	10	150	150	1	1	3	5
	ZPbSb15Sn5Cu3Cd2	5	8	5						
铸造锡青铜	ZCuSn10Pb1	15	10	15	280	300~400	3	5	1	1
	ZCuSn5Pb5Zn5	8	3	15						
铸造铅青铜	ZCuPb30	25	12	30	280	300	3	4	4	2
铸造铝青铜	ZCuAl10Fe3	15	4	12	280	300	5	5	5	2
铸造黄铜	ZCuZn16Si4	12	2	10	200	200	5	5	1	1
	ZCuZn40Mn2	10	1	10	200	200	5	5	1	1
铝基轴承合金	2%铝锡合金	28~35	14	—	140	300	4	3	1	2
三元电镀合金	铝-硅-镉镀层	14~35	—	—	170	200~300	1	2	2	2
银	镀层	28~35	—	—	180	300~400	2	1	1	1
灰铸铁	HT300	0.1~6	0.75~3	0.3~4.5	150	<150	4	5	1	1
	HT150~HT250	1~4	0.5~2	—	—	—	4	5	1	1

① 性能比较的取值为 1~5 表示依次由佳到差。

第四节 非液体滑动轴承设计

非液体滑动轴承的主要失效形式为工作表面的磨损和胶合，所以其设计计算准则是：维持边界油膜不破裂。由于影响非液体摩擦滑动轴承承载能力的因素十分复杂，所以目前所采用的计算方法仍限于简化条件。

一、径向滑动轴承设计计算

设计时，一般已知轴颈直径 d、转速 n、轴承承受的径向载荷 F_R（图 13-14），然后按照下述步骤进行计算。

1）根据工作条件和使用要求，确定轴承的结构形式，并选定轴瓦材料。

2）确定轴承宽度 B。一般按宽径比 B/d 及 d 来确定 B。B/d 越大，轴承的承载能力越大，但油不易从两端流出，散热性差，油温升高；B/d 越小，则两端泄漏量大、摩擦损耗小、轴承温升小，但承载能力小。通常取 $B/d = 0.5 \sim 1.5$。若必须要求 $B/d > 1.5$ 时，应改善润滑条件，并采用自动调位滑动轴承。

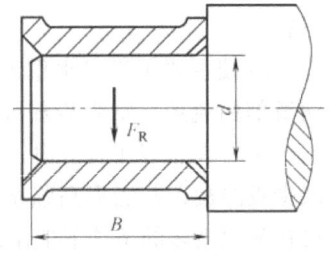

图 13-14 径向滑动轴承宽径尺寸

常用机械宽径比 B/d 推荐值见表 13-2。

表 13-2 常用机械宽径比 B/d 推荐值

机器种类	轴承	B/d	机器种类	轴承	B/d
汽车及航空发动机	曲轴主轴承	0.75~1.75	空气压缩机及往复式泵	主轴承	1.0~2.0
	连杆轴承	0.75~1.75		连杆轴承	1.0~1.25
	活塞销	1.5~2.2		活塞销	1.2~1.5
柴油机	曲轴主轴承	0.6~2.0	电机	主轴承	0.6~1.5
	连杆轴承	0.6~1.5	机床	主轴承	0.8~1.2
	活塞销	1.5~2.0	压力机、剪板机	主轴承	1.0~2.0
铁路车辆	轮轴支承	0.8~2.0	起重设备		1.5~2.0
汽轮机	主轴承	0.4~1.2	齿轮减速器		1.0~2.0

3) 验算轴承的工作压力。

① 校核压强 p。对于低速或间歇工作的轴承,为了防止润滑油从工作表面挤出,保证良好的润滑而不致过渡磨损,压强 p 应满足下列条件:

$$p = \frac{F_R}{dB} \leq [p] \tag{13-1}$$

式中　F_R——轴承径向载荷（N）；

　　　$[p]$——许用压强（MPa），可以查有关手册得到；

　　　d、B——轴颈直径和工作宽度（mm）。

② 校核压强速度值 pv。压强速度 pv 值间接反映轴承的温升,对于载荷较大和速度较高的轴承,为了保证轴承工作时不致过渡发热产生胶合失效,pv 值应满足下列条件:

$$pv = \frac{F_R}{dB} \frac{\pi d n}{60 \times 1000} = \frac{F_R n}{19100 B} \leq [pv] \tag{13-2}$$

式中　n——轴的转速（r/min）；

　　　$[pv]$——pv 的许用值（MPa·m/s），也可以查有关手册得到。

③ 校核速度 v。对于压强 p 小的轴承,即使 p 和 pv 值验算合格,由于滑动速度过高,也会加速磨损而使轴承报废。因此,还要做速度的验算,其条件式为

$$v = \frac{\pi d n}{60000} \leq [v] \tag{13-3}$$

式中　$[v]$——许用速度值（m/s），也可以查有关手册得到。

④ 选择轴承配合。在非液体滑动摩擦轴承中,根据不同的使用要求,为了保证一定的旋转精度,必须合理选择轴承的配合,以保证一定的间隙。常用滑动轴承配合见表 13-3。

表 13-3 常用滑动轴承配合

公差等级	配合符号	使 用 情 况
2	H7/g6	磨床和车床分度头轴承
2	H7/f7	铣床、钻床和车床的轴承,汽车发动机曲轴的主轴承及连杆轴承,齿轮减速器及蜗杆减速器轴承
2	H7/e8	汽轮机轴、内燃机凸轮轴、高速转轴、刀架丝杠、机车多支点轴承等的轴承
4	H9/f9	电机、离心泵、风扇及惰轮轴的轴承,蒸汽机与内燃机曲轴的主轴承及连杆轴承
6	H11/d11	农业机械使用的轴承
6	H11/b11	农业机械使用的轴承

二、止推滑动轴承设计计算

止推滑动轴承的设计步骤与径向滑动轴承相同。
图 13-15 所示为止推滑动轴承结构简图，其主要核算步骤如下。
（1）校核压强 p

$$p = \frac{F_A}{\frac{\pi}{4}(d_2^2 - d_1^2)K} \leq [p] \qquad (13\text{-}4)$$

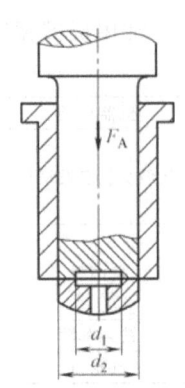

图 13-15 止推滑动轴承结构

式中　F_A——轴向载荷（N）；
　　　d_1、d_2——轴环的内、外径（mm），一般取 $d_1 = (0.4 \sim 0.6)d_2$；
　　　$[p]$——p 的许用值（MPa），其值见表 13-4；
　　　K——考虑油槽支承面积减小的系数，一般取 $K = 0.90 \sim 0.95$。
（2）校核 pv_m 值

$$pv_m \leq [pv] \qquad (13\text{-}5)$$

式中　v_m——轴环的平均速度（m/s）；

$$v_m = \frac{\pi d_m n}{60000}, \quad d_m = (d_1 + d_2)/2 \text{ 为轴环平均直径（mm）;}$$

$[pv]$——许用值（MPa·m/s），其值见表 13-4。

表 13-4　常用轴承材料 $[p]$ 与 $[pv]$ 值

轴环材料	未淬火钢			淬火钢		
轴瓦材料	铸铁	青铜	轴承合金	铸铁	青铜	轴承合金
$[p]$/MPa	2~2.5	4~5	5~6	7.5~8	8~9	12~15
$[pv]$/MPa·m/s	1~2.5					

压强计算公式为

$$p = \frac{F_A}{z\frac{\pi}{4}(d_2^2 - d_1^2)K} \leq [p] \qquad (13\text{-}6)$$

式中　z——轴环的数目。
常用止推滑动轴承的轴颈如图 13-16 所示。

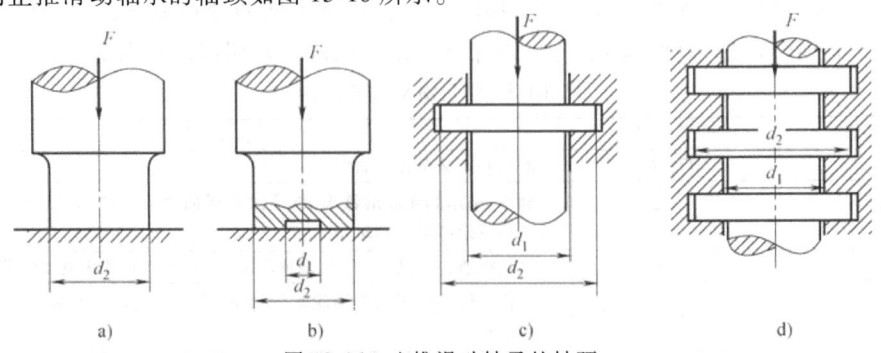

图 13-16　止推滑动轴承的轴颈
a）实心端面轴颈　b）空心端面轴颈　c）环状轴颈　d）多环轴颈

【例 13-1】 用于离心泵的径向滑动轴承，轴颈 $d=60\text{mm}$，转速 $n=1500\text{r/min}$，承受的径向载荷 $F_R=2500\text{N}$，轴承材料为 ZCuSn5Zn5Pb5。根据非液体摩擦滑动轴承计算方法校核该轴承。如不可用，应如何改进（按轴的强度计算，轴颈直径不得小于 50mm）？

解： 查表 13-1 得到 ZCuSn5Zn5Pb5 的许用值为 $[p]=8\text{MPa}$，$[v]=3\text{m/s}$，$[pv]=15\text{MPa}\cdot\text{m/s}$

按已知数据，并取 $B/d=1$，得

$$v=\frac{\pi dn}{60000}=\frac{\pi\times60\times1500}{60000}\text{m/s}=4.71\text{m/s}$$

$$p=\frac{F_R}{dB}=\frac{2500}{60\times60}\text{MPa}=0.694\text{MPa}$$

$$pv=0.694\times4.71\text{MPa}\cdot\text{m/s}=3.27\text{MPa}\cdot\text{m/s}$$

由以上计算可知，$v>[v]$，故考虑从以下两个方面来改进。

1）减小轴颈以降低速度，取 $d=50\text{mm}$，则

$$v=\frac{\pi dn}{60000}=\frac{\pi\times50\times1500}{60000}\text{m/s}=3.93\text{m/s}>[v]$$

故此方案不可用。

2）改选材料。在铜合金轴瓦上浇注轴承合金 ZPbSb16Sn16Cu2，查表 13-1 得：$[p]=15\text{MPa}$，$[v]=12\text{m/s}$，$[pv]=10\text{MPa}\cdot\text{m/s}$。其他参数不变则可满足要求。

第五节　滑动轴承的润滑

润滑的目的主要是减少摩擦，降低磨损，提高轴承效率，同时还有散热冷却、缓冲吸振、密封和防锈的作用。

一、润滑剂及其选择

润滑剂分为润滑油、润滑脂和固体润滑剂三类。

1. 润滑油

润滑油是滑动轴承中应用最广的润滑剂，目前使用的润滑油多为矿物油。润滑油最重要的物理性能是黏度，它也是选择润滑油的主要依据。黏度标志着液体流动的内摩擦性能。黏度越大，内摩擦阻力越大，液体的流动性越差。黏度的大小可用动力黏度（又称绝对黏度）或运动黏度来表示。

动力黏度的定义：设长、宽、高各为 1 的液体，如图 13-17 所示，使两平行平面 a 和 b 产生 1m/s 的相对滑动速度所需的力 F_f 为 1N，则认为这种液体具有 1 黏度单位的动力黏度，以 η 表示，其单位是 $\text{Pa}\cdot\text{s}$。

运动黏度 ν 为动力黏度 η 与同温度下该液体密度 ρ 的比值，其单位为 m^2/s。

工业上多用运动黏度标定润滑油的黏度。根据国家标准，润滑油产品油牌号一般按 40℃ 时的运动黏度平均值

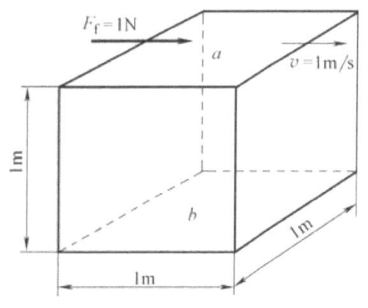

图 13-17　动力黏度定义模型

来划分，需要时可以查阅相关手册或资料。

2. 润滑脂

润滑脂是在润滑油中添加稠化剂（如钙、钠、铝、锂等金属）后形成的胶状润滑剂。因为它稠度大、不易流失，所以承载能力较大，但它的物理、化学性质不如润滑油稳定，摩擦损耗也大，故不宜在温度变化大或高速条件下使用（一般在轴承相对滑动速度低于2m/s时或不便注油的场合使用）。

目前使用最多的是钙基润滑脂，它有耐水性，常用于60℃以下各种机械设备中的轴承润滑。钠基润滑脂可用于145℃以下，但抗水性较差。锂基润滑脂性能优良、抗水性好，在-20～150℃范围内广泛使用，可以代替钙基、钠基润滑脂。

3. 固体润滑剂

常用的固体润滑剂有石墨和二硫化钼。在滑动轴承中主要以粉剂加入润滑油或润滑脂中，用于提高其润滑性能，减少摩擦损失，提高轴承使用寿命。尤其高温、重载下工作的轴承，采用添加二硫化钼的润滑剂，能获得良好的润滑效果。

二、润滑方法和润滑装置

为了保证轴承良好的润滑状态，除了合理选择润滑剂之外，合理选择润滑方法和润滑装置也是十分重要的。

1. 油润滑

油润滑有间歇供油润滑和连续供油润滑两种。

间歇供油润滑有手工油壶注油润滑和油杯注油供油润滑。这种方法适用于低速、不重要的轴承或间歇工作的轴承。对于重要的轴承必须采用连续供油润滑。

（1）油杯滴油润滑 图 13-18 所示为针阀式注油杯。其可调节滴油速度以改变供油量，在轴承停止工作时，可通过手柄关闭油杯、停止供油。

（2）浸油润滑 将部分轴承直接浸入油池中润滑，如图 13-19 所示。

（3）油环润滑 油环润滑（图 13-20）主要用于润滑如减速器、内燃机等机械中的轴

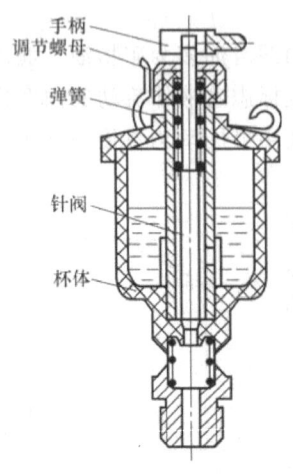

图 13-18 针阀式注油杯

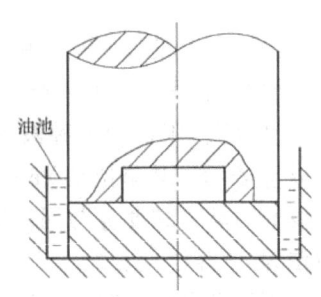

图 13-19 浸油润滑

承。通常直接利用转动零件将油池中的润滑油带起、溅到轴承或箱体壁上，然后经油槽导入轴承工作面进行润滑。

1）松环润滑（图13-20a）是指油环松套在轴上，靠摩擦力随轴转动，将附着在油环上的油溅到箱体壁上，然后经油槽导入轴承或直接甩到轴承工作面上进行润滑。当轴承转速较低时，环和轴同步运动。转速增加，由于在环和轴的接触部位有油润滑，摩擦力降低，油环会出现滞后。松环的供油量与环的质量、宽度、浸油深度及润滑油的黏度有关。大量试验证明，松环的供油量对轴承的润滑是完全够用的。松环适用于 $v \leqslant 20\mathrm{m/s}$、运转比较平稳的轴承。

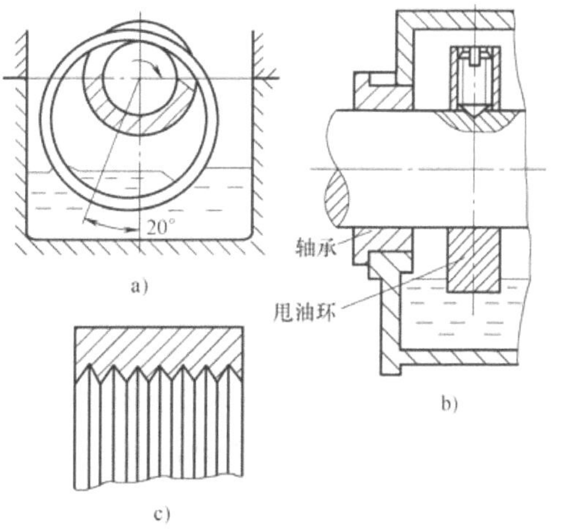

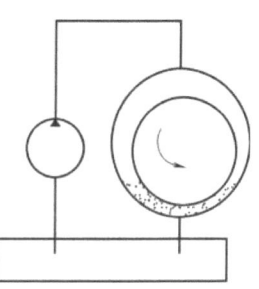

图13-20 油环润滑装置
a）松环润滑 b）固定环润滑 c）沟槽环

2）如图13-20b所示，油环通过紧固螺钉或其他方式固定在轴上，称为固定环润滑。这种结构主要用于低速（通常 $v \leqslant 13\mathrm{m/s}$）场合。

3）如果在油环的内表面上开出沟槽环，如图13-20c所示，供油量会明显增大，轴的温度也会明显降低。

（4）压力循环润滑 压力循环润滑（图13-21）是一种强制润滑方法。这种润滑方法供油量充足、润滑可靠，并有冷却和冲洗轴承的作用；但结构复杂、费用较高；常用于重载、高速和载荷变化较大的轴承当中。

图13-21 压力循环润滑

2. 脂润滑

润滑脂只能间歇供给。常用的脂润滑装置如图13-22所示。旋盖式油杯（图13-22a）靠旋紧杯盖将杯内润滑脂压入轴承工作面；压注式油杯（图13-22b）靠油枪压注润滑脂至轴承工作面。

滑动轴承的润滑方式可根据系数 k 选定

$$k = \sqrt{pv^3} \tag{13-7}$$

式中 p——压强（MPa）；

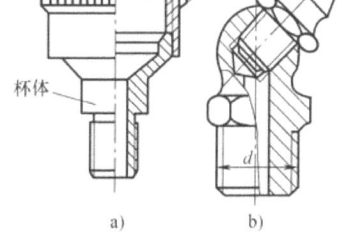

图13-22 脂润滑装置
a）旋盖式油杯 b）压注式油杯

v——轴颈的线速度（m/s）。

当 $k \leqslant 2$ 时，用脂润滑；$k = 2 \sim 16$ 时，用油杯滴油润滑；$k = 16 \sim 32$ 时，用油环润滑；$k > 32$ 时，用压力循环润滑。

思 考 题

13.1 不完全液体润滑滑动轴承需进行哪些计算？各有何含义？

13.2 为了保证滑动轴承获得较高的承载能力，油槽应做在什么位置？

13.3 滑动轴承的摩擦状态有哪几种？它们的主要区别是什么？

13.4 滑动轴承的主要失效形式有哪些？

习 题

13.1 有一离心泵的径向滑动轴承。已知：轴颈直径 $d=60$mm，轴的转速 $n=1500$r/min，轴承径向载荷 $F_R=2600$N，轴承材料为 ZCuSn5Pb5Zn5。试根据不完全液体润滑轴承计算方法校核该轴承。如不可用，应如何改进（按轴的强度计算，轴颈直径不得小于50mm）？

13.2 一减速器中的不完全液体润滑径向滑动轴承，轴的材料为45钢，轴瓦材料为铸造锡青铜 ZCuSn5Pb5Zn5 承受径向载荷 $F_R=35$kN；轴颈直径 $d=190$mm；工作长度 $l=250$mm；转速 $n=150$r/min。试验算该轴承是否适合使用。

13.3 有一不完全液体润滑径向滑动轴承，直径 $d=100$mm，宽径比 $B/d=1$，转速 $n=1200$r/min，轴的材料为45钢，轴承材料为铸造锡青铜 ZCuSn10Pb1。该轴承最大可以承受多大的径向载荷？

习题参考答案

13.1
1) 不可用，所以必须改变材料。
2) 改变材料，可用铜合金轴瓦浇注 ZPbSb15Sn5Cu3Cd2 轴承合金，轴颈直径 $d=50$mm，轴承宽度 $B=42$mm。

13.2 $p=0.737$MPa；$v=1.49$m/s；$[pv]=1.1$MPa·m/s，故该轴承适合使用。

13.3 $F_{R\max}=23875$N。

第十四章 弹簧

弹簧是靠弹性变形来实现其功能的零件，它可以在载荷的作用下产生较大的弹性变形。在机械设备和仪器仪表中，弹簧的功能不同，其结构类型不同。圆柱螺旋压缩（拉伸）弹簧的应用最广。本章主要介绍常用弹簧的特点和应用、材料和结构以及设计和计算等。

第一节 概　　述

一、弹簧的功用

弹簧在各类机械中的应用十分广泛，是一种常用的弹性零件，其主要功能有：

（1）缓冲吸振　例如汽车中的缓冲弹簧、铁路机车车辆的缓冲器、弹性联轴器中的弹簧等。这类弹簧具有较大的弹性变形，以便吸收较多的冲击能量。有些弹簧在变形过程中能依靠摩擦消耗部分能量，以增加缓冲和吸振的作用。

（2）控制运动　例如内燃机的阀门弹簧，离合器、制动器和凸轮机构中的弹簧等。这类弹簧常要求在某变形范围内的作用力变化不大。

（3）储存和释放能量　例如自动机床的刀架自动返回装置中的弹簧，经常开闭的容器中的弹簧，仪表和仪器中的发条等。这类弹簧既要求有较大的弹性，又要求有稳定的作用力。

（4）测量力和力矩的大小　例如测力器、弹簧秤中的弹簧等。这类弹簧要求有稳定的弹簧特性。

二、弹簧的类型和特点

弹簧的分类方法较多，按弹簧的形状不同，可分为圆柱螺旋弹簧、截锥螺旋弹簧、碟形弹簧、环形弹簧、平面涡卷弹簧（也称发条）和板弹簧等类型；按制造材料的不同，弹簧可分为金属弹簧和非金属弹簧；按所承受的载荷不同，可分为拉伸弹簧、压缩弹簧、扭转弹簧、弯曲弹簧等类型。常用弹簧的类型和特点见表 14-1。

表 14-1　常用弹簧的类型和特点

类型	承载形式	简图	特点和应用
圆柱螺旋弹簧	拉伸		刚度稳定、结构简单、制造方便,主要用于受拉伸载荷的场合,如联轴器过载安全装置中用的拉伸弹簧以及棘轮机构中棘爪复位拉伸弹簧
	压缩		性能和特点与圆柱螺旋拉伸弹簧相同,工作时承受压力,在机械设备中多用作缓冲、减振以及储能和控制运动等
	扭转		承受扭转载荷,主要用于压紧、储能以及传动系统中的弹性环节,如用于测力计及强制气阀关闭机构
截锥螺旋弹簧	压缩		有利于消除或缓和共振,结构紧凑、稳定性好,多用于承受较大载荷和需要减振的场合
平面涡卷弹簧	扭转		也称为发条。工作时承受转矩,且能储存较大的能量。常用于钟表及仪表中的储能装置
板弹簧	弯曲		板弹簧由多片弹簧钢板叠合组成。广泛应用于汽车、拖拉机、火车中做悬架装置,起缓冲和减振作用,具有较高的刚度
环形弹簧	压缩		具有很高的消振能力,是最强力的缓冲弹簧。常用在铁路车辆、飞机着陆装置中
碟形弹簧	压缩		缓冲及减振能力强。常用于重型机械的缓冲及减振装置

第二节 弹簧的材料和制造

一、弹簧的材料和许用应力

弹簧在工作时常受到变载荷或冲击载荷的作用,为了保证弹簧能够持久、可靠地工作,其材料必须具有高的弹性极限和疲劳极限,同时应具有足够的韧性和塑性,以及良好的热处理性。

弹簧材料及性能可以查阅相关手册、规范和标准(如 GB/T 23935—2009)。常用的弹簧钢主要有以下几种。

1. 碳素弹簧钢

碳素弹簧钢(如 65、70 钢)的优点是价格便宜,原材料来源方便;缺点是弹性极限低,多次重复变形后易失去弹性,并且不能在高于 120℃ 的温度下正常工作。弹簧按应力循环次数 N 不同分为三类:Ⅰ类 $N>10^7$;Ⅱ类 $N=10^4 \sim 10^6$ 以及受冲击载荷的场合;Ⅲ类 $N<10^4$。碳素弹簧钢丝的许用应力见表 14-2。碳素弹簧钢丝按用途和力学性能高低可分为 B、C、D 三级,分别用于低应力、中等应力和高应力弹簧。碳素弹簧钢丝的抗拉强度见表 14-3。

表 14-2 碳素弹簧钢丝的许用应力(摘自 GB/T 23935—2009) (单位:MPa)

钢丝类别	Ⅲ类	Ⅱ类	Ⅰ类
压缩弹簧许用切应力 $[\tau]$	$0.5R_m$	$(0.38 \sim 0.45)R_m$	$(0.30 \sim 0.38)R_m$
拉伸弹簧许用切应力 $[\tau]$	$0.40R_m$	$(0.30 \sim 0.36)R_m$	$(0.24 \sim 0.30)R_m$
扭转弹簧许用弯曲应力 $[R_m]$	$0.80R_m$	$(0.60 \sim 0.68)R_m$	$(0.50 \sim 0.60)R_m$

表 14-3 碳素弹簧钢丝的抗拉强度(摘自 GB/T 23935—2009) (单位:MPa)

材料直径 d/mm	级别 B	级别 C	级别 D	材料直径 d/mm	级别 B	级别 C	级别 D
0.90	1710	2010	2350	2.80	1370	1620	1710
1.00	1660	1960	2300	3.00	1370	1570	1710
1.20	1620	1910	2250	3.20	1320	1570	1660
1.40	1620	1860	2150	3.50	1320	1570	1660
1.60	1570	1810	2110	4.00	1320	1520	1620
1.80	1520	1760	2010	4.50	1320	1520	1620
2.00	1470	1710	1910	5.00	1320	1470	1570
2.20	1420	1660	1810	5.50	1270	1470	1570
2.50	1420	1660	1760	6.00	1220	1420	1520

2. 低锰弹簧钢

低锰弹簧钢(如 65Mn)与碳素弹簧钢相比,优点是淬透性较好和强度较高;缺点是淬火后容易产生裂纹及热脆性。但由于价格便宜,所以常用于制造尺寸不大的弹簧,如气门弹簧等。

3. 硅锰弹簧钢

硅锰弹簧钢（例如 60Si2MnA）中因为加入了硅，所以可以显著提高弹性极限，并提高了耐回火性，因而可以在更高的温度下回火，从而得到良好的力学性能。硅锰弹簧钢在工业上得到了广泛的应用，一般用于制造汽车、拖拉机的螺旋弹簧。

4. 铬钒钢

铬钒钢（例如 50CrVA）中加入钒的目的是细化组织，提高钢的强度和韧性。这种材料的耐疲劳和抗冲击性能良好，并能在 -40~210℃ 的温度范围内可靠地工作，但价格较贵。多用于要求较高的场合，如用于制造航空发动机调节系统中的弹簧。

此外，某些不锈钢和青铜等材料具有耐蚀性，青铜还具有磁性和导电性，故常用于制造化工设备中或工作于腐蚀介质中的弹簧。其缺点是不容易热处理、力学性能较差，所以在一般机械中很少采用。选择材料时，应考虑到弹簧的用途、重要程度、使用条件（包括载荷性质、大小及循环特性、工作持续时间、工作温度和周围介质情况）、加工、热处理和经济性等因素。

二、圆柱螺旋弹簧的制造

螺旋弹簧的制造工艺包括：

1）卷制。
2）挂钩的制作或支承圈的精加工。
3）热处理。
4）工艺试验及强压或喷丸处理。

卷制分冷卷及热卷两种：冷卷用于经预先热处理后拉成的直径小于 10mm 的弹簧丝，冷卷成弹簧后不再进行淬火处理，只进行回火处理，以消除在卷制时产生的内应力。直径较大的弹簧丝制作的强力弹簧则用热卷法，热卷时的温度依据弹簧材料直径的大小在 800~1000℃ 的范围内选择，卷制完成后需要进行淬火和回火处理，热处理后的弹簧表面不应该出现显著的脱碳层。

对于重要的压缩弹簧，为了保证两端承压面的同轴度，应将支承圈在磨床上磨平。

此外，弹簧还须进行工艺试验和根据弹簧的技术要求进行精度、冲击、疲劳等试验，以检验弹簧是否符合技术要求。弹簧的持久强度和抗冲击强度取决于弹簧丝的表面状况（如表面粗糙度、裂纹、伤痕等），表面脱碳会严重影响材料的性能。

为了提高承载能力，还可以在弹簧制成后进行强压处理或喷丸处理。强压处理是使弹簧在超过极限载荷的作用下持续 6~8h，以便在弹簧丝表层产生高应力区，产生塑变和有益的与工作应力反向的残余应力，使弹簧在工作时的最大应力下降，从而提高弹簧的承载能力。强压处理后的弹簧不允许再进行热处理，也不宜在较高温度（150~450℃）、交变载荷及腐蚀介质中使用。

喷丸处理是在弹簧热处理后，用钢丸或砂子高速喷射弹簧表面，使其表面受到冷作硬化，产生有益的残余应力，是改善弹簧表面质量、提高疲劳强度和冲击韧性的有效措施。实践证明：如果使用适当，弹簧经喷丸处理后，可提高疲劳强度达 50%。

第三节 圆柱螺旋弹簧的设计计算

一、圆柱螺旋弹簧的结构形式

1. 圆柱螺旋压缩弹簧

为了使弹簧在安装时能够保持其轴线与支承面的垂直度,弹簧两端的支承圈分别与有效圈并紧,支承圈只起支承作用,不参与变形。当弹簧的有效圈数 $n<7$ 时,则圆柱螺旋压缩弹簧每端支承圈数约为 0.75 圈;而当 $n>7$ 时,则每端支承圈数约为 1.25 圈。圆柱螺旋压缩弹簧的支承圈结构如图 14-1 所示。

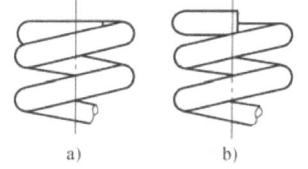

图 14-1 圆柱螺旋压缩弹簧的支承圈结构

2. 圆柱螺旋拉伸弹簧

圆柱螺旋拉伸弹簧分有初拉力和无初拉力两种。有初拉力的拉伸弹簧各圈之间具有一定的压紧力。这种弹簧在外载荷大于初拉力后,各圈才开始分离,故较无初拉力的圆柱螺旋拉伸弹簧节省了轴向工作的空间。圆柱螺旋拉伸弹簧的端部制有各种形状的挂钩(图14-2),以便安装和加载。

二、几何参数计算

普通圆柱螺旋弹簧的主要几何参数有:外径 D_2、内径 D_1、中径 D、材料直径 d、节距 t、螺旋角 α、自由高度(压缩弹簧)或自由长度(拉伸弹簧)H_0 等,其几何尺寸如图 14-3 所示。

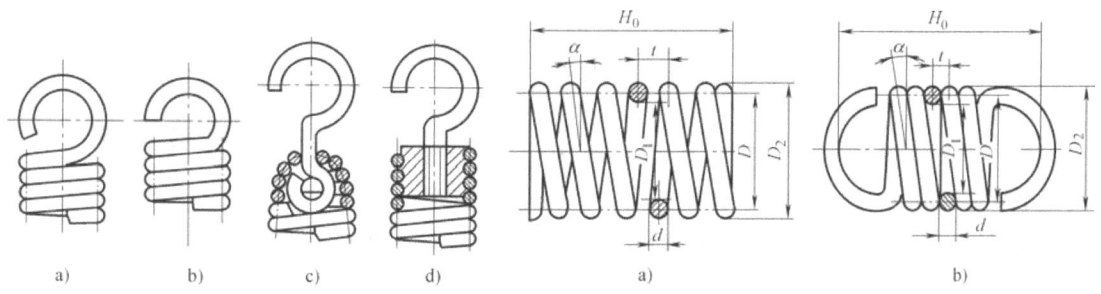

图 14-2 圆柱螺旋拉伸弹簧挂钩结构

图 14-3 圆柱螺旋弹簧的几何尺寸
a) 圆柱螺旋压缩弹簧 b) 圆柱螺旋拉伸弹簧

其中螺旋角 $\alpha = \arctan t/\pi D$,对圆柱螺旋压缩弹簧 α 一般应取 $5° \sim 9°$。旋向可以是右旋,也可以是左旋,如果没有特殊要求一般都用右旋。

圆柱螺旋弹簧的几何参数计算见表 14-4,其结构尺寸的选择和计算可以参照有关设计手册和规范进行。

表 14-4　圆柱螺旋弹簧的几何参数计算

参数名与代号	圆柱螺旋拉伸弹簧	圆柱螺旋压缩弹簧	备注
中径 D/mm	$D=Cd$		
内径 D_1/mm	$D_1=D-d$		
外径 D_2/mm	$D_2=D+d$		
旋绕比 C/mm	$C=D/d$		
高径比 b		$b=H_0/D$	
自由高度 H_0/mm		$H_0\approx tn+(1.5\sim2)d$	两端磨平
		$H_0\approx tn+(3\sim3.5)d$	两端不磨平
总圈数 n_1	$n_1=n$	$n_1=n+(2\sim2.5)$	冷卷
		$n_1=n+(1.5\sim2)$	热卷
节距 t/mm	$t=d$	$t=(0.28\sim0.5)D_2$	
间距 δ/mm		$\delta=t-d$	
余隙 δ_1/mm		$\delta_1\geq0.1d$	
弹簧展开长度 L/mm	$L\approx\pi Dn+$钩环展开长度	$L=\pi Dn_1/\cos\alpha\approx\pi Dn_1$	
螺旋角 α		$\alpha=\arctan t/\pi D_2$	

三、弹簧特性曲线

弹簧应具有经久的弹性，且不允许产生永久变形。因此在设计弹簧时，务必使其工作应力在弹性极限范围之内。在这个范围内工作的弹簧，当承受轴向载荷 F 时，弹簧将产生相应的弹性变形。为了表示弹簧的载荷与变形的关系，取纵坐标表示弹簧承受的载荷，横坐标表示弹簧的变形，这种表示载荷与变形关系的曲线称为弹簧特性曲线，它是设计和制造过程中检验或试验的重要依据。常见的弹簧特性曲线有四种，如图 14-4 所示，a 曲线为直线型；b 曲线为刚度渐增型；c 曲线为刚度渐减型；第四种是混合型，是上述几种曲线的组合。

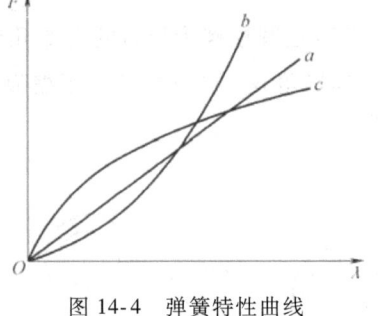

图 14-4　弹簧特性曲线

等节距圆柱螺旋压缩（拉伸）弹簧，F 与 λ 呈线性变化，其特性曲线为一直线。圆柱螺旋压缩弹簧的特性曲线如图 14-5 所示。该图中 F_1 为最小工作载荷，它是弹簧安装时所预加的初始载荷。在 F_1 的作用下，弹簧产生最小变形 λ_1，其高度由自由高度 H_0 压缩到 H_1；F_2 为最大工作载荷，在 F_2 的作用下，弹簧变形增加到 λ_2，此时高度为 H_2。$F_{\lim}$ 是弹簧的极限工作载荷，在 $F_{\lim}$ 的作用下，弹簧变形增加到 $\lambda_{\lim}$，这时其高度为 $H_{\lim}$，弹簧丝的应力达到材料的屈服极限。令 $h=\lambda_2-\lambda_1$，h 称为弹簧的工作行程。

弹簧的最大工作载荷由工作条件所确定。一般情况下，最小工作载荷可取 $F_1=(0.3\sim0.5)F_2$，而工作极限载荷 $F_{\lim}$ 可按极限工作应力 $\tau_{\lim}$ 求出。$\tau_{\lim}$ 不应超过材料的剪切屈服极限。为了使弹簧能在屈服极限内工作，通常取 $F_2\leq F_{\lim}$。

圆柱螺旋拉伸弹簧的特性曲线如图 14-6 所示。由于卷绕方法不同，可以分为无初应力和有初应力两种情况。前者在卷绕时，弹簧仅并拢，弹簧没有初应力，其特性曲线与圆柱螺旋压缩弹簧的特性曲线类似。后者在卷绕时，边卷绕边使弹簧绕本身轴线产生扭转，各圈相互间即具有一定的压紧力，弹簧丝中也产生一定的初拉力。弹簧工作时，必须以载荷的一部

分 F_0 克服弹簧圈之间的压紧力,弹簧才开始伸长。

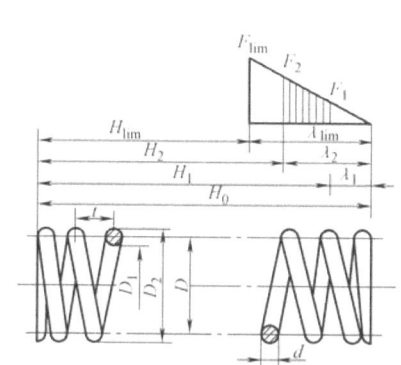

图 14-5 圆柱螺旋压缩弹簧的特性曲线

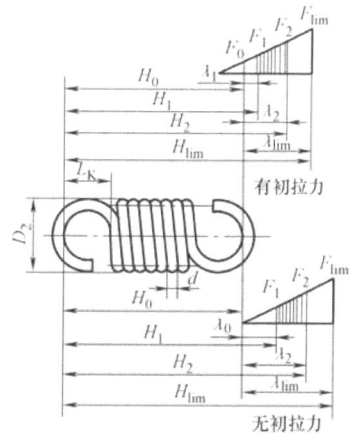

图 14-6 圆柱螺旋拉伸弹簧的特性曲线

四、弹簧强度和刚度计算

在设计圆柱螺旋弹簧时,通常根据强度准则确定弹簧的直径 D 和材料直径 d,根据刚度准则确定弹簧的有效圈数 n。由于圆柱螺旋压缩(拉伸)弹簧的额定工作载荷均沿弹簧的轴线作用,因此它们的应力和变形计算是相同的。下面以螺旋圆柱压缩弹簧为例进行分析。

1. 弹簧中的应力

图 14-7a 所示为圆柱螺旋压缩弹簧,其中径为 D。在通过其轴线的截面上,直径为 d 的弹簧丝截面是椭圆形的。由于螺旋角很小($\alpha \approx 5° \sim 9°$),工程上可以近似地看作圆截面。把弹簧轴向载荷 F 移到这个截面,截面上作用有转矩 $T = FD/2$ 和剪切力 F。剪切力 F 所引起的剪切应力和转矩 T 所引起的最大剪切应力分别为

$$\tau_1 = \frac{4F}{\pi d^2} \tag{14-1}$$

$$\tau_2 = \frac{T}{Z_p} = \frac{8FD}{\pi d^3} \tag{14-2}$$

所以,弹簧丝截面上的最大剪切应力为

$$\tau = \frac{8FD}{\pi d^3}\left(1 + \frac{d}{2D}\right) \tag{14-3}$$

令 $C = D/d$,C 称为旋绕比,所以有

$$\tau = \frac{8FD}{\pi d^3}\left(1 + \frac{0.5}{C}\right) \tag{14-4}$$

最大剪切应力发生在弹簧丝的内侧处,如图 14-7b 所示。

如果考虑螺旋角和弹簧丝曲率等的影响,可以对上式进行修正,可以得到比较精确的计算公式为

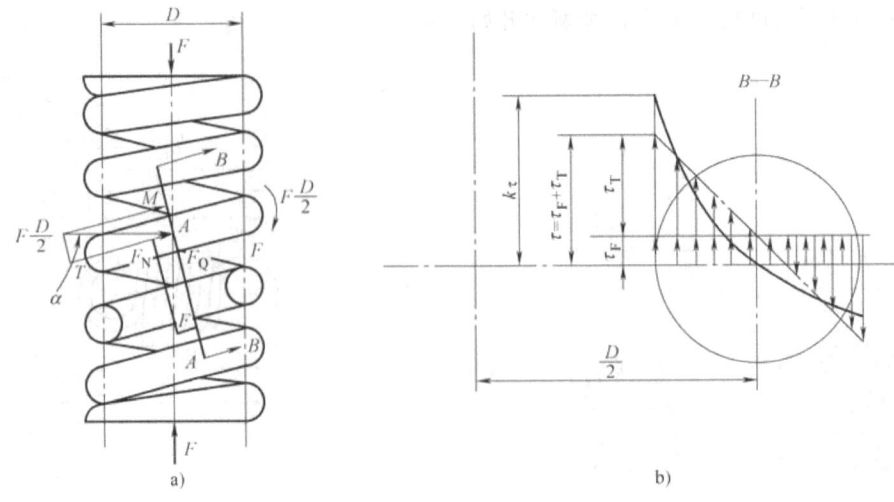

图 14-7 弹簧受力及应力分析

$$\tau = K\frac{8FC}{\pi d^2} \tag{14-5}$$

式中 K——曲度系数，其值为 $K=\dfrac{4C-1}{4C-4}+\dfrac{0.615}{C}$。

2. 强度条件

弹簧的强度条件为

$$\tau = K\frac{8FC}{\pi d^2} \leq [\tau] \tag{14-6}$$

式中 $[\tau]$——许用剪切应力（MPa）（GB/T 23935—2009）；
  F——弹簧的最大工作载荷（N）；
  d——为材料直径（mm）。

所以可以得到设计公式

$$d \geq 1.6\sqrt{\frac{KFC}{[\tau]}} \tag{14-7}$$

旋绕比 C 是弹簧设计中重要参数。C 值太大，弹簧过软（刚度小），易颤动；C 值太小，弹簧过硬（刚度大），卷绕时簧丝弯曲剧烈。旋绕比选用范围见表 14-5。

表 14-5 旋绕比选用范围

材料直径/mm	0.2~0.5	>0.5~1.1	>1.1~2.5	>2.5~7	>7~16	>16
C	7~14	5~12	5~10	4~9	4~8	4~16

旋绕比 C 和许用剪切应力 $[\tau]$ 均与材料直径 d 有关，所以必须通过试算才能选得合适的材料直径。

3. 刚度条件

根据材料力学中的有关公式求得圆柱螺旋压缩弹簧的变形量 f 为

$$f = \frac{8FC^3 n}{Gd} \tag{14-8}$$

式中 n——弹簧的有效圈数；

G——弹簧材料的切变模量（MPa），可参照 GB/T 23935—2009。

弹簧刚度 F' 是弹簧的主要参数之一，它表示弹簧单位变形所需要的力，其值为

$$F' = \frac{F}{f} = \frac{Gd}{8C^3 n} \tag{14-9}$$

刚度越大，需要的力越大，弹簧的弹力也就越大。

从而可以得到弹簧有效圈数为

$$n = \frac{fGd}{8FC^3} = \frac{Gd}{8C^3 F'} \tag{14-10}$$

对于压缩弹簧，总圈数 n_1 的尾数宜取 0.25、0.5、0.75 或整数。有效圈数通常圆整为 0.5 的整倍数，并且大于 2 才能保证弹簧具有稳定的性能。若计算的 n_1 与 0.5 的倍数相差较大时，应在圆整后再计算弹簧的实际长度。

弹簧总圈数 n_1、有效圈数 n 的关系可以根据 GB/T 23935—2009 确定。压缩弹簧可以根据已知条件首先选择标准弹簧（GB/T 1358—2009 或有关手册），当无法选择时再自行设计。

4. 弹簧的设计示例

设计弹簧时，通常是根据弹簧的最大工作载荷、最小工作载荷及其相应的变形，结构尺寸的限制和工作条件等，确定材料直径、有效圈数、弹簧中径等尺寸。

弹簧的设计步骤如下。

1）根据工作条件，选择弹簧材料，并查出其力学性能数据。

2）参照刚度要求，选择旋绕比 C。根据结构尺寸的要求初定弹簧中径，估取材料直径，查出许用应力。

3）按强度条件确定所需材料直径。

4）按刚度条件确定弹簧有效圈数。

5）计算弹簧的其他尺寸。

6）验算压缩弹簧的稳定性。当压缩弹簧高度过大，受力后可能失稳，如图 14-8a 所示。为了保证压缩弹簧的稳定性，弹簧的高径比 b 应小于其许用值。许用值分别为：两端固定的弹簧是 5.3；一端固定、一端回转的弹簧是 3.7；两端回转的弹簧是 2.6。当弹簧的高径比大于许用值时，弹簧应在内侧加装导杆或在外侧加导套，如图 14-8b、c 所示。

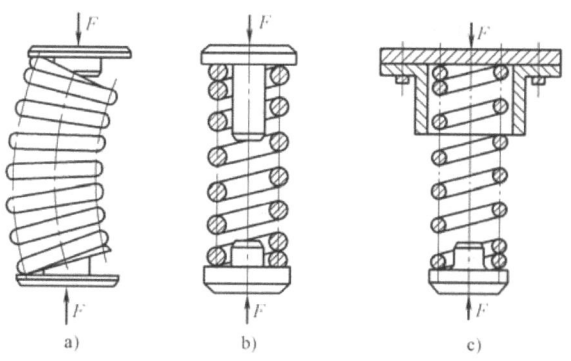

图 14-8 压缩弹簧失稳及常用对策
a）失稳 b）加装导杆 c）加装导套

7）绘制弹簧零件图。

五、受变载荷螺旋弹簧的疲劳强度验算

对于循环次数较多、工作在变应力下的重要弹簧,应进行疲劳强度验算;当应力循环次数不多或应力幅较小时,应进行静强度验算;上述两种情况不能明确区分时,则应同时进行这两种强度的验算。

1. 疲劳强度验算

一般受变应力作用的弹簧,其应力变化规律有 τ_{max} = 常数和 τ_{min} = 常数两种。因此,可根据力学疲劳强度理论与相应计算公式,进行应力幅安全系数、最大应力安全系数的计算。对于弹簧钢丝也可按下述简化公式进行验算

$$\tau_{min} = \frac{8KF_{min}C}{\pi d^2} \tag{14-11}$$

$$\tau_{max} = \frac{8KF_{max}C}{\pi d^2} \tag{14-12}$$

$$S_{ca} = \frac{\tau_0 + 0.75\tau_{min}}{\tau_{max}} \geq [S] \tag{14-13}$$

式中 τ_0——弹簧材料的脉动循环剪切疲劳极限(MPa),当弹簧材料为碳素钢丝、不锈钢丝、铍青铜丝等时,可根据循环次数 N 查表14-6;

τ_{min}——最小切应力(MPa);

F_{min}——最小工作载荷(N);

τ_{max}——最大切应力(N);

F_{max}——最大工作载荷(N);

$[S]$——许用安全系数,当弹簧计算和材料的性能数据精确度高时,取 1.3~1.7;精确度较低时,取 1.8~2.2。

表 14-6 弹簧材料的脉动循环剪切疲劳极限 τ_0

N	10^4	10^5	10^6	10^7
τ_0	$0.45R_m$	$0.35R_m$	$0.32R_m$	$0.30R_m$

注:1. 经喷丸处理的弹簧,τ_0 可提高 20%。
2. 对于硅青铜线、不锈钢丝,取 $0.35R_m$。

2. 静强度验算

弹簧的静强度验算可按下式进行计算:

$$S_s = \frac{\tau_s}{\tau_{max}} \geq [S_s] \tag{14-14}$$

式中 τ_s——弹簧材料的屈服强度(MPa),其值可按下述数值选取:碳素弹簧钢丝取 $\tau_s = 0.5R_m$,硅锰合金钢丝取 $\tau_s = 0.6R_m$,铬钒合金钢丝取 $\tau_s = 0.7R_m$;

$[S_s]$——许用安全系数,其值与 $[S]$ 相同。

【例 14-1】 某发动机以凸轮机构控制阀门的启闭。当阀门关闭时弹簧受力100N,阀门开启时弹簧受力150N。凸轮升程,即弹簧的变形量为

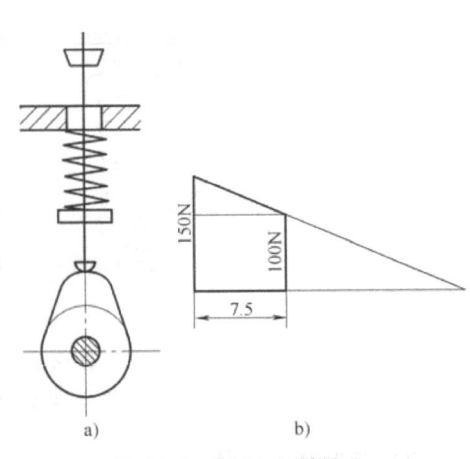

图 14-9 例 14-1 题图

7.5mm，如图14-9所示。试设计此弹簧。

解：

计算与说明	主要结果
1）选择材料 阀门弹簧虽为重要弹簧，但因没有尺寸限制而有冲击，故选用碳素弹簧钢丝（GB/T 4357—2009），B级、Ⅱ类	B级、Ⅱ类
2）选择旋绕比 C，初估材料直径 d_0 考虑弹簧刚度 $F'=F/f=(150-100)\text{N}/7.5\text{mm}=6.67\text{N/mm}$，较小，选 $C=10$ 求得曲度系数 $K=(4C-1)/(4C-4)+0.615/C=(4\times10-1)/(4\times10-4)+0.615/10=1.14$ 初估材料直径 $d_0=3\text{mm}$，查表14-3得 $R_m=1370\text{MPa}$ 查表14-2得 $[\tau]=0.38R_m=0.38\times1370\text{ MPa}=521\text{MPa}$	$d_0=3\text{mm}$ $[\tau]=521\text{MPa}$
3）按强度条件确定材料直径 d 阀门弹簧所承受的最大工作载荷 $F_{\max}=150\text{N}$，由式(14-7)可以求得材料直径 $$d=1.6\sqrt{\frac{KF_{\max}C}{[\tau]}}=1.6\times\sqrt{\frac{1.14\times150\times10}{521}}\text{mm}=2.9\text{mm}$$ 计算结果与初估材料直径误差为3.3%，误差较小。但2.9mm的钢丝不常用，故取 $d=3\text{mm}$	$d=3\text{mm}$
4）按刚度条件确定弹簧的有效圈数 n 由式(14-10)有 $n=\dfrac{fGd}{8FC^3}=\dfrac{Gd}{8C^3F'}=\dfrac{7.85\times10^4\times3}{8\times10^3\times6.67}$ 圈 $=4.41$ 圈 ≈ 4.5 圈 两端端部采用YI型结构，即两端圈并紧并磨平，$n_2=1\sim2.5$ 圈，n_2（支承圈）各取为1圈，所以弹簧总圈数 $n_1=6.5$ 圈	$n=4.5$ 圈 $n_1=6.5$ 圈
5）计算弹簧的其他尺寸 中径 $D=Cd=10\times3=30\text{mm}$ 外径 $D_2=D+d=30\text{mm}+3\text{mm}=33\text{mm}$ 内径 $D_1=D-d=30\text{mm}-3\text{mm}=27\text{mm}$ 节距 $t=(0.28\sim0.5)D=(0.28\sim0.5)\times30\text{mm}=8.4\sim15\text{mm}$，取 $t=10\text{mm}$ 自由高度 H_0 为两端磨平结构，所以 $H_0=tn+1.5d=(10\times4.5+1.5\times3)\text{mm}=49.5\text{mm}$ 螺旋角 $\alpha=\arctan(t/\pi D)=\arctan(10/\pi\times30)=6.06°$ 弹簧展开长度 $L=\pi Dn_1/\cos\alpha=\pi\times30\times6.5/\cos6.06°=616\text{mm}$	$D=30\text{mm}$ $D_2=33\text{mm}$ $D_1=27\text{mm}$ $t=10\text{mm}$ $H_0=49.5\text{mm}$ $\alpha=6.06°$ $L=616\text{mm}$
6）验算弹簧的稳定性 此弹簧为两端固定，其高径比 $b=H_0/D=49.5\text{mm}/30\text{mm}=1.65<5.3$ 结论：满足稳定性要求	$b=1.65<5.3$
7）计算弹簧特性曲线中各载荷相应的变形量 最小载荷和最大载荷下的变形量 $f_{\min}=8F_{\min}C^3n/Gd=8\times100\times10^3\times4.5/(7.85\times10^4\times3)\text{mm}\approx15\text{mm}$ $f_{\max}=8F_{\max}C^3n/Gd=8\times150\times10^3\times4.5/(7.85\times10^4\times3)\text{mm}\approx22.5\text{mm}$	$f_{\min}=15\text{mm}$ $f_{\max}=22.5\text{mm}$
8）绘制弹簧零件图（略）	

思 考 题

14.1 弹簧的功用有哪些？按照形状不同，弹簧可以分为哪几种？

14.2 设计弹簧时，旋绕比 C 取值范围是多少？C 值过大或过小有何不利？

14.3 弹簧特性曲线有哪几种形式？具有哪些特点？

14.4 圆柱螺旋弹簧的主要参数有哪些？设计圆柱螺旋弹簧的主要内容有哪些？

14.5 在什么情况下圆柱螺旋压缩弹簧会出现失稳？可采取哪些措施来提高弹簧的稳定性？

习　题

14.1　某一圆柱螺旋拉伸弹簧，材料直径 $d=3.5$mm，弹簧中径 $D=28$mm，有效圈数 $n=20$ 圈，材料为碳素弹簧钢丝Ⅱ类弹簧，试计算该弹簧所能承受的最大工作载荷和相应的变形量。

14.2　设计一圆柱螺旋压缩弹簧，使用条件一般，已知弹簧工作时最大工作载荷为 1000N，最小工作载荷为 300N，要求变形量为 20mm，Ⅲ类弹簧，两端固定。

14.3　设计一圆柱螺旋压缩弹簧，已知弹簧最大工作载荷 $F_{max}=780$N，最小工作载荷 $F_{min}=200$N，最大变形量 $f_{max}=45$mm，Ⅱ类弹簧，两端固定，要求自由高度 $H_0<150$mm。

习题参考答案

14.1　$F_{max}=269$N；$f_{max}=79.70$mm。

14.2　$C=7$，$d=6.01$mm（取 $d=6$mm），$n=4.998$ 圈（取 $n=5$ 圈），$H_0=70.55$mm，$D=42$mm，$f_{min}=8.57$mm，$f_{max}=28.57$mm，$L=927.17$mm，$b=1.68$。

14.3　试算三组，其中第二组的 $C=6$，$d=4.99$mm，取 $d=5$mm，$n=13.5$ 圈，$H_0=130.5$mm，$D=30$mm，$f_{min}=11.66$mm，$f_{max}=45.48$mm，$L=1467.43$mm，$b=4.35$。

第十五章 机械产品方案设计

第一节 机械产品的设计过程简介

机械产品的设计是模仿、总结、借鉴和创造多方面结合的技术工作。在合理的外部条件下，采用合理的设计哲学、设计准则和方法而设计并创造出优秀的机械产品。一般来说，机械产品设计的全过程分为四个阶段：产品构思阶段、总体方案设计阶段、详细设计阶段、改进设计与售后服务阶段。机械产品设计全过程的流程如图15-1所示。

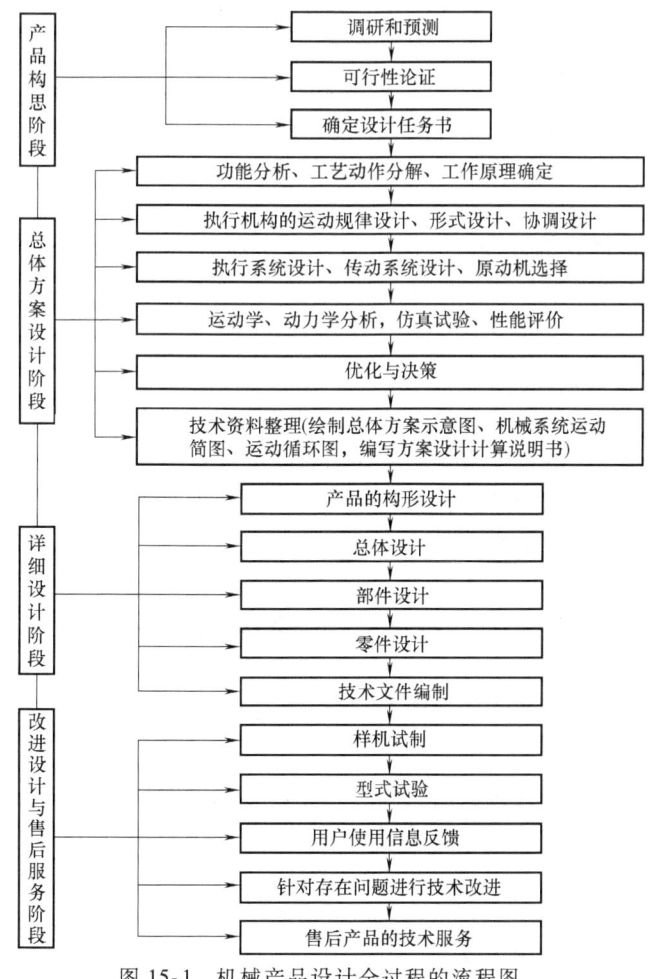

图 15-1 机械产品设计全过程的流程图

1. 产品构思阶段

产品构思阶段即产品的初期规划。通过各种调查（如市场调查、技术调查、同行调查等），并进行可行性论证，最终确定设计任务，明确设计目标所要达到的功能和性能指标。

（1）市场调查　进行销售市场、原料市场、购买力行为分析，做出销售量预测及市场占有率预测；进行经济、社会环境分析，做出产品社会效益及生命周期预测；进行政策、法规分析，做出产品生产和销售可能性预测。

（2）技术调查　进行产品设计、制造的新技术、新材料的调查研究，做出产品技术可行性预测及成本预测。

（3）同行调查　进行有关产品的国内外水平和发展趋势的分析，做出时间上领先占领市场的可能性预测及技术上、产品功能上领先的可能性预测。

（4）可行性论证　从经济、技术、市场等方面论证产品开发的必要性和产品设计、制造、销售等各项措施实施的可能性。

2. 总体方案设计阶段

总体方案设计阶段是产品设计的关键性环节，它决定了产品的性能和成本，关系到产品的水平和竞争能力。首先对设计任务进行功能分析、工艺动作的分解，明确各个工艺动作的工作原理。其次考虑原动机的选择和传动系统的设计。最后对各可行方案进行运动学和动力学分析、模拟仿真试验，优化筛选出较为理想的方案。绘制总体方案示意图、机械系统运动简图、运动循环图，编写方案设计计算说明书。方案设计具有创造性、多解性、近似性、综合性、经验性等特点，是一个较为复杂的设计过程。

3. 详细设计阶段

详细设计阶段是将方案设计绘制的机械系统运动简图具体化为机器及零部件的合理结构，完成机械产品的总体设计、部件和零件设计，完成全部的生产图样及相关的设计计算说明书等技术文件。

4. 改进设计与售后服务阶段

改进设计与售后服务阶段是指根据试验、用户使用、鉴定等所暴露的问题，及时做出相应的技术完善，确保产品的设计质量，保证消费者的权益不受侵害。机械产品的设计作为现代工业生产的关键环节，在产品的整个生命周期中占有极其重要的位置，它从根本上决定着产品的内在和外在品质、质量及成本。

第二节　机械产品的运动方案设计

机械产品运动方案设计的流程如图 15-2 所示。其全过程包括以下主要内容。

1. 功能原理设计

功能原理设计就是根据机械预期实现的功能，考虑选用何种工作原理来实现这一功能要求。实现某种预期的功能要求，可以采用多种不同的工作原理，不同的工作原理需要不同的工艺动作。

2. 运动规律设计

运动规律设计是指为实现上述工作原理而决定选择何种运动规律。而实现同一工作原

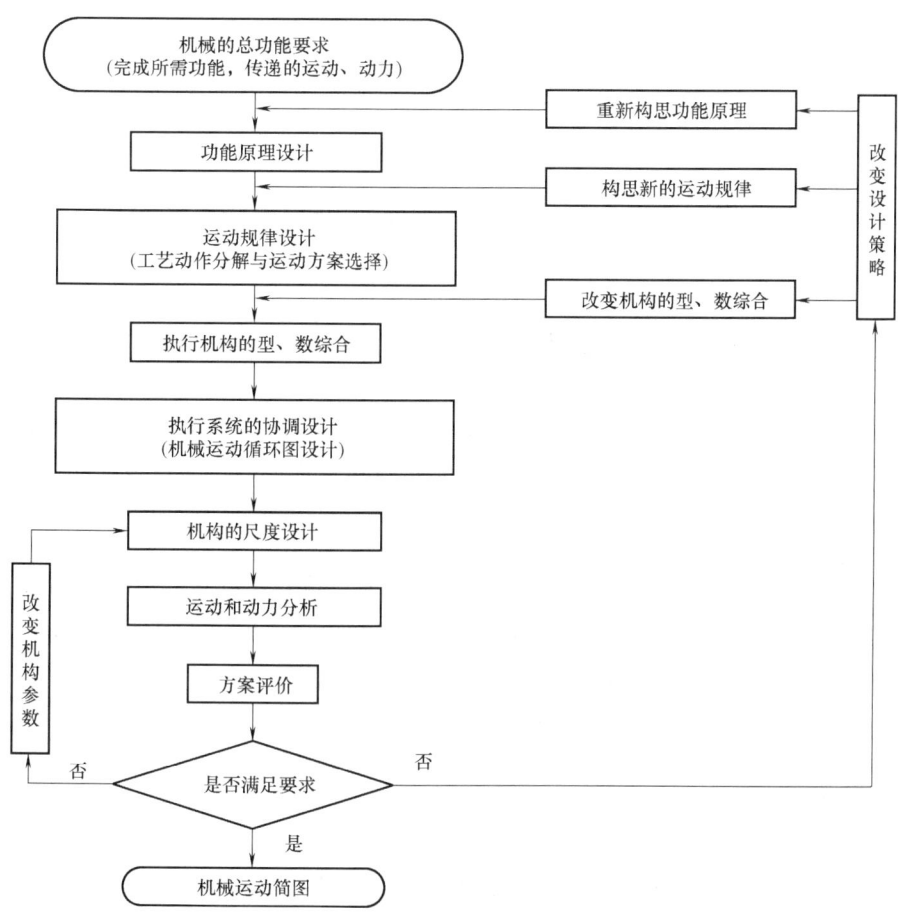

图 15-2 机械产品运动方案设计的流程

理,可以采用不同的运动规律。

3. 执行机构的型、数综合

执行机构的型、数综合,是指选择何种类型的机构以及确定有多少种机构可以实现上述运动规律。实现同一种运动规律,可以选用不同形式的机构。

4. 执行系统的协调设计

一部复杂的机械,通常由多个执行机构组合而成,各个执行机构中执行构件的运动必须按一定的时间和空间顺序进行。所谓执行系统的协调设计,就是根据工艺过程对各动作的要求,分析各执行机构在时间及空间上如何协调和配合,设计出协调配合图(通常又称机械运动循环图),它具有指导各执行机构的设计、安装和调试的作用。

5. 机构的尺度设计

机构的尺度设计,是指根据各执行构件、原动件的运动参数,以及各执行构件的协调配合要求、动力性能要求,确定各执行机构中构件的几何尺寸(指机构的运动尺寸)或几何形状(如凸轮轮廓)等,绘制出各执行机构的运动简图。

6. 运动和动力分析

对执行系统进行运动分析和动力分析,以检验是否满足运动要求和动力性能要求。

7. 方案评价

方案评价包括定性评价和定量评价。定性评价是指对结构的繁简、尺寸的大小、加工的难易等进行评价。定量评价是指将运动和动力分析后所得的执行机构的具体性能与使用要求所规定的预期性能进行比较，从而对设计方案做出评价。

第三节　机械产品运动方案的设计内容与原则

一、机械产品的运动方案设计主要内容

1）功能原理方案的设计与构思。根据机械所要实现的功能（功用）采用有关的工作原理，由工作原理出发设计和构思出工艺动作（即机械执行构件的运动）过程。

2）机械系统运动方案设计。机械运动方案就是机构运动简图设计中的型综合，其示意图是进行机构运动简图尺度设计的依据。

3）机械运动简图的尺度综合。根据工艺动作运动规律和机械运动循环图的要求进行运动学尺度综合。同时考虑其运动和动力条件，否则不利于设计性能良好的新机械。

4）机械系统运动方案的评价。如何建立合理的评价体系，采用正确的评价方法，从诸多方案中找出较优方案是机械系统运动方案设计的重要内容。

二、机械产品的运动方案原则

在构思机械系统运动方案时，除了满足基本的功能要求外，还应遵循以下几项原则。

1. 机械系统尽可能简单

1）尽量简化和缩短运动链，选择较简单的机构。在保证实现功能要求的前提下（包括通过自由度计算，保证机构具有确定运动），应尽量采用构件数和运动副数较少的机构。这样可以使机器构造简单、成本减少、摩擦损耗降低、精度和可靠性提高。

2）选择合适的运动副形式。运动副在机械传递运动和动力的过程中起着重要作用，它直接影响到机械的结构形式、传动效率、寿命和灵敏度等。一般来说，转动副较移动副易于制造。如图 15-3a 所示，其中 $CE = CB = CD$，当移动副 A' 做直线运动时，E 点的运动轨迹垂直于 A' 移动平面。图 15-3b 为曲柄摇杆机构，其中移动副 A' 替换为加工简单的转动副 A，但 E 点运动轨迹仍近似为垂直直线。

3）选择合适的动力源。选择合适的动力源，有利于简化机械结构和改善机械性能。在条件合适的情况下，可将电动机替换为液压（气压）驱动机构（图 15-4），以实现简单的工作位置变

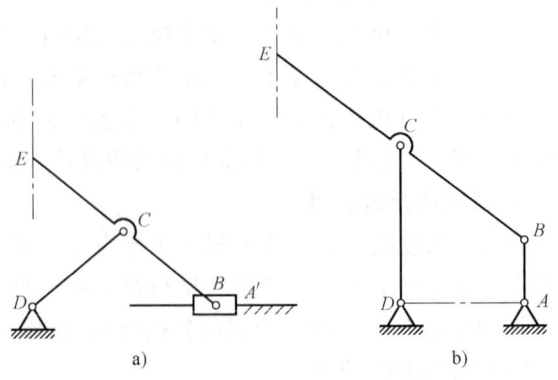

图 15-3　转动副代替移动副

换，其优点是可以简化机构、缩短运动链、便于操作。

2. 尽量缩小机构尺寸

设计机械时，在满足功能要求的前提下，总希望机构结构紧凑、尺寸小、重量轻。而机构的尺寸和重量随所选用的机构类型不同而有很大差别。例如，在相同传动比情况下，行星轮系的尺寸和质量明显比定轴轮系要小；又如在从动件移动行程较大的情况下，采用圆柱凸轮比采用圆盘凸轮的尺寸更为紧凑；再如连杆-齿轮组合机构（图 15-5），齿轮 3 通过转动副 C 与连杆 BC 相连，它同时又与固定齿条 4 和活动齿条 5 啮合。这样活动齿条上 E 点的位移是连杆上 C 点位移的 2 倍，是曲柄 AB 长度的 4 倍。因此，在输出位移相同的前提下，该机构的曲柄比对心曲柄滑块机构的曲柄长度可缩小一半，从而缩小整个机构尺寸。

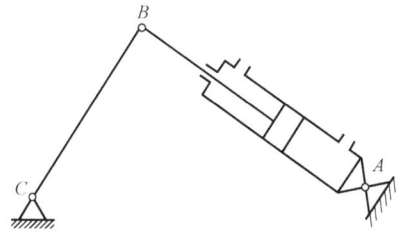

图 15-4 液压驱动机构

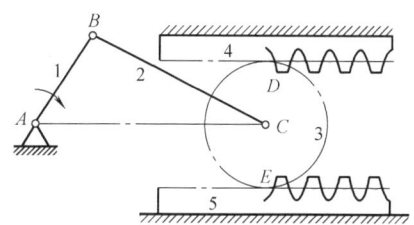

图 15-5 连杆-齿轮组合机构

3. 机构具有较好的动力特性

应注意选用具有最大传动角、最大增力系数和效率较高的机构，这样可减小主动轴上的力矩、原动机的功率及机构的尺寸与重量。图 15-6 所示的摆动连杆机构因压力角始终为零，具有极佳的传力性能。图 15-7 所示为摩托车发动机机构，其中的两个曲柄滑块机构关于 A 点对称，可实现惯性矩平衡。

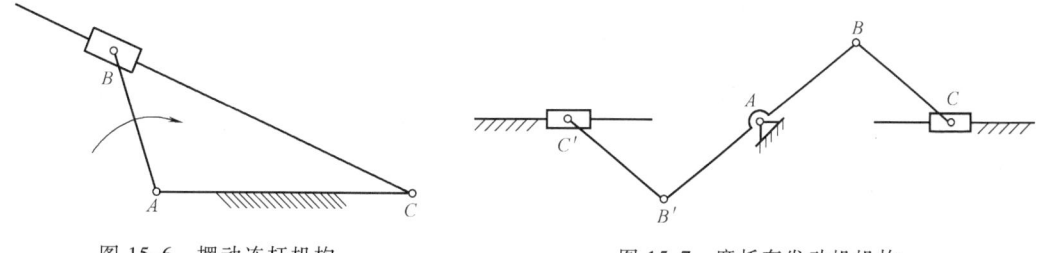

图 15-6 摆动连杆机构　　　　　　　图 15-7 摩托车发动机机构

4. 机构具有调节某些运动参数的能力

根据不同的运动参数需要，应设置运动参数的调整环节。在不同情况下，机构运动参数的调节有不同的办法。一般来说，可通过选择和设计具有两个自由度的机构来实现。

5. 保证机械的安全运转

机械的安全运转问题也是在设计执行机构时，必须考虑的问题，目的是防止发生机械的损坏，避免出现生产和人身事故的可能性。例如机械中的过载保护装置，起重机的自锁机构等。

6. 机械系统应具有良好的人-机性能

基于这种思想，在进行机械系统方案设计时，要考虑如下因素。

1)设计的机器应能适合90%以上的工人操作,即应以人体测量参数为工作岗位设计的依据。

2)机器的工作频率会影响工人的劳动强度和作业负荷,设计时应使工人的劳动强度和作业负荷符合劳动卫生原则,确保职工的身心健康。

3)机器的信号显示和操纵部分的设计应便于观察和操作,操纵器的用力方向和大小要适合人体生理特点。

4)设计的机械系统应符合环保的要求。

第四节 机械产品运动方案的设计与评价

一、机械产品运动方案的构思与拟定

机械产品运动方案的构思与拟定一般按照机械运动简图设计的流程(图15-2)进行,主要步骤如下。

1. 功能原理的构思与选择

功能原理设计的任务,就是根据机械预期实现的功能要求,构思出所有可能的功能原理,加以分析比较,并根据使用要求或工艺要求,从中选出既满足功能要求、工艺动作又简单的工作原理。因此,功能原理设计的过程是一个创造性的过程。

2. 执行系统的运动规律设计

运动规律设计的目的,是根据工作原理所提出的工艺要求构思出能够实现该工艺要求的各种运动规律,然后从中选取最为简单实用的运动规律,作为机械的运动方案。一般来说,一个复杂的工艺过程由多种动作组成,一个复杂的动作又可以由一些最基本的运动合成。因此,进行运动规律设计时,通过对工艺的分析,把工艺动作分解成若干个基本动作。工艺动作的分解方法有很多种,图15-8所示为加工内孔的运动规律设计,分别是镗内孔的车床、镗内孔的镗床、加工内孔的钻床和加工内孔的拉床。由此可知,工艺动作分解方法不同,所形成的运动方案也不相同。

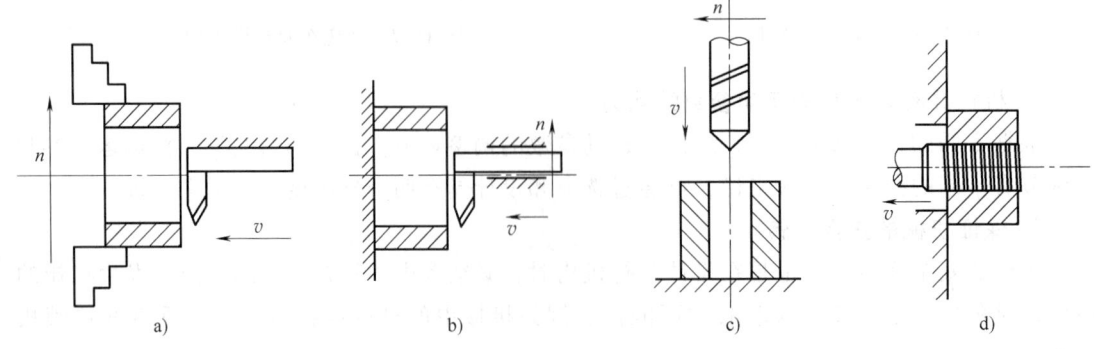

图15-8 加工内孔的运动规律设计
a)镗内孔的车床 b)镗内孔的镗床 c)加工内孔的钻床 d)加工内孔的拉床

第十五章 机械产品方案设计

3. 执行机构的形式设计

在完成上述步骤后，就可进行执行机构形式的选择和设计。一般来说，一个执行构件的运动形式可由几种不同形式的机构来实现。选择合适的机构形式，将直接提高机械的工作质量和使用效果，并降低结构的复杂程度。执行机构形式设计的方法有两类，即机构的选型和机构的构型。

1）机构的选型。利用发散思维方法，将前人创造发明的数以千计的各种机构按照运动特性或动作功能进行分类，然后根据设计对象中执行构件所需要的运动特性或动作功能进行搜索、选择、比较和评价，选出执行机构的合适形式。

为了便于按机械构件的运动形式选择机构，可根据表 15-1 中列举的常见运动特性及其对应机构进行选择。

表 15-1 常见运动特性及其对应机构

运动特性		实现运动特性的机构
连续转动	定传动比匀速	平行四杆机构、双万向联轴器机构、齿轮机构、轮系、谐波传动机构、摆线针轮机构、摩擦传动机构、挠性传动机构等
	变传动比匀速	轴向滑移圆柱齿轮机构、复合轮系变速机构、摩擦传动机构、行星无级变速机构、挠性无级变速机构等
	非匀速	双曲柄机构、转动导杆机构、单万向联轴器机构、非圆齿轮机构、某些组合机构等
往复运动	往复移动	曲柄滑块机构、移动导杆机构、正弦机构、移动从动件凸轮机构、齿轮机构、楔形机构、螺旋机构及气动、液压机构等
	往复摆动	曲柄摇杆机构、双摇杆机构、摆动导杆机构、曲柄摇块机构、空间连杆机构、摆动从动件凸轮机构、某些组合机构等
间歇运动	间歇转动	棘轮机构、槽轮机构、不完全齿轮机构、凸轮式间歇运动机构、某些组合机构等
	间歇摆动	特殊形式的连杆机构、摆动从动件凸轮机构、齿轮-连杆组合机构、利用连杆曲线圆弧段或直线段组成的多杆机构等
	间歇移动	棘齿条机构、摩擦传动机构、从动件做间歇往复运动的凸轮机构、反凸轮机构、气动、液压机构、移动杆有停歇的斜面机构等
预定轨迹	直线轨迹	连杆近似直线机构、八杆精确直线机构、某些组合机构等
	曲线轨迹	利用连杆曲线实现预定轨迹的多杆机构、凸轮-连杆组合机构、齿轮-连杆组合机构、行星轮系与连杆组合机构等
特殊运动要求	换向	双向式棘轮机构、定轴轮系（三星轮换向机构）等
	超越	齿式棘轮机构、摩擦式棘轮机构等
	过载保护	带传动机构、摩擦传动机构等

在机械系统中，驱动执行构件的执行机构都需要由原动机驱动，有的执行机构可以由原动机直接驱动，但大部分执行构件则由于运动形式、速度、位置等原因，不能由原动机直接驱动，而需要在原动机与执行机构之间加入传动机构，表 15-2 列出了常用运动转换基本功能及其相匹配的机构，以供设计者考虑运动转换时参考。

表 15-2 常用运动转换基本功能及其相匹配的机构

运动转换基本功能	匹配的机构或载体
连续转动变单向间歇转动	槽轮机构、平面凸轮间歇机构、不完全齿轮机构、圆柱凸轮分度机构、针轮间歇转动机构、蜗轮凸轮分度机构、内啮合行星轮间歇机构、组合机构
连续转动变双向摆动	曲柄摇杆机构、摆动从动件凸轮机构、曲柄摇块机构、电扇摇头机构、摆动导杆机构、曲柄六连杆机构、组合机构
连续转动变双向间歇摆动	摆动从动件凸轮机构、连杆曲线间歇摆动机构、曲线槽导杆机构、六杆机构两极限位置停歇摆动机构、四杆扇形齿轮双侧停歇摆动机构、组合机构

(续)

运动转换基本功能	匹配的机构或载体
连续转动变直线预定轨迹	连杆机构、连杆-凸轮组合机构、行星轮直线机构、联动凸轮机构、起重机近似直线机构、铰链六杆椭圆轨迹机构、曲柄凸轮式直线机构、行星轮摆线正多边形轨迹机构、组合机构
摆动变单向间歇转动	棘轮机构、摩擦钢球超越单向机构、组合机构
连续转动变单向直线移动	齿轮齿条机构、螺旋机构、带传动机构、链传动机构、组合机构
连续转动变往复直线移动	曲柄滑块机构、六连杆滑块机构、移动从动件凸轮机构、不完全齿轮齿条机构、连杆-凸轮组合机构、正弦机构、正切机构、组合机构
连续转动变往复间歇移动	连杆单侧停歇曲线槽导杆机构、移动从动件凸轮机构、行星轮内摆线间歇移动机构、不完全齿轮齿条往复移动间歇机构(用于印刷机)、不完全齿轮移动导杆间歇机构、八杆滑块上下端停歇机构(用于喷气织机开口机构)、组合机构
运动缩小或运动放大	齿轮传动机构、谐波传动机构、带传动、链传动、行星传动机构、摆线针轮传动机构、摩擦传动机构、蜗杆机构、螺旋传动机构、连杆机构、液体传动机构
运动合成	差动螺旋机构(用于测微机、分度机构、调节机构、夹具等)、差动轮系、差动连杆机构
运动分解	差动轮系、二自由度机构
运动换向	凸轮换向机构、棘轮换向机构、滑移齿轮换向机构、摩擦差动换向机构、行星换向机构、离合器锥齿轮换向机构
运动轴线变向	锥齿轮传动、半交叉带传动、螺旋齿轮传动、双曲面齿轮传动、蜗杆传动、单万向联轴器传动
运动轴线平移	圆柱齿轮传动、带传动、链传动、平行四边形机构、双万向联轴器、圆柱摩擦轮传动
运动分支	齿轮系、带轮系、链轮系
运动联接	弹性联轴器、滑块联轴器、齿式联轴器、套筒联轴器、凸缘联轴器、万向联轴器
运动离合	摩擦离合器、电磁离合器、牙嵌离合器、自动离合器、超越离合器
过载保护	带传动、摩擦轮传动、安全联轴器、安全离合器
有级调速	塔轮变速机构、交换齿轮变速机构、离合器变速机构
无级调速	带式无级变速器、钢球无级变速器、摩擦盘无级变速器

2)机构的构型。先从常用机构中选择一种功能和原理与工作要求相近的机构,然后在此基础上重新构筑机构的形式,这一工作称为机构的构型。它是一项比机构选型更具创造性的工作。机构构型方法有多种,如扩展法、组合法、变异法等。

4. 机构的尺度综合及其运动学、动力学分析与计算

机械系统运动方案中各个执行机构的形式确定后,根据输出构件的运动要求(如行程大小、运动规律的情况等),确定机械运动简图中各机构的运动学尺寸。

初步机构尺度综合后,必须对机构进行运动学和动力学分析,全面检验机构的运动性能和动力性能。运动学分析的主要内容包括机构的位置、速度、加速度等的正反解分析,可以通过图解法或解析法进行。

机构动力学主要研究机构的运动和受力之间的关系,有正逆两类问题:动力学正问题研究驱动力随时间或主动件位置变化时,执行构件的位置、速度、加速度以及克服阻力或阻力矩的变化情况;动力学逆问题研究给定执行构件的位置、速度、加速度以及所需克服的阻力或阻力矩,求解驱动器必须提供的驱动力情况。

二、机械产品运动方案的评价

1. 方案评价的原则

1)保证评价的客观性。尽力做到:评价资料具有全面性和可行性,评价人员组成要有代表性。

2) 保证方案的可比性,即各备选方案只有在能实现系统所需功能的情形下才能进行比较,否则就没有可比性。

3) 有合理的评价项目和指标体系。评价项目和指标要包括机械系统方案所涉及的各方面的要求和指标,评价项目必须与机械系统方案有关,且能确切反映评价系统的价值,评价项目要全面,且项目总数应尽可能少。评价指标要进行量化,建立的评价指标体系要有合理性、科学性和全面性。

2. 方案评价的步骤

1) 对各评价方案做出简要说明,使方案的特点、优缺点清晰明了,便于评价人员掌握。
2) 选择评价项目,并确定各评价项目的相对重要性,即权重。
3) 确定各评价项目的评价尺度。
4) 选用合适的评价方法进行评价。
5) 选出最优方案。

3. 评价准则、评价指标和评价体系

评价准则即为评价一个设计方案优劣的依据。它包括两方面内容:一是设计目标,二是设计指标。

在方案设计阶段,评价指标应主要考虑技术方面的因素,即功能和工作性能等方面的指标应占有较大的比例。机械系统的评价指标和具体内容见表15-3。根据评价指标,即可着手建立一个评价体系。所谓评价体系,就是通过一定范围内的专家咨询,确定评价指标及其评定方法。

表15-3 机械系统的评价指标和具体内容

评价指标	具体内容
系统功能	实现运动规律或运动轨迹,实现工艺动作的准确性,特定功能等
运动性能	运转速度、行程可调节性、运动精度等
动力性能	承载能力、增力特性、传力特性、振动噪声等
工作性能	效率高低、寿命长短、可操作性、安全性、可靠性、适用范围等
经济性	加工难易、能耗大小、制造成本高低等
结构紧凑性	尺寸、重量、结构复杂性等
其他性能	系统方案的实用性、可靠性、新颖性、可推广性、先进性及环保问题等

4. 评价方法

1) 经验性的概略评价法。该方法一般用于对创新方法进行初步评价。当设计问题不太复杂或评价指标十分具体时,可使用这种方法。具体做法是:请多名有经验的专家根据经验采用排队法或排除法直接评价。

2) 计算性的数学分析评价法。这是一种运用数学工具进行分析、推导和计算,得到定量评价参数的评价方法。常用的有评分法、技术-经济评价法、模糊评价法等。

5. 评价结果的处理和再设计

评价结果为设计者的决策提供了依据,但最终选择哪种方案,取决于设计者的决策思想,一般选择评价值最高的方案为整体最优方案。

机械系统的运动方案设计过程,也是一个设计→评价→再设计→再评价直至得到最佳方案的设计过程。

第十六章 机械传动系统设计

第一节 机械传动系统的组成和分类

一、传动系统的组成

机械的组成一般包括四个部分（图 16-1）：原动机、传动系统、工作机（执行机构）和控制系统。其中传动系统是将原动机的运动和动力传递给执行机构的连接装置，以实现机械产品的功能要求。传动系统包括动力传动和运动传动，其作用是实现原动机的变速、转矩变换、运动类型改变、驱动多个执行机构，以及因其他需要（尺寸限制、安全、操作方便等）连接原动机与执行机构，以实现在执行机构中的应用。

1. 变速装置

变速装置是传动系统的主体部分，变速功能通过变速装置实现，其用途是降低或增高来自原动机的转速和转矩，以满足执行机构的不同需求。例如汽车在不同行驶条件下，要求行驶速度和扭矩变化范围较大，这就需要通过变速装置改变传动比，完成发动机转速和转矩的改变，以实现变速；通用金属切削机床由于工艺范围较大，要求主运动和进给运动都能在较

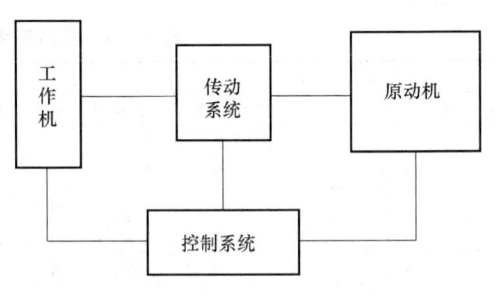

图 16-1 机械的组成

大范围内变速，以适应加工不同直径和材料以及不同工序对精度和表面粗糙度的要求。以上情况执行机构都需变速，若执行机构不需变速，则可采用固定传动比的变速装置。

2. 起停、换向和制动装置

起停、换向装置用于控制执行机构的起停以及改变运动方向。要求该装置在设计上方便省力、操作可靠、结构简单，并能传递足够的动力。为了满足不同传动需求，在设计时，因从工况、原动机类型和功率以及起停、换向的操纵方式等方面进行考虑。采用离合器作为起停装置时，多置于靠近原动机处，以减少系统空转。在放置换向装置时，应考虑传动链的传动件数量和惯性。由于靠近原动机的传动轴转速较高，在此处放置换向机构会用较多传动件，并造成较大能量损失，因此宜将换向装置置于靠近执行机构处。反之，对于传动件较少、惯性较小的传动系统，传动装置可置于靠近原动机处。

制动装置的作用是使运转中的机械减速或停止，或使机械保持停止状态。常见的制动方式有机械制动和电制动。机械制动简单、实用但材料易磨损；电制动一般为反向制动，当电动机需要停转时，外接电源产生反向转矩，迫使停转。在机械运转中，速度越快、惯性越大的传动系统，停车时间较长，因此需要安装制动装置以缩短制动时间。制动装置还可用于发生事故时紧急停车或使执行件停于指定的某个位置上（定向准停）。例如汽车的制动装置一般采用摩擦制动，包括行车制动、紧急制动、驻车制动等。对该装置的基本要求包括工作可靠、操作方便、制动速度平稳、结构简单、耐磨损、散热好、便于维护。

3. 安全保护装置

在机械运行中可能出现过载等情况，传动系统应具有相应的安全防护措施，避免损坏传动机构。若传动系统中有带传动、摩擦离合器等自身具有过载保护作用的摩擦副，则不需考虑安全保护装置。常用的安全保护装置有销钉安全联轴器、钢珠安全离合器、摩擦安全离合器。当过载时，安全保护装置通过折断、分离联接部件，以保护传动系统。

在设计机械传动系统时，应根据机械的工作需要来确定各装置。

二、机械传动的分类

传动系统种类繁多，可以按照不同原则进行分类，见表 16-1。本章主要介绍机械传动。

表 16-1 传动系统的分类

分类原则	传动类型			
按工作原理分类	机械传动			
	流体传动			
	电力传动			
	磁力传动			
按传动比分类	定传动比传动			
	变传动比传动		有级变速	
			无级变速	
			按规律变速	
按能量流动路线分类	单流传动：原动机→传动1→传动2→执行机构			
	分流传动：原动机→传动1→执行机构1；→传动2→执行机构2 ……			
	汇流传动：原动机1→传动1；原动机2→传动2→执行机构 ……			
	混流传动：结合了单流传动、分流传动和汇流传动			

1）按工作原理分类，机械传动又可分为啮合传动和摩擦传动，见表 16-2。

表 16-2　机械传动的分类

	啮 合 传 动	摩 擦 传 动
直接传动	齿轮传动 蜗杆传动 螺旋传动 轮系传动	摩擦轮传动 摩擦式无级变速传动
有中间挠性件	链传动 链式无级变速传动 同步带传动	带传动 带式无级变速传动 绳传动
优点	可靠性强、使用周期长、传动比准确、传递功率大、速度范围广	工作平稳、噪声低、结构简单、造价低、具有过载保护能力
缺点	加工、安装精度要求高	尺寸较大、传动比误差较大、传动效率低、元件寿命短

2）按传动比分类，其中定传动比传动具有相对固定的输入与输出速度，适用于工作机固定工况，或工作机与原动机对应变化的情况，一般传动链各个部件的传动比也相对应。在变传动比传动中，有级变速是指传动比变化不连续，且在一定范围内，将原动机的输出转变为有限的若干转速，适用于原动机输出工况固定，而工作机需有若干输出工况；无级变速具有可连续变化的传动比，在一定范围内，传动系统可输出无限个转速；按规律变速通过函数实现输入和输出的周期性变化，以改善工作机的机构和动力特性，如非圆齿轮传动。

3）按能量流动分类。单流传动中，传动件串联联接，原动机输出经过每个传动件，适用于结构简单，单一执行机构的机械。分流传动和汇流传动的传动件并联连接，其区别在于，分流传动由单一原动机输出分配给多个传动件，并对应不同执行机构，有利于提高效率、缩小尺寸；而汇流传动则由多个原动机驱动对应不同传动件，最终作用于一个执行机构。混流传动则结合了单流传动、分流传动和汇流传动。

第二节　机械传动系统的常用部件

以减速器和变速器为例，介绍几种常用的标准化、系列化、通用化传动部件。

一、减速器

减速器的作用是降低转速和增大转矩，以匹配原动机和执行机构的工况。减速器通过齿数少的输入轴齿轮啮合齿数多的输出轴齿轮，达到减速目的。在某些场合，减速器也称作增速器。减速器种类繁多、用途不同，可按照传动类型、齿轮外形和传动级数进行分类，如图16-2 所示。

图 16-3 所示为按传动级数分类的减速器。两级展开式减速器的齿轮相对轴承不对称，导致齿向载荷分布不均，所以高速小齿轮要设计在远离输入端的位置，轴的选择也需要较大刚性。两级同轴式减速器的特点是输入、输出端在同一轴线、结构紧凑，箱体长度尺寸较小且宽度尺寸较大。两级分流式减速器结构较复杂，但齿轮设计对称，齿向载荷和轴承负载分布均匀，常用于大功率、变载荷等情况。

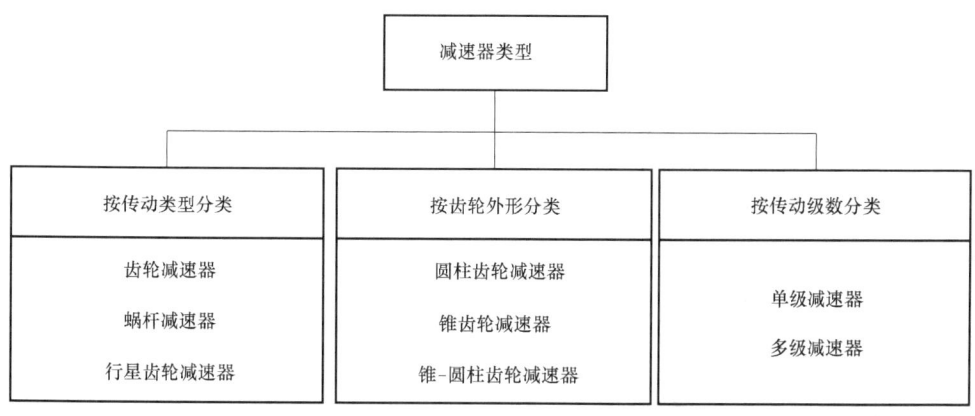

图 16-2 减速器的分类

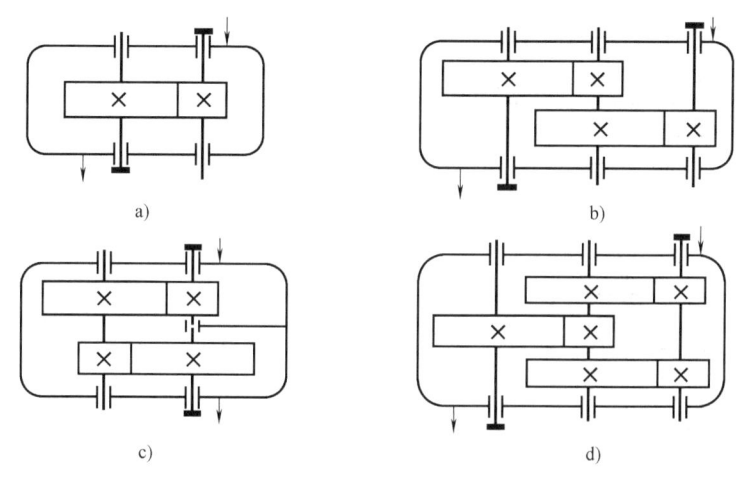

图 16-3 按传动级数分类的减速器
a）单级减速器 b）两级展开式减速器 c）两级同轴式减速器 d）两级分流式减速器

常用的减速器有齿轮减速器、蜗杆减速器、蜗杆-齿轮减速器、行星齿轮减速器、摆线针轮减速器和谐波齿轮减速器。这六种减速器已有标准系列产品，在设计中应优先考虑。常用减速器的传动和特点见表 16-3。

表 16-3 常用减速器的传动和特点

类型	传动简图	传动比	特点
齿轮减速器		单级 1）调质齿轮 $i \leqslant 7.1$ 2）淬硬齿轮 $i \leqslant 6.3$ （较佳 $i \leqslant 5.6$）	应用广泛、结构简单、精度较高。 可用直齿圆柱齿轮、 斜齿圆柱齿轮或人字齿圆柱齿轮
		两级展开式 1）调制齿轮 $i=7.1\sim50$ 2）淬硬齿轮 $i=7.1\sim31.5$ （较佳 $i=7.1\sim20$）	应用广泛、结构简单、精度较高。 高速级可用斜齿圆柱齿轮， 低速级可用斜齿圆柱齿轮 或直齿圆柱齿轮

(续)

类型	传动简图	传 动 比	特 点
蜗杆减速器	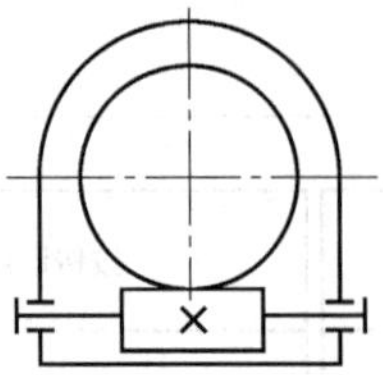	$i = 8 \sim 80$	传动比范围大、结构紧凑、工作平稳、噪声小、效率较低。下置蜗杆易于润滑,但蜗杆速度过高时,搅油损失较大
蜗杆-齿轮减速器	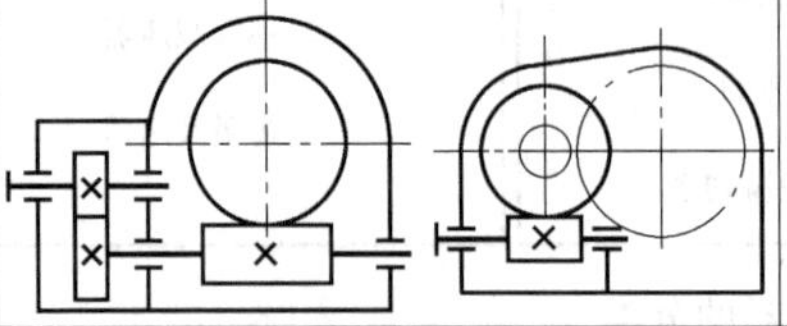	$i = 15 \sim 480$	有两种形式,即齿轮传动在高速级(结构紧凑)和蜗杆传动在高速级(效率高)
行星齿轮减速器	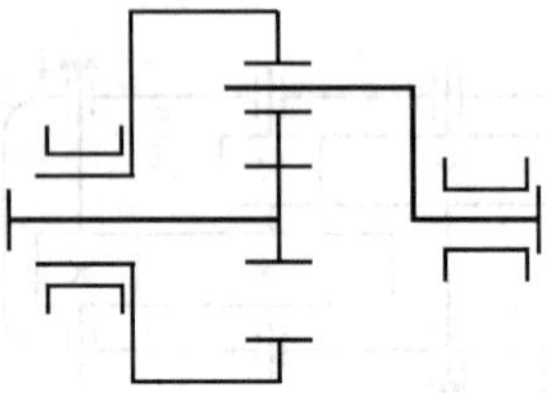	$i = 2.8 \sim 12.5$	与普通定轴齿轮相比,具有体积小、质量轻、承载能力大、效率高(0.97~0.99)等优点,但结构较为复杂。常用于矿山、起重运输、建筑、航空等行业
摆线针轮减速器	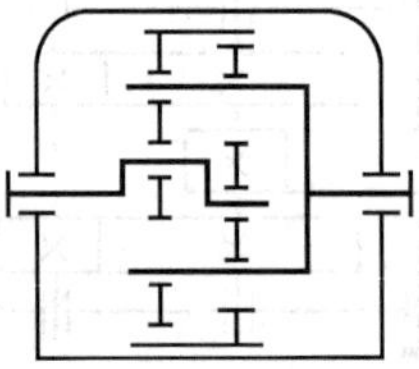	单级:$i = 2.8 \sim 87$	传动比大、效率较高(0.9~0.95)、工作平稳、噪声小、体积小、过载和抗冲击能力强、寿命长。但加工较难、工艺较复杂
谐波齿轮减速器	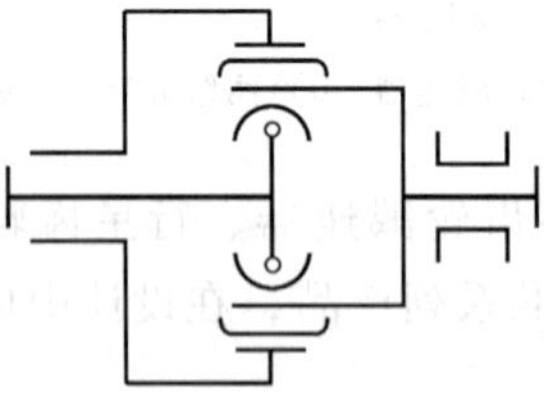	单级:$i = 50 \sim 500$	传动比大、承载能力好、外形尺寸小、零件数目少、传动效率0.65~0.9、工作平稳、噪声小

二、有级变速装置

几种常见的有级变速装置有滑移齿轮变速装置、塔轮变速装置、离合器变速装置和交换齿轮变速装置。

1. 滑移齿轮变速装置

如图16-4a所示,轴Ⅰ为主动轴,其上固定三个尺寸不同的齿轮,并保持一定距离。从动轴Ⅱ上固定了一个三联滑移齿轮。通过滑动轴Ⅱ上的齿轮,可得到与轴Ⅰ的不同齿轮副啮合,从而使轴Ⅱ上的得到3种不同输出转速,达到变速的目的。图16-4b是一个三联滑移齿轮和双联滑移齿轮的组合，C336 回转式转塔车床的传动系统中就用此种组合，可实现 6 种变速。一般来说，滑移齿轮的齿轮数不宜超过三个，否则极易相互碰撞。滑移齿轮变速装置的优点是结构紧凑、传动比准确、能传递较大转速和转矩；变速方便、可实现多级变速；传动效率高、应用广泛。但滑移齿轮的缺点是不能在运动中变速，而且其多采用直齿圆柱齿轮，传动平稳性比斜齿圆柱齿轮传动低一些。

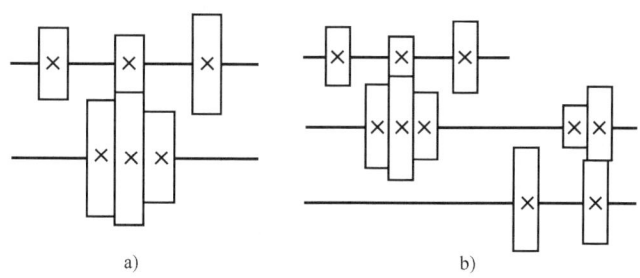

图 16-4　滑移齿轮变速装置

2. 塔轮变速装置

如图 16-5 所示，塔轮变速装置中，两个塔形带轮分别由三个直径不同的带轮组成，并分别固定在主动轴Ⅰ和从动轴Ⅱ上，通过平带或 V 带连接。通过变换传动带在带轮上的三个位置，从动轴Ⅱ能够得到三种不同的转速。根据不同直径带轮的数目，塔形带轮变速装置一般分为 2 级和 3 级。它的特点是结构简单、工作平稳，具有过载保护作用，但是尺寸较大，变速转换不方便，变速级数较少。

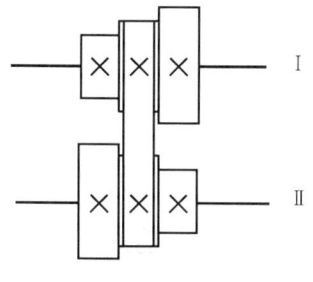

图 16-5　塔轮变速装置

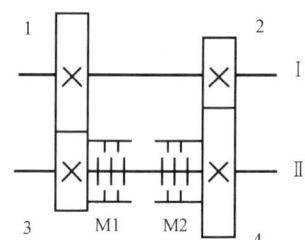

图 16-6　摩擦离合器变速装置

3. 离合器变速装置

机械离合器变速装置分为啮合式和摩擦式。啮合式由离合器和齿轮组成。啮合式离合器由两个半离合器组成，一个空套于轴上，另一个通过花键与轴相联，当两端齿爪啮合，传递转速和转矩。啮合式离合器结构简单、传动比准确、啮合后不会滑动且传递转矩较大。缺点是只能在停转或低速条件下啮合齿爪、操作不便。

图 16-6 所示为摩擦离合器变速装置，将齿轮 1 和 2 固定在轴Ⅰ，齿轮 3 和 4 空套在轴Ⅱ，此时，主动轴Ⅰ并不能将运动传递至轴Ⅱ。当轴Ⅱ的离合器 M1 闭合，压紧离合器的摩擦片，通过摩擦片之间的摩擦力带动从动轴传递运动；同理，当离合器 M2 闭合，M1 断开时，运动通过齿轮 4 传递至从动轴。这种离合器有两种不同的传动比，变速级数为 2。摩擦离合器变速装置的优点是变速方便，可在运动中进行变速，并且具有过载保护能力，避免零件损坏。缺点是摩擦片打滑不能保证传动比，传动转矩相对啮合式较小。另外，由于齿轮

始终处于啮合状态，齿轮磨损较严重，应注意装置的维护保养。

4. 交换齿轮变速装置

交换齿轮变速装置采用交换齿轮，通过装配不同的配备交换齿轮，达到变速的目的。含有一对交换齿轮的变速装置（图 16-7a），配备的齿轮副须满足装置的中心距要求，齿轮副数决定变速级数。两对交换齿轮的变速装置（图 16-7b）具有可以移动的中心轴，以满足不同中心距的要求。交换齿轮的变速装置结构相对简单、紧凑，通过较少的齿轮实现较高的变速级数。但是，更换交换齿轮变速麻烦，适用于不需要经常变速的机械。

三、无极变速装置

不同于有级变速，无极变速可以实现连续变化转速并保持稳定运转。机械无极变速器通常由传动机构、加压装置和调速机构三部分组成。常用的装置有滚子平盘式变速装置、锥轮端面盘式变速机构和分离锥轮式变速机构。

图 16-8 所示为链轮组件，通过移动工作轮可动部分进行轴向移动，可改变工作轮的间距，使链条沿链轮径向移动，从而实现传动比变化。由于链轮的实际工作半径连续变化，因此可实现无级变速的目的。但是机械无极变速存在变速范围相对较小的问题。

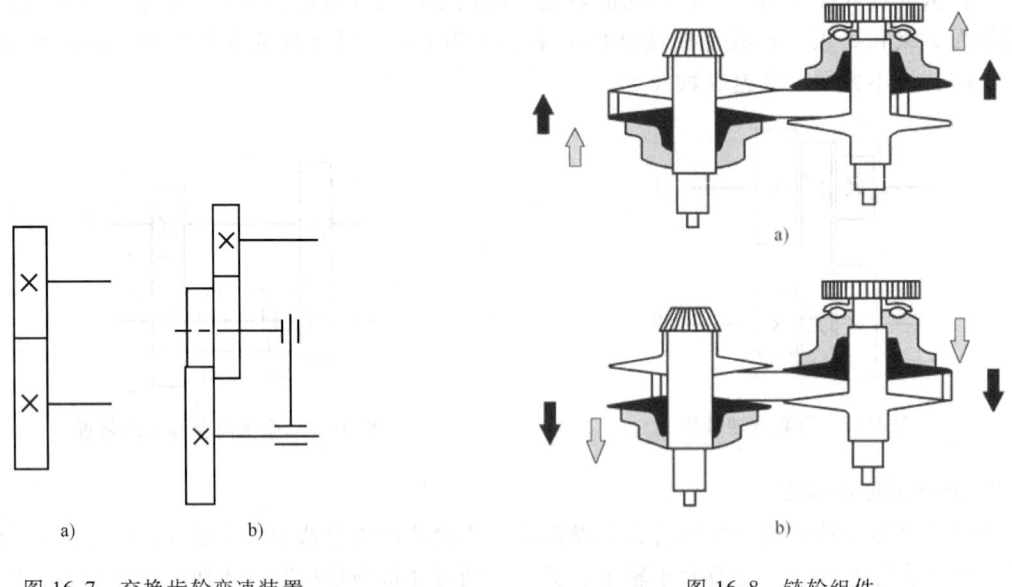

图 16-7 交换齿轮变速装置

图 16-8 链轮组件

第三节 机械传动系统的方案设计

一、机械传动系统方案设计的基本要求

在设计传动系统时，为了得到较合理的方案，通常要求考虑以下几个方面：传动系统满

足机器功能要求、运转平稳;传动系统的效率高;结构布置合理、简单紧凑;易于加工制造、成本低;便于维修、使用寿命长等。

二、方案设计的内容

在完成原动机和执行机构的预选型后,可进行传动系统的方案设计。其主要的设计步骤如下所述。

(一) 根据选择的传动类型拟订传动方案

选择传动的类型后,拟订总体布置方案并绘制传动系统的运动简图。

1. 传动路线的选择

选择传动路线即选择能量在机器中的流动路线,可分单流、分流、汇流和混流传动(表 16-1)。单流传动中,原动机、传动机构和执行机构以串联形式连接,能量流动简单、应用广泛,但传动尺寸较大。分流传动中,能量由一个原动机并联流入传动机构,带动多个执行件,适用于总功率可由一台原动机驱动的情况。汇流传动的能量流动也是并联形式,由多个原动机通过各自传动共同驱动一个执行机构,适用于低速、大功率、重载机械。混流传动有分流和汇流传动,如数控加工中心中工件与刀具的传动系统。

2. 机械传动类型的选择

在选择机械传动类型时要注意以下的基本原则。

1) 根据功率和速度要求选择。选择传动系统时,应考虑其合理的功率范围。例如,结构简单、价格便宜、标准化程度高的传动(如减速器、带传动、链传动等)适用于小功率传动,可降低制造费用;而大功率传动应以传动效率高为优先考虑,以节约能源、降低生产费用。由于机器运转条件限制,传动速度也有其合理的适用范围。例如,单级蜗杆传动、多级齿轮传动、带-齿轮传动、带-齿轮-链传动等适用于传动比大、速度低的传动,但还需根据机器综合分析比较,选出合适的传动方案。

2) 根据传动比范围、准确性和变速要求选择。不同传动系统的传动比范围各有差别,在选择时,应根据其合理范围选择。有较高的传动比准确性要求时,只能选齿轮传动、蜗杆传动、同步带等无滑动的传动装置;当精度较低时,可选用滑动传动,如平带、V 带及摩擦等传动。根据原动机和工作机的变速要求,选择合适的传动比传动。当工作机和原动机调速相对应,可采用固定传动比传动。当变速范围大,一种原动机工况需对应多种工作机工况时,应采用变传动比传动。此时,若机器需连续变速,则采用无级变速传动,反之,则采用有级变速传动。

3) 根据工作环境选择。在摩擦传动中,由于摩擦生电,在粉尘较多、温度较高时,极易起火或爆炸。因此,在此类条件恶劣,如高温、潮湿、粉尘等易燃易爆场合,应尽量采用链传动、蜗杆传动,以保证安全,还应采用闭式传动,能够延长使用寿命。

4) 根据机器运行要求。机器运行中,若传动载荷经常变化、换向频繁,则宜在传动系统中设置一级具有缓冲、吸振功能的传动(如带传动)。若对噪声有严格要求,则可采用带传动、蜗杆传动、摩擦传动或螺旋传动。如需要采用其他传动机构,应从制造和装配精度、结构等方面采取措施,力求降低噪声。在可能出现过载的情况下,宜在传动系统中设置一级摩擦传动,但在易燃、易爆的场合,不能采用摩擦传动。

5）根据传动系统尺寸、布置要求。在传动相同转矩或速度的情况下，不同传动装置的外形尺寸差别很大。根据不同机器对传动系统的尺寸要求，应选择相应的传动装置。齿轮、蜗杆或行星齿轮结构紧凑，带、链传动适合于两轴距离较远的传动。

6）考虑经济性因素。传动装置的经济因素主要有初始费用（成本）、运转费用和维修费用，另外还应考虑工作寿命和传动效率。大功率、长时间运转的设备，应首先考虑选用效率高的传动机构，如高精度齿轮传动。在选择小功率设备时，主要考虑结构简单、成本较低的带传动、链传动或普通精度的齿轮传动等。另外，在生产批量较大时，应尽量选用标准的传动装置（如各种标准减速器），以降低成本、缩短制造周期。

在选择传动类型时，往往不能同时满足以上原则。例如，传动比精度要求较高的传动装置价格也较高，因此传动类型的选择需要综合考虑、有所取舍。常用的机械传动主要性能见表 16-4。

表 16-4 常用的机械传动主要性能

传动类型		单级传动比 i		功率 P/kW		效率 η	速度 v/(m/s)	寿命
		常用值	最大值	常用值	最大值			
摩擦轮传动		≤7	15	≤20	200	0.85~0.92	一般 ≤25	取决于接触强度和耐磨损性
带传动	平带	≤3	5	≤20	3500	0.94~0.98	一般 ≤30 最大 120	一般 V 带 3000~5000h，优质 V 带 20000h
	V 带	≤8	15	≤40	4000	0.92~0.97	一般 ≤25~30 最大 40	
	同步带	≤10	20	≤10	400	0.96~0.98	一般 ≤50 最大 100	
链传动		≤8	15（齿形链）	≤100	4000	闭式 0.95~0.98 开式 0.90~0.93	一般 ≤20 最大 40	链条寿命 5000~15000h
齿轮传动	圆柱齿轮	≤5	10		50000	闭式 0.96~0.99 开式 0.94~0.96	与精度等级有关 7 级精度 直齿 ≤20 斜齿 ≤25	润滑良好时，寿命可达数十年，经常换档的变速齿轮平均寿命为 10000~20000h
	锥齿轮	≤3	8		1000	闭式 0.94~0.98 开式 0.92~0.95	与精度等级有关 7 级精度 直齿 ≤8	
蜗杆传动		≤40	80	≤50	800	闭式 0.7~0.92 开式 0.5~0.7 自锁式 0.3~0.45	一般 v_s ≤15 最大 35	精度较高、润滑条件好时寿命较长
螺旋传动				小功率传动		滑动 0.3~0.6 滚动 ≥0.9	低速	滑动螺旋磨损较快，滚动螺旋寿命较长

3. 机构布置顺序选择

在布置各机构的方案时，应充分考虑机械传动系统方案设计的基本要求。

1）带传动可用于中心距较远的两轴，且多用于平行轴传动。由于承载能力较小，与其他传动（如齿轮传动）负载相同时，带传动需较大的结构尺寸。但是带传动工作平稳、可减振缓冲。根据 $P=Tn$ 可知，传动功率相同时，转速越高、转矩就越小，因此带传动宜布置在传动的高速级，以缩小尺寸。

2）链传动靠啮合运行、传动比稳定，但是只能用于平行轴，且运转不均匀，振动冲击大，应布置在低速级。

3）蜗杆传动常用于空间垂直交错轴，可实现较大传动比传动，尺寸紧凑、工作平稳，但因其效率较低，适用于中、小功率或间歇运转场合。与齿轮传动配合使用时，应根据不同材料和传动情况选择布置方案。当蜗杆材料为锡青铜时，允许齿面有较高的相对滑动速度，以利于形成润滑油膜，提高承载能力和传动效率，因此宜布置在高速级；当采用铝铁青铜或铸铁时，齿面滑动速度较低，为防止齿面胶合或严重磨损，蜗杆传动应置于低速级。

4）齿轮传动适合于各向轴线传动，具有大功率、高强度、工作周期长等特点。锥齿轮在改变轴向时使用。由于大尺寸锥齿轮加工较难，应放置在高速级并限制其传动比（因为高速级转速高，转矩小，可减小尺寸）。相比于直齿圆柱齿轮传动，斜齿圆柱齿轮传动的平稳性较好、圆周速度较高，因此当配合使用时，斜齿圆柱齿轮常置于高速级，直齿圆柱齿轮置于低速级。开式齿轮传动在尺寸上没有严格限制，但由于工作环境较差、易受损、寿命短，宜放置在低速级。而闭式齿轮传动为减小尺寸，应放置在高速级。

5）一般将改变运动形式的机构，如连杆机构、凸轮机构等，布置在传动系统的末端，连接执行机构，从而简化传动装置。

6）当几种传动机构配合使用时，应注意有级变速和定传动比传动单流布置时，应将前者放置于高速级，便于换档。由于结构复杂、制造困难，摩擦无极变速装置应放置在高速级，以减小尺寸。制动器一般位于高速级，并且带传动和摩擦传动不宜放置于制动器之后。

7）在传动装置总体设计中，为防止过载导致机器损坏，可在传动系统中加设安全保护装置。

4. 画出传动简图

（二）传动方案运动参数计算

1. 确定传动系统的总传动比

传动系统的总传动比为输入轴和输出轴的转速比。通常输入轴的转速为原动机的转速，输出轴的转速为执行机构所需的转速。总传动比为各级传动比的连乘积，为

$$i_{总} = \frac{n_{in}}{n_{out}} = i_1 i_2 \cdots i_n \tag{16-1}$$

式中　　$i_{总}$——传动系统总传动比；

n_{in}——传动装置输入轴转速（r/min），即原动机输出轴转速；

n_{out}——传动装置输出轴转速（r/min），即工作机输入轴转速；

i_1、i_2、$\cdots$、i_n——传动系统中各级传动的传动比。

2. 分配传动比

分配传动比即确定级数和各级传动比。总传动比确定后要把它分配到各级传动装置上，使其结构紧凑、工作平稳、成本低、承载能力好和效率高。分配传动比时，可参考以下原则。

1）各种传动类型的传动比各有差别，选择时，应在合理应用范围内选取。

2）分配传动比时，应注意使各传动件尺寸协调、结构匀称，避免发生相互干涉。

3）对于多级减速传动，按照传动比逐级减小的原则分配，且相邻两级差值不要过大；反之，对于多级加速传动，则按逐级增大原则。其优点是获得较高转速和较小的转矩，减小质量和零件尺寸，使结构紧凑。

4）为使各级大齿轮浸油深度合理，即低速级大齿轮浸油较高速级大齿轮深，两大齿轮的直径应相近。若低速级中心距大于高速级，前者传动比应小于后者传动比，此时，两级的

大齿轮直径相近。

5) 传动系统中的误差逐级传递，为减小误差、提高精度，可将最后一级的传动比设置尽量大。

6) 对于要求传动平稳、频繁起停和动态性能较好的多级齿轮传动，可按照转动惯量最小的原则设计。

在设计方案时，可根据具体要求，进行多个方案的比较，从中选出最合理的方案。需要时，可将传动比作为变量，选择适当的约束条件进行优化设计，从而得到更科学的传动比分配方案。

(三) 传动装置动力参数的计算

传动系统的性能参数是机械传动系统方案优劣的重要指标，也是各级传动强度设计的依据，包括功率、转速、效率、转矩等动力性能参数。效率计算与传动过程、结构形式有关。传动系统的载荷和效率可确定原动机的功率。

转速计算公式为

$$n_2 = \frac{n_1}{i_1} \tag{16-2}$$

式中　n_1——主动轴转速（r/min）；

　　　n_2——从动轴转速（r/min）；

　　　i_1——传动比。

润滑方式和齿轮精度的选取需要依靠传动件的线速度 v，公式为

$$v = \frac{\pi d n}{60 \times 1000} \tag{16-3}$$

式中　d——传动件的计算直径（mm）；

　　　n——传动件转速（r/min）。

单流传动的总效率为各级效率的连乘积，为

$$\eta_{总} = \eta_1 \eta_2 \cdots \eta_n \tag{16-4}$$

式中　η_1、η_2、$\cdots$、η_n——传动机构中各个部件的效率。

若传动系统输入功率为 P_{in}，则第 i 轴输出的功率 P_i 为

$$P_i = P_{in} \eta_1 \eta_2 \cdots \eta_i \tag{16-5}$$

传动系统中，任意轴的转矩 T_i 可由输入功率 P_i 和转速 n_i 计算得到，为

$$T_i = 9550 \frac{P_i}{n_i} \tag{16-6}$$

(四) 得出主要设计尺寸方案

通过传动的强度计算和几何计算，确定基本参数和主要几何尺寸，如齿轮传动的中心距、齿数、模数及齿宽等，并绘制机械传动系统图。

第四节　原动机的选择

原动机是机械系统的驱动部分，决定着机械系统的工作性能和结构特征。因此，在设计

机械系统时，必须选择合适的原动机类型。目前，原动机已实现标准化和系列化。在选择原动机时，除了特殊工况需要重新设计原动机外，大部分情况可根据机械系统的功能和动力要求来选择标准化、系列化的原动机。因此，如何选择合适的原动机是机械系统设计的重要环节。

原动机按其使用能源的形式不同，可分为两大类：一次原动机和二次原动机。一次原动机以自然界能源为动力，直接将自然能源转变为机械能，如内燃机（分为汽油机和柴油机）、蒸汽机、风力机、水轮机等。二次原动机将电能、介质动力、压力能转变为机械能，如电动机（分为交流电动机和直流电动机）、液压马达、气动机等。

一、原动机的机械特性和工作机的负载特性

选择原动机时，在众多的考虑因素中，最基本的要求是使原动机的机械特性（如输出的力、力矩、速度、转速等）满足工作机的负载特性和运动要求。目的是通过原动机、传动装置和工作机的协调工作，使工作机处于最佳的工作状态。

1. 原动机的机械特性

原动机的机械特性一般用输出转矩 T（或功率 P）与转速 n 的关系曲线，即 $T=f(n)$ 或 $P=f(n)$ 表示。

一次原动机主要性能的比较见表 16-5。各类电动机（二次原动机）主要性能的比较见表 16-6。

表 16-5 一次原动机主要性能的比较

类别	汽轮机		汽油机		柴油机	燃气轮机
机械特性	\[T、P 与 n 关系曲线\]		\[T、P 与 n 关系曲线\]		\[T、P 与 n 关系曲线\]	\[T、P 与 n 关系曲线\]
功率范围/kW	小型 100~1000	大型 1000~5000	四冲程 1.0~260	二冲程 0.6~110	3.5~38000	35~25000
特点	起动转矩大、转速高、变速范围较大、运转平稳、寿命长、设备复杂、制造技术要求高、初始成本高。中型汽轮机的效率在大型和小型之间		机构紧凑、质量轻、便于移动、转速高（四冲程达 5000r/min，二冲程可达 8000r/min），能很快起动达到满载运转。燃料价格高、易燃，废气会造成大气污染		工作可靠、寿命长、维护简单、运转费用低、燃料较安全。初始成本较高，废气会造成大气污染	结构紧凑、质量轻、起动快而转矩大、运转平稳、用水少、可用廉价燃油，维护简便。设备复杂、制造技术要求高、初始成本高、燃料消耗较大，小尺寸燃气轮机尤甚
应用	适用于大功率高速驱动，如压缩机、泵和风机		多用于汽车		应用很广，如各种车辆、船舶、农业机械、挖掘机、压缩机	用于大功率高速驱动，如机车、飞机、原油输送、发电

表 16-6 各类电动机（二次原动机）主要性能的比较

电动机类型	交流电动机		直流电动机	
	异步	同步	并励	串励
机械特性	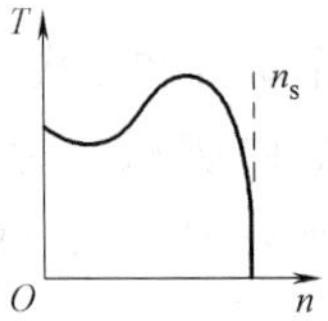 T-n 曲线（有峰值，n_s）	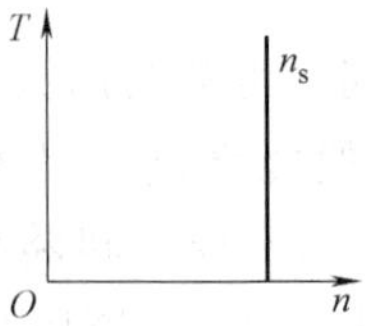 T-n 曲线（垂直线，n_s）	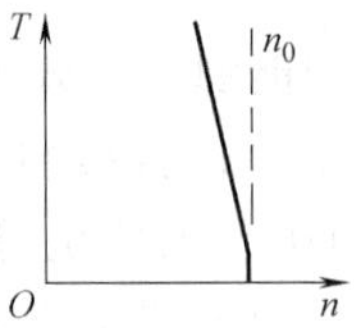 T-n 曲线（接近垂直，n_0）	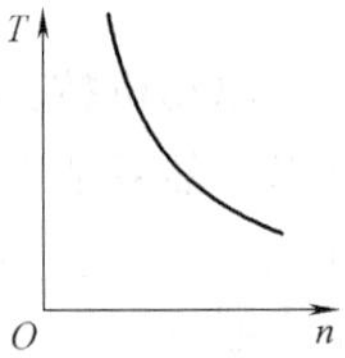 T-n 曲线（双曲线形）
功率范围/kW	0.3~5000	200~10000	0.3~5500	1.37~650
转速范围/(r/min)	500~3000	150~3000	250~3000	370~2400
特点	笼型：结构简单、工作可靠，维护容易、价格低廉；满载时效率和功率因数高；但起动和调速性能差，轻载时功率因数低。变极数可以多级变速；有变频电源时，可以无级调速 / 绕线转子：起动转矩大，起动时功率因数高；在转子回路中增减外电阻可改变其转差率，可在最大转矩时调速，但调速范围小、维护较复杂、价格稍贵	恒转速，功率因数可调节；需供励磁的直流电源，价格贵；可采用变频电源进行无级调速	调速性能好，能适应各种载荷特性；价格较贵，维护复杂，并需要直流电源	起动转矩大、自适应性好、过载能力强；价格贵、维护复杂，需要直流电源
应用	笼型：通常用于载荷平稳、不调速、长期工作的机器，如水泵、金属切削机床、起重运输机械、矿山机械 / 绕线转子：载荷周期变化、起制动次数较多、小范围调速的机器，如轧钢机主传动、提升机	通常用于不调速的低速、重载和大功率机器，特别是需要功率因数补偿的场合，如水泥工业用管磨机、鼓风机	用于要求调速范围大、交流电动机调速不能满足要求时，如重型机床	需要起动转矩大、恒功率调速的机器，如电力机车、电车、起重机

变频器可直接用在恒转速运动的异步电动机和电源之间，实现调速控制。一般通用型变频器的调速范围可达 1：10 以上，高性能的矢量控制变频器可达 1：1000。

2. 工作机的负载特性

不同的工作机有着不同的工况，而工况最重要的特性是载荷（包括功率 P、转矩 T 和力 F）与速度（包括转速 n 和线速度 v）之间的关系。

工作机的 n-T（n-P）特性可归纳为四种，即恒转矩载荷、恒功率载荷、平方降转矩载荷和恒转速载荷。

1）恒转矩载荷是指在稳定状态下，不论工作机的速度如何变化，载荷转矩保持定值，如图 16-9 所示。该种特性的工作机有传动带、搅拌机和起重机等。

2）恒功率载荷是指不论工作机转速如何变化，工作功率为定值，如图 16-10 所示。例如机床的端面切削、纺织机械和轧钢设备中的卷取机构等。

3）平方降转矩载荷适用于流体机械，如风扇、船舶螺旋桨，其 n-T 特性如图 16-11 所示。在低速时，流体的流速低，载荷（阻力矩）较小；而转速增高时，载荷迅速增大。其载荷（转矩）与转速的平方成正比，消耗的功率正比于转速的三次方。

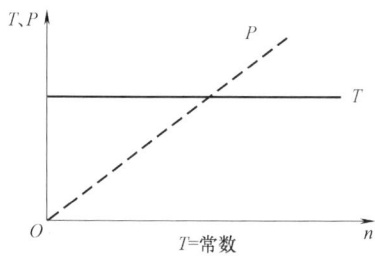

图 16-9 恒转矩载荷的 n-T 特性

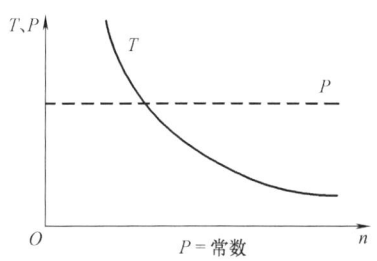

图 16-10 恒功率载荷的 n-T 特性

4）恒转速载荷的 n-T 特性如图 16-12 所示。当载荷发生变化时，其转速基本保持不变。符合该特性的机器有交流发电机。此外，在带有连杆机构的工作机中，如曲柄压力机、活塞式空气压缩机等，其载荷转矩 T 与转角 φ 或行程 s 之间有函数关系（$T=f(\varphi)$ 或 $T=f(s)$）。

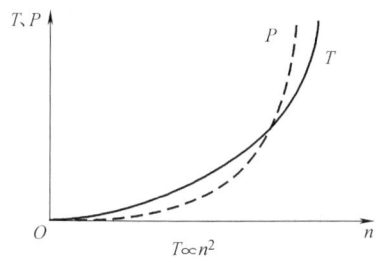

图 16-11 平方降转矩载荷的 n-T 特性

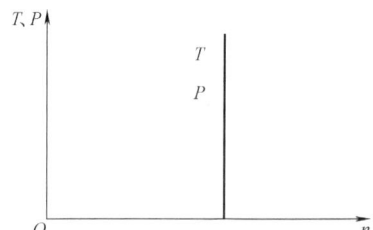

图 16-12 恒转速载荷的 n-T 特性

以上几种是比较典型的工作机的 n-T 特性。除此之外，还有一些工作机具有复合型的载荷，需要根据具体状况进行分析。

二、原动机的选择

（一）选择原则

1）选择的原动机应满足工作环境对原动机的要求，如能源供应、降低噪声、防爆防尘、防腐蚀和环境保护等。在电源条件便利的情况下，选择电动机；在无电源时，应根据情况考虑汽油机或柴油机。

2）原动机的机械特性和工作制应与机械系统的负载特性（包括功率、转矩、转速等）相匹配，满足工作机的起动、制动、过载能力和发热的要求，以保证机械系统有稳定的运行状态。

3）应满足机械系统整体结构布置的需要（考虑机械系统整体结构外形的需要）。例如在相同功率下，要求外形尺寸尽可能小、重量尽可能轻时，宜选用液压马达。

4）在满足工作机要求的前提下，应考虑原动机的成本，使其具有较高的性价比。因此，原动机的额定功率不宜过大，但需满足负载需求且运行可靠、经济性指标合理。

(二) 选择步骤

1. 确定机械系统的负载特性

机械系统的负载特性可从工作负载和非工作负载两方面确定。工作负载可根据机械系统的功能由执行机构或构件的运动和受力求得。非工作负载指机械系统所有额外损耗，如机械内部的摩擦损耗以及辅助装置的损耗等。

2. 确定工作机的工作制

工作负载随着执行系统的工艺要求变化，形成的变化规律就是工作机的工作制，分为长期工作制、短期工作制和断续工作制三类。原动机实际工作制和工作机的工作制相同。在不同工作制下，原动机的允许功率是不同的。国家标准对内燃机的标称功率分为四级，分别为15min 功率、1h 功率、12h 功率和长期运行功率，其中 15min 输出功率最大；在 GB 755—2008《旋转电机定额和性能》中，电动机的工作制共计 10 种，以 S1~S10 表示，分别对应于工作机的不同工作制，如连续工作制 S1、短时工作制 S2、断续周期工作制 S3 等。因此，工作机的工作制是选择原动机的重要依据之一。

3. 选择原动机的类型

在选择原动机类型时，首先应考虑能源供应及环境要求，确定原动机的种类，再根据驱动功率、运动精度、负载大小、过载能力、调速要求、外形尺寸等因素，综合考虑工作机的工况和原动机的特点，进行具体分析，以选择合适的类型。

需要指出的是，电动机一般可作为首选，因其可选择的类型和型号较多，具有较高的驱动功率和运动精度，而且还具有良好的调速、起动和换向功能，能满足不同类型工作机的要求。但对于电源连接不方便时，如野外作业或移动作业，宜选用内燃机。

4. 选择原动机的转速

原动机的转速可根据工作机的调速范围和传动系统的结构和性能要求来选择。所选转速不宜过高或过低，应考虑传动系统的传动比、结构复杂程度、效率和价格等。

一般原动机的转速范围可由工作机的转速乘以传动系统的常用总传动比得出。

5. 确定原动机的容量

原动机的容量通常用功率表示。机械系统所需原动机功率 P_d 可表示为

$$P_d = k \left(\sum \frac{P_g}{\eta_i} + \sum \frac{P_f}{\eta_j} \right) \tag{16-7}$$

式中　P_g——工作机所需功率（kW）；
　　　P_f——各辅助系统所需的功率（kW）；
　　　η_i——从工作机经传动系统到原动机的效率；
　　　η_j——各辅助装置经传动系统到原动机的效率；
　　　k——考虑过载或功耗波动的余量因数，一般取 1.1~1.3。

需要指出的是，所确定的功率 P_d 是工作机的工作制与原动机工作制相同前提下所需的原动机额定功率。

第五节　机械控制系统简介

控制系统的运用是为了使各执行机构根据生产要求，按照一定顺序和规律运动（包括执

行机构运动的开始、结束及其顺序），保证整个系统的稳定运行。控制系统的主要任务可总结为以下四点：使各执行机构按一定顺序和规律运动；改变各运动构件的运动（位移、速度和加速度）和规律（轨迹）；协调各运动构件的运动和动作，完成给定的作业环节要求；对整个系统进行监控及防止事故的发生，对工作中出现的不正常现象及时报警并消除等。控制系统由控制装置和被控对象组成。根据控制方法不同，可分为机械控制、液压控制、气动控制、电气控制、机电液综合控制。在选择控制系统时，稳定性和响应特性是应考虑的两个基本要求。

一、机械控制

早期机械控制系统中，机械式控制系统是主要的，如利用装有凸轮轴或运动的变化等进行控制。图 16-13 为凸轮控制装置示意图。当电动机带动凸轮轴转动时，凸轮决定了触点的闭合和断开，每转一圈，就是一个工作循环。一般来说，凸轮控制装置由多组触点对应多个凸轮组成，以完成较为复杂的控制。凸轮的数量决定了触点被触动的次数。凸轮装置的精度较高，可以根据需要在任意位置设计凸起，一旦制成，就不能改变。为了满足控制顺序的更改，可使用鼓轮，它采用可移动的撞块固定于鼓轮上的 T 形槽内，撞块

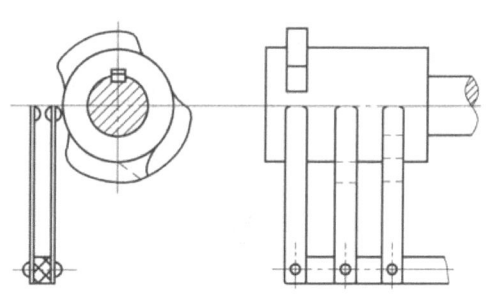

图 16-13 凸轮控制装置示意图

相当于凸轮的凸起，因此能适应控制装置对控制要求的更新。

机械式离心调速器（图 16-14）利用离心力进行调速，使离心力和调节弹簧弹力相平衡，从而推拉供油量调节臂。其工作原理：离心力使拉杆向左移动，即减少供油量，而弹簧弹力使拉杆向右移动，即增加供油量。当发动机载荷减小，调速器轴转速增大，钢球受离心力作用随之增大，离心力推动杠杆转动，拉杆向左移动调节供油量调节臂，供油量减少；降低转速，从而离心力作用减小，杠杆回移，若离心力偏小，则弹簧弹力推动拉杆向右移动，增加供油量，如此循环，直到离心力和弹簧弹力平衡，调速器处于稳定状态，速度保持匀速。反之，当发动机载荷增大，转速减小，钢球所受离心力作用减弱，离心力小于弹簧弹力，则拉杆右移调节供油量调节臂，增大供油量，提高转速。通过调速器调节，离心力和弹簧弹力平衡，可保持速度稳定。

二、液压控制

液压控制系统是以液压控制与换能元件为主

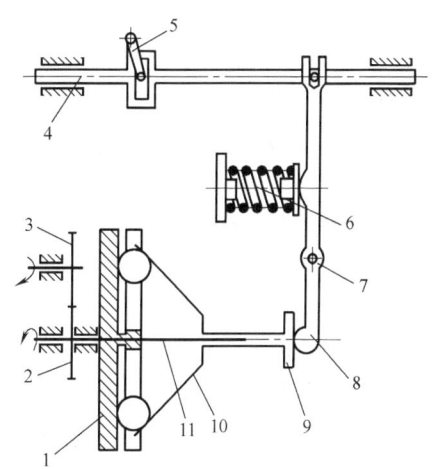

图 16-14 机械式离心调速器
1—主动盘 2、3—齿轮 4—拉杆
5—供油量调节臂 6—调节弹簧 7—定轴
8—杠杆 9—平板 10—滑套 11—调速器轴

要控制元件构建的控制系统，利用液压油的压力能实现能量的传递及控制。液压控制与换能元件通常指液压控制阀、控制用液压泵等。

如图 16-15 所示，该系统以液压缸 2 和 5 的行程位置为依据，来实现相应的顺序动作。当按下启动按钮，电磁阀 1YA 吸合，液压缸 2 向右移动，液压缸 5 因相应的控制阀断开不进油而维持不动。当液压缸 2 挡块压下行程开关 4 时，电磁阀 3YA 吸合，液压缸 2 停止运动，液压缸 5 开始前进。当液压缸 5 挡块压下行程开关 7 时，电磁阀 2YA 吸合，液压缸 5 停止运动，液压缸 2 开始返回。当液压缸 2 的挡块压下行程开关 3 时，电磁阀 4YA 吸合，液压缸 2 的返回运动停止，液压缸 5 开始返回。当液压缸 5 的挡块压下行程开关 6 时，液压缸 5 的返回运动也停止。利用这种循环顺序动作进行控制，对需要变更液压缸的动作行程和动作顺序来说比较方便，因此在机床液压系统中得到了广泛应用，特别适合于顺序动作的位置、动作循环经常改变的场合。

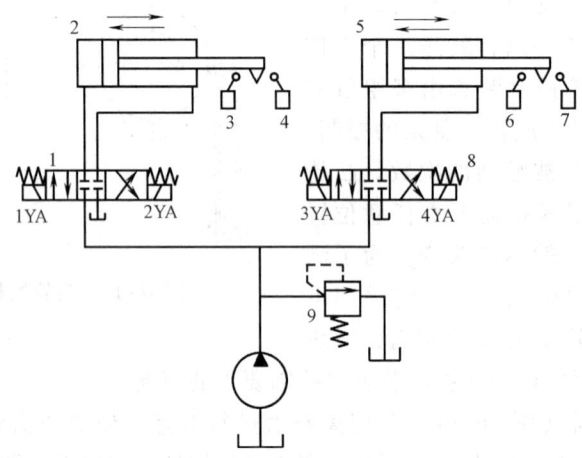

图 16-15　利用动作序列进行控制的液压系统
1、8—换向阀　2、5—液压缸　3、4、6、7—行程开关　9—溢流阀

液压控制具有功率重量比大、响应速度快、抗干扰能力强的优点，在重载、高性能、高功率密度等场合具有明显优势。缺点是液压元件经常漏油。液压控制与机电控制技术、气动控制技术在应用范围上形成互补格局。

三、气动控制

气动控制是以压缩空气为工作介质进行能量和信号传递的。相比于液压控制，气动控制的工作介质易处理、无污染、无损害，适用于易燃、易爆的场所，安全性较高且动作速度高于液压元件，但是空气的压缩性一定程度上限制了传递功率。

图 16-16 所示为工业机械手电气-气压伺服控制系统，主要控制机械臂的运动。该控制系统通过控制和调节气缸压缩空气的压力、流量和方向来使连接机械手的活塞杆获得必要的力、动作速度和改变运动方向，以按照规定路线运动。其工作过程如下：若伺服放大器 15 输出的偏差信号（设定的指令信号与反馈信号之差）加到气压伺服阀 17 的电磁线圈 9 上，则永久磁铁 10 和电磁线圈 9（两者常合称力矩电动机）两侧产生的电磁力不相等，端部装

有挡板 3 的摆杆 8 偏离中间平衡位置而绕支点 a 偏转,挡板 3 使对称布置的两个转换器喷嘴 16 的气体流量发生变化,造成一侧喷嘴背压升高,另一侧喷嘴背压降低,负载气缸 12 左、右腔压力不等,活塞杆 13 移动,机械手即按要求的规律运动。

四、电气控制

电气控制由电气设备及元器件组合连接而成,可采用传感器把位移、速度、加速度、温度等测量的物理量转变为数字量,传递给控制系统进行处理。为保证电气系统处于正确的状态,应具有自诊断和保护功能,遇到故障时,能够自动做出处理操作或提示操作者。电气控制系统在生产设备中有重要作用,不仅能提高生产设备的自动化水平,还能简化设备的机械结构,实现远距离安全操作,提高产品质量和生产效率。

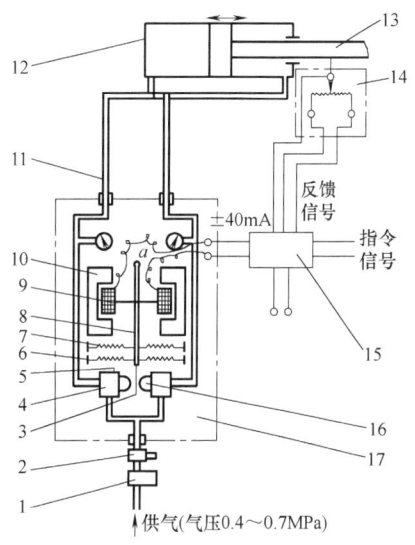

图 16-16 工业机械手电气-气压
伺服控制系统

1—过滤器 2—减压阀 3—挡板 4—转换器
5—排气口 6—增益调整弹簧 7—零位调整弹簧
8—摆杆 9—电磁线圈 10—永久磁铁 11—管道
12—负载气缸 13—活塞杆 14—反馈电位器
15—伺服放大器 16—喷嘴 17—气压伺服阀

电气控制系统应满足以下基本要求:满足机械的动作要求或工艺条件;元器件合理,工作安全可靠;停机时,控制系统的元器件不应长期通电;有较强的抗扰度,避免误操作现象发生;便于维护与管理,经济指标好;使用寿命长;自动控制系统中应设置紧急手动控制装置。

电动机是常用于拖动生产设备的原动机,一般采用电气控制使电动机运行满足生产的控制需求。电气控制常由接触器、继电器、行程开关等元器件组成,控制电动机起停、正反转和调速等运动。例如,三相异步电动机在停机制动时可采用电气制动控制,其原理是通过电动机产生一个与转子相反方向的力矩,以停止转子转动,达到制动目的。

五、机电液综合控制

机电液综合控制是机械、电子和液压技术的结合。机电液综合控制由传感器、液压、单片机或微型计算机、元器件及传输线路等组成,将传感器测量信号和输入指令进行分析、处理,由微型计算机控制,按照指定程序做出反应。机电液组合机构的运动形态由机构实现,机械运动参数和各执行机构的运动由计算机系统协调完成。

图 16-17 为针式打印机机构示意图,步进电动机、直流电动机、直流伺服电动机等可控元件由计算机控制。打印头的运动是靠螺旋管状线圈通电、电磁铁吸合衔铁、衔铁击打钢针产生的。走纸机构由步进电动机通过齿轮传动带动走纸轮。色带通过直流电动机驱动,打印头的移动靠直流伺服电动机驱动。它们由微型计算机统一控制,实现正确的信号传递与处理,从而驱动电路,完成打印工作。其控制原理如图 16-18 所示。

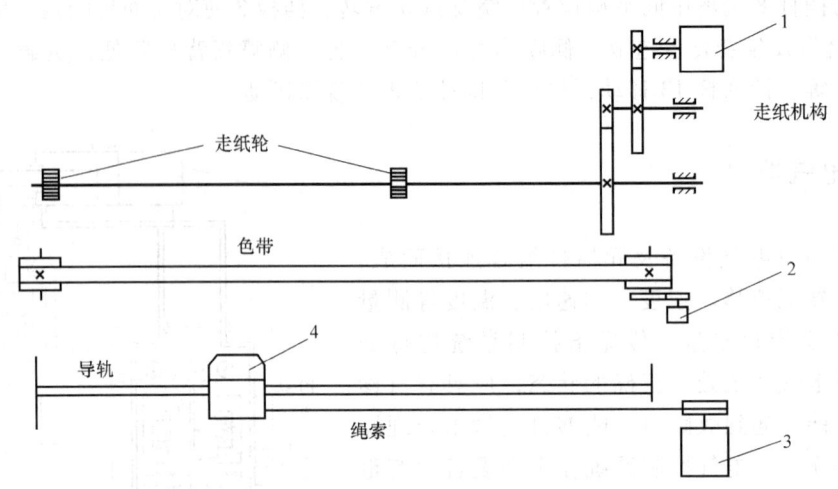

图 16-17 针式打印机机构示意图
1—步进电动机 2—直流电动机 3—直流伺服电动机 4—打印头

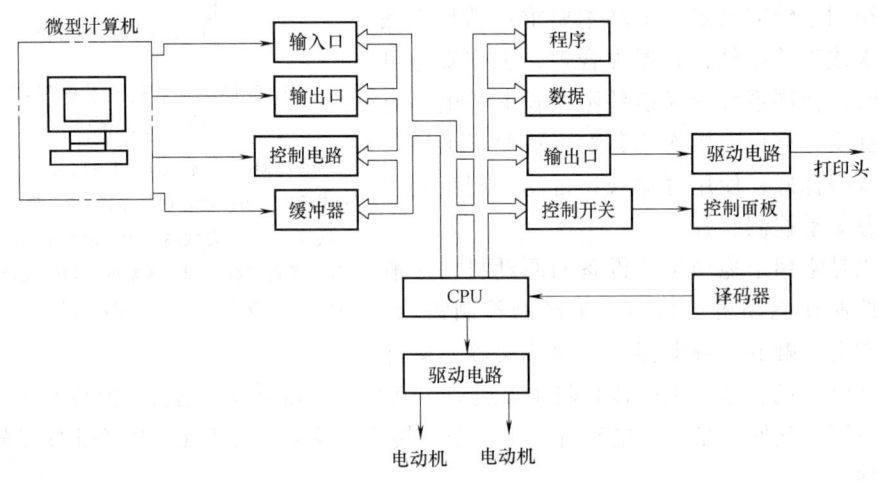

图 16-18 针式打印机控制原理图

六、机械控制系统的发展趋势

随着自动控制技术的发展，计算机特别是微型计算机的应用，控制系统发展到一个新阶段，系统更加先进且复杂，可靠性、准确性得到提升。例如，计算机数字控制系统的应用，使数控机床和加工中心的自动化程度、通用性和加工效率得到进一步的提升。

一般来说，控制对象可分为两类：第一类是以位移、速度、加速度、温度、压力等数量的大小为控制对象，可分为模拟控制与数字控制。模拟控制是将控制对象转换为相应的电流或电压等模拟量，再进行处理。数字控制是将控制对象转换为对应的数字信号，再进行处理。第二类是以物体的有、无、动、停等逻辑状态为控制对象，称为逻辑控制，可用"0""1"两个逻辑控制信号来表示。

伺服电动机中的脉冲编码器和测速电动机将测得的信号反馈给计算机，计算机根据反馈值与目标值进行比较，调整转子转动的角度，使电动机在预期要求内运转。伺服电动机的精度取决于脉冲编码器的精度。

数控机床进给运动由伺服电动机驱动，控制方式可分为：开环控制和闭环控制。两者的区别在于闭环控制有反馈装置，可根据反馈误差调整运动，进行高精度的控制。闭环控制得到越来越广泛的应用，特别是在机器人运动的点位控制方面，可以完成高精度的工作要求。

目前，智能控制已深入控制系统当中，模糊控制、神经网络控制等技术实现了控制的智能化。在科技不断发展的今天，机械控制系统向着智能化、精密化、自动化的方向不断进步，安全性和可靠性也得到很大的提升。

附 录

附表1 圆角、环槽的有效应力集中系数 k_σ 和 k_τ 值

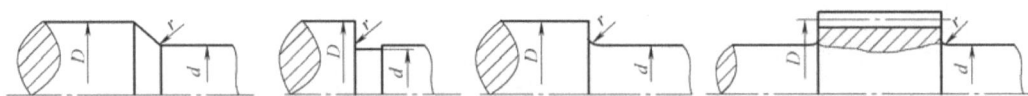

$\dfrac{D}{d}$	$\dfrac{r}{d}$	$\dfrac{k_\sigma}{\sigma_b}$/MPa						$\dfrac{k_\tau}{\sigma_b}$/MPa			
		≤500	600	700	800	900	≥1000	≤700	800	900	≥1000
$\dfrac{D}{d} \leq 1.1$	0.02	1.84	1.96	2.08	2.20	2.35	2.50	1.36	1.41	1.45	1.50
	0.04	1.60	1.66	1.69	1.75	1.81	1.87	1.24	1.27	1.29	1.32
	0.06	1.51	1.51	1.54	1.54	1.60	1.60	1.18	1.20	1.23	1.24
	0.08	1.40	1.40	1.42	1.42	1.46	1.46	1.14	1.16	1.18	1.19
	0.10	1.34	1.34	1.37	1.37	1.39	1.39	1.11	1.13	1.15	1.16
	0.15	1.25	1.25	1.27	1.27	1.30	1.30	1.07	1.08	1.09	1.11
$1.1 < \dfrac{D}{d} \leq 1.2$	0.02	2.18	2.34	2.51	2.68	2.89	3.10	1.59	1.67	1.74	1.81
	0.04	1.84	1.92	1.97	2.05	2.13	2.22	1.39	1.45	1.48	1.52
	0.06	1.71	1.71	1.76	1.76	1.84	1.84	1.30	1.33	1.37	1.39
	0.08	1.56	1.56	1.59	1.59	1.64	1.64	1.22	1.26	1.30	1.31
	0.10	1.48	1.48	1.51	1.51	1.54	1.54	1.19	1.21	1.24	1.26
	0.15	1.35	1.35	1.38	1.38	1.41	1.41	1.11	1.14	1.15	1.18
$1.2 < \dfrac{D}{d} \leq 2$	0.02	2.40	2.60	2.80	3.00	3.25	3.50	1.80	1.90	2.00	2.10
	0.04	2.00	2.10	2.15	2.25	2.35	2.45	1.53	1.60	1.65	1.70
	0.06	1.85	1.85	1.90	1.90	2.00	2.00	1.40	1.45	1.50	1.53
	0.08	1.66	1.66	1.70	1.70	1.76	1.76	1.30	1.35	1.40	1.42
	0.10	1.57	1.57	1.61	1.61	1.64	1.64	1.25	1.28	1.32	1.35
	0.15	1.41	1.41	1.45	1.45	1.49	1.49	1.15	1.18	1.20	1.24

附表2 螺纹、键槽、外花键、横孔的有效应力集中系数 k_σ 和 k_τ 值

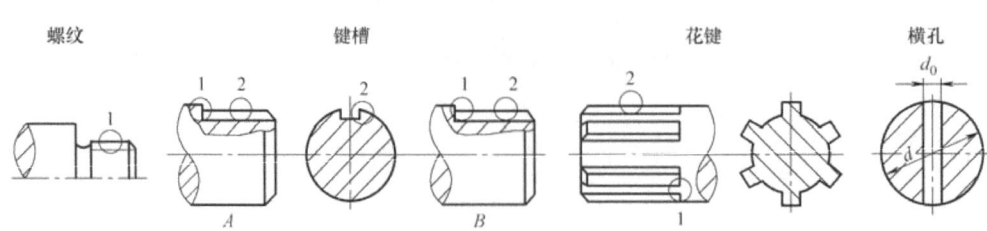

(续)

σ_b/MPa	螺纹		键槽			花键		横孔		
			k_σ		k_τ	k_σ	k_τ	k_σ d_0/d		k_τ d_0/d
	k_σ	k_τ	A型	B型	AB型		矩形	渐开线	0.05~0.1	0.15~0.25	0.05~0.25
400	1.45		1.51	1.30	1.20	1.35	2.10	1.40	1.90	1.70	1.70
500	1.78		1.64	1.38	1.37	1.45	2.25	1.43	1.95	1.75	1.75
600	1.96		1.76	1.46	1.54	1.55	2.35	1.46	2.00	1.80	1.80
700	2.20	1.00	1.89	1.54	1.71	1.60	2.45	1.49	2.05	1.85	1.80
800	2.32		2.01	1.62	1.88	1.65	2.55	1.52	2.10	1.90	1.85
900	2.47		2.14	1.69	2.05	1.70	2.65	1.55	2.15	1.95	1.90
1000	2.61		2.26	1.77	2.22	1.72	2.70	1.58	2.20	2.00	1.90
1200	2.90		2.50	1.92	2.39	1.75	2.80	1.60	2.30	2.10	2.00

注：1. 齿轮轴上花键 $k_\sigma = 1.00$。
2. 表中数值为序号1处的有效应力集中系数，序号2处 $k_\sigma = 1$，k_τ 值为表中数值。

附表3 尺寸系数 ε_σ 和 ε_τ 值

毛坯直径/mm	碳钢		合金钢		毛坯直径/mm	碳钢		合金钢	
	ε_σ	ε_τ	ε_σ	ε_τ		ε_σ	ε_τ	ε_σ	ε_τ
>20~30	0.91	0.89	0.83	0.89	>70~80	0.75	0.73	0.66	0.73
>30~40	0.88	0.81	0.77	0.81	>80~100	0.73	0.72	0.64	0.72
>40~50	0.84	0.78	0.73	0.78	>100~120	0.70	0.70	0.62	0.70
>50~60	0.81	0.76	0.70	0.76	>120~140	0.68	0.68	0.60	0.68
>60~70	0.78	0.74	0.68	0.74					

附表4 螺纹联接件的尺寸系数 ε_τ 值

直径 d/mm	≤16	20	24	28	32	40	48	56	64	72	80
ε_σ	1.00	0.81	0.76	0.71	0.68	0.63	0.60	0.57	0.54	0.52	0.50

附表5 加工表面的表面状态系数 β 值

加工方法	材料强度 σ_b/MPa		
	400	800	1200
磨光（$Ra=0.2~0.4\mu m$）	1.00	1.00	1.00
车光（$Ra=0.8~3.2\mu m$）	0.95	0.90	0.80
粗加工（$Ra=6.3~25\mu m$）	0.85	0.80	0.65
未加工表面（氧化铁层等）	0.75	0.65	0.45

附表6 强化表面的表面状态系数 β_q 值

表面强化方法	心部材料的强度 σ_b/MPa	表面状态系数 β_q		
		光轴	有应力集中的轴	
			$k_\sigma \leq 1.5$	$k_\sigma \leq 2.0$
高频感应淬火	600~800	1.3~1.5	1.4~1.5	1.8~2.2
	800~1100	1.2~1.4	1.5~2.0	—
渗氮	900~1200	1.1~1.3	1.5~1.7	1.7~2.1
渗碳	400~600	1.8~2.0	3	
	700~800	1.4~1.5	—	
	1000~1200	1.2~1.3	2	
喷丸处理	600~1500	1.1~1.4	1.4~1.6	1.6~2.0
滚子碾压	600~1500	1.1~1.4	1.4~1.6	1.6~2.0

附表7 配合件的综合影响系数 $k_{\sigma(D)}$ 和 $k_{\tau(D)}$ 值

直径/mm		k_σ								
		≤30			50			≥100		
配合		r6	k6	h6	r6	k6	h6	r6	k6	h6
材料强度 σ_b/MPa	400	2.25	1.69	1.46	2.75	2.06	1.80	2.95	2.22	1.92
	500	2.50	1.88	1.63	3.05	2.28	1.98	3.29	2.46	2.13
	600	2.75	2.06	1.79	3.36	2.52	2.18	3.60	2.70	2.34
	700	3.00	2.25	1.95	3.66	2.75	2.38	3.94	2.96	2.56
	800	3.25	2.44	2.11	3.96	2.97	2.57	4.25	3.20	2.76
	900	3.50	2.63	2.28	4.28	3.20	2.78	4.60	3.46	3.00
	1000	3.75	2.82	2.44	4.60	3.45	3.00	4.90	3.98	3.18
	1200	4.25	3.19	2.76	5.20	3.90	3.40	5.60	4.20	3.64

注：1. 滚动轴承内圈配合为过盈配合 r6。
2. 中间尺寸直径的弯曲综合影响系数可用插值法求得。
3. 扭转 $k_{\tau(D)} = 0.4 + 0.6 k_{\sigma(D)}$。

参 考 文 献

[1] 王德伦，马雅丽. 机械设计 [M]. 北京：机械工业出版社，2015.
[2] 于惠力，向敬忠，张春宜. 机械设计 [M]. 2版. 北京：科学出版社，2013.
[3] 许立忠，周玉林. 机械设计 [M]. 北京：中国标准出版社，2009.
[4] 赵松年，佟杰新，卢秀春. 现代设计方法 [M]. 北京：机械工业出版社，2011.
[5] 濮良贵，纪明刚. 机械设计 [M]. 8版. 北京：高等教育出版社，2012.
[6] 陈秀宁. 机械设计基础 [M]. 3版. 杭州：浙江大学出版社，2007.
[7] 侯文英. 摩擦磨损与润滑 [M]. 北京：机械工业出版社，2012.
[8] 孙建林. 材料成形摩擦与润滑 [M]. 北京：国防工业出版社，2007.
[9] 马履中，谢俊，尹小琴. 机械原理与设计：下册 [M]. 2版. 北京：机械工业出版社，2015.
[10] 李建功，机械设计 [M]. 4版. 北京：机械工业出版社，2007.
[11] 李威，穆玺清. 机械设计基础 [M]. 北京：机械工业出版社，2008.
[12] 刘莹. 机械设计课程设计 [M]. 大连：大连理工大学出版社，2008.
[13] 金清肃. 机械设计课程设计 [M]. 2版. 武汉：华中科技大学出版社，2011.
[14] 常同立. 液压控制系统 [M]. 北京：清华大学出版社，2014.
[15] 王得胜，韩红彪. 电气控制系统设计 [M]. 北京：电子工业出版社，2011.
[16] 马晓丽. 机械产品设计 [M]. 北京：机械工业出版社，2010.
[17] 朱理. 机械原理 [M]. 2版. 北京：高等教育出版社，2010.
[18] 王德伦，高媛. 机械原理 [M]. 北京：机械工业出版社，2011.